徐州市
水闸技术整编

徐州市水务局　组织编写

中国矿业大学出版社

·徐州·

图书在版编目(CIP)数据

徐州市水闸技术整编 / 徐州市水务局组织编写. —徐州：
中国矿业大学出版社，2023.11

ISBN 978 - 7 - 5646 - 5958 - 5

Ⅰ．①徐… Ⅱ．①徐… Ⅲ．①水闸－技术管理－徐州

Ⅳ．①TV66

中国国家版本馆 CIP 数据核字(2023)第 183474 号

书　　　名	徐州市水闸技术整编	
组织编写	徐州市水务局	
责任编辑	夏　　然	
出版发行	中国矿业大学出版社有限责任公司	
	(江苏省徐州市解放南路　邮编 221008)	
营销热线	(0516)83885370　83884103	
出版服务	(0516)83884895　83884920	
网　　　址	http://www.cumtp.com　**E-mail**：cumtpvip@cumtp.com	
印　　　刷	苏州市古得堡数码印刷有限公司	
开　　　本	850 mm×1168 mm　1/16　**印张** 37.25　**字数** 1234 千字	
版次印次	2023 年 11 月第 1 版　2023 年 11 月第 1 次印刷	
定　　　价	166.00 元	

(图书出现印装质量问题,本社负责调换)

徐州市刘山闸

徐州市郑集闸

徐州市黄河北闸

徐州市民便河闸

云龙湖南望闸

丰县华山节制闸

丰县李楼节制闸

丰县黄楼节制闸

丰县赵庄闸站

沛县李庄闸

沛县沛城闸

沛县七段闸

睢宁县凌城闸

睢宁县官山闸

邳州市沂河橡胶坝

新沂市塔山闸

新沂市王庄橡胶坝

铜山区沈桥闸

《徐州市水闸技术整编》

编撰委员会

主　　任：石炳武　张　琦

副 主 任：于孝民　贺恒利

委　　员：张营灏　孔祥运　刘彦菊　宋宜山　王敬宇　王广科

　　　　　薛良厚　单克民　王　劲　曹冬红　赵孟博　徐　伟

　　　　　司加强　邓阿龙　陈迎杰　李传海　黄家顿　李亚洲

　　　　　宋　波　尹　萌　李　勋　赵宝龙　刘彦吉　曹卫东

　　　　　许　平　王志刚

编撰工作组

主　　编：于孝民

副 主 编：曹冬红　赵孟博　徐　伟　司加强

编写人员：卢　扣　王　磊　笪　凯　王丽君　郝梦雅　贾青青

　　　　　杨晓久　毕思卯　孙　健　许　宁　耿　浩　胡春莉

　　　　　刘占成　张　桥　李　超　张后剑　黄青伟　郑永元

　　　　　彭　慧　张　娇　王晓玲　王　健　刘保丰　晁　科

　　　　　卓　寒　卢　荻　朱玉峰　张　游　秦　川　王海龙

　　　　　张　猛　庄　园　翟中雷　张　江　吴春龙　王玉波

　　　　　李巧英　鹿　梅

编 制 说 明

《徐州市水闸技术整编》汇编了我市行政区域内大中型水闸 120 座(其中包括橡胶坝 9 座,钢坝闸 1 座,气盾坝 2 座),小型水闸 14 座,共计 134 座。

一、表格部分内容说明

1. 闸总长:水闸顺流向的长度,即上游防冲槽或铺盖至下游防冲槽的长度。

2. 闸总宽:水闸垂直于水流方向的长度,即左边墩至右边墩的长度(包括边墩,但不包括隐蔽工程)。

3. 闸孔净宽:水闸单孔的净宽度。

4. 闸孔净高:潜孔式水闸为闸底板至胸墙底高度;露顶式水闸为底板至上游闸墩顶部高度。

5. 闸顶高程:上游闸墩顶部高程;闸底高程:闸底板顶高程。

6. 建成时间:水闸初次建成时间。

7. 除险加固竣工时间:水闸最后一次除险加固竣工验收时间,工程未竣工验收的可填写完工或水下验收时间。

8. 设计标准:最新工程设计标准。

9. 管理范围划定:江苏省 2016—2018 年度河湖和水利工程管理范围划定工程范围。

10. 确权情况:水闸管理单位领取国有土地使用权证或不动产权证情况。

二、工程示意图说明

1. 范围:长度方向为上游防冲槽至下游防冲槽。宽度方向为左右侧翼墙,部分两侧对称的工程采用半剖的形式。

2. 示意图绘制工程的主要轮廓,标注了主要尺寸,细部结构及其尺寸未能全部反映。

3. 示意图中尺寸高程以米计,其余以厘米计。数字未分节。

三、其他说明

1. 废黄河、黄河故道、故黄河为同一条河的不同名称,以当地资料记载为准。

2. 徐州市水务局 2019 年以前名徐州市水利局,以当时资料记载为准。

本书由徐州市水务局运管处负责编写,江苏省工程勘测研究院有限责任公司、徐州市水利工程运行管理中心协助绘图。由于部分水闸建设年代久远,资料不全及编写人员水平有限,虽经反复核实,但缺失、遗漏和错误之处在所难免,敬请各单位和专家在使用本书时批评指正,并提出修改意见。

编 者

2023 年 11 月

序

徐州地理位置特殊,处于沂沭泗流域的中下游、南北气候过渡带,素有"洪水走廊"之称,同时,又位于江苏省最西北地区,苏、鲁、豫、皖四省交界处,江水北调的供水末梢,以故黄河为分水岭,"一市三域",水系复杂。水多、水少、水脏等水问题一直严重地制约我市的经济社会发展,水利工作在全市经济社会发展中始终处于十分重要的地位。

中华人民共和国成立以后,在党的正确领导下,历届市委、市政府带领全市广大人民,按照科学规划开展了大规模的水利建设,先后实施导沂整沭、徐洪河开挖、江水北调、沂沭泗河洪水东调南下、郑集河输水扩大、黄河故道综合整治以及城区防洪排涝等一系列工程,形成了具备较为完善的防洪、除涝、灌溉、调水、航运、水环境、水生态等综合功能的水工程体系,为全市经济社会发展和粮食安全提供了有力支撑。

水闸是水利工程体系中的关键一环,为重要控制性建筑物,我市是江苏省水闸工程数量最多、门类最齐全的地市之一。经过70多年不懈努力,我市先后兴建了100余座大中型控制调度涵闸,在防洪安全、保障水资源、改善水环境等方面起到非常关键的作用。但建设于20世纪七八十年代以前的水闸,受当时经济、技术等条件的限制,设计标准低,大多采用浆砌石等圬工结构,经多年运行,已不能正常发挥作用。进入21世纪后,我市抓住国家高度重视区域水利工程治理的机遇,按照水利部、江苏省统一规划,相继开展了中小河流治理、大中型病险水闸除险加固、大型泵站更新改造、淮河流域重点平原洼地治理、黄河故道综合开发治理等区域治理工程,对一大批年久失修的水闸进行了除险加固,确保了水利工程安全高效运行。

工程建设的最终目的是使用。为管好、用好、发挥好工程的作用,省、市历来十分重视工程资料整编工作。2005年,江苏省水利厅编制出版了《江苏省水利工程管理资料汇编水闸(分册)》,共收录了全省374座大中型水闸资料,其中我市77座。然而,自2005年以来,随着部分水闸除险加固或拆除重建、新建等,工情已发生了较大变化,同时还有一些重要的小型涵闸在调度运行管理中地位特殊、作用明显。因此,原整编资料已不能满足工作需求,对全市大中型及部分重要的小型水闸进行系统的资料整编,显得尤为迫切和重要。

2022年,我市启动水闸资料整编工作,以省厅原汇编资料为基础,全面收集、梳理、分析、整理了全市新、老水闸资料,编制完成了《徐州市水闸技术整编》,全书整理收录了大中型水闸 120 座（其中包含橡胶坝 9 座,钢坝闸 1 座,气盾坝 2 座）,小型水闸 14 座,共计 134 座。

这本资料内容更全面更系统,技术参数更准确更科学,集科学性、实用性和指导性为一体,是一本重要的水闸技术参考书。我们相信它必将对全市水闸的规划、设计、管理和调度运行等起到重要的指导参考作用。

2023 年 3 月 22 日

目　　录

徐 州 市

解 台 闸

管理单位:南水北调东线江苏水源有限责任公司徐州分公司

闸孔数	3孔		闸孔净高(m)	闸孔	4	所在河流	京杭运河不牢河段	主要作用		蓄水、防洪、排涝、供水
	其中航孔			航孔		结构型式	胸墙式			
闸总长(m)	290.3		每孔净宽(m)	闸孔	10	所在地	贾汪区大吴镇	建成日期		1959年8月
闸总宽(m)	34.7			航孔		工程规模	中型	除险加固竣工日期		2012年12月
主要部位高程(m)	闸顶	34.0	胸墙底	30.45	下游消力池底	21	工作便桥面		水准基面	废黄河
	闸底	26.45	交通桥面	34.0	闸孔工作桥面	36.30	航孔工作桥面			
	附近堤防顶高程	上游左堤	33.0~34.0	上游右堤	33.0~34.0	下游左堤	31.2	下游右堤	31.2	
交通桥标准	设计	汽-20	交通桥净宽(m)	7.0	工作桥净宽(m)	闸孔	5.2	闸门结构型式	闸孔	平面钢闸门
	校核		工作便桥净宽(m)	1.8		航孔			航孔	
启闭机型式	闸孔	液压启闭机	启闭机台数	闸孔	3	启闭能力(t)	闸孔	2×16	钢丝绳规格	
	航孔			航孔			航孔		数量	m× 根
闸门钢材(t)		闸门(宽×高)(m×m)			建筑物等级	1	备用电源	装机	120 kW	
设计标准	20年一遇排涝设计,100年一遇防洪设计,300年一遇防洪校核					抗震设计烈度	Ⅶ		台数	1

规划设计参数		设计水位组合			校核水位组合			检修门	型式	浮箱叠梁门	小水电	容量	
		上游(m)	下游(m)	流量(m³/s)	上游(m)	下游(m)	流量(m³/s)		块/套	10		台数	
	稳定	31.84	26.00	关闸	32.08	26.00	关闸	历史特征值		日期		相应水位(m)	
		31.84	26.00	地震								上游	下游
	消能	31.70	27.95	500.00				上游水位 最高		2017-09-06		32.19	
		31.50	26.41	157.00				下游水位 最低		1982-07-07			26.63
	孔径	31.70	30.49	500.00				最大过闸流量(m³/s)					
								471		2021-07-29		31.41	28.82

护坡长度(m)	部位	上游	下游	坡比	护坡型式	引河(m)	上游	底宽	底高程	边坡	下游	底宽	底高程	边坡
	左岸	133	550	1:3	混凝土			44.4~79	27.0	1:3		66.7~88.0	22.0	1:3
	右岸	133	340	1:3	混凝土		主要观测项目			垂直位移、河床断面、扬压力、伸缩缝				

现场人员	20人	管理范围划定	按照土地权属范围划定。
		确权情况	已确权,确权面积735 945.25m²(贾国用〔94〕字第105号)。

水文地质情况：

A 层：灰黄色粉质黏土、重粉质壤土，杂砂壤土、碎砖石，土质不均，为人工堆土。

B 层：灰黄色重粉质砂壤土、轻粉质壤土，局部杂重粉质壤土、粗砂及少量碎砖石，土质不均，为人工堆填土。

①-1'层：深灰、灰黑色粉质淤泥质黏土，主要分布在河床部位。

①-2 层：灰黄色重、轻粉质砂壤土，松散，偶夹黏土薄层，单层厚 1～3 cm，场地分布较普遍。

①-3 层：褐黄、灰黄色淤泥质黏土，粉质黏土，重黏土，夹壤土薄层，流塑—软塑状态，场地分布较普遍。

①-4 层：灰黄、黄色轻粉质砂壤土，重粉质砂壤土，轻粉质壤土，松散，局部夹壤土，在原解台节制闸边墩附近缺失该层。

②-1 层：灰、黄灰色淤泥质粉质黏土，偶夹砂壤土薄层，局部夹中粉质壤土，公路桥部位重黏土，流塑状态，场地分布较普遍。

②-1'层：黄灰色重粉质砂壤土、轻粉质壤土，夹少量黄灰色粉质黏土薄层，局部为中粉质壤土。松散，场地大部分地段分布。

③-1 层：灰绿、深灰、灰黑色粉质黏土，可塑状态，中压缩性，场地分布较普遍。

③-2'层：棕黄夹灰白色粉质黏土，含铁锰质结核，夹砂礓，砂礓 $\phi1～5$ cm，含量一般为 5％左右，少数在 20％左右，局部砂礓富集，含量可达 40％左右。可塑状态，中近低压缩性，该层场地普遍分布。

④-2 层：黄、棕黄夹灰白重粉质壤土，粉质黏土，含铁锰质斑，可塑状态，中压缩性，该层场地分布较普遍。

⑥-1 层：棕黄、黄色黏土，粉质黏土，含铁锰质结核，夹少量砂礓，可塑状态，中近低压缩性，该层场地分布较普遍。

⑥-2'层：棕黄色重粉质壤土，呈透镜体分布于解台泵站枢纽⑥-1 层中下部。

⑦-1 层：棕黄、灰白、紫红色全风化灰岩，夹泥岩、砂岩。

⑦-2 层：棕黄、灰白、紫红色强风化灰岩，夹泥岩、砂岩。

⑦-3 层：灰色弱风化灰岩。

解台泵站枢纽闸站站身底板坐落于③-2 层粉质黏土上；泵站出水管底板坐落于③-2 层粉质黏土上。③-2 层工程力学强度较高，可以采用作为闸站基础的天然地基持力层。④-2—⑥3 层黏性土工程力学强度均较高，作为下卧层在强度上可以满足要求。

控制运用原则：

控制闸上水位 30.8～31.5 m；主汛期大流量泄洪（200 m³/s 以上）时，按低水位控制；翻水调水期间，视闸下水位，适当抬高闸上蓄水位，原则上不超过 31.5 m，闸上、下游水位差控制在 5.5 m 以内。

最近一次安全鉴定情况：

一、鉴定时间：2022 年 5 月 20 日。

二、鉴定结论、主要存在问题及处理措施：安全类别评定为一类闸。

主要存在问题：部分砼构件存在钢筋锈胀、混凝土开裂现象。建议对混凝土存在的缺陷进行维修养护；对启闭设备进行改造。

最近一次除险加固情况：苏调办〔2013〕27 号

一、建设时间：2005 年 8 月—2007 年 4 月。

二、主要加固内容：拆除原解台节制闸，新建泵站包括泵站（设计流量 125 m³/s）、节制闸，原解台闸拆除建设公路桥，泵站和水闸合建一处，布置在原解台节制闸闸下约 100 m 处的引河上。

三、竣工验收意见、遗留问题及处理情况：2012 年 12 月 18 日—19 日通过江苏省南水北调工程建设领导小组办公室组织的南水北调东线一期工程解台泵站设计单元工程完工验收，无遗留问题。

发生重大事故情况：

无。

建成或除险加固以来主要维修养护项目及内容：

1. 2018 年，更换 PLC（可编程逻辑控制器），增加节制闸液压启闭机的纠偏功能，增加独立的手动控制功能以及故障认定功能，同时保持系统的原有功能和通信形式不变。

2. 2018 年，将解台站 8 孔快速闸门开度仪改造成精度拉线位移开度传感器，即采用收绳传感器配合进口闸门开度编码器将闸门开度信息精确反馈传输至 PLC，确保闸门开度信息能够精确稳定地传入 PLC 内。

3. 2018 年，查找解台站节制闸启门困难故障原因，确定后对液压系统进行改造，消除启门故障，另外更换 3 孔节制闸开度仪，增加纠偏功能。

4. 2018 年，拆除节制闸液压启闭机油缸，利用吊车将检修闸门放置于检修门槽，然后将节制闸工作闸门吊出，拆除原有破损止水，更换新的橡胶止水，并完成工作闸门及油缸安装。

5. 2018 年，更换部分球阀、压力表、压力继电器、发讯器、高压换向球阀，维修开度仪。

目前存在主要问题：

启闭机特殊工况下持住力不足。

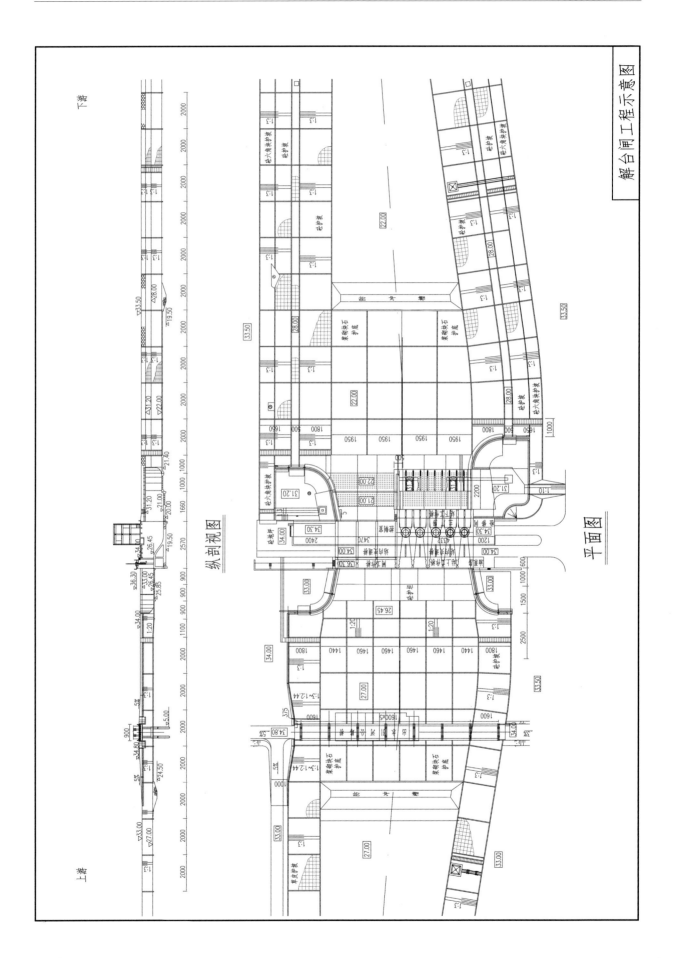

解台闸工程示意图

纵剖视图

平面图

刘 山 闸

管理单位:南水北调刘山站工程管理项目部

闸孔数	5孔		闸孔净高(m)	闸孔	6	所在河流	京杭运河不牢河段	主要作用	蓄水、防洪、排涝、供水
	其中航孔			航孔		结构型式	开敞式		
闸总长(m)	266.5		每孔净宽(m)	闸孔	10	所在地	邳州市宿羊山镇	建成日期	1960年5月
闸总宽(m)	57.82			航孔		工程规模	大(2)型	除险加固竣工日期	2012年12月

主要部位高程(m)	闸顶	30.5	胸墙底	26.50	下游消力池底	15.7	工作便桥面	30.5	水准基面	废黄河
	闸底	20.5	交通桥面	30.5	闸孔工作桥面	40.7	航孔工作桥面			
	附近堤防顶高程		上游左堤	31.5	上游右堤	31.5	下游左堤	30.5	下游右堤	30.5

交通桥标准	设计	公路Ⅱ级	交通桥净宽(m)	7.5	工作桥净宽(m)		闸孔	4.0	闸门结构型式	闸孔	平面钢闸门
	校核		工作便桥净宽(m)	2.5			航孔			航孔	

启闭机型式	闸孔	卷扬式	启闭机台数	闸孔	5	启闭能力(t)	闸孔	2×25	钢丝绳	规格	6W19-24-155-特-甲镀-右交
	航孔			航孔			航孔			数量	60m×10根

闸门钢材(t)		闸门(宽×高)(m×m)			建筑物等级	1级	备用电源	装机	120 kW
设计标准	100年一遇防洪设计,300年一遇防洪校核				抗震设计烈度	Ⅶ		台数	1

规划设计参数		设计水位组合			校核水位组合			检修门	型式	浮箱叠梁门	小水电	容量
		上游(m)	下游(m)	流量(m³/s)	上游(m)	下游(m)	流量(m³/s)		块/套	20/2		台数
	稳定	27.00	21.27	设计水位	27.00	20.50		历史特征值		日期		相应水位(m)
		26.00	20.50	最低水位	27.00	29.30					上游	下游
		27.00	21.27	地震				上游水位 最高		2021-07-16	27.37	22.81
	消能	29.75	28.40	100年一遇				下游水位 最低				
		26.00	20.50	最低水位				最大过闸流量750(m³/s)		2021-07-29	26.42	26.41
		27.00	23.50	最高水位								
	孔径	29.75	28.13	828.00	29.91	29.42	1 370.00					

护坡长度(m)	部位	上游	下游	坡比	护坡型式	引河(m)		底宽	底高程	边坡		底宽	底高程	边坡
	左岸	100	130	1:3	浆砌块石		上游	100	20.5	1:3	下游	100	17.0	1:3
	右岸	100	130	1:3	浆砌块石	主要观测项目		垂直位移、扬压力、河床断面						

现场人员	20人	管理范围划定	根据建设期征地图,南水北调刘山站管理范围为666亩。
		确权情况	已确权。

水文地质情况：

工程地基土层较稳定,场地土类型为中硬土,建筑场地类别为Ⅱ类。地基土多为粉质黏土、重粉质壤土或含少量砾的砂土,土质紧密,工程力学性能良好,一般可作为建筑物的天然地基。

经钻探揭示,场地在钻探深度范围内所揭示的土层根据区域地质资料分析对比、地质成因、工程地质特征、岩土层性质自上而下可分为如下诸层(括号中为交通桥部位按 JTJ024-85 规范岩土定名):

A 层:灰黄、褐黄杂灰色中、重粉质壤土(亚黏土)、粉质黏土(黏土),杂轻粉质壤土(亚黏土)。该层土质不均,为河道开挖时堆土及堤身堆土,局部表层为耕作土,层厚 0.4～8.6 m。

①-1′层:灰黑色黏土质淤泥,流塑状,为场地河道内沉积,现状刘山节制闸上游较厚为 0.5～0.9 m,下游较薄为 0.0～0.3 m。

②-2 层:灰黄色重粉质砂壤土、轻粉质壤土(亚砂土、亚黏土)夹粉质黏土(黏土)薄层,夹层单层厚约 0.2 cm,低压缩性,层厚 0.5～4.1 m,场地普遍分布。

②-4 层:灰、灰黄夹灰含少量砾的粉质黏土、重粉质壤土(黏土、亚黏土)。软塑—可塑状态,中压缩性。层厚 0.4～1.0 m,场地普遍分布。

③-1 层:灰黄、棕黄夹灰色粉质黏土、重粉质壤土,可塑状态,中压缩性,含铁锰质结核及砂礓,杂砂粒,局部夹轻粉质壤土。该层局部缺失,揭示厚度 2.6～3.8 m。

③-2 层:灰黄、棕黄夹灰色含少量砾的粉质黏土(黏土),重、中粉质壤土,含铁锰质结核及砂礓($\phi \approx 0.2 \sim 4.0$ cm),含量 10%～20%,可塑—硬塑状态,中压缩性,层厚 1.2～5.8 m,场地普遍分布。

③-2′层:灰黄、浅黄色含少量砾的中砂,局部为重粉质砂壤土,局部含黏土块,中密状态,层厚 0.5～1.5 m,该层土仅以透镜体形式分布于交通桥部位 J33204 孔③-2 层中部及站闸部位 J34806 孔顶部。

③-3 层:黄、灰黄夹浅灰色含少量砾的重、中粉质壤土、粉质黏土,可塑状态,中压缩性。主要分布于交通桥及闸站部位,断续分布,层厚 2.1～2.9 m。

④-1 层:浅黄、灰白、棕黄色含少量砾的中砂、粗砂,含少量黏土,密实状态,低压缩性,层厚 1.5～4.6 m,场地普遍分布。

④-2 层:棕黄夹灰色含少量砾的粉质黏土、重粉质壤土(黏土),局部夹砂性土薄层,可塑—硬塑状态,中压缩性。层厚 1.3～6.4 m。场地普遍分布。

④-4 层:灰黄夹浅灰色中壤土、中粉质壤土(亚黏土),局部为粉质黏土夹砂壤土层,可塑状态,中压缩性,层厚 0.4～3.3 m,该层局部缺失。

⑤层:浅黄、棕黄、灰黄色含少量砾的中砂,中密—密实状态,低压缩性,层厚 1.2～7.0 m,场地普遍分布。

⑥-1 层:棕黄夹灰色含少量砾的粉质黏土、重壤土(黏土),底部夹轻粉质壤土,含铁锰质结核及砂礓($\phi \approx 0.5 \sim 1.0$ cm),底部多含砾石($\phi \approx 0.5 \sim 1.0$ cm),可塑—硬塑状态,中压缩性。层厚 1.6～8.3 m,场地普遍分布。

⑥-2 层:灰黄夹灰白色含少量砾的砂质黏土、粉质黏土(黏土),含黑色铁锰质结核及砂礓,可塑状态,高压缩性,层厚 0.9～5.1 m,该层局部缺失。

⑧-3 层:棕黄、灰黄及棕红夹灰白、灰白色泥灰岩、石英砂岩,弱风化,该层顶面漏水严重,含高度大约 0.5 m 的溶洞,局部顶部为全风化泥灰岩。最大揭示厚度 6.5 m,基岩顶面分布高程 1.77～－2.20 m 不等。

控制运用原则：

刘山节制闸闸上控制水位 25.8～26.5 m,主汛期大流量泄洪(200 m³/s 以上)时,按照低水位控制;翻水调水期间,应视闸下水位,适当提高闸上蓄水位,原则上不超过 26.5 m,闸上、下游水位差控制在 5.5 m 以内。

最近一次安全鉴定情况：

一、鉴定时间:2022 年 5 月 20 日。

二、鉴定结论、主要存在问题及处理措施:安全类别评定为一类闸。

主要存在问题:部分砼构件碳化,有锈胀露筋现象,建议实施防碳化处理。

最近一次除险加固情况:苏调办〔2013〕25 号

一、建设时间:2005 年 3 月—2008 年 12 月。

二、主要加固内容:拆除原刘山节制闸,新建泵站节制闸,清污机桥,新建跨不牢河公路桥,扩挖上下游引河,新建 110 kV 输电线路,新建管理楼等。

三、竣工验收意见、遗留问题及处理情况:2012 年 12 月 18 日—19 日通过江苏省南水北调工程建设领导小组办公室组织的南水北调东线一期工程刘山泵站设计单元工程完工验收,无遗留问题。

发生重大事故情况:

无。

建成或除险加固以来主要维修养护项目及内容:

1. 钢丝绳及卷扬式启闭机保养:钢丝绳涂抹润滑脂;启闭机限位调整,轴承加油等。

2. 钢丝绳行程孔改造;行程孔改造为封闭伸缩式样。

目前存在主要问题:

无。

下步规划或其他情况:

无。

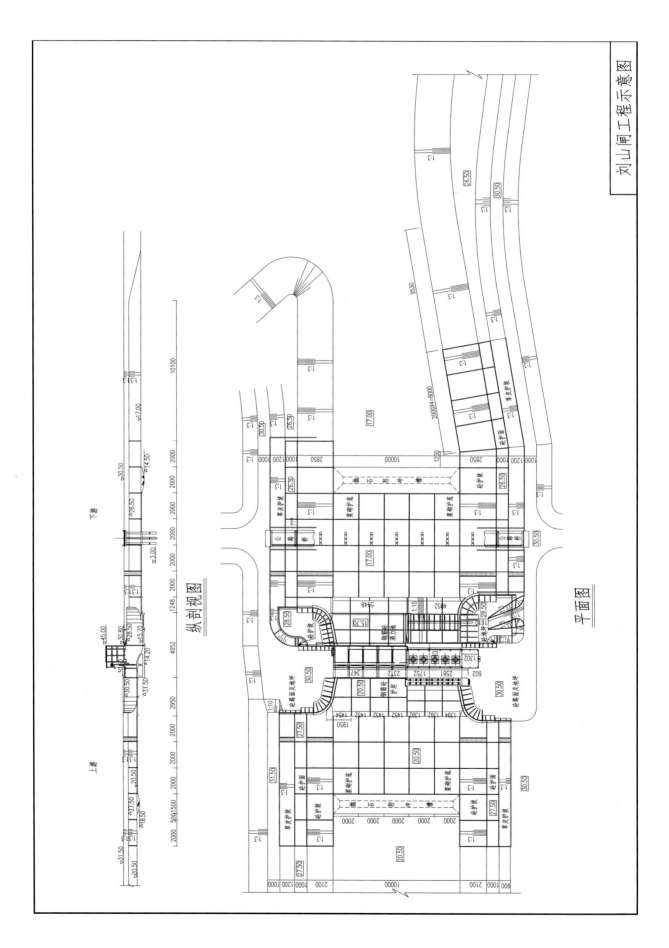

刘山闸工程示意图

纵剖视图

平面图

黄 河 北 闸

管理单位:徐州市南水北调工程管理中心
黄河北闸管理所

闸孔数	4孔		闸孔净高(m)	闸孔	8.6	所在河流	徐洪河	主要作用		引水、排涝、通航
	其中航孔2孔			航孔	12	结构型式	开敞式			
闸总长(m)	142		每孔净宽(m)	闸孔	8.0	所在地	睢宁县魏集镇	建成日期		1992年5月
闸总宽(m)	46.6			航孔	12.0	工程规模	中型	除险加固竣工日期		年　月
主要部位高程(m)	闸顶	28.0	胸墙底	23.6	下游消力池底	14.4	工作便桥面		水准基面	废黄河
	闸底	15.0	交通桥面	28.65	闸孔工作桥面	33.5	航孔工作桥面	33.5		
	附近堤防顶高程		上游左堤	28.5	上游右堤	28.0	下游左堤	28.5	下游右堤	24.0
交通桥标准	设计	汽-15	交通桥净宽(m)		7.0	工作桥净宽(m)	闸孔	5.4	闸门结构型式	闸孔	立拱直升式钢闸门
	校核	拖-80	工作便桥净宽(m)				航孔	5.4		航孔	立拱升卧式钢闸门
启闭机型式	闸孔	卷扬式	启闭机台数	闸孔	2	启闭能力(t)	闸孔	2×25	钢丝绳	规格	
	航孔	卷扬式		航孔	2		航孔	2×40		数量	m×　根
闸门钢材(t)		204	闸门(宽×高)(m×m)		闸孔:7.75×7.96 航孔:8.19×11.96	建筑物等级		1	备用电源	装机	40 kW
设计标准						抗震设计烈度		Ⅷ		台数	1

规划设计参数		设计水位组合			校核水位组合			检修门	型式		小水电	容量	
		上游(m)	下游(m)	流量(m³/s)	上游(m)	下游(m)	流量(m³/s)		块/套			台数	
	稳定	21.30	21.20	200(南排)	26.00	19.00	(挡洪)	历史特征值		日期		相应水位(m)	
		21.85	21.90	200(北送)	20.00	15.00	(检修)					上游	下游
	消能	23.00	19.00	200(南排)				上游水位 最高					
								下游水位 最低					
								最大过闸流量(m³/s)					
	孔径												
护坡长度(m)	部位	上游	下游	坡比	护坡型式	引河(m)	上游	底宽	底高程	边坡	下游	底宽	底高程	边坡
	左岸	80	390	1∶3	浆砌块石			50	15.0	1∶4		50	15.0	1∶4
	右岸	273	70	1∶3	浆砌块石	主要观测项目			垂直位移、河床断面					
现场人员	12人		管理范围划定		按照土地权属范围划定。									
			确权情况		已确权,确权面积15.9万 m²(编号:睢国用〔1993〕字第003号)。									

水文地质情况：

该区域土质共分 6 层，由上至下第①层：黄色砂壤土，下部灰色轻砂壤土，局部为粉砂，$\gamma = 18.5$ kN/m³，$C = 8.82$ kPa，$\varphi = 18°$。第②层：浅灰色、灰褐色淤泥，淤泥质黏土，软塑，局部夹粉砂纹层，$\gamma = 16.8$ kN/m³，$C = 11.76$ kPa，$\varphi = 5°$。第③层：灰色粉砂局部夹 10～20 cm 壤土薄层，饱和，振动水析，$\gamma = 19.3$ kN/m³，$C = 4.9$ kPa，$\varphi = 24°$。第④层：灰褐色黏土，下部褐黄、棕褐色含砂质可塑，可见铁锰结核，$\gamma = 19.3$ kN/m³，$C = 34.3$ kPa，$\varphi = 16°$，承载力标准值为 160 kPa。第⑤层：黄色中砂，局细砂，粗砂含小砾石，紧密，上部有一层含黏土的夹层，$\gamma = 20.3$ kN/m³，$C = 5.88$ kPa，$\varphi = 23°$，承载力标准值为 270 kPa。第⑥层：黄夹灰白色重壤土，粉质黏土含钙质结核，$\gamma = 20$ kN/m³，$C = 45.08$ kPa，$\varphi = 19°$，承载力标准值为 420 kPa。

控制运用原则：

当沙集以上、黄河北闸以南徐洪河沿线排涝或魏工分洪道泄洪时，黄河北闸关闭。在徐洪河分泄部分骆马湖洪水或沙集站抽水北调时，黄河北闸开闸，除此以外，黄河北闸原则上应予控制。

最近一次安全鉴定情况：

一、鉴定时间：2020 年 12 月 17 日。

二、鉴定结论、主要存在问题及处理措施：黄河北闸工程运用指标基本达到设计标准，评定为二类闸。

处理措施：1. 尽快对混凝土破损、露筋部位进行维修；2. 通航孔闸墩增设防撞护木；3. 闸门进行防腐处理。

最近一次除险加固情况：(徐洪指〔92〕23 号)

一、建设时间：1991 年 9 月 1 日—1992 年 4 月 26 日。

二、主要加固内容：建设黄河北闸。

三、竣工验收意见、遗留问题及处理情况：1992 年 5 月 21—22 日通过江苏省水利厅组织召开的徐洪河续建废黄河北闸竣工验收。

发生重大事故情况：

无。

建成或除险加固以来主要维修养护项目及内容：

2006 年，新建启闭机房。

2007 年，对闸门进行了喷锌防腐处理。

2017 年，新增闸门自动化控制系统，进一步完善视频监视系统。

目前存在主要问题：

1. 工程建筑物主体大部分为砼结构，交通桥、排架均出现不同程度碳化、表面剥落、漏筋等现象。上下游翼墙局部出现裂缝，浆砌石护坡局部砂浆脱落、块石松动。

2. 闸门局部锈蚀。

下步规划或其他情况：

无。

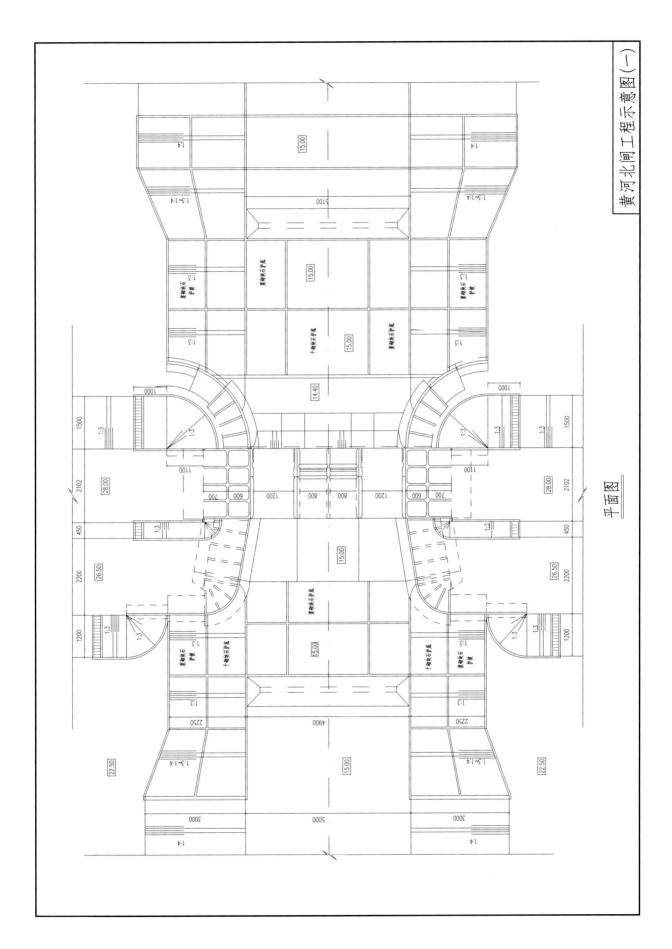

黄河北闸工程示意图（一）

平面图

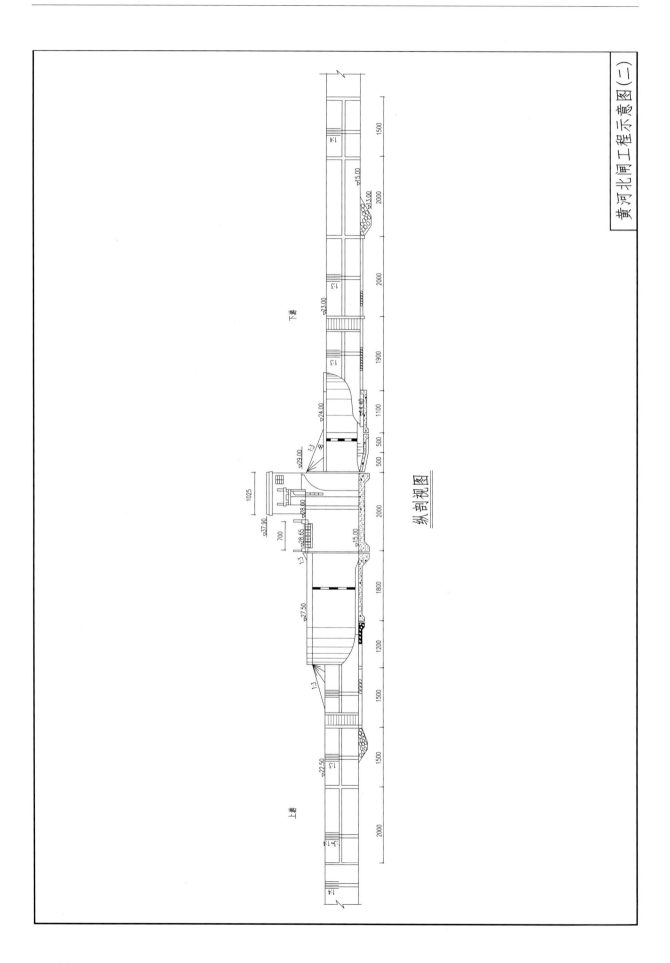

纵剖视图

黄河北闸工程示意图（二）

黄河北闸管理范围界线图

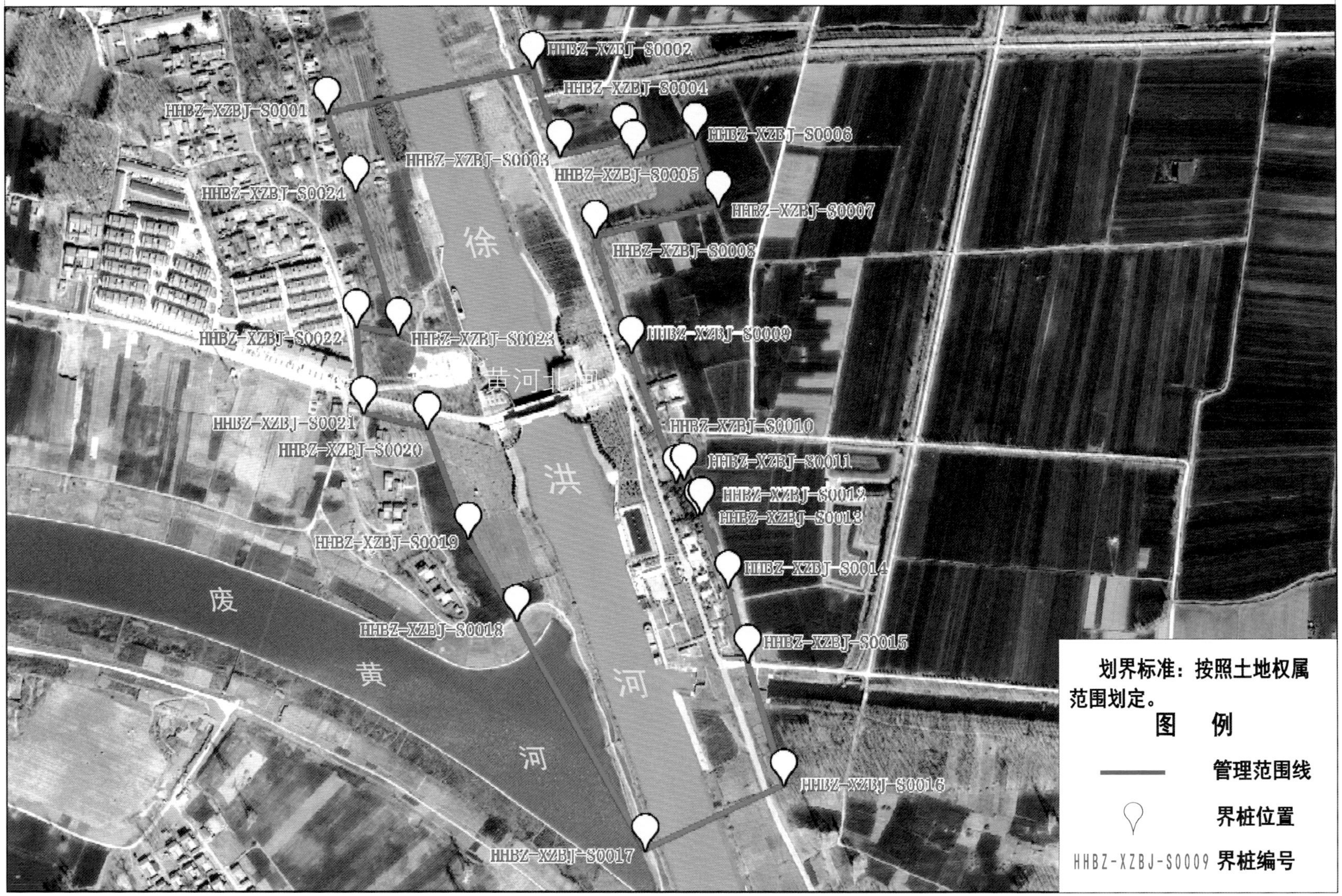

HHBZ-XZBJ-S0001
HHBZ-XZBJ-S0002
HHBZ-XZBJ-S0003
HHBZ-XZBJ-S0004
HHBZ-XZBJ-S0005
HHBZ-XZBJ-S0006
HHBZ-XZBJ-S0007
HHBZ-XZBJ-S0008
HHBZ-XZBJ-S0009
HHBZ-XZBJ-S0010
HHBZ-XZBJ-S0011
HHBZ-XZBJ-S0012
HHBZ-XZBJ-S0013
HHBZ-XZBJ-S0014
HHBZ-XZBJ-S0015
HHBZ-XZBJ-S0016
HHBZ-XZBJ-S0017
HHBZ-XZBJ-S0018
HHBZ-XZBJ-S0019
HHBZ-XZBJ-S0020
HHBZ-XZBJ-S0021
HHBZ-XZBJ-S0022
HHBZ-XZBJ-S0023
HHBZ-XZBJ-S0024
徐
洪
河
黄河北闸
废
黄
河
划界标准：按照土地权属范围划定。
图 例
管理范围线
界桩位置
HHBZ-XZBJ-S0009 界桩编号

民 便 河 闸

管理单位:徐州市南水北调工程管理中心
黄河北闸管理所

闸孔数	3孔		闸孔净高(m)	闸孔	5.9	所在河流	民便河		主要作用	防洪、引水排涝、通航	
	其中航孔1孔			航孔	11.5	结构型式	闸孔:胸墙式通航孔:开敞式				
闸总长(m)	229.9		每孔净宽(m)	闸孔	10.0	所在地	睢宁县古邳镇		建成日期	1986年10月	
闸总宽(m)	35.8			航孔	10.0	工程规模	中型		除险加固竣工日期	2016年6月	
主要部位高程(m)	闸顶	27.5	胸墙底	21.9	下游消力池底	15.5	工作便桥面	27.5	水准基面		废黄河
	闸底	16.0	交通桥面	27.5	闸孔工作桥面	35.5	航孔工作桥面	35.5			
	附近堤防顶高程	上游左堤	22.5	上游右堤	27.5	下游左堤	23.0	下游右堤	27.5		
交通桥标准	设计	公路Ⅱ级折减	交通桥净宽(m)	5.0	工作桥净宽(m)	闸孔	6.0	闸门结构型式	闸孔	潜孔式钢闸门	
	校核		工作便桥净宽(m)	2.0		航孔	6.0		航孔	双扉钢闸门	
启闭机型式	闸孔	卷扬式	启闭机台数	闸孔	2	启闭能力(t)	闸孔	2×30	钢丝绳	规格	
	航孔	卷扬式		航孔	2		航孔	上扉门2×16下扉门2×30		数量	m× 根
闸门钢材(t)			闸门(宽×高)(m×m)			建筑物等级	2		备用电源	装机	40 kW
设计标准	5年一遇排涝设计,50年一遇防洪校核					抗震设计烈度	Ⅷ			台数	1

规划设计参数	水位组合				检修门	型式		小水电	容量		
	工况	上游(m)	下游(m)	流量(m³/s)		块/套			台数		
	徐洪河分洪200 m³/s	22.07	19.50		历史特征值		日期		相应水位(m)		
	徐洪河分洪400 m³/s	24.11	19.50						上游		下游
	民便河5年一遇排涝	21.37	21.25	274.00	上游水位	最高					
	正常通航水位	20.80	19.50								
	最高通航水位	21.60	19.50		下游水位	最低					
	最低通航水位	19.50	19.50								
	徐洪河送水水位	20.80	19.50		最大过闸流量(m³/s)						
	徐洪河最高送水水位	21.60	19.50								
	黄墩湖滞洪	21.37	21.60								

护坡长度(m)	部位	上游	下游	坡比	护坡型式	引河(m)	上游	底宽	底高程	边坡	下游	底宽	底高程	边坡
	左岸	12	174	1:3	混凝土			40	16.0	1:3		30	16.0	1:3
	右岸	12	150	1:3	混凝土	主要观测项目				垂直位移				

现场人员	20 人	管理范围划定	根据实际管理区域划定,民便河闸上游右岸堤防 50 m,左岸堤防 130 m,下游右岸堤防 360 m,左岸堤防 385 m,右侧宽自河口向外 10～50 m,左侧宽自河口向外 10～50 m,面积 6.5 万 m²。
		确权情况	部分已确权,确权面积 3.6 万 m²（编号:睢国用〔1994〕字第 94004 号、94005 号）。

水文地质情况:

该区域土质共分 6 层,素壤土以下分别为:第①层:砂壤土,黄色,夹壤土及粉砂、粉土薄层,松软,饱和,摇震反应中等,层厚 2.8～5.5 m,建议允许承载力 90 kPa。第②层:淤泥质黏土,褐色,流塑,局部夹粉土、粉砂及砂壤土薄层,土质不均匀,层厚 0.6～1.8 m,建议允许承载力 70 kPa。第③层:壤土,褐黄色重壤土,局部含粉土,可塑,切面有光泽,干强度、韧性中等,层厚 1.0～5.8 m,建议允许承载力 120 kPa。第④层:砂壤土,黄色,夹壤土及粉砂薄层,松软,饱和,摇震反应中等,层厚 0.5～3.2 m,建议允许承载力 100 kPa。第⑤层:粉细砂,黄色,含壤土团块,饱和,摇震反应迅速,层厚 2.9～5.8 m,建议允许承载力 180 kPa。第⑥层:含砂礓壤土,黄色、褐黄色,重壤土、粉质壤土,含砂礓,局部夹粉细砂薄层,干强度、韧性高,揭露厚度 9.7 m,建议允许承载力 300 kPa。

控制运用原则:

民便河闸汛期控制闸上水位 19.5～20.0 m,遇南水北调工程调水、沙集站向北送水、徐洪河协助骆马湖泄洪、黄墩湖滞洪等特殊情况关闸。

最近一次安全鉴定情况:

一、鉴定时间:2021 年 12 月 19 日。

二、鉴定结论、主要存在问题及处理措施:经综合评定为二类闸。

主要存在问题:1 号、3 号孔胸腔仍在斜向开裂,通航孔(2 号)下闸门底梁局部变形。

处理措施:建议对开裂处尽快处理,对通航孔闸墩防护钢板加高。

最近一次除险加固情况:(徐水基〔2016〕74 号)

一、建设时间:2013 年 3 月 15 日—2015 年 3 月 20 日。

二、主要加固内容:拆除重建闸室及上下游连接段水工建筑物,配备闸门、启闭机及电气设备,新建启闭机房及管理闸房,连接两岸交通桥梁及其他工程等。

三、竣工验收意见、遗留问题及处理情况:

2016 年 6 月 20 日通过徐州市水利局组织的徐州市民便河闸除险加固工程竣工验收,桩号 11＋100 至 13＋440 段,规划南侧堤防结合航道实施,在未实施完成之前,管理单位做好防汛应急预案报防指核备。

发生重大事故情况:

无。

建成或除险加固以来主要维修养护项目及内容:

无。

目前存在主要问题:

启闭机房局部漏雨。

下步规划或其他情况:

无。

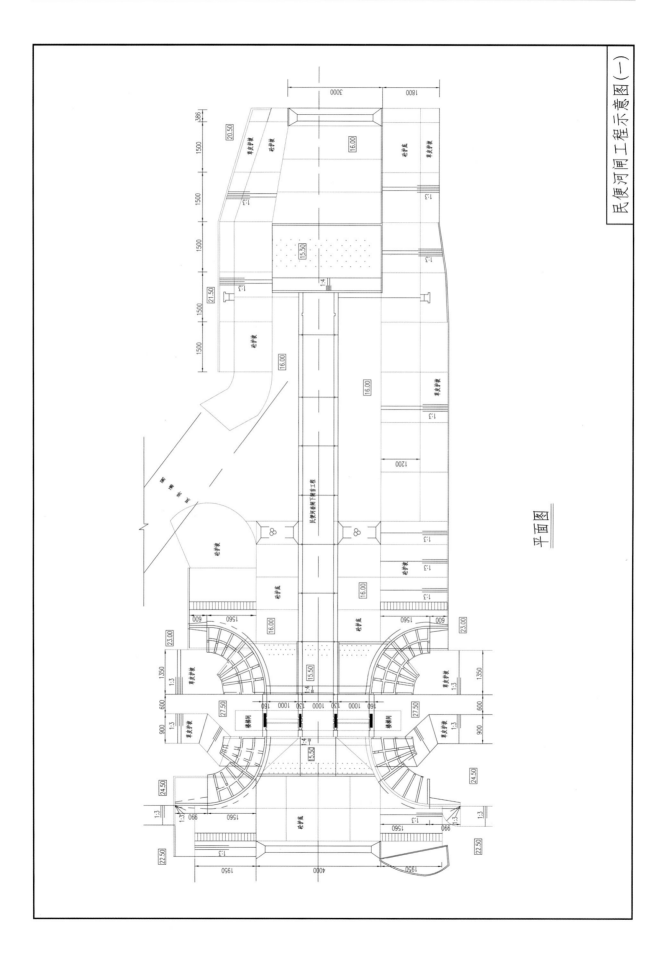

平面图

民便河闸工程示意图(一)

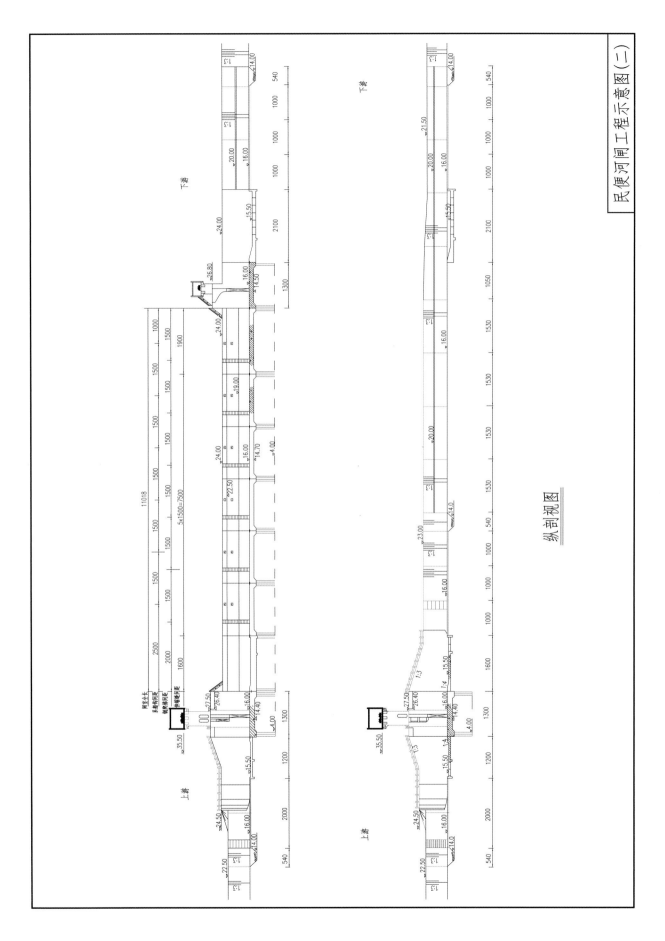

民便河闸工程示意图（二）

纵剖视图

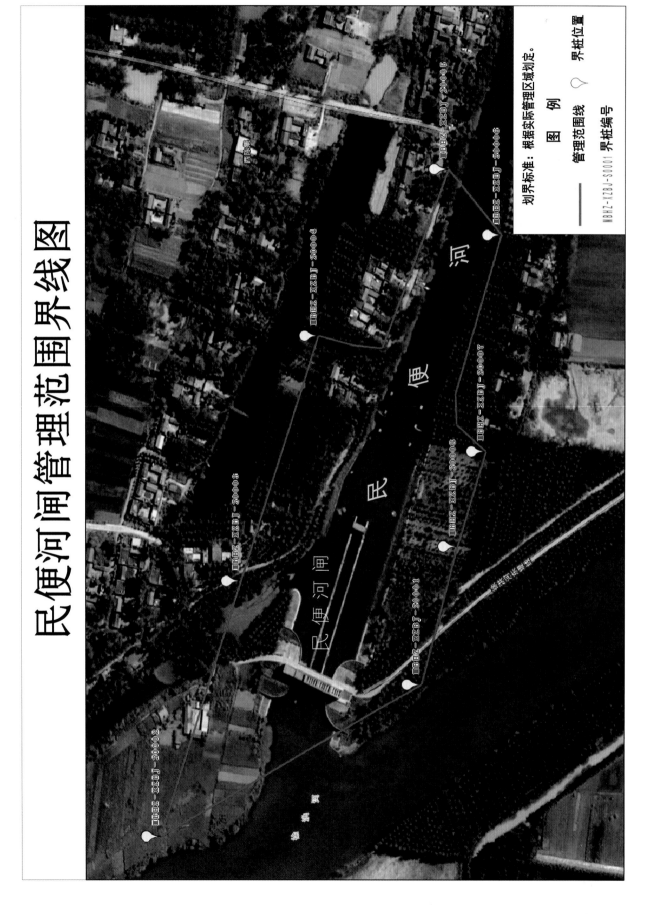

民便河闸管理范围界线图

后 姚 闸

管理单位:徐州市水利工程运行管理中心
大庙闸站管理所

闸孔数	3 孔		闸孔净高(m)	闸孔	3.85	所在河流	房改河		主要作用	补水排涝
	其中航孔			航孔		结构型式	开敞式			
闸总长(m)	109		每孔净宽(m)	闸孔	4	所在地	徐州市经济技术开发区大庙街道		建成日期	1994 年 5 月
闸总宽(m)	15.4			航孔		工程规模	中型		除险加固竣工日期	2016 年 7 月
主要部位高程(m)	闸顶	33.5	胸墙底	30.85	下游消力池底	26	工作便桥面		水准基面	废黄河
	闸底	27.0	交通桥面	33.5	闸孔工作桥面	38.6	航孔工作桥面			
	附近堤防顶高程	上游左堤	32.5	上游右堤	32.5	下游左堤	32.5	下游右堤		32.5
交通桥标准	设计		交通桥净宽(m)	3	工作桥净宽(m)	闸孔	3.3	闸门结构型式	闸孔	平面钢闸门
	校核		工作便桥净宽(m)			航孔			航孔	
启闭机型式	闸孔	螺杆式	启闭机台数	闸孔	3	启闭能力(t)	闸孔	2×20	钢丝绳规格	
	航孔			航孔			航孔		钢丝绳数量	m× 根
闸门钢材(t)		0.65	闸门(宽×高)(m×m)			建筑物等级	4	备用电源	装机	20 kW
设计标准		10 年一遇排涝设计				抗震设计烈度	Ⅶ		台数	1

规划设计参数		设计水位组合			校核水位组合			检修门	型式	平板钢闸门	小水电	容量	
		上游(m)	下游(m)	流量(m³/s)	上游(m)	下游(m)	流量(m³/s)		块/套	1 套		台数	
	稳定	32.00	30.50	75.00	32.00	28.00		历史特征值		日期		相应水位(m)	
		32.00	30.50	75.00								上游	下游
	消能	31.55	29.00	0~125.00				上游水位 最高		1997-08-17		30.9	
								上游水位 最低				27.9	
								最大过闸流量(m³/s)		1997-08-17		75	
	孔径	30.75	30.60	75.00	31.55	31.35	125.00						

护坡长度(m)	部位	上游	下游	坡比	护坡型式	引河(m)	上游	底宽	底高程	边坡	下游	底宽	底高程	边坡
	左岸	100	40	1:3	浆砌石			15	27	1:3		15	27	1:3
	右岸	100	40	1:3	浆砌石	主要观测项目				垂直位移				

现场人员	5 人	管理范围划定	上下游河道、堤防各 200 m,左右侧各 50 m。
		确权情况	证号:铜国用〔94〕字第 000065 号。确权面积:18 800 m²,发证日期:1994 年 12 月。

水文地质情况：

第一层：▽27.1 m～▽32.5 m，为重粉质壤土，夹淤泥质黏土薄层，贯入击数 N=4 击。

第二层：▽23.6 m～▽27.1 m，为轻粉质壤土，夹淤泥质黏土薄层，贯入击数 N＜4 击。

第三层：▽21.9 m～▽23.6 m，为粉质黏土夹砂礓，顶部有软黏土过滤层，贯入击数 N=11 击。

第四层：▽19.3 m～▽21.9 m，为粉质黏土夹砂礓，贯入击数 N=18 击。

第五层：▽19.3 m 以下，为层状灰岩。

控制运用原则：

房亭河大庙闸站上游控制水位 29.5～30.5 m；单集闸站上游控制水位 26.5～27.2 m。当大庙以上需排涝时，先开启后姚闸，如上游水位仍超 30.0 m 时，开启大庙站输水廊道协助排涝。

最近一次安全鉴定情况：

一、鉴定时间：2015 年 6 月。

二、鉴定结论、主要存在问题及处理措施：安全类别评定为三类闸。

主要存在问题：部分砼构件碳化严重，交通桥承载力不满足要求，启闭机涡轮磨损严重。

处理措施：建议更换交通桥，加强工程养护，采取防碳化处理。

最近一次除险加固情况：

一、建设时间：2016 年 7 月。

二、主要加固内容：更换后姚闸交通桥面，对混凝土结构进行碳化处理。

三、竣工验收意见、遗留问题及处理情况：工程竣工后经验收合格并投入使用，无遗留问题。

发生重大事故情况：

无。

建成或除险加固以来主要维修养护项目及内容：

1. 1999 年，3 台启闭机螺杆返厂调直处理。

2. 2010 年，对交通桥进行封拦，禁止机动车辆通行。

3. 2012 年，原混凝土闸门更新为钢闸门。

目前存在主要问题：

上游翼墙与边墩错缝，下沉 1～2 cm；下游翼墙与刺墙错缝严重，刺墙下沉 8～10 cm。

下步规划或其他情况：

列入徐州市房亭河综合治理工程。

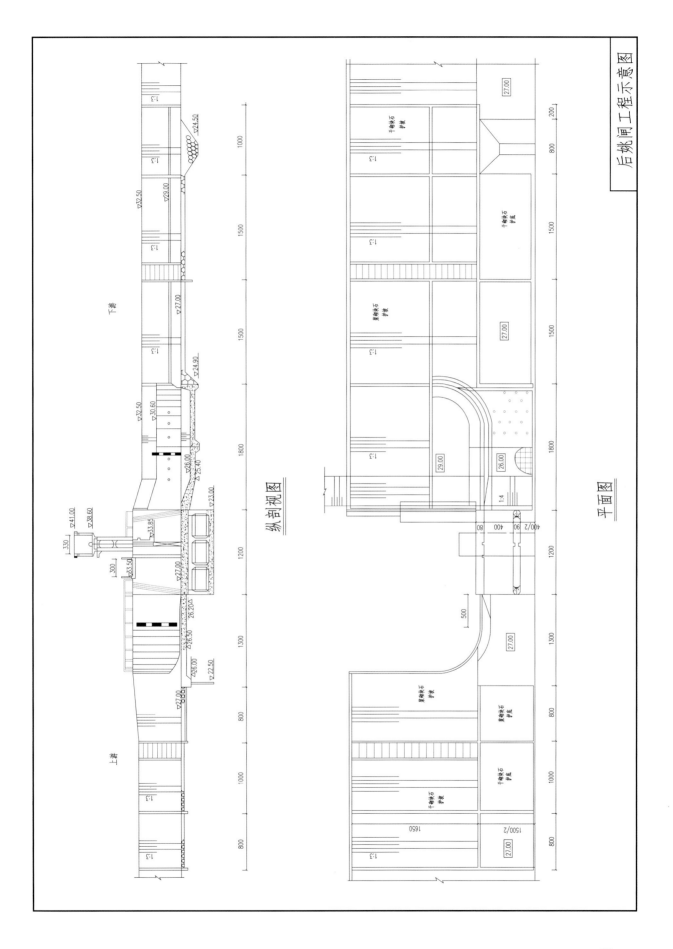

纵剖视图

平面图

后姚闸工程示意图

后姚闸管理范围界线图

图　例

管理范围线

界桩位置

界桩编号

HYZ-XZBJ-S0006

划界标准：上下游河道、堤防各二百米；左右侧各五十米。

单 集 闸

管理单位:徐州市水利工程运行管理中心
单集闸站管理所

闸孔数	5孔		闸孔净高(m)	闸孔	7.6	所在河流	徐洪河房亭河段	主要作用	蓄水防洪
	其中航孔			航孔		结构型式	开敞式		
闸总长(m)	166		每孔净宽(m)	闸孔	7	所在地	铜山区单集镇	建成日期	1991年5月
闸总宽(m)	42			航孔		工程规模	中型	除险加固竣工日期	年 月

主要部位高程(m)	闸顶	30.6	胸墙底		下游消力池底	17.8	工作便桥面	30.6	水准基面	废黄河
	闸底	23.0	交通桥面	30.6	闸孔工作桥面	39.4	航孔工作桥面			
	附近堤防顶高程	上游左堤	31.5	上游右堤	31.5	下游左堤	31.2	下游右堤	31.2	

交通桥标准	设计		交通桥净宽(m)	4.0	工作桥净宽(m)	4.5	闸门结构型式	闸孔	平面钢闸门
	校核		工作便桥净宽(m)	1.5				航孔	

启闭机型式	闸孔	卷扬式	启闭机台数	闸孔	5	启闭能力(t)	闸孔	2×12.5	钢丝绳	规格	中20
	航孔			航孔			航孔			数量	56 m×10 根

闸门钢材(t)		闸门(宽×高)(m×m)		建筑物等级	2	备用电源	装机	50 kW
设计标准	10年一遇排涝设计,20年一遇防洪校核			抗震设计烈度	Ⅷ		台数	1

规划设计参数		设计水位组合			校核水位组合			检修门	型式	平板钢门	小水电	容量	
		上游(m)	下游(m)	流量(m³/s)	上游(m)	下游(m)	流量(m³/s)		块/套	4		台数	
	稳定	26.98	26.83					历史特征值		日期		相应水位(m)	
												上游	下游
	消能	27.00	21.00~26.83	0~300.00	29.00	23.00~27.87	0~361.00	上游水位 最高		1996-06-29		27.8	24.5
								下游水位 最低					
								最大过闸流量(m³/s)					
	孔径	26.98	26.83	300.00	28.07	27.87	361.00						

护坡长度(m)	部位	上游	下游	坡比	护坡型式	引河(m)	上游	底宽	底高程	边坡	下游	底宽	底高程	边坡
	左岸	65	79	1:3	浆砌块石			30	23.00	1:3		35	19.00	1:3
	右岸	65	79	1:3	浆砌块石	主要观测项目			垂直位移、河床断面					

现场人员	19 人	管理范围划定	按照土地权属范围划定,用地面积为167 680 m²,其中堤防及生活区设施用地为149 800 m²,水面17 880 m²。
		确权情况	确权面积:167 680 m²。发证日期:1994年9月10日。证号:铜国用〔94〕字第000057号。

地质情况：

根据江苏省钻探队 1983 年 6 月勘探试验报告,单集闸地基分为 6 层。

第一层:高程 26.1 m 以上,为土黄色砂壤土,含较多粉砂质。

第二层:高程 26.1～24.8 m,为黄色或棕黄色壤土,含粉砂质,水平方向上土质不均匀,平均标贯击数 $N=2\sim7$,天然密度 1.87 kg/cm³,天然孔隙比 $\varepsilon=0.98$,$C=0.14$ MPa,$\Phi=14°$。

第三层:高程 24.8～20.8 m,为灰黄色粉砂土,土质松散、饱和、振动水析,含较多黏粒组分,不甚均匀,工程性质条件差,平均标准贯入击数,$N=3$ 击,最小 $N=1$ 击,$\rho=1.88$ kg/cm³,$C=0.02\sim0.06$ MPa,$\Phi=19°\sim18°$,此土层非经处理不宜作为水闸地基。

第四层:高程 20.8～19.1 m,为深灰—灰黑色壤土。该层为全新统(Q4)与上更新统(Q3)地层之分界。标贯击数 $N=5\sim10$ 击,$\rho=1.95$ kg/cm³,$C=0.29$ MPa,$\Phi=14°$,属压缩性中等偏高土,地基允许承载力为 $[R]=100$ kPa。

第五层:高程 19.1～9.1 m,为黄色壤土或黏土夹砂礓,标准贯入击数 $N=20$ 击,天然密度为 2.007 kg/cm³,$C=0.55$ MPa,$\Phi=21°$,是比较理想的天然地基,地基允许承载力为 $[R]=470$ kPa。

第六层:高程 9.1～7.28 m,为基岩强风化带,风化物为粒状、团块状,紧密标贯击数可达 90 击。

闸室底板底面高程为 20.80 m,处第 4 层,该层工程性质不适宜作闸室地基,经处理后变为黏土地基。

控制运用原则:

上游控制水位为 26.50～27.20 m。

最近一次安全鉴定情况:

一、鉴定时间:2020 年 12 月 3 日。

二、鉴定结论、主要存在问题及处理措施:经综合分析评价,单集闸工程运用指标基本达到设计标准为二类闸。

主要存在问题有:排架等部位存在碳化现象,建议尽快进行防碳化处理。

工程竣工验收情况:

一、建设时间:1990 年 3 月 7 日—1991 年 5 月。

二、主要工程内容:建设单集闸、站。

三、竣工验收意见、遗留问题及处理情况:1991 年 5 月 30 日通过竣工验收。

发生重大事故情况:

无。

建成或除险加固以来主要维修养护项目及内容:

1. 1993 年,更换 2♯闸门的纵向止水橡皮。

2. 2006 年,对闸门做了喷锌防腐处理。

3. 2007 年,新建启闭机房,对启闭机的交流接触器按钮、端子排、电缆盖板进行了更换。

4. 2008 年 4 月,闸门滚筒轴与轴瓦之间锈死,运行时导致连轴转动,影响设备的运行安全。为此,拆掉滚筒,用千斤顶顶掉大轴,把大轴送到水力机械厂重新车削,更换轴套,安装调试后正常运行。

5. 2008 年 5 月,更换全部钢丝绳。

6. 2015 年 12 月,对翼墙、排架、交通桥的砼表面进行防碳化处理,交通桥栏杆更换为花岗岩栏杆,工作便桥栏杆更换为不锈钢栏杆。拆除原单集闸南侧桥头堡,在闸北侧新建封闭式桥头堡,桥头堡采用钢筋砼基础。原启闭机房保留标高 43.2 m 以下原钢结构屋架立柱部分,其余全部拆除,结合桥头堡新做钢结构屋架,外墙面干挂铝塑板,屋面采用油毡瓦屋面结构。

7. 2018 年 3 月,闸门进行防腐处理,同时更换五孔闸门槽内角铁、闸门底部的木质密封减震板、闸门止水橡皮等,3 号闸门增加 1 t 配重,2 号、4 号滚筒进行调整,更换检修行车。

8. 2021 年 11 月,单集闸下游 300 m 河道清淤。

目前存在主要问题:

无。

下步规划或其他情况:

无。

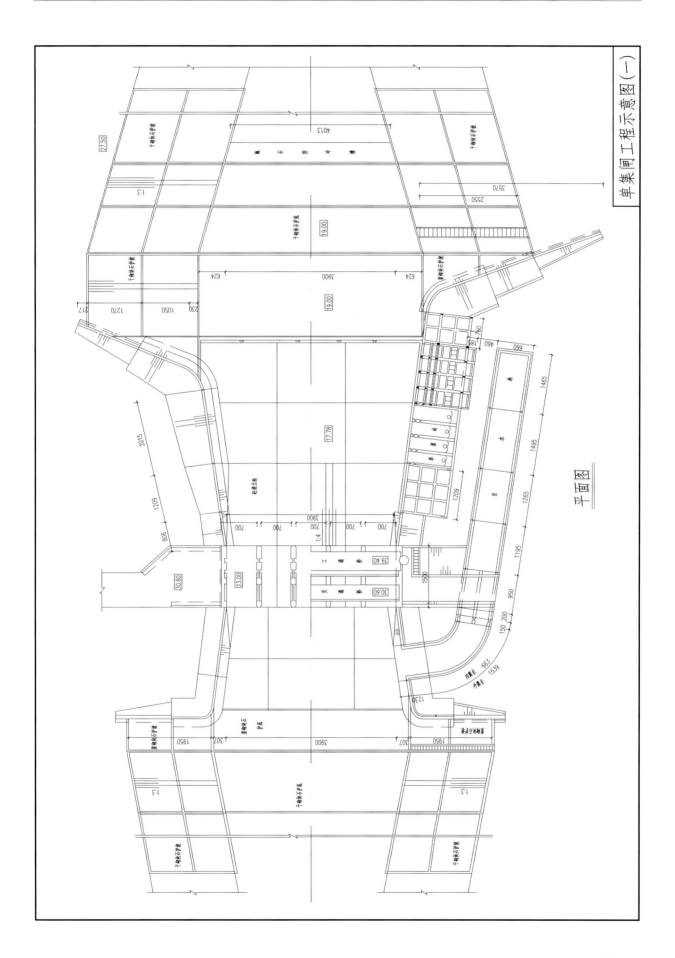

单集闸工程示意图（一）

平面图

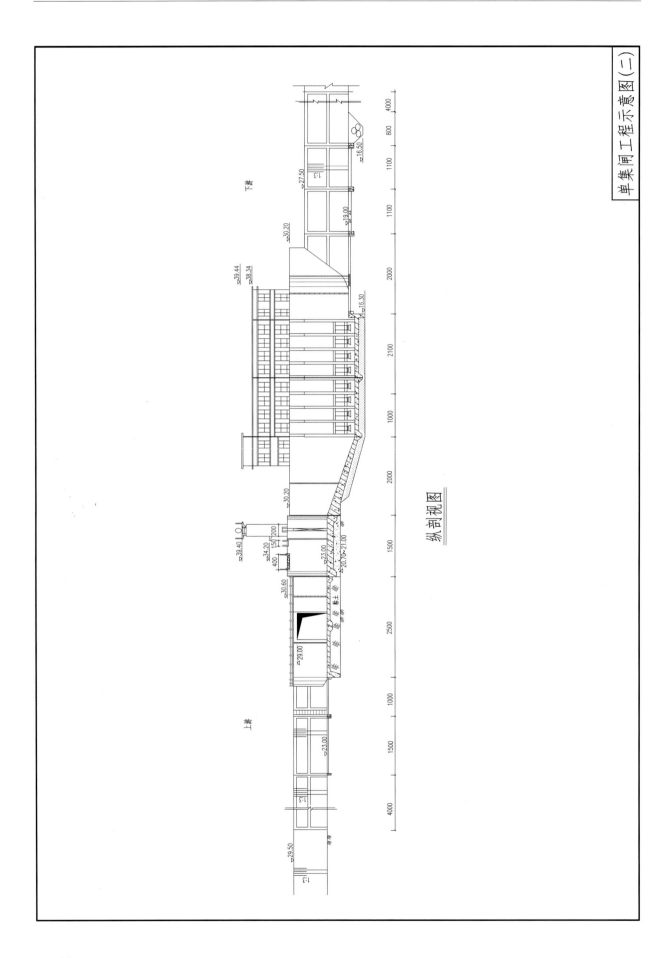

纵剖视图

单集闸工程示意图（二）

单集闸管理范围界线图

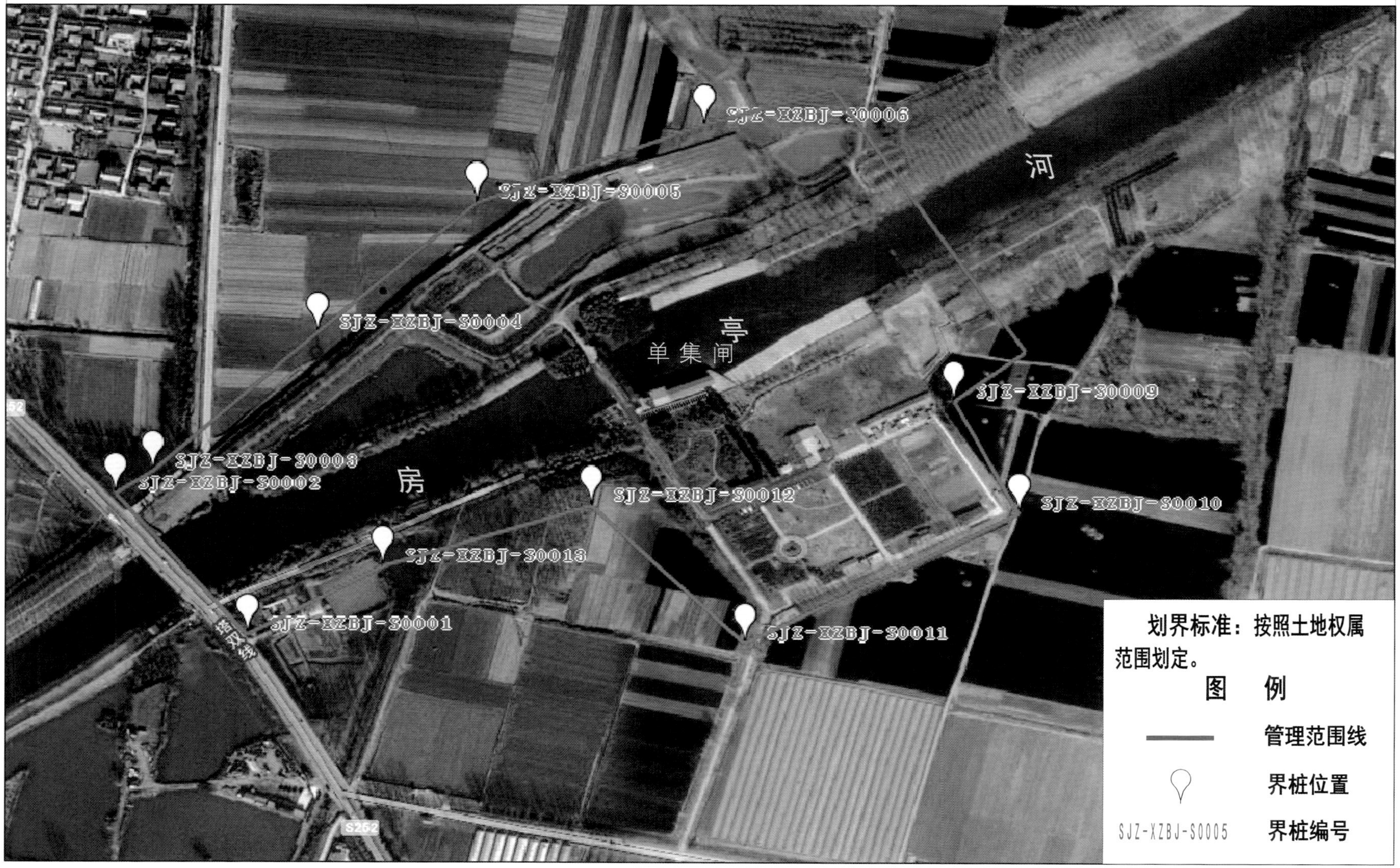

SJZ-XZBJ-S0006
SJZ-XZBJ-S0005
SJZ-XZBJ-S0004
SJZ-XZBJ-S0003
SJZ-XZBJ-S0002
SJZ-XZBJ-S0001
SJZ-XZBJ-S0009
SJZ-XZBJ-S0010
SJZ-XZBJ-S0011
SJZ-XZBJ-S0012
SJZ-XZBJ-S0013
房
亭
河
单集闸
S252
划界标准：按照土地权属范围划定。
图 例
管理范围线
界桩位置
SJZ-XZBJ-S0005
界桩编号

刘 集 地 涵

管理单位:徐州市水利工程运行管理中心

刘集地下涵闸管理所

闸孔数	20孔		闸孔净高 (m)	闸孔	4.0	所在河流		房亭河		主要作用		排涝、防洪、 灌溉、送水
	其中航孔			航孔		结构型式		涵洞式				
闸总长(m)	224		每孔净宽 (m)	闸孔	3.6	所在地		邳州市议堂镇		建成日期		1991年5月
闸总宽(m)	42.2			航孔		工程规模		中型		除险加固竣工日期		年 月
主要部位高程(m)	闸顶	南北闸27.0 排洪口24.0	胸墙底		19.0	下游消力池底	14.2		工作便桥面	排洪口24.0	水准基面	废黄河
	闸底	南北闸15.0 排洪口18.5	交通桥面		28.5	闸孔工作桥面	南北闸32.8 排洪口29.7		航孔工作桥面			
	附近堤防顶高程		上游左堤		28.5	上游右堤	28.5		下游左堤	28.5	下游右堤	28.5
交通桥标准	设计		交通桥净宽(m)			工作桥净宽(m)	3.98		闸门结构型式	闸孔		平面钢闸门
	校核		工作便桥净宽(m)		8					航孔		
启闭机型式	闸孔	螺杆式	启闭机台数	闸孔	30	启闭能力(t)	闸孔	15	钢丝绳	规格		m× 根
	航孔			航孔			航孔			数量		
闸门钢材(t)			闸门(宽×高)(m×m)		3.36×4.535	建筑物等级	2		备用电源	装机		90/10 kW
设计标准		20年一遇设计,100年一遇校核				抗震设计烈度	Ⅷ			台数		2

规划设计参数		设计水位组合			校核水位组合			检修门	型式		小水电	容量	
		上游 (m)	下游 (m)	流量 (m³/s)	上游 (m)	下游 (m)	流量 (m³/s)		块/套			台数	
	稳定	18.60 徐洪河	18.60 徐洪河					历史特征值		日期		相应水位(m)	
		24.49 房亭河	23.86 徐洪河	400.00								上游	下游
	消能	25.57 房亭河	24.59 徐洪河	500.00				上游水位 最高		2020-06-18		23.04	20.31
								下游水位 最低					
	孔径	22.30 徐洪河	22.03 徐洪河	200.00				最大过闸流量 (m³/s)					

护坡长度(m)	部位	上游	下游	坡比	护坡型式	引河(m)	上游	底宽	底高程	边坡	下游	底宽	底高程	边坡
	左岸	200		1:3	浆砌块石			24.0	25.0	1:3		24.0	15.0	1:3
	右岸	200		1:3	浆砌块石	主要观测项目				垂直位移、河床断面				

现场人员	11人	管理范围划定	上下游河道、堤防各200 m,左右侧各50 m。
		确权情况	已确权,确权面积:220 222.19 m²。发证日期:1994年7月。证书号:邳国用字第38-20号、38-21号。

水文地质情况：

第一层：高程 23.0～21.0 m,轻中粉质壤土,天然含水率为 26.2％。第二层：高程 21.0～18.0 m,灰色粉砂土,天然含水率为 33.0％。第三层：高程 18.0～16.6 m,淤泥质黏土及淤泥,天然含水率为 60.6％。第四层：高程 16.6～14.1 m,可塑性土,天然含水率为 28.2％。第五层：高程 14.1～4.8 m,可塑硬塑性黏土,天然含水率为 23.3％。第六层：4.8～2.1 m,紧密中粗砂,天然含水率为 14.6％。第七层：硬塑性壤土,天然含水率为 28.4％。

控制运用原则：

1. 预告骆马湖水位超过 24.5 m 并预报继续上涨时,按照省调度指令,刘集地涵天窗泄洪孔开启,调泄骆马湖洪水 200～400 m³/s,此时及实施黄墩湖滞洪时房亭河以北涝水不能通过刘集地涵南排。

2. 房亭河以北彭河涝水通过房亭河地涵排入邳洪河,当邳洪河水位顶托时,开启刘集地涵下层协助排水;当刘集地涵无法自排时,刘山南站、刘集站开机抽排,必要时报请省启用南水北调邳州站开机抽排。

最近一次安全鉴定情况：

一、鉴定时间:2020 年 9 月 2 日。

二、鉴定结论、主要存在问题及处理措施:经综合评定为二类闸。

主要存在问题:1.节制闸排架、闸墩、工作桥大梁,局部存在胀裂露筋现象。2.翼墙与闸墩接缝处渗水。3.闸门涂层局部不满足要求。

处理措施:1.对排架、闸墩等进行防碳化处理,延缓混凝土碳化的深度。2.对翼墙与闸墩、翼墙与翼墙接缝处渗水部位进行处理。3.对闸门进行防腐处理。

工程竣工验收情况：

一、建设时间:1990 年 11 月 1 日—1991 年 5 月。

二、主要加固内容:建设刘集地涵。

三、竣工验收意见、遗留问题及处理情况:1991 年 5 月 30 日通过竣工验收,工程质量评定为优良,由徐州市徐洪河续建工程指挥部报请验收。

发生重大事故情况：

无。

建成或除险加固以来主要维修养护项目及内容：

无。

目前存在主要问题：

无。

下步规划或其他情况：

无。

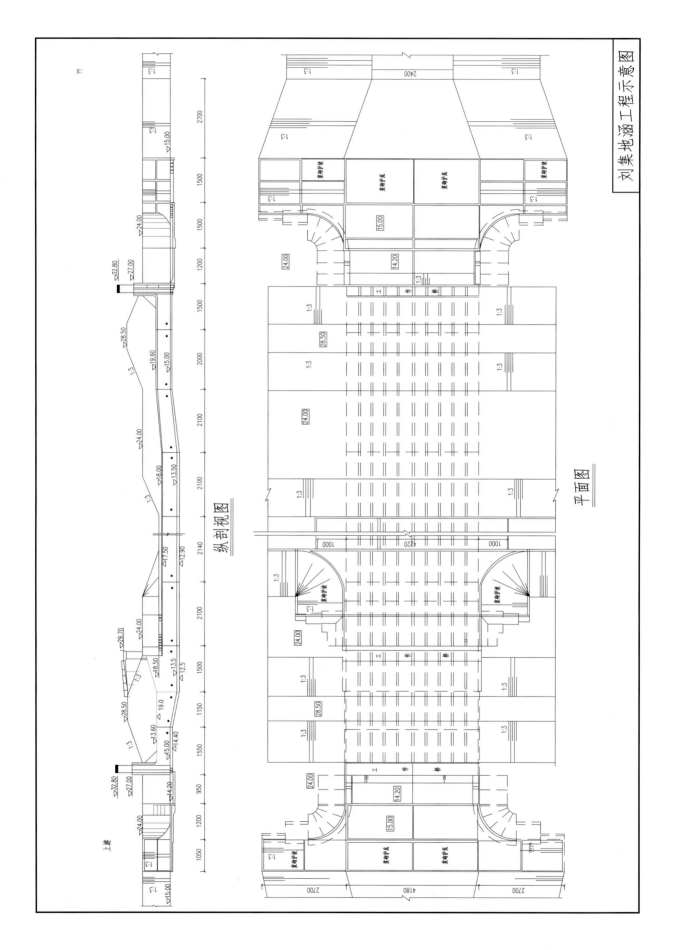

刘集地涵工程示意图

纵剖视图

平面图

刘集地涵管理范围界线图

划界标准：上下游河道、堤防各二百米、左右侧各五十米。

图　例

———　管理范围线

◯　界桩位置

LJDH-XZBJ-S0013　界桩编号

LJDH-XZBJ-S0002
LJDH-XZBJ-S0004
LJTDH-XZBJ-S0006
LJDH-XZBJ-S0008
LJDH-XZBJ-S0009
LJDH-XZBJ-S0010
LJDH-XZBJ-S0011
LJDH-XZBJ-S0012
LJDH-XZBJ-S0003
LJDH-XZBJ-S0005
LJDH-XZBJ-S0007
LJDH-XZBJ-S0013
LJDH-XZBJ-S0014
LJDH-XZBJ-S0001
LJDH-XZBJ-S0017
LJDH-XZBJ-S0016
LJDH-XZBJ-S0015

华 沂 闸

管理单位:徐州市水利工程运行管理中心
刘集地下涵闸管理所

闸孔数	3	闸孔净高(m)	闸孔	8	所在河流	老沂河	主要作用	排涝、灌溉、蓄水
	其中航孔		航孔		结构型式	开敞式		
闸总长(m)	126.1	每孔净宽(m)	闸孔	7.6	所在地	邳州市炮车镇	建成日期	1955 年 12 月
闸总宽(m)	66.8		航孔		工程规模	中型	除险加固竣工日期	2013 年 12 月

主要部位高程(m)	闸顶	30.5	胸墙底		下游消力池底	21.0	工作便桥面	30.5	水准基面	废黄河
	闸底	22.5	交通桥面	30.5	闸孔工作桥面	35.8	航孔工作桥面			
	附近堤防顶高程		上游左堤	31.95	上游右堤	29.18	下游左堤	30.50	下游右堤	30

交通桥标准	设计	公路Ⅱ级×0.8	交通桥净宽(m)	4.3+2×0.5	工作桥净宽(m)	闸孔	3.5	闸门结构型式	闸孔	平面钢闸门
	校核		工作便桥净宽(m)	1.75		航孔			航孔	

启闭机型式	闸孔	卷扬式	启闭机台数	闸孔	3	启闭能力(t)	闸孔	2×10	钢丝绳	规格	6×19-14.5-170
	航孔			航孔			航孔			数量	50 m×6 根

闸门钢材(t)	6.0	闸门(宽×高)(m×m)	7.73×3.5	建筑物等级	3	备用电源	装机	30 kW
设计标准	10 年一遇排涝设计,20 年一遇防洪校核			抗震设计烈度	Ⅷ		台数	1

规划设计参数		设计水位组合			校核水位组合			检修门	型式	浮箱叠梁门	小水电	容量	
		上游(m)	下游(m)	流量(m³/s)	上游(m)	下游(m)	流量(m³/s)		块/套	4		台数	
	稳定	25.50	23.50		26.80	26.50	195.01	历史特征值		日期		相应水位(m)	
		25.50	23.50		25.50	22.50						上游	下游
		25.00	无水					上游水位	最高	2021-07-29		25.1	23.5
	消能	25.00	无水	0~300.00				下游水位	最低	2020-11-29		23.0	22.8
		25.00	23.50					最大过闸流量(m³/s)				100	
	孔径	25.50	25.20	149.63	26.80	26.50	195.01						

护坡长度(m)	部位	上游	下游	坡比	护坡型式	引河(m)		底宽	底高程	边坡		底宽	底高程	边坡
	左岸	30	65	1:3	浆砌块石		上游	65.5	21.75	1:3	下游	70	22.50	1:3
	右岸	30	300	1:3	浆砌块石	主要观测项目				垂直位移				

现场人员	5 人	管理范围划定	按照土地权属范围划定。
		确权情况	已确权,确权面积:493 846.8 m²。发证日期:1994 年 11 月。证书号:新国用〔94〕字第 11163 号。

水文地质情况：

①层壤土：灰色、黄夹灰色，夹薄砂层，局部夹粗砂粒。切面稍光滑，有光泽，无摇震反应，干强度及韧性中等。层厚 2.0～3.9 m，层底高程 22.10～23.40 m。该层全场地分布，局部土质软弱，为河坡组成土层。

②层壤土：灰色、黄夹灰、黄褐色，夹薄砂层，局部夹粗砂粒，下部夹铁锰结核。切面稍光滑，有光泽，无摇震反应，干强度及韧性中等。层厚 2.0～3.4 m，层底高程 20.00～20.20 m。该层全场地分布，为河底揭露土层，局部稍软。

③层粗砂：黄、黄夹灰白色，局部夹黏土层。层厚 0.6～0.9 m，层底高程 18.00～18.80 m。该层全场地分布，为③层夹层，分布在③层中部。

④层含砂礓壤土：灰色、黄夹灰色，夹粗砂粒，含铁锰结核、砂礓，上部砂礓含量少，下部砂礓局部含量较多，局部富集成盘，砂礓直径 1～10 cm 大小不等。硬塑，切面光滑，有光泽，无摇振反应，干强度及韧性高。层厚 4.9～5.7 m，层底高程 13.70～14.40 m。该层全场地分布。

⑤层粗砂：黄、黄白色，局部含砾石，夹黏土薄层及黏土团块，饱和，密实。层厚 1.2～2.1 m，层底高程 12.70～13.00 m。该层全场地分布。

⑥层含砂礓壤土：黄夹灰、灰褐色，局部为黏土，夹粗砂粒，含铁锰结核、砂礓，砂礓局部富集成盘。硬塑—坚硬，切面光滑，有光泽，无摇振反应，干强度及韧性高。该层全场地分布，未揭穿，最大揭露厚度 7.8 m。

控制运用原则：

控制闸上水位 24.5～25.5 m，有排涝要求时，闸上控制水位不超过 25.5 m。开闸排涝后，闸上水位下降到 24.5 m 时关闸，待水位回升到 25.5 m 时再开闸，间隔运用，兼顾上下游排涝。

最近一次安全鉴定情况：

一、鉴定时间：2020 年 12 月。

二、鉴定结论、主要存在问题及处理措施：经综合评定为二类闸。

主要存在问题：翼墙为浆砌石结构，不利于抗震。

处理措施：加强日常维修养护，确保工程安全运行。

最近一次除险加固情况：(徐水基〔2014〕136 号)

一、建设时间：2012 年 10 月 7 日—2013 年 10 月。

二、主要加固内容：1.闸室加固：① 封堵闸室两侧边孔共 4 孔，保留中间 3 孔；② 原弧形闸门改为平面钢闸门；③ 结合门槽改造将闸墩采用 20 cm 钢筋混凝土罩面；④ 拆除重建排架、工作桥及交通桥，增做上游检修便桥及启闭机房。2.上下游翼墙浆砌石表面勾缝处理。3.上下游护坡维修。4.上下游河道清淤及防冲槽修复。

三、竣工验收意见、遗留问题及处理情况：2014 年 12 月 18 日通过徐州市水利局组织的徐州市华沂闸除险加固工程竣工验收，无遗留问题。

发生重大事故情况：

无。

建成或除险加固以来主要维修养护项目及内容：

无。

目前存在主要问题：

无。

下步规划或其他情况：

无。

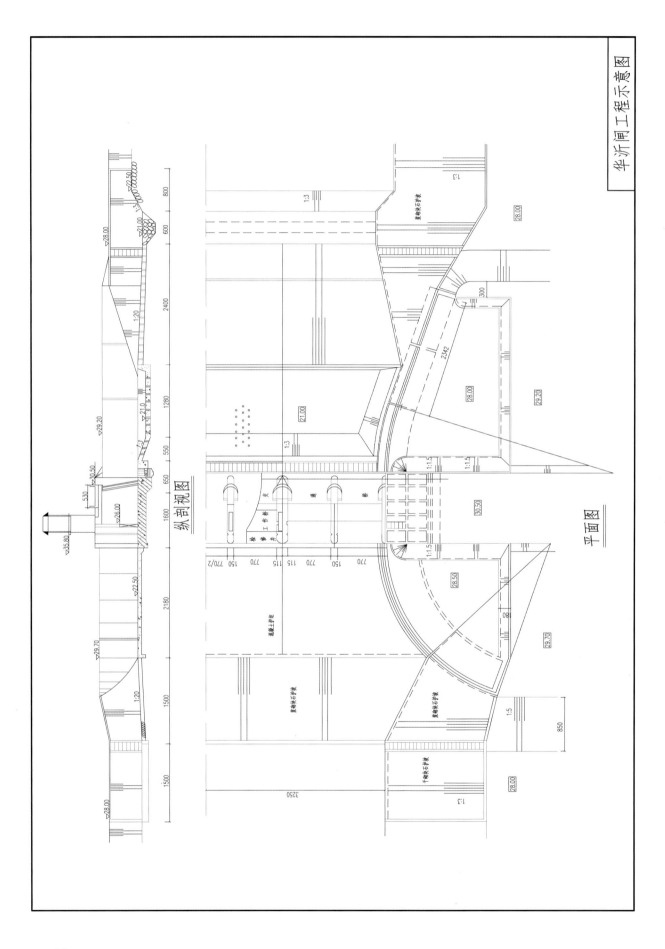

华沂闸工程示意图

纵剖视图

平面图

华沂闸管理范围界线图

丁 楼 闸

管理单位:徐州市水利工程运行管理中心
丁万河闸站管理所

闸孔数	3孔		闸孔净高(m)	闸孔	3.5	所在河流	废黄河	主要作用	防洪、灌溉
	其中航孔			航孔		结构型式	涵洞式		
闸总长(m)	149.84		每孔净宽(m)	闸孔	3.0	所在地	泉山区丁楼村	建成日期	1979年10月
闸总宽(m)	12.0			航孔		工程规模	中型	除险加固竣工日期	2008年10月
主要部位高程(m)	闸顶	39.5	胸墙底	37.5	下游消力池底	32.8	工作便桥面	39.5	水准基面 废黄河
	闸底	34.0	交通桥面	42.5	闸孔工作桥面	44.5	航孔工作桥面		
	附近堤防顶高程	上游左堤	42.5	上游右堤	42.5	下游左堤	40.5	下游右堤	40.5
交通桥标准	设计	汽-8	交通桥净宽(m)	7.0	工作桥净宽(m)	闸孔	4.5	闸门结构型式	闸孔 平面钢闸门
	校核		工作便桥净宽(m)	1.85		航孔			航孔
启闭机型式	闸孔	卷扬式	启闭机台数	闸孔	3	启闭能力(t)	闸孔	1×20	钢丝绳 规格 直径24 mm
	航孔			航孔			航孔		数量 40 m×3根

闸门钢材(t)	34.8	闸门(宽×高)(m×m)		建筑物等级	2	备用电源	装机	50 kW
设计标准	50年一遇设计,100年一遇校核			抗震设计烈度	Ⅶ		台数	1

规划设计参数		设计水位组合			校核水位组合			检修门	型式		小水电	容量	
		上游(m)	下游(m)	流量(m³/s)	上游(m)	下游(m)	流量(m³/s)		块/套			台数	
	稳定	38.50	36.50	正常蓄水	39.50	36.50	最高挡水	历史特征值		日期		相应水位(m)	
		37.50	34.00	最低蓄水								上游	下游
		38.50	34.00	防渗									
	稳定	38.50~38.50	34.50~36.50					上游水位 最高	1982-07-24	40.05		
		38.50~40.50	36.00~37.80	0~150.00				下游水位 最低	1984-08-29		34.00
	孔径	40.00	37.40	150.00(50年一遇)	40.50	37.80	150.00(50年一遇)	最大过闸流量(m³/s)				

护坡长度(m)	部位	上游	下游	坡比	护坡型式	引河(m)	上游	底宽	底高程	边坡	下游	底宽	底高程	边坡
	左岸	30	59	1:3	浆砌块石			20	34.00	1:3		30	34.00	1:3
	右岸	30	59	1:3	浆砌块石	主要观测项目			垂直位移					

现场人员	3人	管理范围划定	上下游河道、堤防各100 m,左右岸各50 m。
		确权情况	已确权,确权面积48 259 m²。证书号:徐土国用97字第09101号。发证日期:1997年6月。

水文地质情况：

工程场地位于故黄河冲洪积地层区，地基结构相对较为简单，上部以粉土、粉砂为主，其下为壤土与含砂礓黏土，经钻探揭示，丁楼闸地面到高程 25.60 m 为粉砂层（局部夹杂淤泥质壤土），地基持力承载力 90 kPa，为地震液化土层；高程 25.60～24.00 m 为壤土层，地基持力层承载力 120 kPa；高程 24.00 m 以下为含砂礓黏土，地基持力层承载力 250 kPa。

涵洞底板高程 33.40 m，上游翼墙底板高程 33.40 m，下游翼墙底板高程 32.20 m。均在粉砂层上，采用水泥土搅拌桩围封方法对建筑物进行消液化处理，水泥掺入量 15%。

控制运用原则：

控制闸上水位 37.2～37.5 m。

最近一次安全鉴定情况：

一、鉴定时间：2020 年 12 月 23 日。

二、鉴定结论、主要存在问题及处理措施：综合安全类别评定为二类闸。

主要存在问题：排架、闸墩、翼墙、检修便桥等部位存在胀裂露筋，3 号闸门漏水，建议尽快处理。

最近一次除险加固情况：

一、建设时间：2008 年 2 月 10 日—2008 年 10 月。

二、主要加固内容：原址拆除重建丁楼闸。

三、竣工验收意见、遗留问题及处理情况：2008 年 5 月 20 日通过徐州市水利局徐州市故黄河治理丁楼闸改建工程水下工程验收。

发生重大事故情况：

无。

建成或除险加固以来主要维修养护项目及内容：

无。

目前存在主要问题：

排架、闸墩、翼墙、检修便桥等部位胀裂露筋部位，3 号闸门漏水。

下步规划或其他情况：

尽快对胀裂露筋部位进行修复。

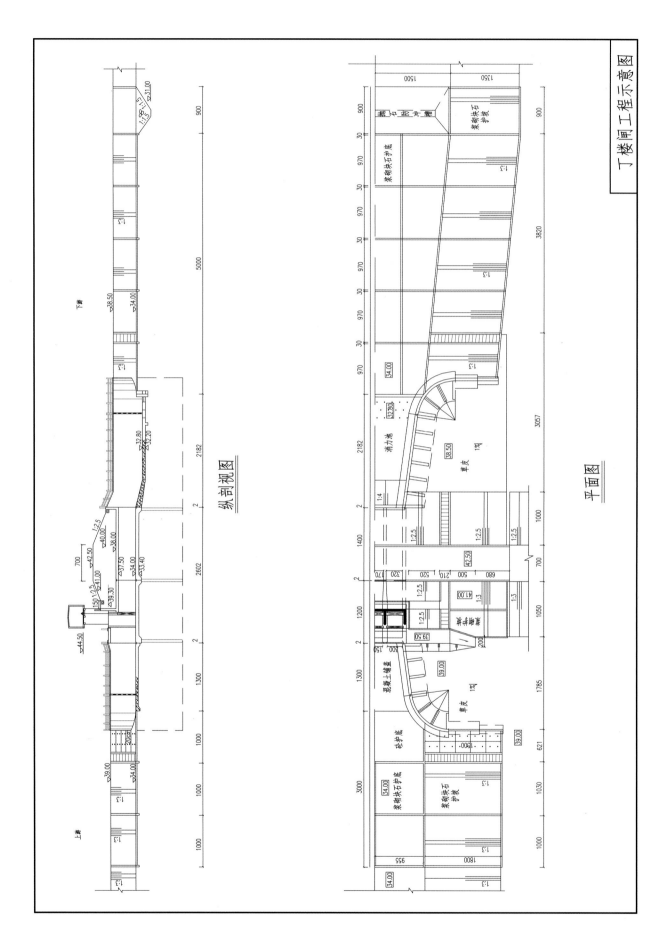

丁楼闸工程示意图

纵剖视图

平面图

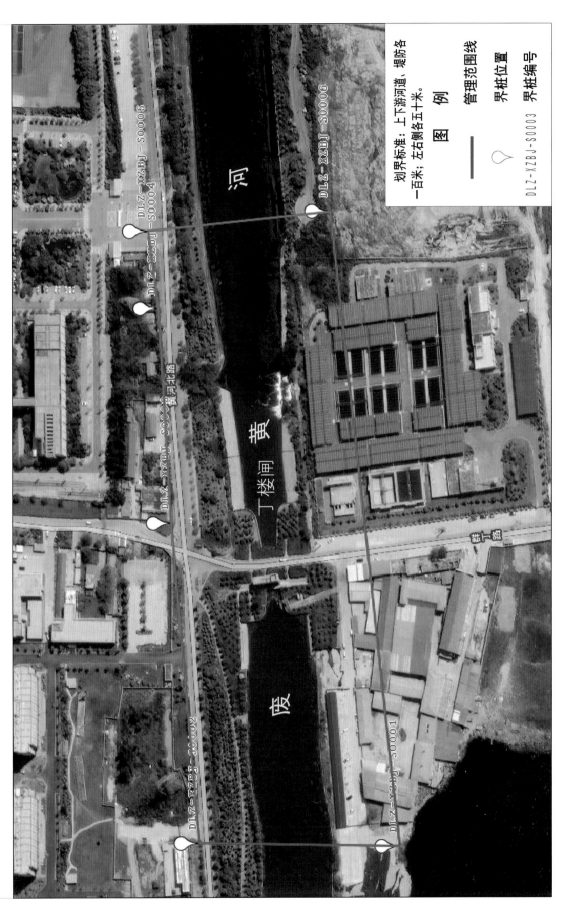

丁楼闸管理范围界线图

李 庄 闸

管理单位:徐州市水利工程运行管理中心

奎河闸站管理所

闸孔数	3孔	闸孔净高(m)	闸孔	3	所在河流	废黄河	主要作用	防洪、节制
	其中航孔		航孔		结构型式	开敞式		
闸总长(m)	101	每孔净宽(m)	闸孔	10	所在地	云龙区李庄村	建成日期	1986年7月
闸总宽(m)	34.6		航孔		工程规模	中型	除险加固竣工日期	2007年10月

主要部位高程(m)	闸顶	38.6	胸墙底		下游消力池底	31.5	工作便桥面	38.6	水准基面	废黄河
	闸底	33.0	交通桥面	38.6	闸孔工作桥面	44.6	航孔工作桥面			
	附近堤防顶高程		上游左堤	37.8	上游右堤	37.8	下游左堤	37.5	下游右堤	37.5

交通桥标准	设计	公路Ⅱ级	交通桥净宽(m)	6	工作桥净宽(m)	闸孔	4	闸门结构型式	闸孔	平面钢闸门
	校核		工作便桥净宽(m)	2.5		航孔			航孔	

启闭机型式	闸孔	3	启闭机台数	闸孔	3	启闭能力(t)	闸孔	2×20	钢丝绳	规格	m× 根
	航孔			航孔			航孔			数量	

闸门钢材(t)		闸门(宽×高)(m×m)	10×4	建筑物等级	3	备用电源	装机	50kW
设计标准	20年一遇排涝设计,100年一遇防洪校核			抗震设计烈度	Ⅶ		台数	1

规划设计参数		设计水位组合			校核水位组合			检修门	型式	浮箱叠梁门	小水电	容量	
		上游(m)	下游(m)	流量(m³/s)	上游(m)	下游(m)	流量(m³/s)		块/套	4		台数	
	稳定	36.50	35.00	183.00				历史特征值		日期	相应水位(m)		
											上游	下游	
	消能	36.50	33.35～35.56	10.00～150.00				上游水位	最高				
		37.50	33.35～35.56	10.00～150.00				下游水位	最低				
	防渗	36.50	33.00					最大过闸流量(m³/s)					
	孔径	36.85	36.75	191.00	37.60	37.44	237.00						

护坡长度(m)	部位	上游	下游	坡比	护坡型式	引河(m)	上游	底宽	底高程	边坡	下游	底宽	底高程	边坡
	左岸	40	55	1:3	浆砌块石			50	33	1:4		56	32.5	1:4
	右岸	40	55	1:3	浆砌块石	主要观测项目				垂直位移、河床断面				

现场人员	4人	管理范围划定	上下游河道、堤防各100 m,左右岸各50 m。
		确权情况	已确权,确权面积14 900.2 m²(徐土国用〔2002〕字第11838～11841号)。

水文地质情况：

根据钻探揭露，地层结构自上而下分述如下：

①层粉砂：黄色、灰黄色，松散、稍湿—饱和，摇震析水反应迅速，上部夹杂草根及少量碎石，夹褐色砂壤土、壤土、淤泥质黏土薄层。标贯 3～8 击，渗透系数 3.16×10^{-4}～6.12×10^{-4} cm/s。层厚 6.50～8.40 m，层底高程 28.82～29.80 m，该层全场地分布，为原闸基础持力层。建议允许承载力 90 kPa。

①-1 层壤土：灰褐色，软塑—可塑，局部含砂壤土团块，切面稍光滑，干强度中等，韧性中等。标贯 5 击，渗透系数 5.12×10^{-5} cm/s。厚度 1.60 m。该层为①粉砂夹层，以透镜体形式存在，仅在 2♯ 揭示，为河坡土层。建议允许承载力 80 kPa。

②层淤泥质黏土：灰、灰褐色，流塑—软塑，饱和。干强度低较高，韧性较高。标贯 1～3 击，压缩模量 0.65～0.89 MPa，渗透系数 8.17×10^{-6} cm/s。层厚 0.7～2.0 m，层底高程 28.12～28.60 m。该层全场地分布。建议允许承载力 65 kPa。

③层壤土：灰、灰褐色，可塑，含铁锰结核，切面较光滑，干强度中等，韧性中等。标贯 4～7 击，压缩模量 0.39～0.42 MPa，渗透系数 2.15×10^{-5} cm/s。层厚 0.90～1.5 m，层底高程 26.42～27.10 m。该层全场地分布，建议允许承载力 100 kPa。

④层含砂礓壤土：黄夹灰色，硬塑—坚硬，含砂礓及少量铁锰结核，上部砂礓含量较少，中下部砂礓含量较多，局部砂礓富集胶结成团，无摇震反应，切面较光滑，干强度中等，韧性中等。标贯 11～20 击，压缩模量 0.17～0.24 MPa，渗透系数 3.19×10^{-5} cm/s。该层全场地分布，控制厚度 4.8 m。

控制运用原则：

控制闸上水位 36.0～36.2 m。

最近一次安全鉴定情况：

一、鉴定时间：2020 年 12 月 29 日。

二、鉴定结论、主要存在问题及处理措施：安全类别评定为一类闸。

最近一次除险加固情况：（徐水基〔2007〕26 号）

一、建设时间：2007 年 1 月 3 日—2007 年 10 月。

二、主要加固内容：原址拆除重建李庄闸。

三、竣工验收意见、遗留问题及处理情况：2007 年 5 月 15 日通过徐州市水利局组织的徐州市故黄河李庄闸水下工程验收；2007 年 10 月完工，无遗留问题。

发生重大事故情况：

无。

建成或除险加固以来主要维修养护项目及内容：

1. 2019 年对三扇闸门进行除锈、刷漆，更换止水橡皮、压条等。

2. 2021 年李庄闸下游右岸护坡维修工程：长约 40 m，面积约 316 m²，重新浇筑现浇混凝土护坡。

目前存在主要问题：

无。

下步规划或其他情况：

无。

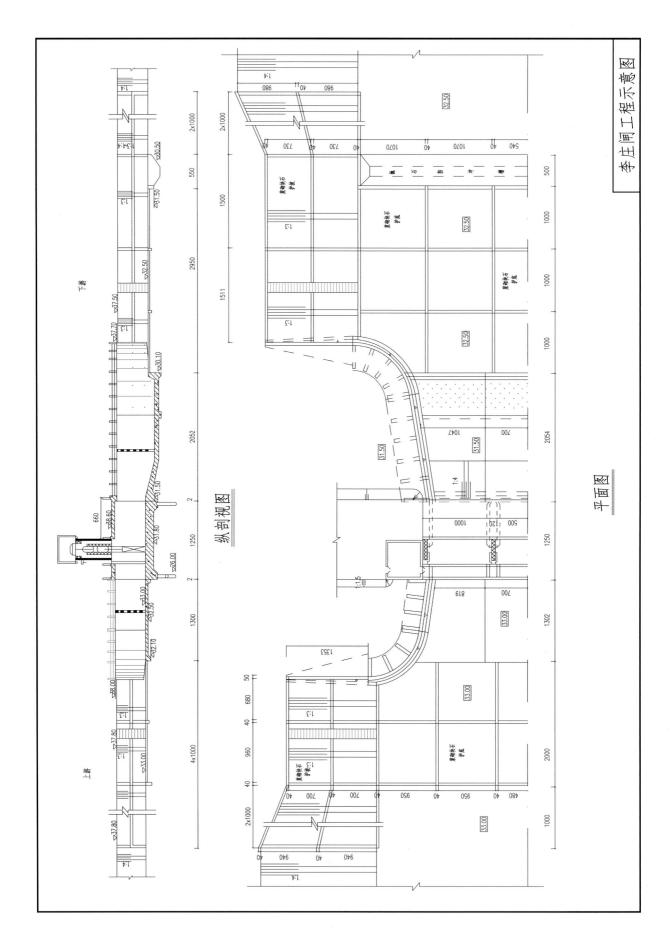

李庄闸工程示意图

纵剖视图

平面图

李庄闸管理范围界线图

划界标准：上下游河道、堤防各一百米；左右侧各五十米。

图 例

—— 管理范围线

◯ 界桩位置

LZZ-XZBJ-S0003 界桩编号

温 庄 闸

管理单位:徐州市水利工程运行管理中心
单集闸站管理所

闸孔数	5孔		闸孔净高(m)	闸孔	6	所在河流	废黄河		主要作用	防洪、排涝、蓄水	
	其中航孔			航孔		结构型式	开敞式				
闸总长(m)	131.5		每孔净宽(m)	闸孔	5.5	所在地	铜山区房村镇		建成日期	1972年8月	
闸总宽(m)	34.7			航孔		工程规模	中型		除险加固竣工日期	2015年12月	

主要部位高程(m)	闸顶	36.86	胸墙底		下游消力池底	27.36	工作便桥面	36.86	水准基面	56黄海高程
	闸底	30.86	交通桥面	36.86	闸孔工作桥面	42.86	航孔工作桥面			
	附近堤防顶高程		上游左堤	36.86	上游右堤	36.86	下游左堤	36.86	下游右堤	36.86

交通桥标准	设计	公路Ⅱ级	交通桥净宽(m)	7+2×0.5	工作桥净宽(m)	闸孔	3.8	闸门结构型式	闸孔	平面钢闸门
	校核		工作便桥净宽(m)	1.8		航孔			航孔	

启闭机型式	闸孔	卷扬式	启闭机台数	闸孔	5	启闭能力(t)	闸孔	2×8	钢丝绳	规格	中20
	航孔			航孔			航孔			数量	46 m×10根

闸门钢材(t)		闸门(宽×高)(m×m)	5.63×4.5	建筑物等级	3	备用电源	装机	30 kW
设计标准	20年一遇排涝设计,100年一遇防洪校核			抗震设计烈度	Ⅶ		台数	1

规划设计参数		设计水位组合			校核水位组合			检修门	型式	叠梁浮箱门		小水电	容量	
		上游(m)	下游(m)	流量(m³/s)	上游(m)	下游(m)	流量(m³/s)		块/套	5			台数	
	稳定	34.86	31.86	正常蓄水				历史特征值		日期		相应水位(m)		
												上游	下游	
	消能	34.06	29.86~33.60	0~155.00				上游水位	最高					
		35.36	29.86~34.57	0~339.00				下游水位	最低					
	防渗	34.86	28.86					最大过闸流量(m³/s)						
	孔径	34.06	33.60	155.00	35.36	34.57	339.00							

护坡长度(m)	部位	上游	下游	坡比	护坡型式	引河(m)	上游	底宽	底高程	边坡	下游	底宽	底高程	边坡
	左岸	25	116	1:4	混凝土			80.00	30.86	1:4		70.00	28.86	1:4
	右岸	25	101	1:4	混凝土	主要观测项目		垂直位移、河床断面						

现场人员	5人	管理范围划定	上下游河道、堤防各200 m,左右侧各50 m。
		确权情况	已确权,铜国用〔94〕字第000064号。确权面积61 450 m²。发证日期:1994年11月24日。

水文地质情况:

经钻探揭示,场地内土层分布自上而下分述如下:

A层填土:以灰黄、棕黄色砂壤土土为主,夹壤土及粉砂团块及薄层,局部夹碎石及砖瓦等杂填土,土质不均匀。锥尖阻力 1.36～3.04 MPa,标贯 5～6 击。厚度 0.5～4.0 m,层底高程 29.5～35.01 m。该层主要为老基坑回填土。

①-1层淤泥质壤土:黄褐色、黄灰色,夹粉砂及砂壤土,流塑,土质不均匀。锥尖阻力 0.49～0.68 MPa,标贯 2 击。厚度 0.4～1.2 m,层底高程 33.40～34.21 m。该层为①层壤土夹层,以透镜体形式分布。建议允许承载力 60 kPa。

①层壤土:黄褐色、黄灰色,夹粉砂及砂壤土薄层,局部呈互层状,可塑,土质不均匀。锥尖阻力 1.08～1.19 MPa,标贯 5～6 击。厚度 2.1～2.5 m,层底高程 31.54～31.77 m。该层全场地分布。建议允许承载力 100 kPa。

②-1层砂壤土:黄灰色,松散,局部夹壤土层,土质不均匀。锥尖阻力 1.76～5.25 MPa,标贯 3～5 击。厚度 1.05～2.1 m,层底高程 30.04～31.01 m。该层颗粒细小,易渗透变形,且地震液化,工程性质极差,为②层壤土夹层,分布不连续,以透镜体形式分布。建议允许承载力 100 kPa。

②层壤土:黄褐色、黄灰色,局部夹粉砂薄层,可见少量贝壳,可塑,局部土质较软,呈软塑状,土质不均匀。锥尖阻力 0.53～0.77 MPa,标贯 3～5 击。厚度 1.3～3.2 m,层底高程 28.20～29.24 m。该层全场地分布。建议允许承载力 80 kPa。

③层壤土:灰褐色、黄灰色,可塑。锥尖阻力 0.76～1.13 MPa,标贯 4～7 击。厚度 0.5～2.0 m,层底高程 26.48～28.08 m。该层分布不连续。建议允许承载力 110 kPa。

④层砂壤土:黄色、黄灰色,松散,下部夹灰褐色壤土层,土质不均匀。锥尖阻力 2.03～2.48 MPa,标贯 5～6 击。厚度 0.9～2.1 m,层底高程 26.25～28.06 m。该层颗粒细小,易渗透变形,且地震液化,工程性质极差,该层在局部缺失,分布不连续。建议允许承载力 100 kPa。

⑤层含砂礓壤土:黄夹灰色、黄色,中上部含砂礓及粉砂薄层较多,下部砂礓含量较少,可为黄灰色、黄色壤土及黏土,土质不均匀,硬塑。锥尖阻力 1.92～2.37 MPa,标贯 7～16 击。该层未揭穿,控制最大厚度 9.2 m。该层全场地分布。建议允许承载力 220 kPa。

控制运用原则:

汛期温庄闸控制闸上水位 32.80～33.20 m(废黄河高程)。

最近一次安全鉴定情况:

一、鉴定时间:2020 年 12 月 3 日。

二、鉴定结论、主要存在问题及处理措施:经综合评定标准,该闸评定为二类闸。

主要存在问题:下游河坡冲刷坍塌;下游右侧末节翼墙接缝处局部损坏。

处理措施:对下游右侧末节翼墙和下游河坡进行防护处理。

最近一次除险加固情况:(徐水基〔2016〕3 号)

一、建设时间:2013 年 1 月 22 日—2013 年 12 月 28 日。

二、主要加固内容:原址拆除重建闸室及上下游连接段水工建筑物,更换闸门,启闭机及电气设备,新建管理房(桥头堡)等。

三、竣工验收意见、遗留问题及处理情况:2015 年 12 月 29 日通过徐州市水利局组织的温庄闸除险加固工程竣工验收,无遗留问题。

发生重大事故情况:

无。

建成或除险加固以来主要维修养护项目及内容:

2021 年对左岸 70 m 长河坡坍塌面及右岸 50 m 长河坡坍塌面进行土石回填,并采用 10 cm 碎石整坡,高程 26.2～30.8 m 铺设膜袋砼护坡,左岸高程 30.8～32.2 m、右岸高程 30.8～32.8 m 浇筑现浇砼护坡,坡顶设置截水沟。

目前存在主要问题:

无。

下步规划或其他情况:

无。

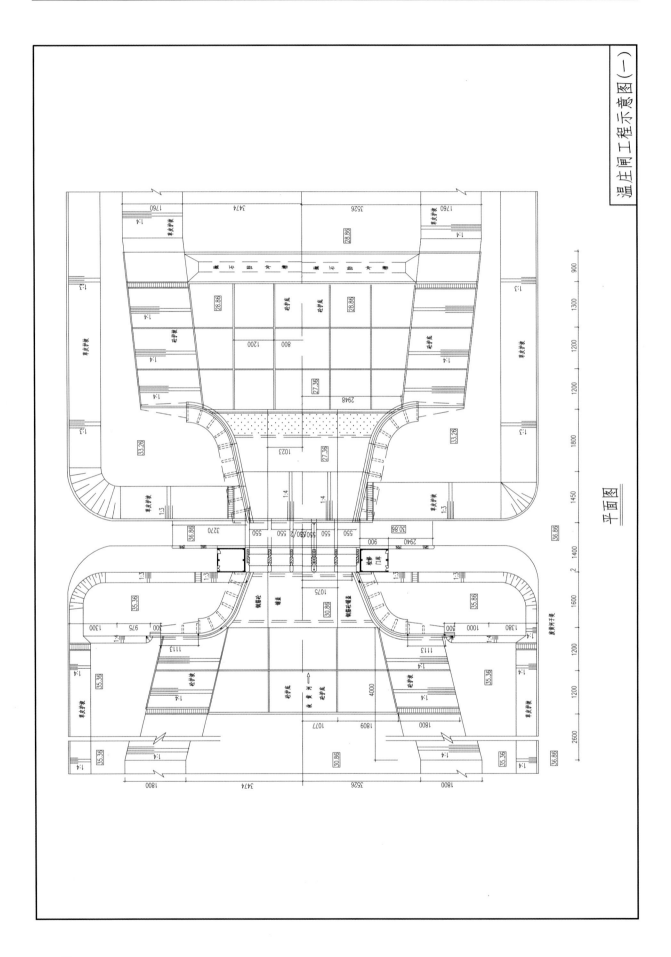

温庄闸工程示意图（一）

平面图

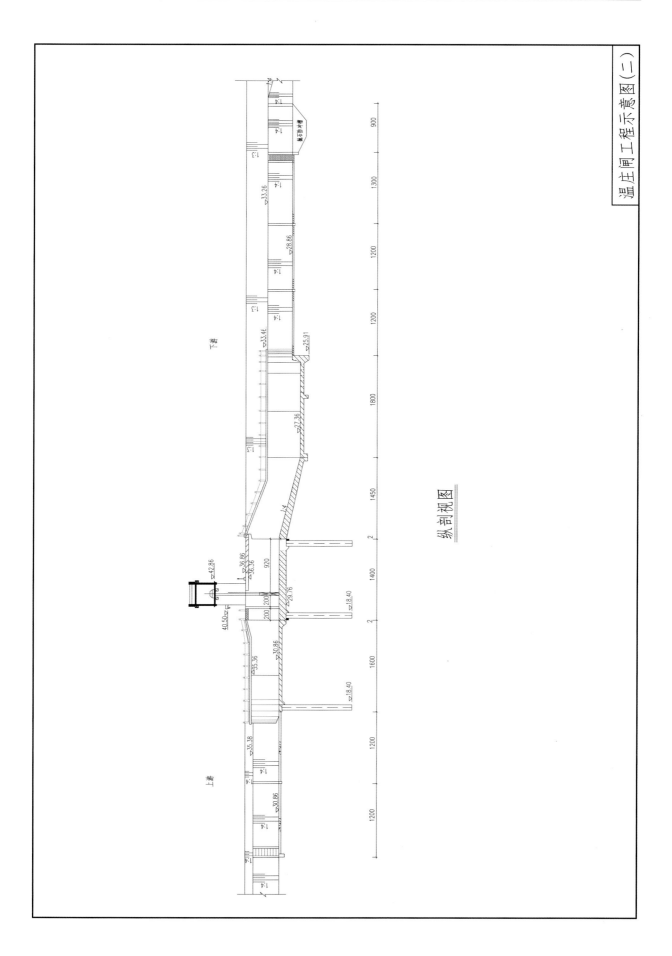

纵剖视图

温庄闸工程示意图(二)

温庄闸管理范围界线图

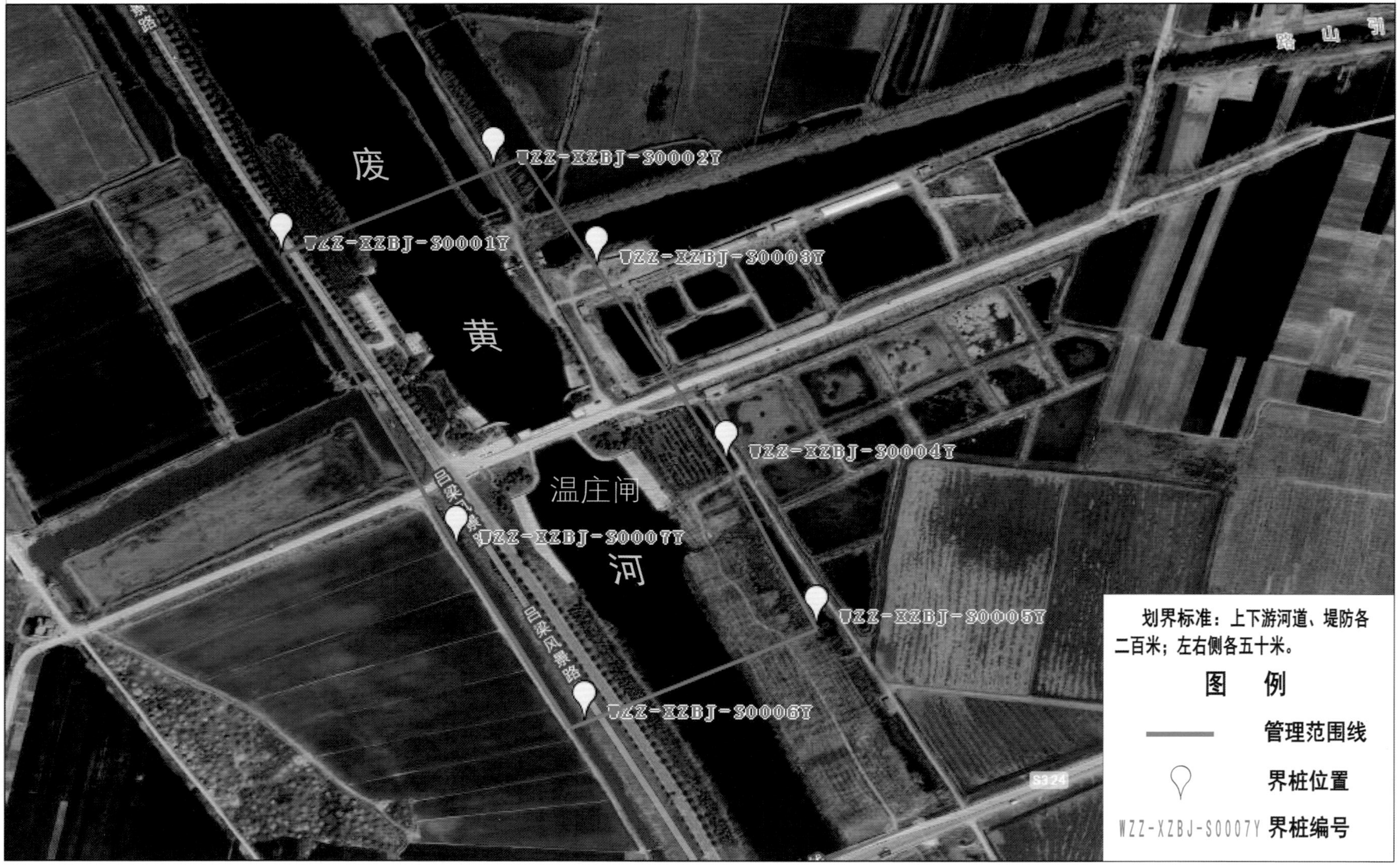
引山路
废
黄
河
温庄闸
WZZ-XZBJ-S0001Y
WZZ-XZBJ-S0002Y
WZZ-XZBJ-S0003Y
WZZ-XZBJ-S0004Y
WZZ-XZBJ-S0005Y
WZZ-XZBJ-S0006Y
WZZ-XZBJ-S0007Y
吕梁风景路
S324
划界标准：上下游河道、堤防各二百米；左右侧各五十米。
图　例
管理范围线
界桩位置
WZZ-XZBJ-S0007Y 界桩编号

峰 山 闸

管理单位:徐州市水利工程运行管理中心

单集闸站管理所

闸孔数	3 孔	闸孔净高(m)	闸孔	5.4	所在河流	废黄河	主要作用	防洪、排涝
	其中航孔		航孔		结构型式	开敞式		
闸总长(m)	102.4	每孔净宽(m)	闸孔	3.5	所在地	睢宁县王集镇	建成日期	1997 年 3 月
闸总宽(m)	13.7		航孔		工程规模	中型	除险加固竣工日期	年 月

主要部位高程(m)	闸顶	35.0	胸墙底		下游消力池底	25.9	工作便桥面	34.7	水准基面	废黄河
	闸底	29.6	交通桥面	34.56	闸孔工作桥面	40.82	航孔工作桥面			
	附近堤防顶高程	上游左堤	31.00	上游右堤	31.00	下游左堤	30.00	下游右堤	30.00

交通桥标准	设计	汽 15	交通桥净宽(m)	5	工作桥净宽(m)	闸孔	3	闸门结构型式	闸孔	平面钢闸门
	校核		工作便桥净宽(m)			航孔			航孔	

启闭机型式	闸孔	螺杆式	启闭机台数	闸孔	3	启闭能力(t)	闸孔	15	钢丝绳	规格	
	航孔			航孔			航孔			数量	m× 根

闸门钢材(t)	11.85	闸门(宽×高)(m×m)		建筑物等级	3	备用电源	装机	15 kW
设计标准	20 年一遇设计,50 年一遇校核			抗震设计烈度	Ⅷ		台数	1

规划设计参数		设计水位组合			校核水位组合			检修门	型式	无	小水电	容量	
		上游(m)	下游(m)	流量(m³/s)	上游(m)	下游(m)	流量(m³/s)		块/套			台数	
	稳定	32.00	27.50					历史特征值		日期		相应水位(m)	
												上游	下游
	消能	33.50	28.00	75.00	33.90	28.50	115.00	上游水位	最高				
								下游水位	最低				
								最大过闸流量(m³/s)					
	孔径	33.50	30.98	75.00	33.90	31.30	115.00						

护坡长度(m)	部位	上游	下游	坡比	护坡型式	引河(m)	上游	底宽	底高程	边坡	下游	底宽	底高程	边坡
	左岸	8.5	50	1:4	浆砌块石			50.0	29.0	1:4		50.0	26.5	1:4
	右岸	8.5	50	1:4	浆砌块石	主要观测项目				垂直位移				

现场人员	2 人	管理范围划定	依据土地权属范围划定,划定面积:41 500 m²。
		确权情况	确权面积:41 500 m²。发证日期:1994 年 11 月 20 日。证号:睢国用〔1994〕字第 0010 号。

水文地质情况：

地质分为四层：

①层粉砂，粉土，黄色、灰色粉砂，饱和厚 6.5～8.5 m。

②层壤土：灰褐色重壤土，可塑，局部为黏土，夹粉砂层厚 1.2～3.2 m。

③层壤土：棕色、棕红色壤土，厚 2.5～6.0 m。

④层基岩：石灰岩风化物为棕红色，风化层较薄，一般为 0.5～1.0 m。

控制运用原则：

汛期控制闸上水位 30.8～31.0 m。

最近一次安全鉴定情况：

一、鉴定时间：2015 年 10 月 25 日。

二、鉴定结论、主要存在问题及处理措施：工程安全类别评定为二类闸。

主要存在问题：闸门涂层不满足要求，启闭机房设施简陋。

处理措施：对闸门进行防腐处理。

最近一次除险加固情况：

无。

发生重大事故情况：

无。

建成或除险加固以来主要维修养护项目及内容：

1. 1997 年 3 月，峰山闸是在原橡胶坝坝址上建成，在原坝底板上浇 60 cm 厚钢筋混凝土作为新闸室底板，闸中心与坝中心重合。闸孔两侧原坝袋部分用空箱墙与岸墙相连，上下游采用扶壁式与重力式翼墙相结合，上下游按防渗、消能要求设置护坦和消力池，一级消力池长 23 m，二级消力池长 16.4 m，底板厚 0.6 m。

2. 2009 年度峰山闸护坡修复工程：对冲刷上口宽 10 m，平均深 3.0 m，长 32 m 的深塘，进行抛石固基，并作为新做护坡基础，新作浆砌石护坡 410 m²，厚度 40 cm，护坡下设砂石垫层各 10 cm。

3. 2009 年度峰山闸交通桥修复工程：交通桥按汽 15T 设计，桥面板为 C30、40 cm 厚钢筋砼现浇板，桥面净宽 3.0 m，共 5 跨，每跨 6 m，栏杆采用砼预制现场安装，共计长 65.4 m，高 1.4 m，桥两端连接道路长 90 m，宽 3.5 m，厚 20 cm 砼路面。栏杆拆除重建，桥两端新做连接砼路面。

4. 2014 年度峰山闸下游护坡底维修工程：

(1) 下游护坡维修、接长：对原有护底冲坑采用抛石处理，护坡被冲刷部分回填土，并沿底脚 25.00～29.50 m 采用浆砌石护砌，护砌长度延伸至左岸支河口 2 m，护砌长度 50 m。高程 29.50～30.50 m（包括原有护坡范围），采用砼格梗围护，种植狗牙根草，沿左岸护坡顶部设置一道 100 m 长排水沟，以便使周围来水顺利进入河道。共开挖土方 313 m³，回填土方 1 055 m³，混凝土格梗及排水沟 78.50 m³，浆砌石护坡及梗墙 301 m³，抛石 395 m³，黄砂垫层 90 m³，碎石垫层 90 m³。

(2) 河道清淤：对因冲刷造成河道淤积部分进行清淤，清淤长度 80 m，土方量 15 970 m³。

5. 2016 年度峰山闸启闭机房维修工程：启闭机房照明线路更换及屋面防水处理；启闭机房夹心板墙安装 15.68 m²及钢门安装；启闭机房地砖铺设 30.75 m²。

6. 2020 年度峰山闸启闭机房改造工程：

(1) 工作桥拆除重建：新建 C30 工作桥总长 13.4 m，其中靠近桥头堡侧 8.9 m 长、宽 3.0 m，其余 4.5 m 长、宽 3.4 m。交通桥桥面铺装凿除后重新铺设，同时改造周围河堤栏杆。

(2) 新建桥头堡及启闭机房：原启闭机房拆除，新建单边桥头堡式，桥头堡处设置竖向交通，不对称布局。利用现有主体结构进行外装修。

目前存在主要问题：

闸门涂层不满足要求。

下步规划或其他情况：

无。

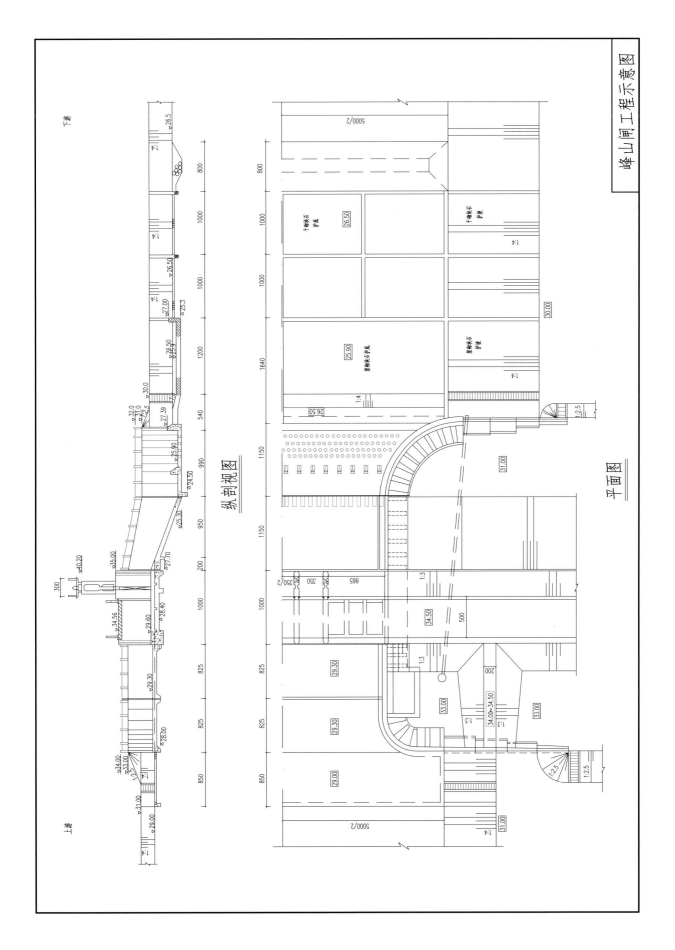

峰山闸工程示意图

纵剖视图

平面图

峰山闸管理范围界线图

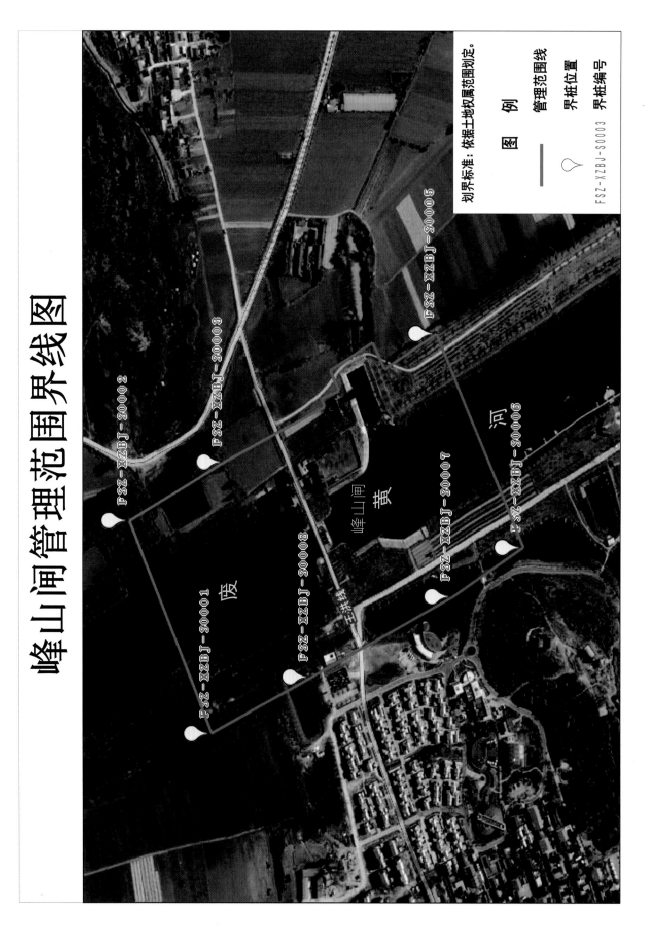

孙 楼 闸

管理单位:徐州市水利工程运行管理中心
刘集闸站管理所

闸孔数	3 孔	闸孔净高(m)	闸孔	7	所在河流	郑集分洪道	主要作用	拦蓄、分洪
	其中航孔		航孔		结构型式	开敞式		
闸总长(m)	86.1	每孔净宽(m)	闸孔	5	所在地	铜山区刘集镇	建成日期	2003 年 12 月
闸总宽(m)	18.2		航孔		工程规模	中型	除险加固竣工日期	年 月

主要部位高程(m)	闸顶	44.0	胸墙底		下游消力池底	36.2	工作便桥面	50.8	水准基面	废黄河
	闸底	37.0	交通桥面	44.0	闸孔工作桥面	50.8	航孔工作桥面			
	附近堤防顶高程		上游左堤		上游右堤		下游左堤		下游右堤	

交通桥标准	设计	汽 15	交通桥净宽(m)	4.5+2×0.5	工作桥净宽(m)	闸孔	3.5	闸门结构型式	闸孔	平面铸铁闸门
	校核		工作便桥净宽(m)	2.5		航孔			航孔	

启闭机型式	闸孔	卷扬式	启闭机台数	闸孔	3	启闭能力(t)	闸孔	2×16	钢丝绳	规格	φ20 mm
	航孔			航孔			航孔			数量	50 m×6 根

闸门钢材(t)		闸门(宽×高)(m×m)	5×5	建筑物等级	3	备用电源	装机台数	30 kW 1

设计标准	100 年一遇防洪设计		抗震设计烈度	Ⅷ		

规划设计参数		设计水位组合			校核水位组合			检修门	型式		小水电	容量台数		
		废黄河侧(m)	张湾大沟侧(m)	流量(m³/s)	上游(m)	下游(m)	流量(m³/s)		块/套					
	稳定	41.50	39.00		41.50	38.00		历史特征值		日期		相应水位(m)		
		40.00	41.70										上游	下游
	消能	42.00	39.00	150.00				上游水位 最高	2018-08-18			41.5	41.5	
		38.00	41.50	150.00				下游水位 最低	2018-08-18			41.5	41.5	
								最大过闸流量(m³/s)		80				
	孔径	42.00	41.80	150.00	42.28	42.18	150.00							

护坡长度(m)	部位	上游	下游	坡比	护坡型式	引河(m)	上游	底宽	底高程	边坡	下游	底宽	底高程	边坡
	左岸	50	80	1∶4	砼			25	37	1∶4		25	37	1∶4
	右岸	50	80	1∶4	砼	主要观测项目		垂直位移						

现场人员	2 人	管理范围划定	上下游河道、堤防各 200 m,左右岸各 50 m。
		确权情况	未确权。

水文地质情况：

根据土层结构及工程特性,揭露地层可分为 6 层,具体情况如下:

①层粉土:黄色,湿—饱和,质纯,震动析水,底部夹 0.2～0.5 m 厚黄色黏土薄层。标贯 1～9 击,锥尖阻力 1.95～3.14 MPa。该层底标高 38.73～39.24 m,层厚 3.6～4.5 m,建议容许承载力 110 kPa。

①-1 层壤土:轻粉质壤土,黄色,湿,夹粉土层,软塑,标贯 4 击,锥尖阻力 0.83～1.22 MPa。层底标高 40.73～41.6 m,层厚 0.4～0.8 m,该层为第①粉土中上部夹层。

②层淤泥质壤土:灰—黄色,软塑,局部可为淤泥,夹砂壤土薄层较多,标贯 1～2 击,锥尖阻力 0.54～0.79 MPa。该层底标高 36.2～36.73 m,层厚 2.1～2.9 m,建议容许承载力 70 kPa。

③层粉土夹壤土:黄灰色,夹黏土团块和软塑壤土薄层,局部互层,松散,软塑,标贯 1～8 击,锥尖阻力 1.39～2.39 MPa。该层底标高 31.03～31.12 m,层厚 5.0～5.5 m,建议容许承载力 85 kPa。

④层粉砂:黄色,黄灰色,松散—稍密。标贯 3～11 击,锥尖阻力 4.68～5.66 MPa。该层底标高 28.0～28.24 m。建议容许承载力 150 kPa。

④-1 层砂壤土:灰黄色,软塑,夹轻壤土薄层,有腐殖质斑点及小贝壳,锥尖阻力 1.33～1.88 MPa。该层为第④层粉砂底部夹层,厚度 1.7～2.0 m,层底标高 26.03～26.44 m,建议容许承载力 100 kPa。

⑤层壤土:灰—灰褐色,软塑—可塑,含少量砂粒。锥尖阻力 1.09～1.25 MPa。该层底标高 25.03～25.23 m,建议容许承载力 110 kPa。

⑥层含砂礓黏土:黄夹灰色,含小砂礓、土质可塑,标贯 6 击,锥尖阻力 1.51～1.95 MPa。该层控制厚度 0.5 m。建议容许承载力 200 kPa。

控制运用原则：

当上游有强降雨时,郑集河流域未降雨或雨量不大时,优先通过郑集分洪道下泄入下级湖,拦蓄水位控制在 41.5 m 以下。

最近一次安全鉴定情况：

一、鉴定时间:2015 年 11 月。

二、鉴定结论、主要存在问题及处理措施:

工程安全类别为二类闸。

主要存在问题为部分砼构件碳化严重,建议进行防碳化处理。

工程竣工验收情况：

一、建设时间:2003 年 4 月至 12 月。

二、主要加固内容:列入徐州市近期防洪排涝工程(废黄河防洪工程),新建孙楼闸。

三、竣工验收意见、遗留问题及处理情况:无。

发生重大事故情况：

无。

建成或除险加固以来主要维修养护项目及内容：

1. 2006 年购置 1 台 30 kW 发电机作为应急电源。

2. 2014 年建设启闭机房。

3. 2020 年管理方及围墙修缮,安装网络视频监控。

4. 2021 年三扇闸门更换止水。

目前存在主要问题：

无。

下步规划或其他情况：

无。

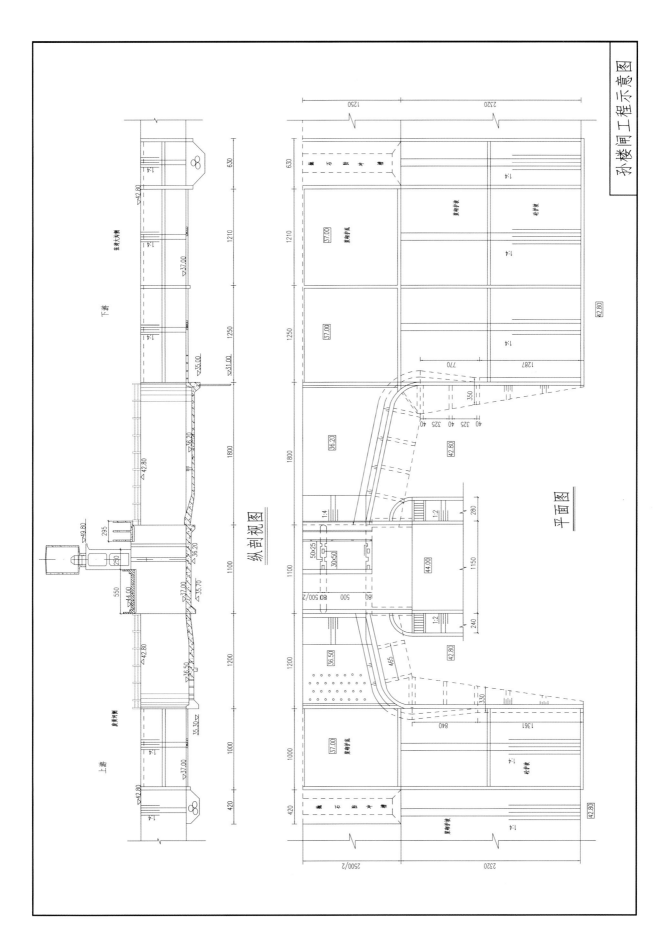

孙楼闸工程示意图

纵剖视图

平面图

孙楼闸管理范围界线图

张 集 闸

管理单位:徐州市水利工程运行管理中心
刘集闸站管理所

闸孔数	3孔		闸孔净高(m)	闸孔	4	所在河流	郑集分洪道	主要作用	分洪
	其中航孔			航孔		结构型式	涵洞式		
闸总长(m)	267.5		每孔净宽(m)	闸孔	4.5	所在地	铜山区刘集镇	建成日期	2003 年 12 月
闸总宽(m)	15.7			航孔		工程规模	中型	除险加固竣工日期	年 月

主要部位高程(m)	闸顶	42.7	胸墙底	37	下游消力池底	30	工作便桥面	42.7	水准基面	废黄河
	闸底	37	交通桥面		闸孔工作桥面	47.70	航孔工作桥面			
	附近堤防顶高程		上游左堤	42.5	上游右堤	42.5	下游左堤	39.5	下游右堤	39.5

交通桥标准	设计		交通桥净宽(m)		工作桥净宽(m)	闸孔	3.4	闸门结构型式	闸孔	平面铸铁闸门
	校核		工作便桥净宽(m)	1.0		航孔			航孔	

启闭机型式	闸孔	卷扬式	启闭机台数	闸孔	3	启闭能力(t)	闸孔	2×12.5	钢丝绳	规格	φ20 mm
	航孔			航孔			航孔			数量	40 m×6 根

闸门钢材(t)		闸门(宽×高)(m×m)		建筑物等级	3	备用电源	装机	50 kW
设计标准	50 年一遇设计			抗震设计烈度	Ⅷ		台数	1

规划设计参数		设计水位组合			校核水位组合			检修门	型式	浮箱叠梁门	小水电	容量	
		上游(m)	下游(m)	流量(m³/s)	上游(m)	下游(m)	流量(m³/s)		块/套	3		台数	
	稳定	41.70	34.00		41.50	33.00		历史特征值		日期		相应水位(m)	
												上游	下游
	消能	41.60	34.00	0~150.00				上游水位 最高		2018-08-18		41.7	
		41.60	33.50	0~150.00				下游水位 最低					
	孔径	41.70	38.00	150.00				最大过闸流量(m³/s)		2018-08-18		41.7	
											80		

护坡长度(m)	部位	上游	下游	坡比	护坡型式	引河(m)	上游	底宽	底高程	边坡	下游	底宽	底高程	边坡
	左岸	195	110	1:4	浆砌石+草皮			25	37.0	1:4		10	31	1:4
	右岸	185	110	1:4	浆砌石+草皮	主要观测项目				垂直位移				

现场人员	6人	管理范围划定	上下游河道、堤防各 200 m,左右岸各 50 m。
		确权情况	未确权。

水文地质情况:

根据土层结构及工程特性,揭露地层可分为9层,具体情况如下:

①粉土:黄色,湿—饱和,局部夹黏土薄层。该层4♯、10♯孔处表现为粉土质填土。标贯:5～10击,锥尖阻力1.9～3.32 MPa。层底标高35.92～37.93 m,层厚4.7～5.6 m。

①-1壤土:黄色、软塑,夹粉土层,标贯1～2击,锥尖阻力0.59～0.98 MPa。层底标高38.5～39.6 m,层厚4.1～2.6 m。

②黏土:灰—黄色,软塑,局部为淤泥质壤土。锥尖阻力0.66～0.96 MPa。该层底标高34.8～35.7 m,层厚2～2.7 m,在5♯、4♯孔间尖灭。

③砂壤土:黄色、灰黄色,夹黏土团块和壤土薄层,局部呈互层状,松散,软塑。标贯3～6击,锥尖阻力1.01～2.19 MPa。该层底标高31.47～34.0 m,层厚1.2～6.1 m。

④粉砂:黄灰色,松散—稍密,夹黄色软塑壤土薄层较多,夹层厚0.5～1.0 m,层中下部变质纯,在堰脚下该层以粉砂与粉质壤土互层为主。标贯6～12击,锥尖阻力2.19～4.28 MPa。该层底标高27.43～29.67 m,厚度2.9～6.2 m。建议容许承载力120 kPa。

⑤砂壤土:灰黄色,土性较为杂乱,以粉土、粉质壤土混杂,局部互层,所夹粉土稍密、质纯,有腐殖质斑点,所夹黏土软塑,在4♯孔该层缺失。厚度1.1～2.2 m,层底标高27.14～28.58 m,建议容许承载力88 kPa。

⑥壤土:灰色、灰褐色,可塑,锥尖阻力0.85～1.20 Pa。该层底标高24.21～－27.16 m。

⑦含砂礓黏土:棕黄夹灰色,含砂礓个体较小,含量10％～30％,土质可塑。标贯5～9击,锥尖阻力1.35～2.11 MPa。该层底标高20.43～23.19 m。

⑧粉质壤土夹粉土:棕黄色,夹较多黄色粉土、粉砂薄层,局部互层,俗称"千层饼",土性以粉质壤土为主,可塑。标贯8～15击,锥尖阻力4.36～5.81 MPa。该层底标高16.46～18.97 m。

⑨黏土:黄褐色夹浅灰黄色,含少量小砂礓,可塑—硬可塑,标贯8～12击。该层控制厚度3.9 m。

控制运用原则:

控制闸上游水位40.5～41.5 m。闸上水位40.5 m或当上游有强降雨时,郑集河流域未降雨或雨量不大时,优先通过郑集分洪道下泄入下级湖。

最近一次安全鉴定情况:

一、鉴定时间:2015年11月。

二、鉴定结论、主要存在问题及处理措施:工程安全类别为二类闸;主要存在问题为部分砼构件碳化严重,建议进行防碳化处理。

工程竣工验收情况:

一、建设时间:2003年4月至12月。

二、主要加固内容:列入徐州市近期防洪排涝工程(废黄河防洪工程),新建张集闸。

三、竣工验收意见、遗留问题及处理情况:无。

发生重大事故情况:无。

建成或除险加固以来主要维修养护项目及内容:

1. 2006年购置1台30 kW发电机作为应急电源。

2. 由于张集闸闸门自重问题,张集闸泄洪水位较高时致使闸门降落出现卡滞现象,根据徐州市水利建筑设计院勘测计算结果,2006年每扇闸门配重1 t。

3. 2019年实施张集闸灾后重建工程,主要包括办公楼修缮,新建管理用房92 m²,作为配电室、发电机房等,新建围墙670 m,购置50 kW发电机组一台(套),完善视频监控系统。

4. 2020年10月,更换3♯闸门止水。

5. 2021年更换1♯、2♯闸门止水,闸门除锈后防腐处理,更换3台启闭机钢丝绳。

目前存在主要问题:

上游水位高程超39.5 m时,泄洪时闸门不能完全关闭。

下步规划或其他情况:

无。

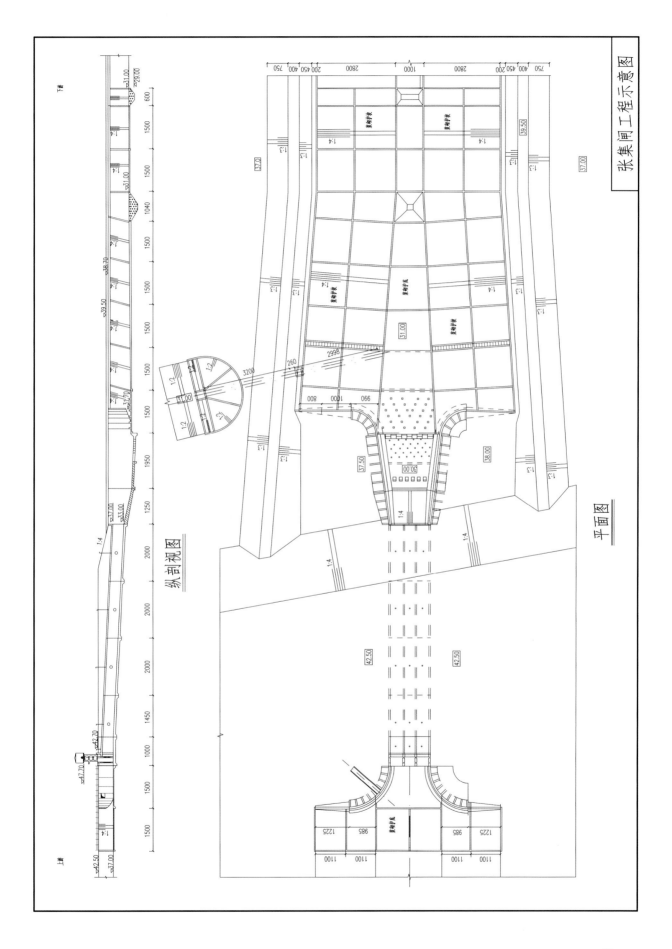

张集闸工程示意图

平面图

纵剖视图

张集闸管理范围界线图

庙 山 闸

管理单位:徐州市水利工程运行管理中心
单集闸站管理所

闸孔数	5孔	闸孔净高(m)	闸孔	3.0	所在河流	白马河	主要作用	分洪、排涝
	其中航孔		航孔		结构型式	涵洞式		
闸总长(m)	103.8	每孔净宽(m)	闸孔	中孔4.2 边孔4.1	所在地	铜山区伊庄镇	建成日期	1991年8月
闸总宽(m)	24.8		航孔		工程规模	中型	除险加固竣工日期	年 月

主要部位高程(m)	闸顶	34.5	胸墙底	32.0	下游消力池底	25.0	工作便桥面	34.5	水准基面	废黄河
	闸底	29.0	交通桥面	35.5	闸孔工作桥面	38.5	航孔工作桥面			
	附近堤防顶高程	上游左堤	34.5	上游右堤	34.5	下游左堤	31.0	下游右堤	31.0	

交通桥标准	设计		交通桥净宽(m)	7.5	工作桥净宽(m)	2.6	闸门结构型式	闸孔	平面钢闸门
	校核		工作便桥净宽(m)	1.0				航孔	

启闭机型式	闸孔	螺杆式	启闭机台数	闸孔	5	启闭能力(t)	闸孔	10	钢丝绳	规格	m× 根
	航孔			航孔			航孔			数量	

闸门钢材(t)	11.5	闸门(宽×高)(m×m)		建筑物等级	3	备用电源	装机	10 kW
设计标准	20年一遇设计,50年一遇校核			抗震设计烈度	Ⅷ		台数	1

规划设计参数		设计水位组合			校核水位组合			检修门	型式	块/套	小水电	容量	
		上游(m)	下游(m)	流量(m³/s)	上游(m)	下游(m)	流量(m³/s)					台数	
	稳定	32.00	27.00					历史特征值		日期		相应水位(m)	
												上游	下游
	消能	31.50	27.00	53.00				上游水位 最高					
								下游水位 最低					
								最大过闸流量(m³/s)					
	孔径	31.50	30.20	140.00	34.00	30.40	160.00						

护坡长度(m)	部位	上游	下游	坡比	护坡型式	引河(m)	上游	底宽	底高程	边坡	下游	底宽	底高程	边坡
	左岸	17.3	26	1:3	浆砌块石			30	29.0	1:3		24.0	26.0	1:3
	右岸	17.3	26	1:3	浆砌块石	主要观测项目			垂直位移					

现场人员	2人	管理范围划定	依据土地权属范围划定。
		确权情况	确权面积:37 673.33 m²。发证日期:1995年10月5日。证号:铜国用〔1995〕字第0026号。

水文地质情况:

素填土,以壤土、砂壤土为主,层底高程 24.07～28.35 m。场内土层如下:

第①层沙壤土,层底高程 18.44～27.71 m。

第②层粉砂,局部夹粉土、壤土薄层,层底高程 18.27～25.58 m,建议承载力 95 kPa。

②-1 层淤泥质黏土,层底高程 19.1～22.8 m,建议承载力 60 kPa。

②-2 层壤土,局部含淤泥质土,层底高程 20.95～24.65 m,建议承载力特征值 70 kPa。

第③层黏土,层底高程 15.10～26.73 m,建议承载力特征值 120 kPa。

第④层砂礓黏土,承载力特征值 290 kPa。

第⑤层石灰岩,层面高程 15.0～23.93 m,承载力特征值 800～1 000 kPa。

控制运用原则:

分泄废黄河洪水,控制闸上水位 26.0～26.5 m,由市防指调度具体分洪量。

最近一次安全鉴定情况:

一、鉴定时间:2015 年 10 月 25 日。

二、鉴定结论、主要存在问题及处理措施:安全类别评定为三类闸。

存在以下问题,建议进行加固改造:

1. 工作桥大梁碳化深度较大,最大值为 56 mm,超过钢筋保护层厚度。

2. 闸墩、工作桥、闸室顶板多处混凝土剥落、露筋。

3. 上游二、三节翼墙间沉降变位,消力池斜坡段渗漏水,表面冲蚀。

4. 闸室顶部挡墙与闸室顶板间渗水严重。

5. 闸门锈蚀较重。

工程竣工验收情况:(铜徐指〔1991〕035 号)

一、建设时间:1991 年 1 月 14 日—1991 年 8 月 10 日。

二、主要工程内容:建设庙山闸。

三、竣工验收意见、遗留问题及处理情况:1991 年 10 月 23 日通过徐州市徐洪河续建工程指挥部组织的白马河分洪道配套建筑物市检重点工程竣工验收,无遗留问题。

发生重大事故情况:无。

建成或除险加固以来主要维修养护项目及内容:

一、2009 年度庙山闸启闭机房工程:建设钢结构启闭机房 60 m²。

二、2010 年度更换螺杆式启闭机 5 台,增加独立电控箱,设置行程限位装置。

三、2016 年度庙山闸应急修复工程:

1. 对上下游末节翼墙错缝部位进行填补。

2. 对上下游护坡顶部增设 C25 素砼集水沟,归槽下泄。

3. 消力池表面碳化层凿除,对裂缝部位进行环氧树脂灌浆,植入锚筋,浇 20 cm 厚 C25 钢筋砼,面层布置双向 φ14 mm 钢筋。

4. 对两岸浆砌石护坡冲洗,对破损部位进行修补、勾缝。

5. 对闸室、工作桥、排架等钢筋砼结构,采用环氧厚浆涂料进行防碳化处理。

6. 交通桥栏杆拆除更换为 C30 砼防撞栏杆,上下游翼墙顶砼栏杆更换为花岗岩栏杆。

7. 水闸上下游管理范围内增设安全围网。

四、2021 年下游消力池维修:对现状消力池表面清理、凿毛后,裂缝注胶处理,伸缩缝膨胀胶处理,老混凝土表面植入 φ18 mm 锚固筋,浇筑 20 cm 厚钢筋混凝土。

目前存在主要问题:无。

下步规划或其他情况:无。

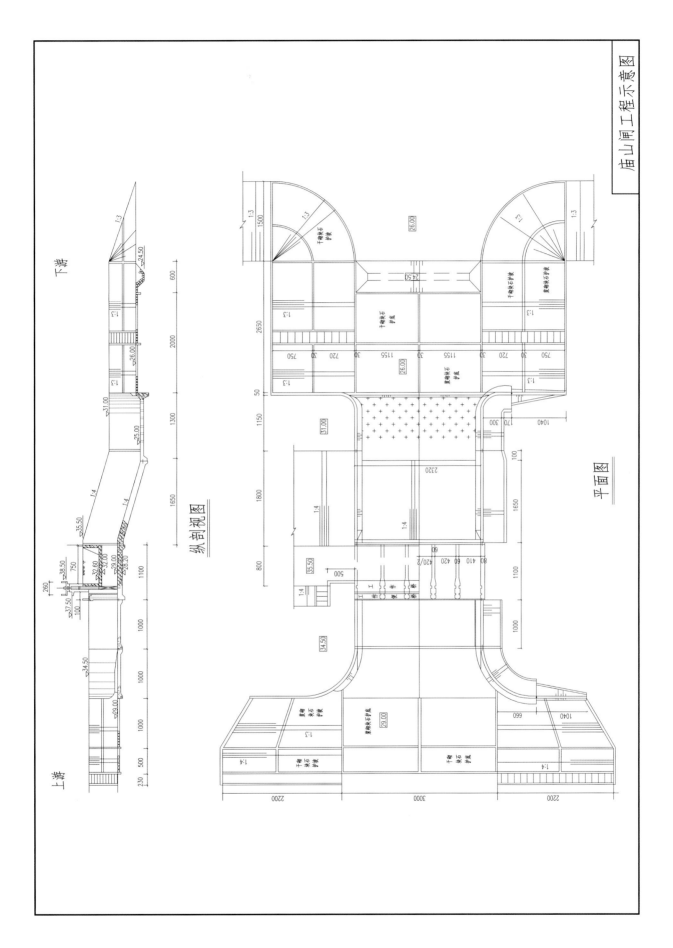

庙山闸工程示意图

纵剖视图

平面图

上游

下游

庙山闸管理范围界线图

郑 集 闸

管理单位:徐州市水利工程运行管理中心
郑集闸站管理所

闸孔数	5孔		闸孔净高(m)	闸孔	8	所在河流	郑集河	主要作用	灌溉、排涝
	其中航孔			航孔		结构型式	开敞式		
闸总长(m)	125.06		每孔净宽(m)	闸孔	8	所在地	铜山区郑集镇	建成日期	1975年5月
闸总宽(m)	48.22			航孔		工程规模	中型	除险加固竣工日期	2018年1月

主要部位高程(m)	闸顶	38.00	胸墙底		下游消力池底	27.00	工作便桥面	38.0	水准基面	废黄河
	闸底	30.00	交通桥面	38.00	闸孔工作桥面	46.8	航孔工作桥面			
	附近堤防顶高程	上游左堤	38.50	上游右堤	38.50	下游左堤	38.50	下游右堤	38.50	

交通桥标准	设计	公路Ⅱ级	交通桥净宽(m)	5+2×0.5	工作桥净宽(m)	闸孔	4.4	闸门结构型式	闸孔	平面钢闸门
	校核		工作便桥净宽(m)	2.5		航孔			航孔	

启闭机型式	闸孔	卷扬式	启闭机台数	闸孔	5	启闭能力(t)	闸孔	2×16	钢丝绳	规格	
	航孔			航孔			航孔			数量	m× 根

闸门钢材(t)		闸门(宽×高)(m×m)	8.13×6.8	建筑物等级	3	备用电源	装机	150 kW
设计标准	10年一遇排涝设计,20年一遇防洪校核			抗震设计烈度	Ⅷ		台数	1

规划设计参数		设计水位组合			校核水位组合			检修门	型式	浮箱叠梁门	小水电	容量	
		上游(m)	下游(m)	流量(m³/s)	上游(m)	下游(m)	流量(m³/s)		块/套	5		台数	
	稳定	36.00	32.50	正常蓄水				历史特征值		日期		相应水位(m)		
		34.40	30.50	最低蓄水								上游		下游
		36.50	32.50	最高蓄水				上游水位 最高						
	防渗	36.50	30.50					下游水位 最低						
		34.40	28.00					最大过闸流量(m³/s)						
	孔径	35.43	35.28	405.57	36.89	36.69	453.69							
					36.20	36.00	537.67							

护坡长度(m)	部位	上游	下游	坡比	护坡型式	引河(m)	上游			下游		
							底宽	底高程	边坡	底宽	底高程	边坡
	左岸	20		1:3	混凝土		34.5	30.00	1:2.5	38.0	28.0	1:3
	右岸	36	37	1:2.5~1:3	混凝土+草皮	主要观测项目				垂直位移		

现场人员	5 人	管理范围划定	包含在郑集站管理范围内,郑集站按照国有土地使用证范围划定。
		确权情况	已确权,确权面积 8 600 m²(铜国用〔1998〕字第 0071 号)。

水文地质情况:

据钻孔揭示,勘察深度范围内场地土层可划分 5 层,自上而下分述如下:

①层砂壤土($Q4^{al+pl}$):褐、黄褐色,稍密—中密,较湿—饱和,局部夹壤土薄层。该层层厚 2.5～5.8 m,层底高程 30.60～33.19 m,锥尖阻力 1.32～2.60 MPa,标贯 4～6 击。该层在场地上部普遍分布,建议允许承载力 90 kPa。

②层粉砂夹壤土($Q4^{al+pl}$):褐、黄褐色,饱和,粉砂松散,夹软—可塑壤土团块或薄层,局部夹淤泥质壤土,土质不甚均匀。该层层厚 1.7～3.8 m,层底高程 28.72～29.89 m,锥尖阻力 1.75～4.76 MPa,标贯 5～9 击。该层全场地分布,建议允许承载力 100 kPa。

③层淤泥质砂壤土($Q4^{al+pl}$):灰褐、棕褐色,饱和,稍密,局部夹淤泥质黏土薄层。该层层厚 1.6～2.8 m,层底高程 26.72～27.30 m,锥尖阻力 0.53～0.75 MPa,标贯 2～4 击,压缩系数 0.41～0.58 MPa^{-1},压缩性高。该层全场地分布,建议允许承载力 70 kPa。

④层壤土($Q4^{al+pl}$):灰褐色,饱和,可—硬塑,切面稍有光泽,干强度与韧性中等,下部含少量铁锰结核。该层层厚 1.6～2.4 m,层底高程 24.62～25.39 m,锥尖阻力 1.21～1.34 MPa,标贯 6～10 击,压缩系数 0.35 MPa^{-1},压缩性中等。该层全场地分布,建议允许承载力 150 kPa。

⑤层含砂礓壤土($Q3^{al+pl}$):黄褐、黄夹灰色,饱和,硬塑—坚硬,切面稍有光泽,干强度与韧性中等,含砂礓及铁锰结核,砂礓含量 20～50% 不等,局部砂礓富集,下部夹少量粉砂层。该层未揭穿,揭露厚度 3.5～7.2 m,揭露高程 17.80～21.65 m。锥尖阻力 2.21～3.75 MPa,标贯 12～23 击,压缩系数 0.21 MPa^{-1},压缩性中等偏低。该层全场地分布,建议允许承载力 300 kPa。

控制运用原则:

控制闸上水位 34.0～34.5 m;灌溉期及向丰沛县送水时,控制闸上水位 34.5～35.0 m,上下游水位差最大不超过 5.0 m。

最近一次安全鉴定情况:

一、鉴定时间:2023 年 11 月 21 日。

二、鉴定结论、主要存在问题及处理措施:安全类别评定为一类闸。

最近一次除险加固情况:(徐水基〔2018〕6 号)

一、建设时间:2014 年 10 月—2015 年 12 月。

二、主要加固内容:原址拆除重建郑集闸。

三、竣工验收意见、遗留问题及处理情况:2018 年 1 月 9 日通过徐州市水利局组织的徐州市郑集闸除险加固工程竣工验收,无遗留问题。

发生重大事故情况:

无。

建成或除险加固以来主要维修养护项目及内容:

2021 年,对郑集闸 1 号和 2 号孔之间检修桁架牛腿加固。

目前存在主要问题:

无。

下步规划或其他情况:

无。

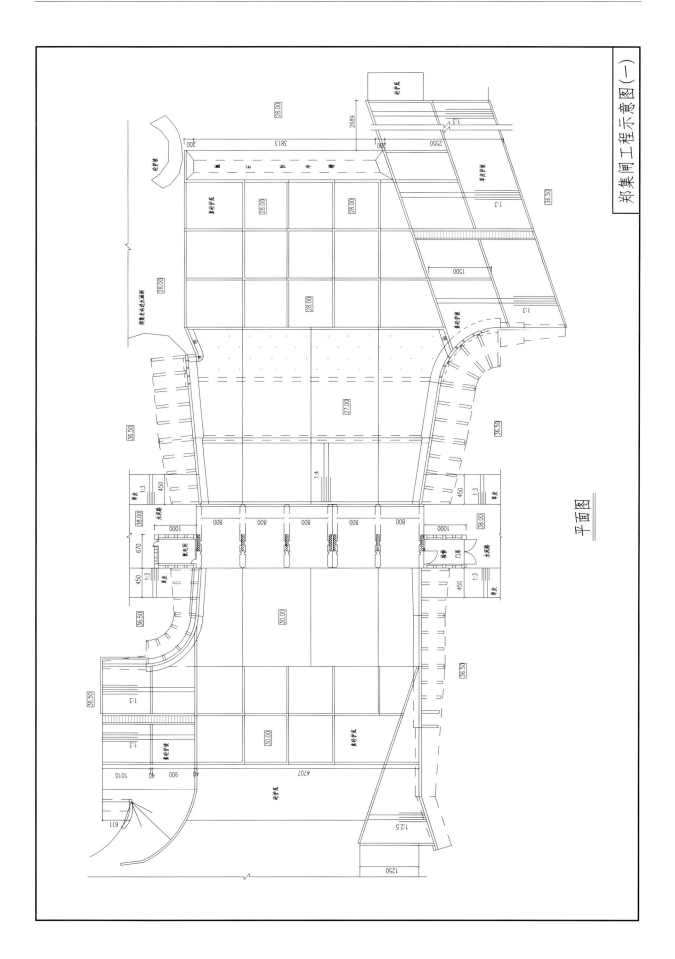

平面图

郑集闸工程示意图（一）

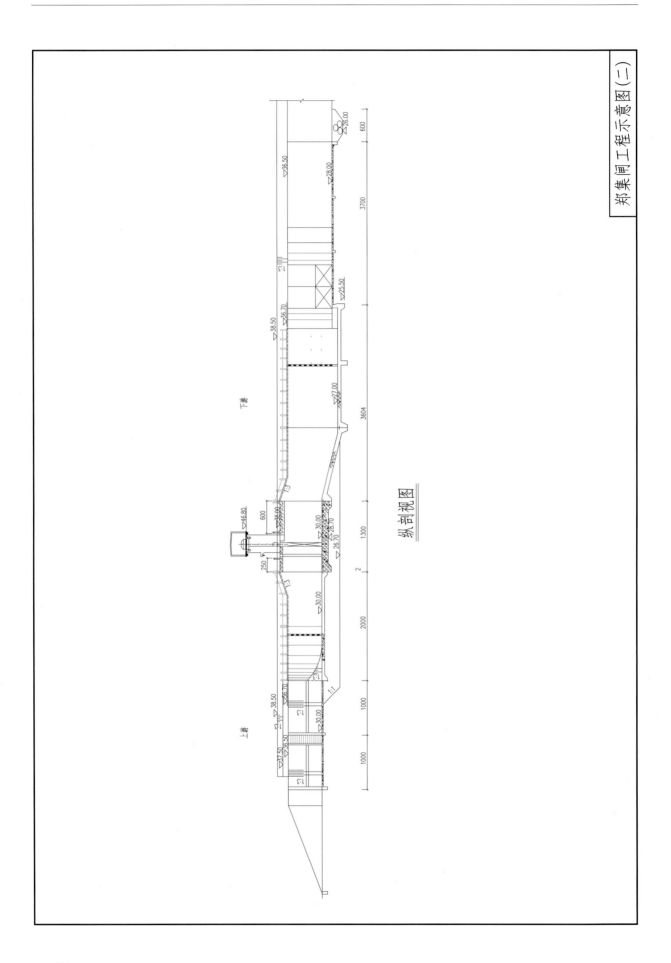

邦集闸工程示意图（二）

纵剖视图

郑集闸站管理范围界线图

图 例

管理范围线

界桩位置

ZJZ-XZBJ-SO0005 界桩编号

划界标准：
郑集站按照国有土地使用证范围划定。

梅 庄 闸

管理单位:徐州市南水北调工程管理中心
截污导流工程运行养护处

闸孔数	3 孔		闸孔净高(m)	闸孔	6.1	所在河流	老不牢河		主要作用		节制
	其中航孔			航孔		结构型式	开敞式				
闸总长(m)	83.5		每孔净宽(m)	闸孔	4	所在地	铜山区茅村镇梅庄村		建成日期		2011 年 3 月
闸总宽(m)	16.0			航孔		工程规模	中型		除险加固竣工日期		2017 年 1 月

主要部位高程(m)	闸顶	34.3	胸墙底		下游消力池底	27.7	工作便桥面	34.3	水准基面	1985 国家高程
	闸底	28.2	交通桥面	34.3	闸孔工作桥面	41.2	航孔工作桥面			
	附近堤防顶高程	上游左堤	35	上游右堤	35	下游左堤	35	下游右堤	35

交通桥标准	设计		交通桥净宽(m)	5.5	工作桥净宽(m)	闸孔	4.3	闸门结构型式	闸孔	平面钢闸门
	校核		工作便桥净宽(m)	2.55		航孔			航孔	

启闭机型式	闸孔	卷扬式	启闭机台数	闸孔	3	启闭能力(t)	闸孔	2×8	钢丝绳	规格	6W19-13.5-170
	航孔			航孔			航孔			数量	6

闸门钢材(t)	33	闸门(宽×高)(m×m)		建筑物等级	3	备用电源	装机	kW
设计标准	5 年一遇设计,10 年一遇校核			抗震设计烈度	Ⅷ		台数	

规划设计参数			设计水位组合			校核水位组合			检修门	型式		小水电	容量	
		上游(m)	下游(m)	流量(m³/s)	上游(m)	下游(m)	流量(m³/s)			块/套			台数	
	稳定	32.55	29.00	运行期,下游为京杭运河最低水位				历史特征值		日期			相应水位(m)	
		32.57	29.00	蓄水期,下游为京杭运河最低水位								上游		下游
		32.55	31.50	地震期,下游为京杭运河正常通航水位										
	消能	32.55	31.50	118.16	33.30	32.00	146.96	上游水位	最高					
								下游水位	最低					
	防渗	33.30	29.00	下游为京杭运河最低水位				最大过闸流量(m³/s)		869				
	孔径	32.55	32.35	118.16	33.30	33.10	146.96							

护坡长度(m)	部位	上游	下游	坡比	护坡型式	引河(m)		上游	底宽	底高程	边坡	下游	底宽	底高程	边坡
	左岸	10	36	1:3	混凝土				16.25	28.2	1:3		22.13	28.2	1:3
	右岸	10	36	1:3	混凝土	主要观测项目					垂直位移				

现场人员	2 人	管理范围划定	上下游河道、堤防各 200 m,左右侧各 50 m。
		确权情况	未确权。

水文地质情况:

主要涉及第四系全新统地层,亦涉及寒武、奥陶系地层,岩性以灰岩为主,夹页岩、砂岩。

全新统地层沉积年代短,以细粒泥、砂沉积物为主,工程性质相对较差,上更新统及以下地层,工程性质都比较好。基岩属古生界寒武、奥陶系地层,其中灰岩岩质坚硬,属硬质岩,砂岩及页岩属软质岩。

全新统孔隙含水组以粉土、粉细砂为主要含水层,地下水埋深 2～5 m,主要靠大气降水和地表水补给。中上更新统孔隙含水组含水岩性为含钙结核亚黏土、粉土、粉—中粗砂层,含水岩性颗粒西部细,东部粗,富水性与含水岩层颗粒粗细、含水层厚度呈正比;上部多为承压转无压,下部为孔隙型承压水。

控制运用原则:

闸上水位超过 32.55 m,或老不牢河沿线有中等(大于 10 mm)以上的降雨,开启梅庄闸;闸上水位低于 29.7 m 且上游无来水时,关闭梅庄闸。

最近一次安全鉴定情况:

一、鉴定时间:2022 年 11 月 30 日。

二、鉴定结论、主要存在问题及处理措施:经综合评定为二类闸。

主要存在问题:1. 排架、翼墙等存在混凝土碳化、胀裂漏筋等现象;2. 下游左侧翼墙墙顶填土偏高,挡浪墙开裂,建议尽快处理卸载并处理。

最近一次除险加固情况:(苏调办〔2017〕23 号)

一、建设时间:2011 年。

二、主要加固内容:列入南水北调东线一期工程徐州市截污导流工程,原址拆除重建梅庄闸。

三、竣工验收意见、遗留问题及处理情况:2017 年 1 月 6 日,江苏省南水北调办公室会同省发改委召开了南水北调东线一期工程徐州市截污导流工程竣工验收会议,会议认为南水北调东线一期工程徐州市截污导流工程已按照批准的建设内容建设完成,无遗留问题。

发生重大事故情况:

无。

建成或除险加固以来主要维修养护项目及内容:

无。

目前存在主要问题:

无。

下步规划或其他情况:

无。

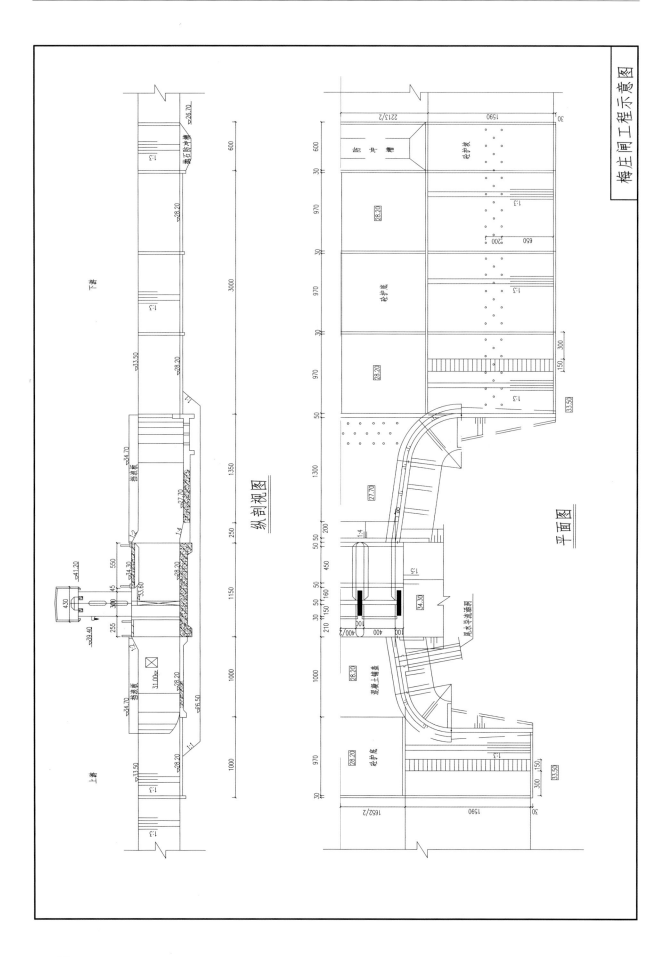

梅庄闸工程示意图

纵剖视图

平面图

梅庄闸管理范围界线图

划界标准：上下游河道、堤防各二百米，左右侧各五十米。

图 例

—— 管理范围线

⚲ 界桩位置

MZHZ-XZBJ-S0006 界桩编号

MZHZ-XZBJ-S0003

MZHZ-XZBJ-S0004

MZHZ-XZBJ-S0005

MZHZ-XZBJ-S0002

梅庄闸

河

道

MZHZ-XZBJ-S0006

尾水导流

MZHZ-XZBJ-S0001

MZHZ-XZBJ-S0007Y

南 望 闸

管理单位:徐州市云龙湖管理服务中心

闸孔数	3 孔		闸孔净高（m）	4	闸孔	4	所在河流	玉带河		主要作用	云龙湖补水节制闸
	其中航孔				航孔		结构型式	开敞式			
闸总长(m)	56		每孔净宽（m）		闸孔	4	所在地	铜山区汉王镇		建成日期	1977 年 12 月
闸总宽(m)	15.2				航孔		工程规模	中型		除险加固竣工日期	2009 年 10 月

主要部位高程（m）	闸顶	41.0	胸墙底	39.0	下游消力池底	34.2	工作便桥面	41.0	水准基面	废黄河
	闸底	35.0	交通桥面	41.0	闸孔工作桥面	46.8	航孔工作桥面			
	附近堤防顶高程		上游左堤	40.5	上游右堤	40.5	下游左堤	41.0	下游右堤	41.0

交通桥标准	设计	公路Ⅱ级	交通桥净宽(m)	4.5	工作桥净宽（m）	闸孔	4.1	闸门结构型式	闸孔	铸铁闸门
	校核		工作便桥净宽(m)	1.5		航孔			航孔	

启闭机型式	闸孔	螺杆式	启闭机台数	闸孔	3	启闭能力（t）	闸孔	2×15	钢丝绳	规格	m× 根
	航孔			航孔			航孔			数量	

闸门钢材(t)		闸门(宽×高)(m×m)		建筑物等级	3	备用电源	装机	35 kW
设计标准	20 年一遇设计,50 年一遇校核			抗震设计烈度	Ⅷ		台数	1

规划设计参数		设计水位组合			校核水位组合			检修门	型式	浮箱叠梁门	小水电	容量	
		上游（m）	下游（m）	流量（m³/s）	上游（m）	下游（m）	流量（m³/s）		块/套	3		台数	
	稳定	40.00	35.00		40.50	35.22		历史特征值		日期		相应水位(m)	
		39.00	35.00	正常挡水、地震								上游	下游
	消能	39.00	35.00	50.00				上游水位	最高				
		40.00	35.00	164.00				下游水位	最低				
	防渗	39.00	35.00					最大过闸流量（m³/s）					
	孔径	40.00	35.00	164.00	40.50	35.22	200.00						

护坡长度（m）	部位	上游	下游	坡比	护坡型式	引河(m)	上游	底宽	底高程	边坡	下游	底宽	底高程	边坡
	左岸	10.00	80.00	1:3	混凝土			13.6	35.0	1:3		30	35.0	1:3
	右岸	10.00	80.00	1:3	混凝土	主要观测项目				垂直位移				

现场人员	5 人	管理范围划定	上下游河道、堤防各 100 m,左右岸各 50 m。
		确权情况	未确权。

水文地质情况：

南望闸位于山间冲积区,闸基土层分为4层:

第①层黏土,层底高程37.36～37.91 m;第①-1层填土;第②层黏土,层底高程35.86～36.51 m;第③层强风化石灰岩,层面高程35.45～36.51 m。

工程性质较差的第①、②层黏土,第①-1层填土已被挖除,闸基持力层为第③层,工程所在场地无地震液化涂层和其他问题。

控制运用原则：

原则上由市防办统一调度,日常调控管理单位根据南望闸上游水位和南望净水厂生产情况自行调节。

1. 根据《徐州市主要水利工程调度运用方案》要求,正常情况下,南望闸上游水位按照不超过38.00 m控制,原则上开启单孔运行。汛期预报中雨及以上降雨,根据玉带河及云龙湖水库蓄水情况,经请示市防办同意可提前预降玉带河水位。

2. 南望闸日常控制按照以下方案施行:

当南望净水厂日产能20万 m³ 时(满负荷生产),开启南望闸单孔0.1 m控制;

当南望净水厂日产能15万～18万 m³ 时(日常产能),开启南望闸单孔0.06～0.08 m控制;

当南望净水厂日产能10万 m³ 以下时(减半生产),开启南望闸单孔0.05～0.06 m控制;

当南望净水厂日产能5万 m³ 以下时,开启南望闸单孔0.02～0.03 m控制;

当南望净水厂停产时,关闭南望闸。

当玉带河有景观蓄水需求时,可适时降低闸门开度以调蓄玉带河水位,事后应及时降低南望闸上游水位,并按照南望净水厂产能控制闸位。

最近一次安全鉴定情况：

一、鉴定时间:2019年6月。

二、鉴定结论、主要存在问题及处理措施:云龙湖水库综合评定为一类坝。

其中南望闸存在主要问题为:上游翼墙存在5条竖向裂缝。

最近一次除险加固情况:(苏水基〔2010〕10号)

一、建设时间:2007年3月至9月。

二、主要加固内容:列入徐州市近期防洪排涝云龙湖大坝加固工程,拆除重建南望闸。

三、竣工验收意见、遗留问题及处理情况:2009年12月13日至14日通过江苏省水利厅主持召开的徐州市近期防洪排涝云龙湖大坝加固工程竣工验收,无遗留问题。

发生重大事故情况：

无。

建成或除险加固以来主要维修养护项目及内容：

2014年6月,对南望闸3号闸门裂缝拼片进行更换。

目前存在主要问题：

启闭机房渗水。

下步规划或其他情况：

启闭机房外墙防水处理。

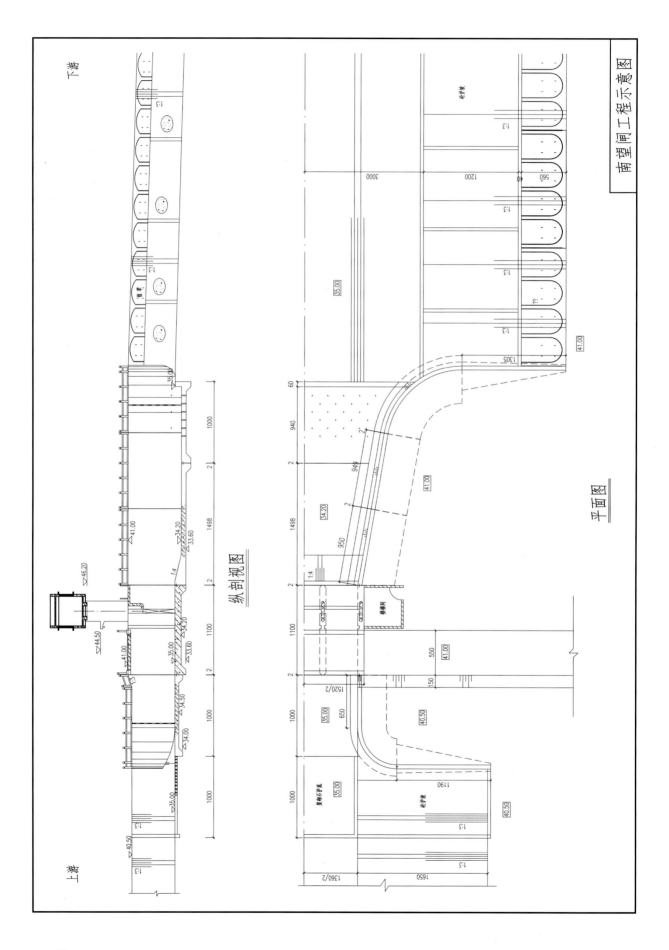

南望闸工程示意图

纵剖视图

平面图

南望闸管理范围界线图

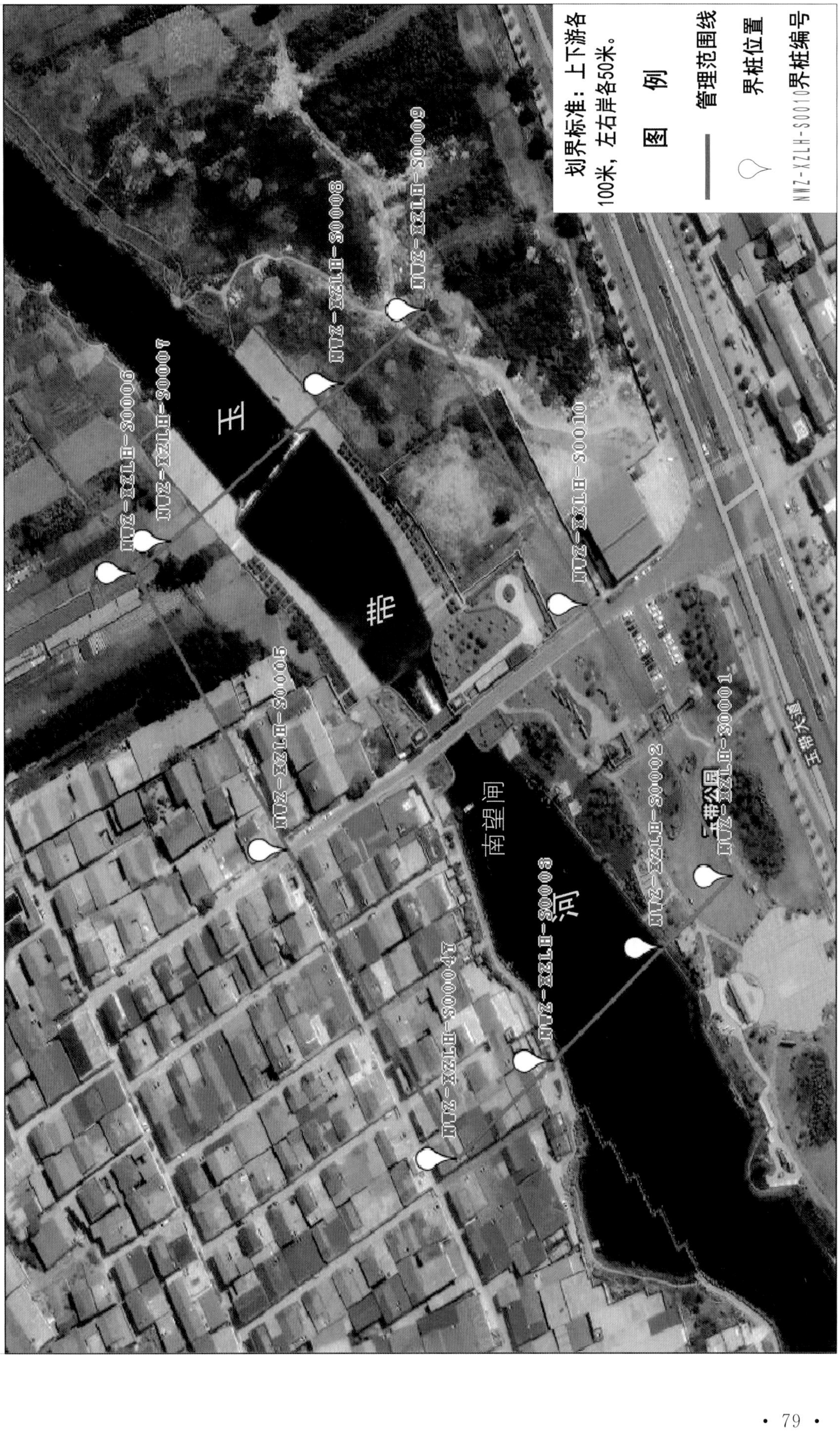

NWZ-XZLH-S0006
NWZ-XZLH-S0007
NWZ-XZLH-S0005
NWZ-XZLH-S0008
NWZ-XZLH-S0009
NWZ-XZLH-S0004Y
NWZ-XZLH-S0003
NWZ-XZLH-S0010
NWZ-XZLH-S0002
NWZ-XZLH-S0001
玉
带
河
南望闸
玉带公园
玉带大道
划界标准：上下游各100米，左右岸各50米。
图 例
管理范围线
界桩位置
NWZ-XZLH-S0010界桩编号

北 坝 涵 洞

管理单位:徐州市南水北调工程管理中心
黄河北闸管理所

闸孔数		2 孔	闸孔净高(m)	闸孔	3.5	所在河流	骆马湖	主要作用		防洪、灌溉
	其中航孔			航孔		结构型式	涵洞式			
闸总长(m)		104	每孔净宽(m)	闸孔	3.0	所在地	新沂市新店镇	建成日期		1967 年
闸总宽(m)		7.8		航孔		工程规模	小(1)型	除险加固竣工日期		2011 年 12 月
主要部位高程(m)	闸顶	24.03	胸墙底	21.33	下游消力池底	17.03	工作便桥面	24.03	水准基面	1985国家高程
	闸底	17.83	交通桥面	28.03	闸孔工作桥面	29.18	航孔工作桥面			
	附近堤防顶高程	上游左堤	24.03	上游右堤	24.03	下游左堤	24.03	下游右堤		24.03
交通桥标准	设计		交通桥净宽(m)	7.0	工作桥净宽(m)	闸孔	4.1	闸门结构型式	闸孔	平面钢闸门
	校核		工作便桥净宽(m)	1.5		航孔			航孔	
启闭机型式	闸孔	螺杆式	启闭机台数	闸孔	2	启闭能力(t)	闸孔	20	钢丝绳	规格	
	航孔			航孔			航孔			数量	m× 根
闸门钢材(t)			闸门(宽×高)(m×m)			建筑物等级	3	备用电源	装机	40 kW
设计标准		50 年一遇设计,100 年一遇校核				抗震设计烈度	Ⅷ		台数	1

规划设计参数		设计水位组合			校核水位组合			检修门	型式	浮箱叠梁门	小水电	容量	
		骆马湖(m)	自排河(m)	流量(m³/s)	骆马湖(m)	自排河(m)	流量(m³/s)		块/套			台数	
	稳定	23.33	19.33	正常蓄水				历史特征值		日期		相应水位(m)	
												上游	下游
		24.83	20.83	50 年一遇洪水	25.83	20.83	100 年一遇洪水						
		21.53	18.83	最低蓄水				上游水位	最高				
	消能	21.33	21.18	27.80				下游水位	最低				
		23.33	18.83	14.60				最大过闸流量(m³/s)					
	孔径	21.33	21.18	27.80									

护坡长度(m)	部位	上游	下游	坡比	护坡型式	引河(m)	上游	底宽	底高程	边坡	下游	底宽	底高程	边坡
	左岸	20	25	1:2.5	浆砌石			25	17.83	1:2.5		25	17.83	1:2.5
	右岸	20	25	1:2.5	浆砌石	主要观测项目								

现场 人员	5 人	管理范围划定	按照土地权属范围划定。
		确权情况	已确权,新国用〔1994〕字第 003 号,确权面积 9.8 万 m²。发证日期:1994 年 3 月。

水文地质情况:

　　场地土层勘探范围自上而下可划分为 3 层,现分述如下:

　　(A)素填土:灰褐、黄褐色重壤土为主,含砂礓,层厚 1.7～6.2 m,层底标高 22.3～20.6～20.7 m,为大堤和老地涵基坑回填土。

　　①含砂礓壤土:黄褐色、灰黄色,硬塑—坚硬,含砂礓及小豆状铁锰结核,局部砂礓胶结成盘,切面稍有光泽,韧性、干强度高。锥阻 5.77～6.07 MPa,标贯击数 16～23 击。层厚 4.3～4.4 m,层底标高 17.66～17.75 m,全场地分布。

　　②含砂礓黏土:褐黄夹灰白色,硬塑,含砂礓,砂礓含量不均匀,切面有光泽,韧性、干强度高,标贯 16～31 击,全场地分布,控制层厚 9.3 m。

　　场地内①—②均为上更新统老黏土地层,承载力高,压缩性低,工程性质较好。涵洞设计基底高程 17.33 m,持力层为②层老黏土,微透水,容许承载力 360 kPa,承载力满足设计要求,地基条件较好。

控制运用原则:

　　北坝涵洞一般情况下关闸蓄水,在沂北灌区有灌溉用水需求时开启,由徐州市水务局统一调度,不接受其他任何单位和个人的指令。

最近一次安全鉴定情况:

　　一、鉴定时间:2020 年 12 月 17 日。

　　二、鉴定结论、主要存在问题及处理措施:北坝涵洞工程运用指标基本达到设计标准,评定为二类闸。

　　主要存在问题:排架、翼墙栏杆胀裂露筋;桥头堡地面存在不均匀沉降;闸门无法到底。建议尽快查明原因并处理。

最近一次除险加固情况:(淮委建管〔2012〕2 号)

　　一、建设时间:2008 年 10 月—2009 年 11 月。

　　二、主要加固内容:拆除重建北坝涵洞。

　　三、竣工验收意见、遗留问题及处理情况:

　　2011 年 12 月 30 日,通过淮河水利委员会同江苏省水利厅主持的沂沭泗洪水东调南下续建工程韩庄运河、中运河及骆马湖堤防工程(江苏实施段)竣工验收,无遗留问题。

发生重大事故情况:

　　无。

建成或除险加固以来主要维修养护项目及内容:

　　1. 2015 年,对北坝涵洞上游引河进行清淤。

　　2. 2016 年,增加北坝涵洞上游两侧防护栏。

　　3. 2017 年,对北坝涵洞上游左岸护砌接长 80 m。

　　4. 2018 年,增设闸门自动化控制系统,进一步完善视频监视系统。

目前存在主要问题:

　　无。

下步规划或其他情况:

　　无。

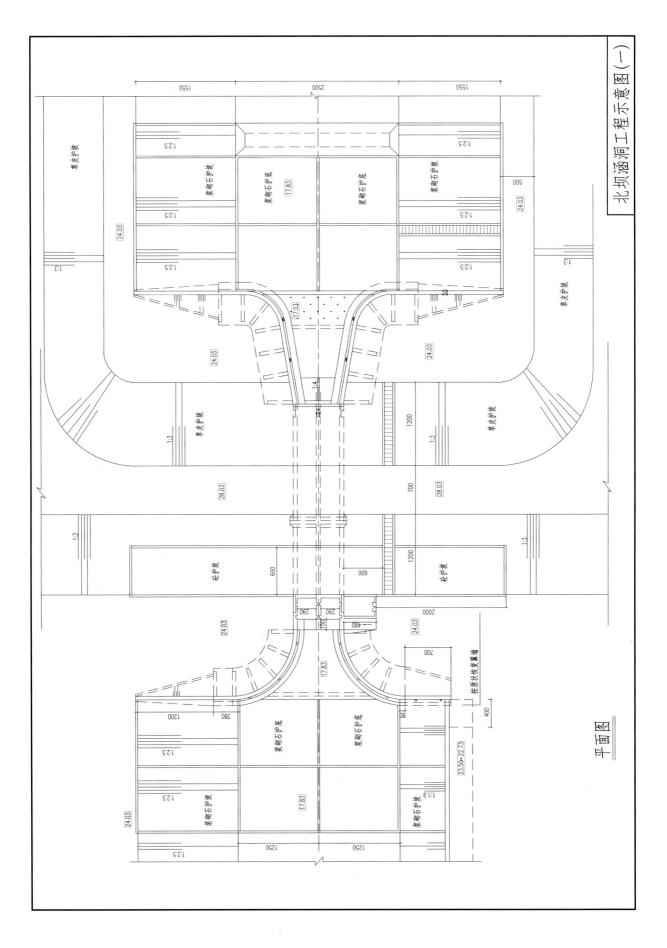

北坝涵洞工程示意图（一）

平面图

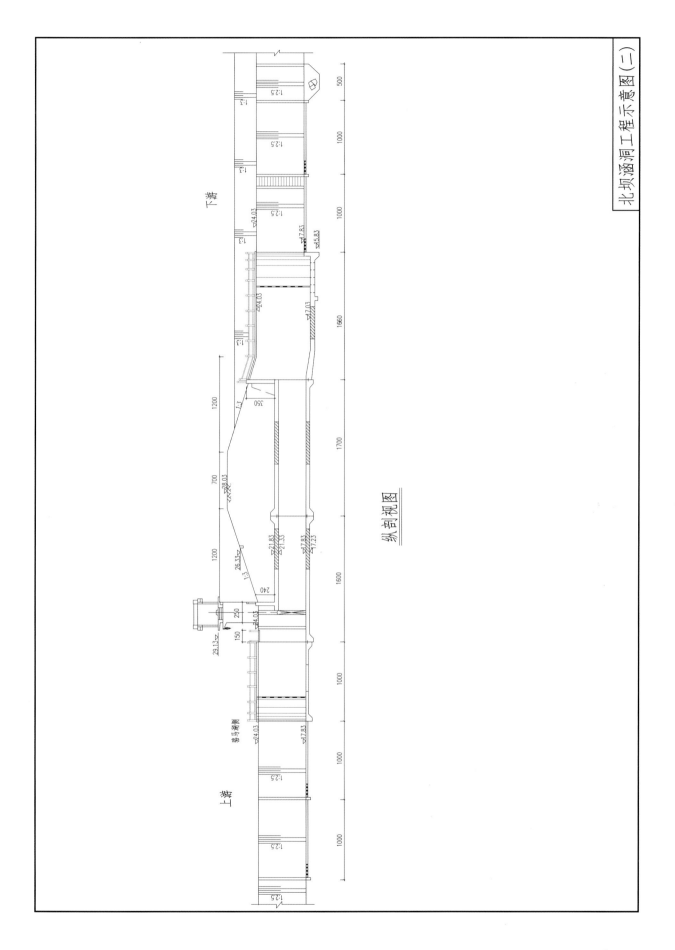

纵剖视图

北坝涵洞工程示意图(二)

北坝涵洞管理范围界线图

图　例

管理范围线

界桩位置

划界标准：按照土地权属范围划定。

BBHD-XZBJ-S0006 界桩编号

BBHD-XZBJ-S0008

BBHD-XZBJ-S0009

BBHD-XZBJ-S0001

BBHD-XZBJ-S0007

BBHD-XZBJ-S0006

BBHD-XZBJ-S0005

北坝涵洞

沂

北

干

渠

BBHD-XZBJ-S0002

BBHD-XZBJ-S0004

BBHD-XZBJ-S0003

黑马河地涵

管理单位:徐州市南水北调工程管理中心
黄河北闸管理所

闸孔数	3 孔		闸孔净高 (m)	闸孔	4.0	所在河流	湖东自排河	主要作用		排涝	
	其中航孔			航孔		结构型式	涵洞式				
闸总长(m)	102.5		每孔净宽 (m)	闸孔	5.0	所在地	新沂市新店镇	建成日期		年 月	
闸总宽(m)	17.0			航孔		工程规模	小(1)型	除险加固竣工日期		2011 年 12 月	

主要部位高程(m)	闸顶	27.33	胸墙底	20.83	下游消力池底	16.33	工作便桥面	27.33	水准基面	1985 国家高程
	闸底	16.83	交通桥面	27.33	闸孔工作桥面	32.93	航孔工作桥面			
	附近堤防顶高程		上游左堤	27.33	上游右堤	27.33	下游左堤	27.33	下游右堤	27.33

交通桥标准	设计	公路Ⅱ级折减	交通桥净宽(m)	5.0	工作桥净宽 (m)	闸孔	2.6	闸门结构型式	闸孔	平面钢闸门	
	校核		工作便桥净宽(m)	1.4		航孔			航孔		

启闭机型式	闸孔	卷扬式	启闭机台数	闸孔	3	启闭能力 (t)	闸孔	2×8	钢丝绳	规格		
	航孔			航孔			航孔			数量	m× 根	

闸门钢材(t)		闸门(宽×高)(m×m)		建筑物等级	3	备用电源	装机台数	kW
设计标准	5 年一遇排涝设计,50 年一遇防洪校核			抗震设计烈度	Ⅷ		小水电容量台数	

规划设计参数	计算时期	骆马湖 (m)	湖东自排河 (m)	流量 (m³/s)	检修门	型式 块/套			
	正常蓄水位	23.33	20.83		历史特征值		日期	相应水位(m)	
								上游	下游
	洪水位(50 年一遇)	24.83							
	校核洪水位	25.83			上游水位 最高				
	排涝水位(5 年一遇)		19.95/19.80	79.00	下游水位 最低				
	最低蓄水位	21.53	18.83		最大过闸流量 (m³/s)				

护坡长度(m)	部位	上游	下游	坡比	护坡型式	引河 (m)	上游	底宽	底高程	边坡	下游	底宽	底高程	边坡
	左岸	12	25.5		混凝土扶壁式挡墙			20	17.33	1:2		25	17.33	1:2
	右岸	12	25.5		混凝土扶壁式挡墙	主要观测项目								

现场人员	5 人	管理范围划定	按照土地权属范围划定。
		确权情况	1994 年 3 月取得新沂市土地管理局颁发的国有土地使用证(新国用〔1994〕字第 003 号),土地面积 9.8 万 m²。

水文地质情况:

　　该区域土质共分 3 层,分别为:

　　第①层:素填土,层厚 0.5～5.3 m。

　　第②层:含砂礓壤土,层厚 4.0～4.1 m。

　　第③层:含砂礓黏土,揭露厚度 10.2 m。

控制运用原则:

　　黑马河地涵一般情况下关闸蓄水,在湖东自排河有排涝需求时开启。

最近一次安全鉴定情况:

　　一、鉴定时间:无。

　　二、鉴定结论、主要存在问题及处理措施:无。

最近一次除险加固情况:(淮委建管〔2012〕2 号)

　　一、建设时间:2008 年 10 月—2009 年 11 月。

　　二、主要加固内容:拆除重建黑马河地涵。

　　三、竣工验收意见、遗留问题及处理情况:

　　2011 年 12 月 30 日,通过淮河水利委员会同江苏省水利厅主持的沂沭泗洪水东调南下续建工程韩庄运河、中运河及骆马湖堤防工程(江苏实施段)竣工验收,无遗留问题。

发生重大事故情况:

　　无。

建成或除险加固以来主要维修养护项目及内容:

　　2018 年增设闸门自动化控制系统,进一步完善视频监视系统。

目前存在主要问题:

　　无。

下步规划或其他情况:

　　无。

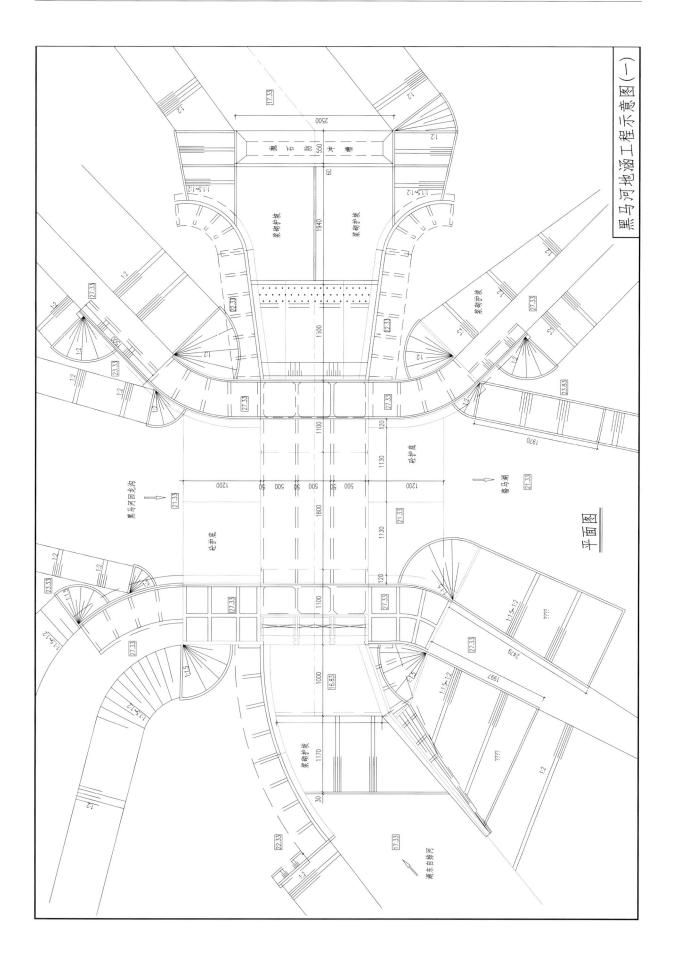

黑马河地涵工程示意图（一）

平面图

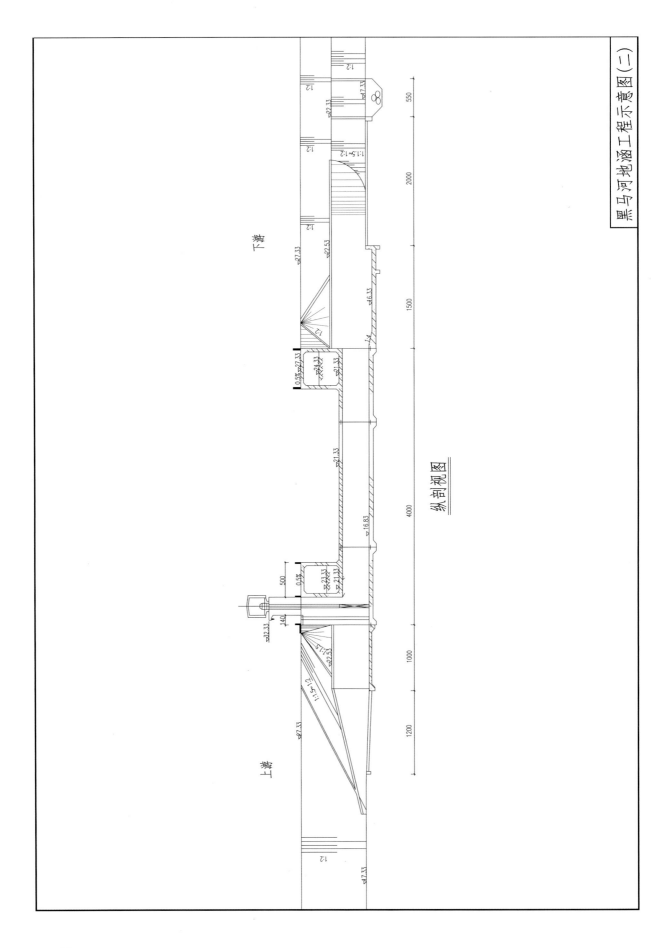

黑马河地涵工程示意图（二）

纵剖视图

黑马河地涵管理范围界线图

图 例

管理范围界线

界桩位置

HMHDH-XZBJ-S0007 界桩编号

划界标准：按照土地
权属范围划定。

魏工分洪闸

管理单位:徐州市南水北调工程管理中心
黄河北闸管理所

闸孔数		3 孔	闸孔净高(m)	闸孔	4.0	所在河流	魏工分洪道	主要作用		排涝
		其中航孔		航孔		结构型式	涵洞式			
闸总长(m)		175.5	每孔净宽(m)	闸孔	4.0	所在地	睢宁县魏集镇	建成日期		1992 年 5 月
闸总宽(m)		15.6		航孔		工程规模	中型	除险加固竣工日期		2019 年 12 月
主要部位高程(m)	闸顶	31.5	胸墙底	28.0	下游消力池底	16.6	工作便桥面	31.5	水准基面	废黄河
	闸底	24.0	交通桥面	31.5	闸孔工作桥面	37.4	航孔工作桥面			
	附近堤防顶高程	上游左堤	29.5	上游右堤	29.5	下游左堤	25.5	下游右堤	25.5	
交通桥标准	设计	交通桥净宽(m)		8	工作桥净宽(m)	闸孔	3.0	闸门结构型式	闸孔	平面钢闸门
	校核	工作便桥净宽(m)		1.5		航孔			航孔	
启闭机型式	闸孔	螺杆式	启闭机台数	闸孔	3	启闭能力(t)	闸孔	10	钢丝绳	规格	
	航孔			航孔			航孔			数量	m× 根
闸门钢材(t)			闸门(宽×高)(m×m)			建筑物等级	3	备用电源	装机	40 kW
设计标准		20 年一遇设计,50 年一遇校核				抗震设计烈度	Ⅷ		台数	1

规划设计参数		设计水位组合			校核水位组合			检修门	型式		小水电	容量	
		上游(m)	下游(m)	流量(m³/s)	上游(m)	下游(m)	流量(m³/s)		块/套			台数	
	稳定	26.50	19.00		26.50	18.50		历史特征值		日期		相应水位(m)	
		26.50	19.50	地震期								上游	下游
	消能	27.70	20.50	0～130.00				上游水位	最高				
								下游水位	最低				
								最大过闸流量(m³/s)					
	孔径	27.40	21.50	50.00	27.70	23.10	130.00						

护坡长度(m)	部位	上游	下游	坡比	护坡型式	引河(m)	上游	底宽	底高程	边坡	下游	底宽	底高程	边坡
	左岸	20	71.5	1:4	浆砌石			20	24.0	1:4		5	18.0	1:3
	右岸	20	71.5	1:4	浆砌石	主要观测项目			垂直位移					

现场人员	3 人	管理范围划定	按照土地权属范围划定。
		确权情况	1993 年 12 月取得睢宁县土地管理局颁发的国有土地使用证（睢国用〔1993〕字第 93006 号），土地面积 3.3 万 m²。

水文地质情况：

　　场地内土层大致可分为 2 层：①粉砂：表层黄色，松散干燥风吹易扬，该层总厚度 10～15 m。粉砂防渗抗冲能力很差，中间夹有三层轻—重粉质壤土。②重壤土：褐色，灰褐色重粉质壤土，含豆状锰结核及小砂浆，可塑，揭露厚度 1.77 m。上部局部较软弱，其下可塑—硬塑。该层土壤可塑、压缩性中等，赋存稳定，工程性质较好。

控制运用原则：

　　魏工分洪闸除有防汛任务开闸外，其他时间原则上应予以关闭。

最近一次安全鉴定情况：

　　一、鉴定时间：2015 年 10 月 25 日。

　　二、鉴定结论、主要存在问题及处理措施：魏工分洪闸工程运用指标基本达到设计标准，评定为二类闸。

　　主要存在问题：闸门防腐涂层厚度不满足要求，闸门开度大于 1.2 m 时，消能设施不满足要求，浆砌块石翼墙不利于抗震。建议对闸门防腐处理，强化工程控制运行，泄洪时根据下游消能状况控制闸门开度。

最近一次除险加固情况：（徐黄后续建〔2019〕16 号）

　　一、建设时间：2018 年 4 月 10 日至 2019 年 11 月 20 日。

　　二、主要加固内容：列入徐州市黄河故道后续工程（睢宁段），加固魏工分洪闸，拆除重建排架、工作桥及启闭机房，并新增 1 条供电线路。

　　三、竣工验收意见、遗留问题及处理情况：2019 年 12 月 23 日通过徐州市黄河故道治理后续工程建设处组织的徐州市黄河故道后续工程（睢宁段）合同工程完工验收，无遗留问题。

发生重大事故情况：

　　无。

建成或除险加固以来主要维修养护项目及内容：

　　1. 2012 年，闸门除锈喷锌。

　　2. 2014 年，更换地埋电缆。

　　3. 2019 年，拆除重建排架、工作桥及启闭机房，并新增 1 条供电线路。

目前存在主要问题：

　　1. 交通桥、闸墩混凝土出现不同程度碳化现象；浆砌石护坡局部砂浆脱落、块石松动。

　　2. 闸门局部锈蚀。

下步规划或其他情况：

　　进一步加强工程维修养护。

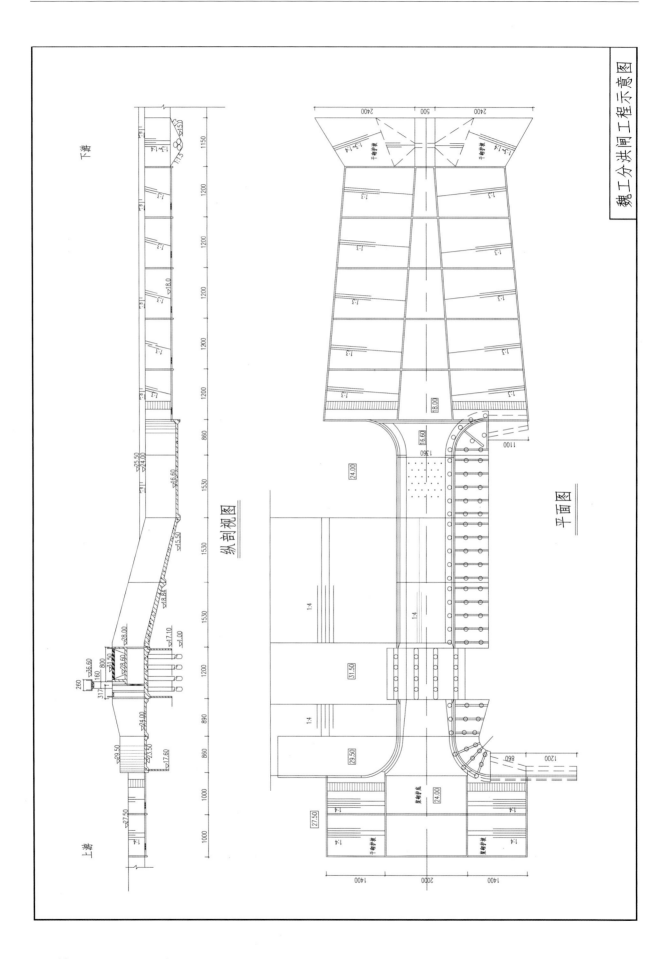

魏工分洪闸工程示意图

纵剖视图

平面图

魏工分洪闸管理范围界线图

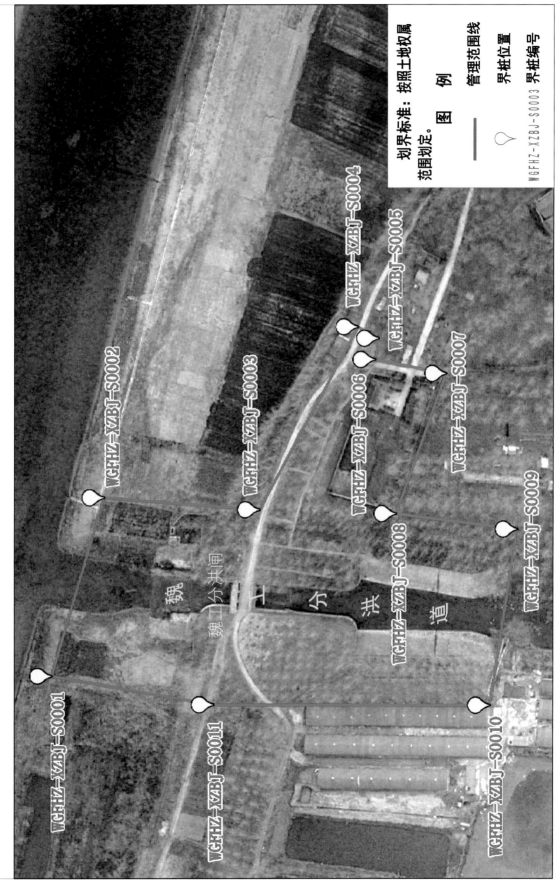

袁 桥 闸

管理单位:徐州市水利工程运行管理中心
奎河闸站管理所

闸孔数		3 孔	闸孔净高（m）	闸孔	6	所在河流	奎河	主要作用		防洪、排涝
		其中航孔		航孔		结构型式	开敞式			
闸总长(m)		43.5	每孔净宽（m）	闸孔	4.0	所在地	云龙区引洪路	建成日期		1982 年
闸总宽(m)		15.6		航孔		工程规模	小(1)型	除险加固竣工日期		2008 年 12 月
主要部位高程（m）	闸顶	34.0	胸墙底		下游消力池底	27.3	工作便桥面	34.5	水准基面	废黄河
	闸底	28.0	交通桥面	34.5	闸孔工作桥面	41.1	航孔工作桥面			
	附近堤防顶高程		上游左堤	32.8	上游右堤	32.8	下游左堤	32.8	下游右堤	32.8
交通桥标准	设计		交通桥净宽(m)		9.3	工作桥净宽（m）	闸孔	3	闸门结构型式	闸孔	平面钢闸门
	校核		工作便桥净宽(m)		1.2		航孔			航孔	
启闭机型式	闸孔	卷扬式	启闭机台数	闸孔	3	启闭能力（t）	闸孔	10	钢丝绳	规格	
	航孔			航孔			航孔			数量	m× 根

闸门钢材(t)			闸门(宽×高)(m×m)		4×5.3	建筑物等级	3	备用电源	装机	15 kW
设计标准		5 年一遇排涝设计,20 年一遇防洪校核				抗震设计烈度	Ⅶ		台数	1

规划设计参数		设计水位组合			校核水位组合			检修门	型式		小水电	容量	
		上游（m）	下游（m）	流量（m³/s）	上游（m）	下游（m）	流量（m³/s）		块/套			台数	
	稳定	31.00	30.90	设计排涝				历史特征值		日期		相应水位(m)	
												上游	下游
		29.50	28.00	闸上挡洪									
		30.00	33.00	闸下挡洪				上游水位	最高				
		31.00	30.90	地震期				下游水位	最低				
	消能	31.00	29.00～30.90	0～24.00				最大过闸流量（m³/s）					
	孔径	31.00	30.90	24.00	30.00	32.69						

护坡长度（m）	部位	上游	下游	坡比	护坡型式	引河（m）	上游	底宽	底高程	边坡	下游	底宽	底高程	边坡
	左岸			直立挡墙	浆砌石			19	28.0	直立挡墙		23	27.0	直立挡墙
	右岸			直立挡墙	浆砌石	主要观测项目				垂直位移				

现场人员	5 人	管理范围划定	上下游河道、堤防各 100 m,左右岸 50 m,含在奎河闸站管理范围内。
		确权情况	未确权。

水文地质情况:

A 层填土,层底标高 29.71～31.85 m。

①层粉土,层底标高 29.09～29.85 m,承载力特征值 100 kPa,该层为可液化土层,被挖除。

①-1 层淤泥质壤土,层底标高 26.59～27.25 m,承载力特征值为 60 kPa。

②层填土,层底标高 25.94～26.85 m,承载力特征值 70 kPa。

③层黏土,层底标高 23.29～24.85 m,承载力特征值 150 kPa。

④层黏土,层底标高 18.29～20.53 m,承载力特征值 270 kPa。

⑤层石灰岩,承载力特征值 1 500 kPa。

控制运用原则:

袁桥闸日常为常开状态,当市区正在强降雨,袁桥泵站前池水位达到 30.5 m 以上,袁桥西站开机,袁桥闸关闭。

最近一次安全鉴定情况:

一、鉴定时间:2021 年 1 月 21 日。

二、鉴定结论、主要存在问题及处理措施:综合评定为二类闸。

主要存在问题:侧向浆砌石墙体存在渗漏水现象,翼墙为浆砌石结构,不利于抗震。

最近一次除险加固情况:(淮委建管〔2009〕14 号)

一、建设时间:2002 年 11 月—2003 年 4 月。

二、主要加固内容:纳入奎濉河近期治理工程徐州市 2001 年度工程,加固袁桥闸。主要包括更换钢闸门 3 扇、卷扬式启闭机 3 台;拆除重建排架、工作桥,新做启闭机房;上游新增检修便桥;下游增做浆砌石护底;重新铺设交通桥沥青面层,铸铁栏杆更新为混凝土栏杆。

三、竣工验收意见、遗留问题及处理情况:2008 年 12 月 7 日至 8 日通过淮委会同江苏省水利厅、徐州市人民政府共同组织的奎濉河近期治理工程(江苏徐州段)竣工验收,无遗留问题。

发生重大事故情况:

无。

建成或除险加固以来主要维修养护项目及内容:

2021 年袁桥闸工作爬梯更换为旋转楼梯,启闭机房粉刷。

2021 年闸上游(泵站前池)清淤。

目前存在主要问题:

无。

下步规划或其他情况:

无。

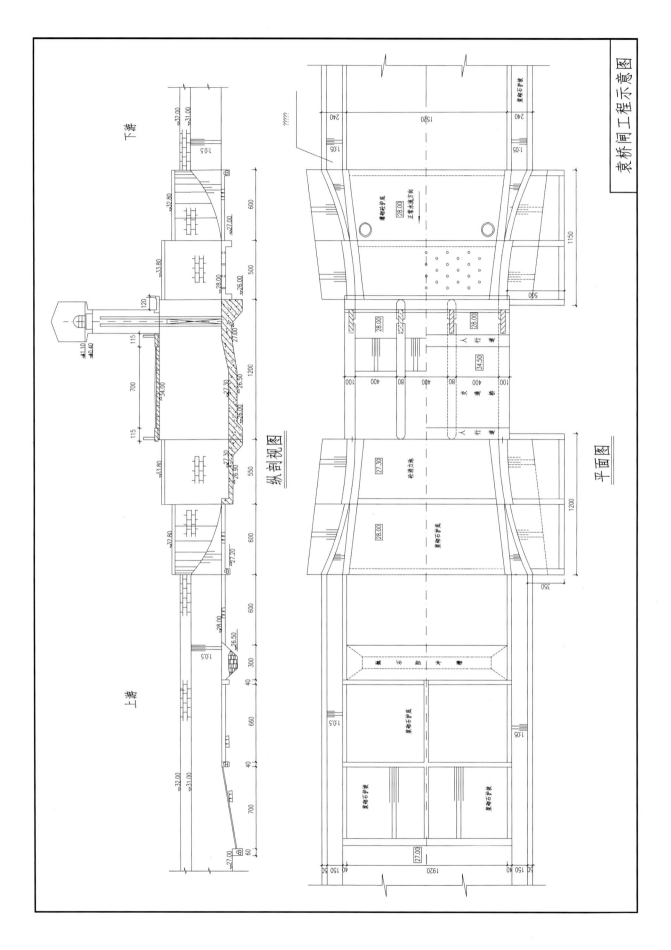

袁桥闸工程示意图

袁桥闸管理范围界线图

划界标准：含奎河闸站管理范围内。

图 例

—— 管理范围线

⚲ 界桩位置

YQZ-XZBJ-S0005 界桩编号

刘　桥　闸

管理单位:徐州市水利工程运行管理中心
大龙湖管理所

闸孔数	1孔		闸孔净高(m)	闸孔	4.5	所在河流		琅河		主要作用		排涝、灌溉
	其中航孔			航孔		结构型式		开敞式				
闸总长(m)	83.5		每孔净宽(m)	闸孔	5	所在地		云龙区		建成日期		2009年8月
闸总宽(m)	6.8			航孔		工程规模		小型		除险加固竣工日期		年　月

主要部位高程(m)	闸顶	31.5	胸墙底			下游消力池底	26.2	工作便桥面	31.5	水准基面		废黄河
	闸底	27.0	交通桥面		31.5	闸孔工作桥面	36.6	航孔工作桥面				
	附近堤防顶高程		上游左堤		31.5	上游右堤	31.5	下游左堤	31.5	下游右堤		

交通桥标准	设计	公路Ⅱ级折减		交通桥净宽(m)	4.5+2×0.5	工作桥净宽(m)	闸孔	4	闸门结构型式	闸孔	平面钢闸门
	校核			工作便桥净宽(m)	2		航孔			航孔	

启闭机型式	闸孔	卷扬式		启闭机台数	闸孔	1	启闭能力(t)	闸孔	2×10	钢丝绳	规格	
	航孔				航孔			航孔			数量	13 m×8根

闸门钢材(t)	4	闸门(宽×高)(m×m)		建筑物等级	4	备用电源	装机		kW
设计标准	5年一遇排涝设计,20年一遇防洪校核			抗震设计烈度	Ⅶ		台数		

规划设计参数		设计水位组合			校核水位组合			检修门	型式		小水电	容量	
		上游(m)	下游(m)	流量(m³/s)	上游(m)	下游(m)	流量(m³/s)		块/套			台数	
	稳定	30.00	28.00					历史特征值		日期		相应水位(m)	
												上游	下游
	消能	29.53	28.00~29.38	0~19.60	31.30	28.00~31.00	0~47.20	上游水位	最高				
		30.50	27.00~29.38	0~19.60				下游水位	最低				
	防渗	30.50	27.00					最大过闸流量(m³/s)		30.20		29.45	
	孔径	29.53	29.38	19.60	31.30	31.00	47.20			(2021-08-23)			

护坡长度(m)	部位	上游	下游	坡比	护坡型式	引河(m)	上游	底宽	底高程	边坡	下游	底宽	底高程	边坡
	左岸	16	31	1:3	浆砌石			10	27	1:3		10	27	1:3
	右岸	16	31	1:3	浆砌石	主要观测项目								

现场人员	4 人	管理范围划定	上下游河道、堤防各 50 m,左右岸各 20 m。
		确权情况	未确权。

水文地质情况:

　　①层粉质壤土,层底高程 28.0～28.77 m,容许承载力 90 kPa。

　　②层淤泥质壤土,层底高程 27.17～27.86 m,容许承载力 70 kPa。

　　③层砂壤土,层底高程 26.07～26.94 m,容许承载力 80 kPa。

　　④层粉砂,层底高程 23.32～23.74m,容许承载力 100 kPa。

　　⑤层黏土,层底高程 21.0～21.54 m,容许承载力 120 kPa。

　　刘桥闸基础均位于第④层粉砂上,上部质纯,下部以粉砂、沙壤土互层为主,土质不均匀,标贯 4～7 击,松散,饱和。

控制运用原则:

　　闸上水位超过 29.7 m 时,或预报区域内有大雨及以上降雨时,或下游有农业灌溉需求时,开启刘桥闸;闸上水位低于 29.7 m 且上游无来水时,关闭刘桥闸。

最近一次安全鉴定情况:

　　一、鉴定时间:2021 年 1 月 21 日。

　　二、鉴定结论、主要存在问题及处理措施:工程综合安全类别评定为二类闸。

　　主要存在问题:各构件混凝土碳化不均匀,闸门水下部分门体锈蚀。建议对闸墩、排架进行防碳化处理,对闸门进行防腐处理。

最近一次除险加固情况:无。

　　一、建设时间:无。

　　二、主要加固内容:无。

　　三、竣工验收意见、遗留问题及处理情况:无。

发生重大事故情况:

　　无。

建成或除险加固以来主要维修养护项目及内容:

　　1. 2018 年,上下游河道清淤。

　　2. 2019 年,上下游边坡护砌。

　　3. 2019 年,上下游两岸安装青石栏杆。

　　4. 2021 年 6 月,管理用房屋面做罩顶。

目前存在主要问题:

　　无。

下步规划或其他情况:

　　对闸墩、排架进行防碳化处理,对闸门进行防腐处理。

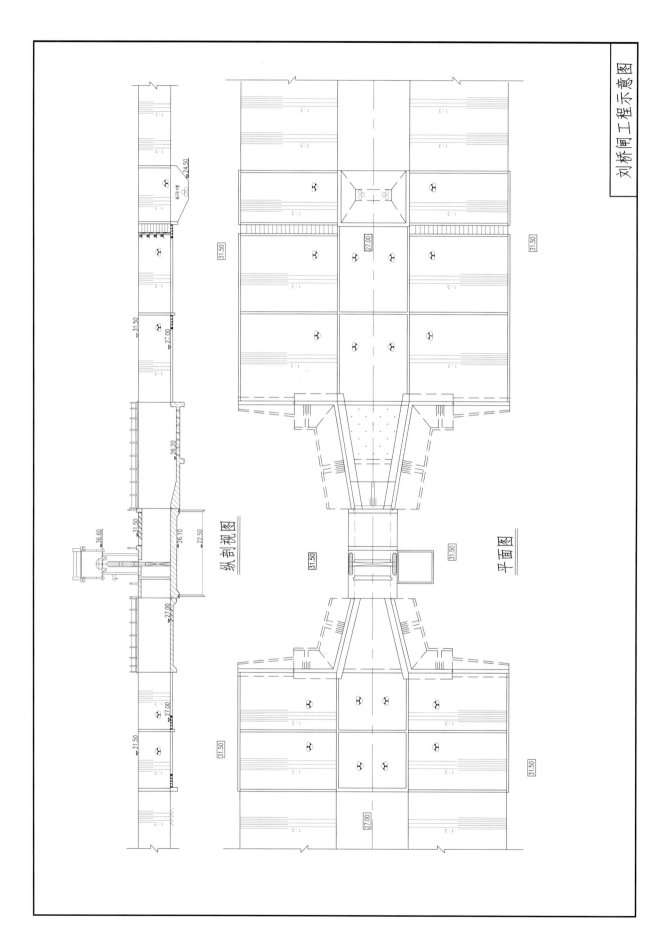

刘桥闸工程示意图

纵剖视图

平面图

刘桥闸管理范围界线图

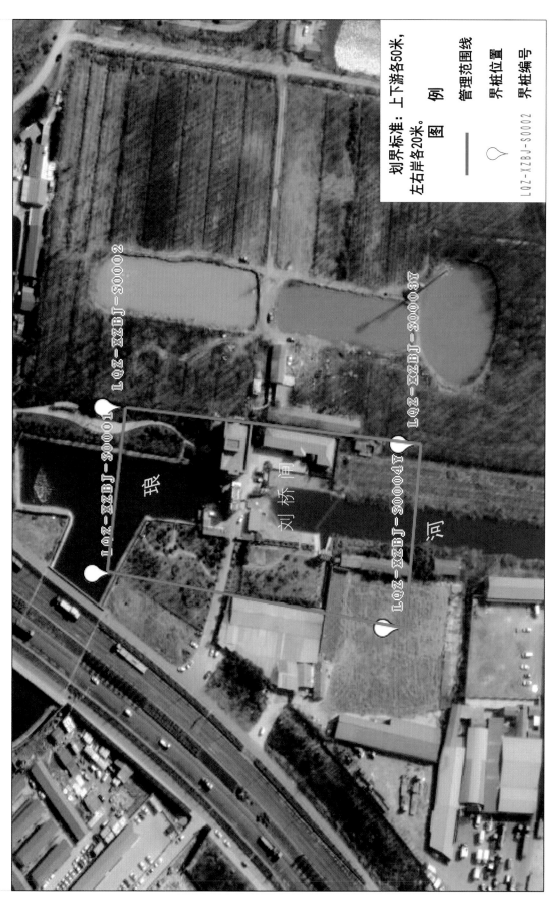

小 坝 闸

管理单位:徐州市水利工程运行管理中心
大龙湖管理所

闸孔数	1孔		闸孔净高(m)	闸孔	3.1	所在河流	拦山河		主要作用	引水灌溉
	其中航孔			航孔		结构型式	开敞式			
闸总长(m)	57.9		每孔净宽(m)	闸孔	6	所在地	云龙区大龙湖		建成日期	2007年3月
闸总宽(m)	7.6			航孔		工程规模	小(2)型		除险加固竣工日期	年 月

主要部位高程(m)	闸顶	38.0	胸墙底	35.1	下游消力池底	31.5	工作便桥面	38.0	水准基面	废黄河
	闸底	32.0	交通桥面		闸孔工作桥面	41.3	航孔工作桥面			
	附近堤防顶高程	上游左堤		上游右堤		下游左堤			下游右堤	

交通桥标准	设计		交通桥净宽(m)		工作桥净宽(m)	闸孔	4.2	闸门结构型式	闸孔	平面钢闸门
	校核		工作便桥净宽(m)	3.3		航孔			航孔	

启闭机型式	闸孔	卷扬式	启闭机台数	闸孔	1	启闭能力(t)	闸孔	2×10	钢丝绳	规格	
	航孔			航孔			航孔			数量	13 m×8 根

闸门钢材(t)	5	闸门(宽×高)(m×m)		建筑物等级	5	备用电源	装机	kW
设计标准				抗震设计烈度	Ⅶ		台数	

规划设计参数		设计水位组合			校核水位组合			检修门	型式		小水电	容量	
		上游(m)	下游(m)	流量(m³/s)	上游(m)	下游(m)	流量(m³/s)		块/套			台数	
	稳定	35.00	32.00	蓄水期	37.14	32.00	挡洪期	历史特征值		日期		相应水位(m)	
												上游	下游
	消能	35.00	34.85	5.00				上游水位	最高				
		37.14	32.00	防渗				下游水位	最低				
								最大过闸流量(m³/s)					
	孔径	35.00	34.85	5.00									

护坡长度(m)	部位	上游	下游	坡比	护坡型式	引河(m)	上游	底宽	底高程	边坡	下游	底宽	底高程	边坡
	左岸	8	23.4	1:2/1:1.5	浆砌石			10	32.0	1:2		10	32	1:2
	右岸	8	23.4	1:2/1:1.5	浆砌石	主要观测项目								

现场人员	4 人	管理范围划定	根据实际管理区域划定。
		确权情况	未确权。

水文地质情况：

经钻探揭示，场地土层可划分3层，自上而下分述如下：

①层黏土（Q4^{al+pl}）：黄色，含铁锰结核，可塑，切面有光泽，干强度及韧性中等。该层厚度0.6～2.9 m，层底标高29.90～36.55 m，锥尖阻力1.10～1.33 MPa，标贯4击，压缩性中等，建议容许承载力100 kPa。该层土在河底两侧分布厚度不均，且位于河底表层0.5 m范围内为河道淤积土层，土质较松软。

④层含砂礓黏土（Q3^{al+pl}）：黄色、黄夹灰色，硬塑—坚硬，含铁锰结核及少量砂礓，切面光滑，有光泽，干强度及韧性中等—高。该层揭露厚度2.8～8.3 m，相应层底标高22.74～30.35 m，锥尖阻力3.38～4.30 MPa，标贯击数10～15击，压缩性中等偏低，建议容许承载力250 kPa。该层全场地分布，受下伏基岩面起伏影响，层底高程变化较大。

⑥层石灰岩：寒武系灰岩，灰色、灰白色，中厚层状，全风化—中等风化，表面裂隙发育，并有风化剥蚀沟、槽，风化裂隙被黏土充填。基岩埋深3.8～9.8 m，岩面高程22.74～30.35 m，层面坡度7.5～56.8 %，基岩面起伏较大，建议容许承载力800 kPa。

控制运用原则：

平时关闸，当大龙湖需要补水时开闸；控制闸下（大龙湖）水位在30.0 m。

最近一次安全鉴定情况：

一、鉴定时间：2021年1月21日。

二、鉴定结论、主要存在问题及处理措施：工程综合安全类别评定为二类。

主要存在问题：砼构件碳化分布不均匀，闸门涂层厚度局部不满足要求。建议对砼构件进行防碳化处理，对闸门进行防腐处理。

最近一次除险加固情况：

一、建设时间：无。

二、主要加固内容：无。

三、竣工验收意见、遗留问题及处理情况：无。

发生重大事故情况：

无。

建成或除险加固以来主要维修养护项目及内容：

1. 2015年，安装青石栏杆。

2. 2016年，闸室及外立面拆除重建采用钢结构框架，外立面采用加厚铝板，地面铺设瓷砖。

3. 2017年，维修水闸上游护坡。

目前存在主要问题：

1. 缺少检修闸门。

2. 原设计空间狭窄，检修闸门无法进行检修。

下步规划或其他情况：

1. 建立机组设备远程遥控，监测运行。

2. 对外立面结构进行局部改造，便于检修闸门置入使用。

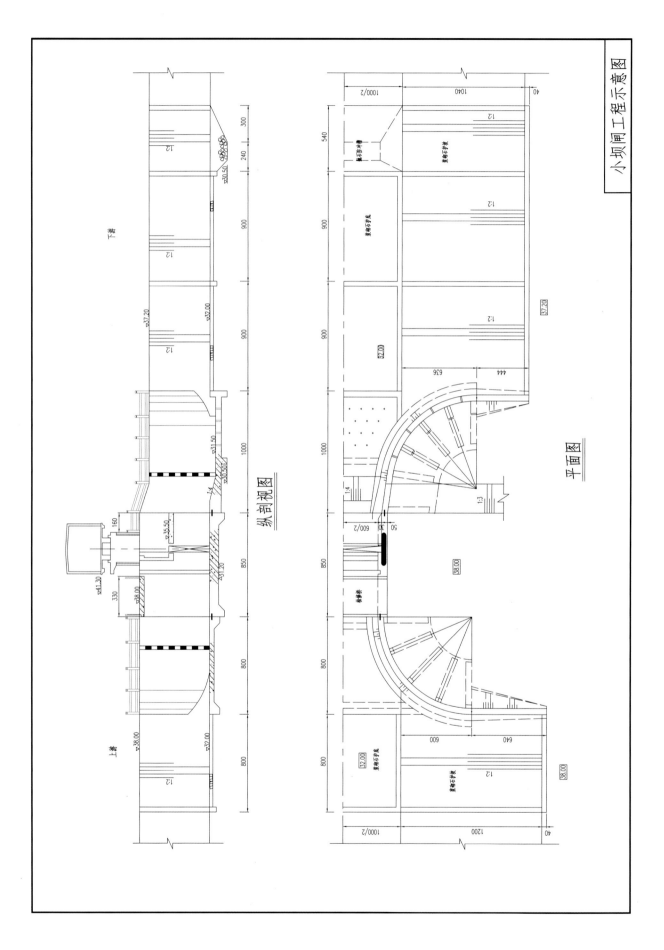

小坝闸工程示意图

纵剖视图

平面图

小坝闸管理范围界线图

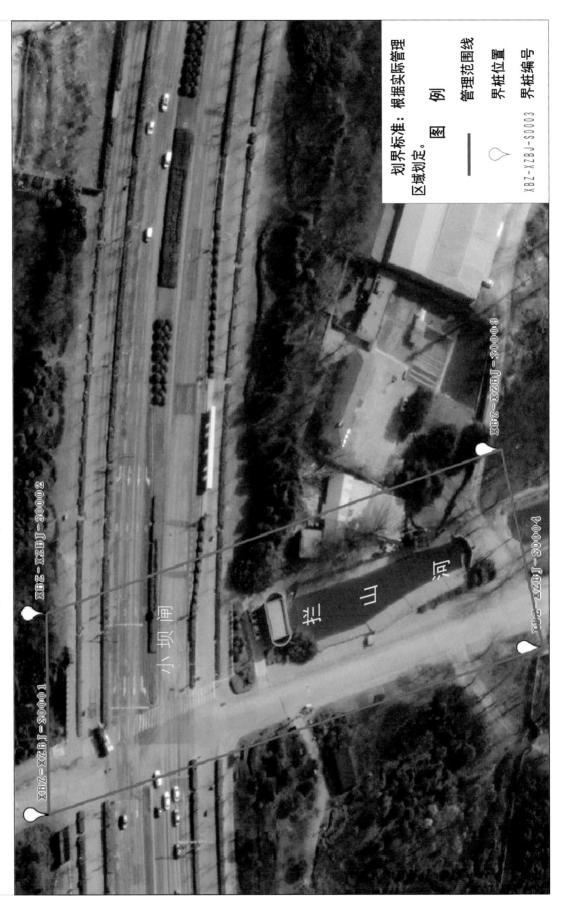

划界标准：根据实际管理区域划定。

图 例

———— 管理范围线

♀ 界桩位置

XBZ-XZBJ-S0003 界桩编号

XBZ-XZBJ-S0001
XBZ-XZBJ-S0002
XBZ-XZBJ-S0003
XBZ-XZBJ-S0004

小坝闸

拦山河

苗 山 闸

管理单位:徐州市水利工程运行管理中心
丁万河闸站管理所

闸孔数	1孔		闸孔净高 (m)	闸孔	3.4	所在河流	闸河		主要作用	防洪、灌溉、引水
	其中航孔			航孔		结构型式	胸墙式			
闸总长(m)	70.5		每孔净宽 (m)	闸孔	4.0	所在地	泉山区大彭镇	建成日期		年 月
闸总宽(m)	6.5			航孔		工程规模	小(2)型	除险加固竣工日期		2014年12月

主要部位高程 (m)	闸顶	41.0	胸墙底	38.20	下游消力池底	34.3	工作便桥面	41.05	水准基面	1985国家高程
	闸底	34.8	交通桥面	41.00	闸孔工作桥面	46.00	航孔工作桥面			
	附近堤防顶高程	上游左堤	38.00	上游右堤	38.00	下游左堤	38.00	下游右堤	38.00	

交通桥标准	设计	公路Ⅱ级	交通桥净宽(m)	5+2×0.5	工作桥净宽 (m)	闸孔	3.5	闸门结构型式	闸孔	平面钢闸门
	校核		工作便桥净宽(m)	1.5		航孔			航孔	

启闭机型式	闸孔	卷扬式	启闭机台数	闸孔	1	启闭能力 (t)	闸孔	8	钢丝绳	规格	直径24 mm
	航孔			航孔			航孔			数量	40 m×1根

闸门钢材(t)		闸门(宽×高)(m×m)		建筑物等级	4	备用电源	装机	50 kW
设计标准	5年一遇排涝设计,20年一遇防洪校核,50年一遇挡洪			抗震设计烈度	Ⅶ		台数	1

规划设计参数		设计水位组合			校核水位组合			检修门	型式		小水电	容量	
		上游(m)	下游(m)	流量(m³/s)	上游(m)	下游(m)	流量(m³/s)		块/套			台数	
	稳定	38.80	37.80	正常蓄水				历史特征值		日期		相应水位(m)	
		39.80	37.80	废黄河50年一遇挡洪								上游	下游
	消能	37.50～38.80	36.80～37.45	0～10.00	37.50～38.80	36.80～37.45	0～10.00	上游水位	最高				
								下游水位	最低				
	防渗	39.80	36.80					最大过闸流量 (m³/s)					
	孔径	37.50	37.45	10.00	39.80	37.80							

护坡长度 (m)	部位	上游	下游	坡比	护坡型式	引河 (m)	上游	底宽	底高程	边坡	下游	底宽	底高程	边坡
	左岸	150	24.50	1:4.5	混凝土			10	34.80	1:4.5		10	34.80	1:4.5
	右岸	150	24.50	1:4.5	混凝土	主要观测项目								

现场 人员	1人	管理范围划定	上下游河道、堤防各 100 m,左右岸各 50 m。
		确权情况	已确权,确权面积 4 562.7 m²(铜国用〔95〕字第 0044 号)。发证日期 1995 年 12 月。

水文地质情况:

　　本闸地质据钻探资料揭露地层结构自上而下分别为:1 层杂填土、3 层重粉质沙壤土、4-1 层粉质黏土、4-2 层重粉质沙壤土、7 层粉质黏土、8 层粉质黏土、11 层中风化泥灰岩。

　　拆除重建原计划对水闸进行地基液化处理,变更取消地基液化处理。

控制运用原则:

　　苗山闸一般为常开,需挡故黄河洪水时,由管理单位组织关闸。

最近一次安全鉴定情况:

　　一、鉴定时间:2020 年 12 月 23 日。

　　二、鉴定结论、主要存在问题及处理措施:安全类别评定为一类闸。

最近一次除险加固情况:(徐水基〔2014〕137 号)

　　一、建设时间:2013 年 5 月至 2014 年 8 月。

　　二、主要加固内容:列入徐州市铜山区闸河治理工程,拆除重建苗山闸。

　　三、竣工验收意见、遗留问题及处理情况:2014 年 12 月 15 日通过徐州市水利局组织的徐州市铜山区闸河治理工程竣工验收,剩余节制闸高压线路搭接工程尚未实施,2015 年 2 月底前完成。

发生重大事故情况:

　　无。

建成或除险加固以来主要维修养护项目及内容:

　　无。

目前存在主要问题:

　　无。

下步规划或其他情况:

　　无。

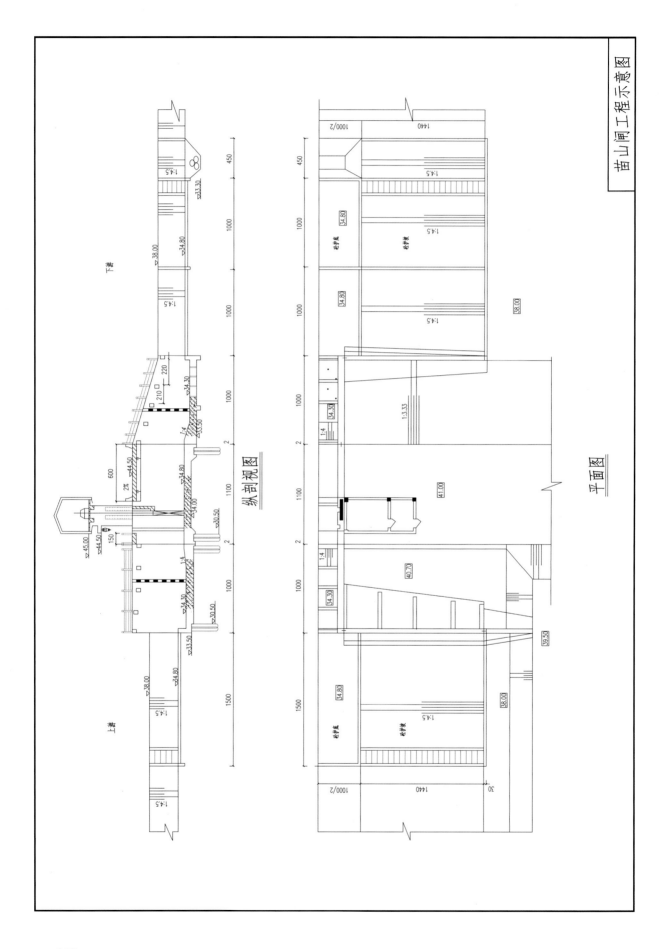

纵剖视图

平面图

苗山闸工程示意图

苗山闸管理范围界线图

划界标准：上下游各100米，左右岸各50米。

图 例

—— 管理范围围线

◯ 界桩位置

MSZ-XZBJ-S0004 界桩编号

LSZ-XZBJ-S0002

LSZ-XZBJ-S0003

LSZ-XZBJ-S0001

LSZ-XZBJ-S0004

苗山闸

闸

河

黄楼节制闸

管理单位:丰县水利闸站管理所

闸孔数	3 孔	闸孔净高(m)	闸孔	5.2	所在河流	复新河	主要作用	防洪、灌溉
	其中航孔		航孔		结构型式	开敞式		
闸总长(m)	174.06	每孔净宽(m)	闸孔	8.0	所在地	丰县宋楼镇黄楼村	建成日期	1982 年 6 月
闸总宽(m)	28.4		航孔		工程规模	中型	除险加固竣工日期	2016 年 12 月

主要部位高程(m)	闸顶	43.0	胸墙底		下游消力池底	35.4	工作便桥面	43.06	水准基面	废黄河
	闸底	37.8	交通桥面	43.06	闸孔工作桥面	49.5	航孔工作桥面			
	附近堤防顶高程		上游左堤	44.90	上游右堤	44.70	下游左堤	43.20	下游右堤	43.70

交通桥标准	设计	公路Ⅱ级	交通桥净宽(m)	7.0+2×0.5	工作桥净宽(m)	闸孔	4.3	闸门结构型式	闸孔	平面钢闸门
	校核		工作便桥净宽(m)	2.5		航孔			航孔	

启闭机型式	闸孔	卷扬式	启闭机台数	闸孔	3	启闭能力(t)	闸孔	2×12.5	钢丝绳	规格	6×37-右交
	航孔			航孔			航孔			数量	50 m×2 根

闸门钢材(t)		闸门(宽×高)(m×m)		8.13×4.2	建筑物等级	3	备用电源	装机	30 kW
设计标准	10 年一遇排涝设计,20 年一遇防洪校核				抗震设计烈度	Ⅶ		台数	1

规划设计参数		设计水位组合			校核水位组合			检修门	型式	浮箱叠梁门	小水电	容量	
		上游(m)	下游(m)	流量(m³/s)	上游(m)	下游(m)	流量(m³/s)		块/套	5		台数	
	稳定	41.00	38.50	正常蓄水				历史特征值	2018-08-18		相应水位(m)		
		41.50	39.00	最高蓄水							上游	下游	
	消能	40.83	37.00~40.68	0~120.22	41.80	37.00~41.55	0~164.80	上游水位	最高	41.25			
								下游水位	最低				
	防渗	41.00	37.00					最大过闸流量(m³/s)		122			
	孔径	40.83	40.68	120.20	41.80	41.55	164.80						

护坡长度(m)	部位	上游	下游	坡比	护坡型式	引河(m)	上游	底宽	底高程	边坡	下游	底宽	底高程	边坡
	左岸	35	62	1:3~1:4	砼、草皮			48.50	37.80	1:4		30	36.30	1:4
	右岸	35	62	1:3~1:4	砼、草皮	主要观测项目					垂直位移				

现场人员	4 人	管理范围划定	上下游河道、堤防各 200 m,左右侧各 50 m。面积为 194 317 m²。
		确权情况	已确权,确权面积 700 m²(丰水国用〔闸〕字第 002 号)。

水文地质情况：

据钻孔揭示,场地内土层可划分为8层(不包括夹层),①层砂壤土:黄、黄褐色,湿—饱和,松散,摇震反应迅速,土质不均匀,局部夹亚黏土团块。该层层厚1.3～4.4 m,层底高程34.59～37.05 m,锥尖阻力1.17～4.31 MPa,标贯4～6击。该层为河底地层,全场地分布,建议允许承载力90 kPa。②层粉砂:黄色,饱和,松散,局部夹淤泥质粉土、淤泥质壤土薄层,土质不均匀。该层层厚3.3～6.5 m,层底高程30.55～31.92 m,锥尖阻力4.42～6.83 MPa,标贯7～9击。该层全场地分布,建议允许承载力100 kPa。③层淤泥质粉土:灰、深灰、灰黄色,饱和,松散,摇震反应迅速,局部夹淤泥质壤土薄层,土质不均匀。该层层厚0.6～2.7 m,层底高程29.20～30.03 m,锥尖阻力0.51～0.81 MPa,标贯2～3击。该层全场地分布,建议允许承载力60 kPa。④层壤土:黄褐、深灰夹黄褐色,饱和,可塑,切面光滑,稍有光泽,干强度与韧性中等,含少量铁锰结核。该层层厚1.1～2.1 m,层底高程27.79～28.12 m,锥尖阻力1.14～1.82 MPa,标贯6～7击。该层全场地分布,建议允许承载力100 kPa。⑤层砂黏土:黄、黄白、棕黄色,饱和,可塑,含铁锰结核及较多砂粒,局部呈互混状。该层层厚1.9～3.6 m,层底高程24.52～26.08 m,锥尖阻力1.94～4.29 MPa,标贯6～10击。该层全场地分布,建议允许承载力180 kPa。⑥层壤土:棕黄、黄褐、黄夹灰色,饱和,可塑～硬塑,切面光滑,有光泽,含铁锰结核及少量小颗粒砂礓,干强度与韧性中等。该层层厚0.6～1.9 m,层底高程23.92～24.26 m,锥尖阻力1.22～1.42 MPa,标贯12击。该层分布不连续,于8♯孔缺失,建议允许承载力180 kPa。⑦层粉砂与壤土互层:黄、黄褐、褐、灰黄色,饱和,粉砂与壤土呈互层状态分布,局部为粉砂与壤土互混,土质不均匀。粉砂单层厚0.7～1.5 m,中密,摇震反应迅速;壤土单层厚0.9～1.4 m,硬塑,干强度及韧性中等,夹砂粒与少量小砂礓。该层钻孔未揭穿,控制层厚6.9 m,控制层底高程17.20m,锥尖阻力11.48～13.19 MPa,标贯13～26击。该层全场地分布,建议允许承载力200 kPa。

控制运用原则：

在复新河流域发生洪水期间,节制闸视天气情况,做好水位预降。防汛调度控制运用应符合下列要求:1. 当黄楼闸水位达40.5 m时,黄楼闸视天气情况,做好水位预降。在雨季或预报有大雨时,黄楼闸应适时开闸,预降水位到40.2 m左右。汛期警戒水位为41.0 m。2. 在确保防洪、灌溉情况下,力求兼顾河道冲淤及改善水环境。在防汛调度原则下,综合考虑利用现有工程为黄楼闸上游农田灌溉及改善城市水环境。调度原则如下:黄楼闸汛限水位控制在40.5 m,警戒水位控制在41.0 m。

最近一次安全鉴定情况：

一、鉴定时间:2021年2月2日。

二、鉴定结论、主要存在问题及处理措施:安全类别评定为一类闸。

最近一次除险加固情况：(徐水基〔2017〕5号)

一、建设时间:2014年3月—2015年8月。

二、主要加固内容:拆除重建闸室及上下游连接段及消能防冲设施等水工建筑物,配备闸门、启闭机及电气设备,新建启闭机房及管理设施等。

三、竣工验收意见、遗留问题及处理情况:2016年12月30日通过徐州市水利局组织的丰县黄楼闸除险加固工程竣工验收,无遗留问题。验收结论:丰县黄楼闸除险加固工程已按批准的设计内容完成,工程质量合格,竣工财务决算已通过审计,档案已通过专项验收,工程初期运行正常,初步发挥了设计效益。

发生重大事故情况:无。

建成或除险加固以来主要维修养护项目及内容:无。

目前存在主要问题:无。

下步规划或其他情况:无。

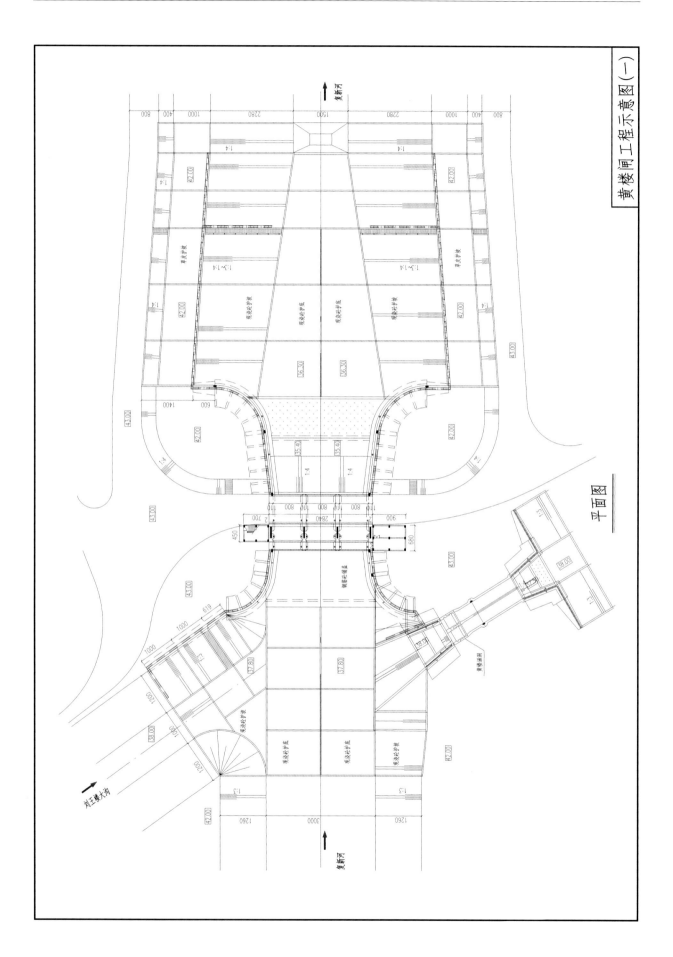

黄楼闸工程示意图（一）

平面图

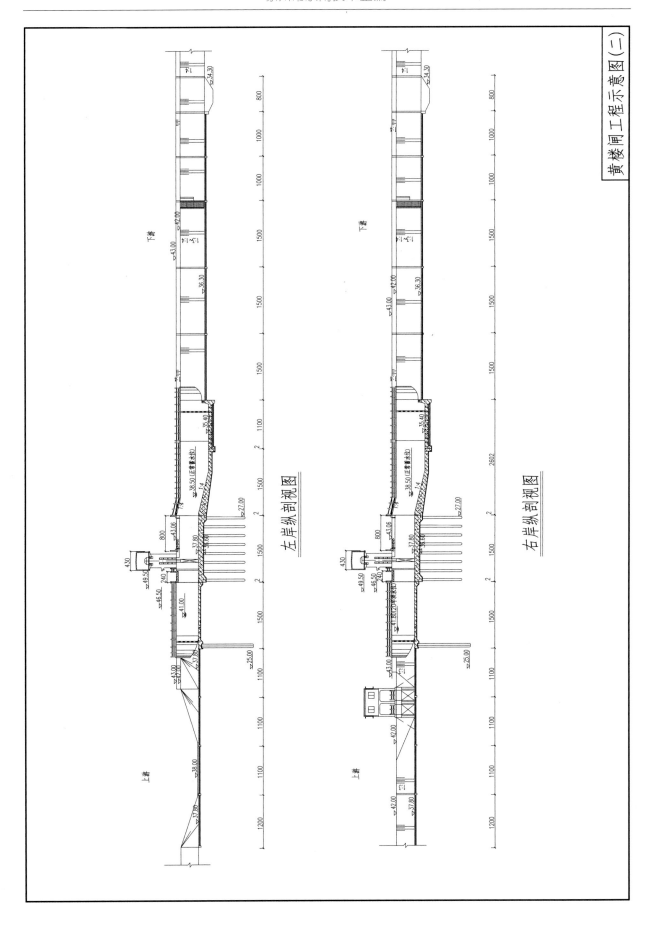

黄楼闸工程示意图（二）

左岸纵剖视图

右岸纵剖视图

黄楼节制闸管理范围界线图

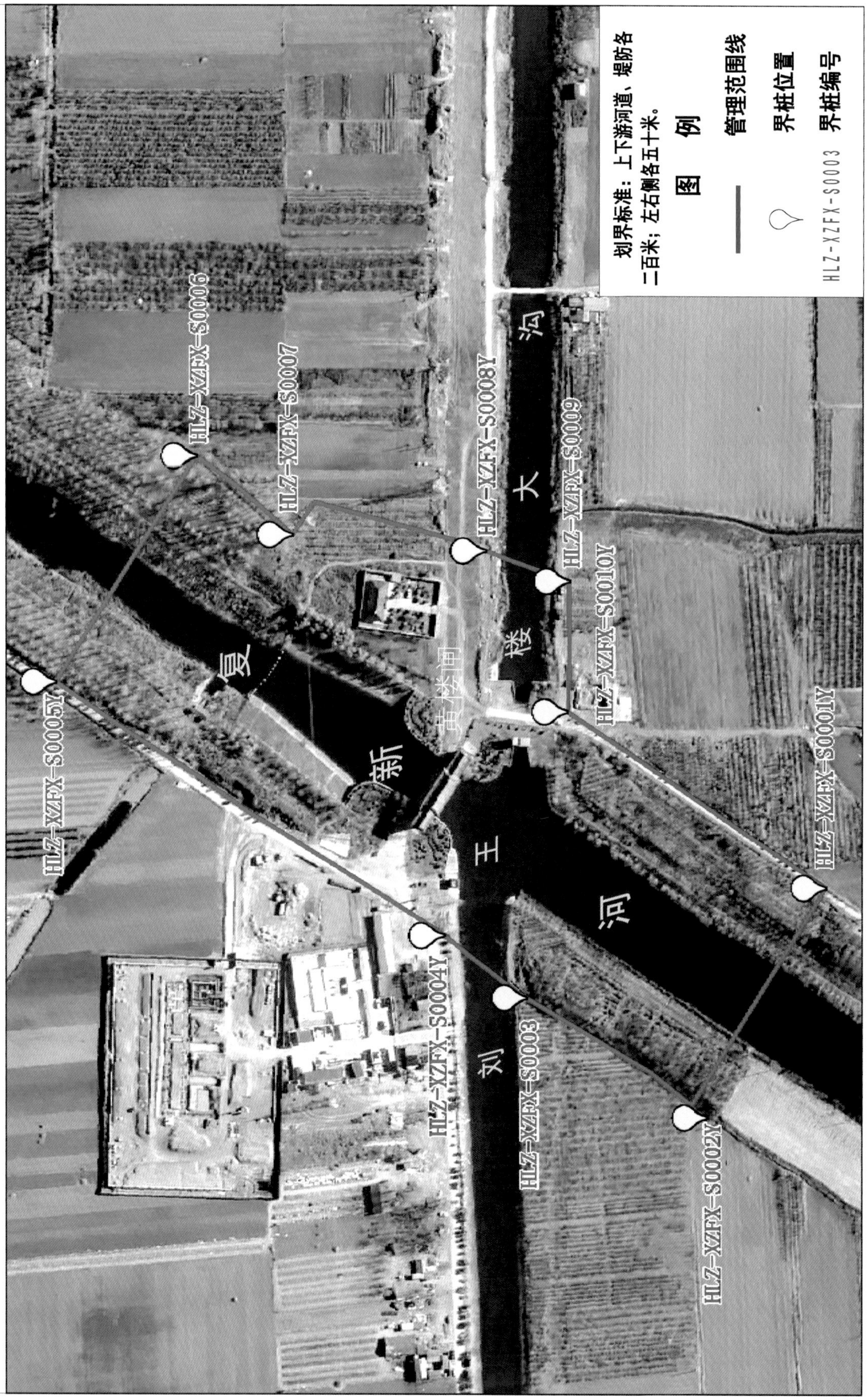

划界标准：上下游河道、堤防各二百米；左右侧各五十米。

图　例

管理范围线

界桩位置

HLZ-XZFX-S0003　界桩编号

HLZ-XZFX-S0006
HLZ-XZFX-S0007
HLZ-XZFX-S0008Y
HLZ-XZFX-S0009
HLZ-XZFX-S0010Y
HLZ-XZFX-S0005Y
HLZ-XZFX-S0001Y
HLZ-XZFX-S0004Y
HLZ-XZFX-S0003
HLZ-XZFX-S0002Y

大沟
楼
复
新
黄楼闸
王
河
刘

丰城节制闸

管理单位:丰县水利闸站管理所

闸孔数	3 孔	闸孔净高(m)	闸孔	7.9	所在河流	复新河	主要作用	防洪、灌溉
	其中航孔		航孔		结构型式	开敞式		
闸总长(m)	166.7	每孔净宽(m)	闸孔	10.0	所在地	丰县城区东郊	建成日期	1978 年 8 月
闸总宽(m)	34.4		航孔		工程规模	中型	除险加固竣工日期	2019 年 11 月

主要部位高程(m)	闸顶	41.7	胸墙底		下游消力池底	32.80	工作便桥面	41.70	水准基面	废黄河
	闸底	33.80	交通桥面	42.00	闸孔工作桥面	49.2	航孔工作桥面			
	附近堤防顶高程	上游左堤		上游右堤		下游左堤		下游右堤		

交通桥标准	设计	公路 I 级	交通桥净宽(m)	7.5	工作桥净宽(m)	闸孔	2.8	闸门结构型式	闸孔	平面钢闸门
	校核		工作便桥净宽(m)	7.5		航孔			航孔	

启闭机型式	闸孔	卷扬式	启闭机台数	闸孔	3	启闭能力(t)	闸孔	2×25	钢丝绳	规格	6×37-右交
	航孔			航孔			航孔			数量	65 m×2 根

闸门钢材(t)		闸门(宽×高)(m×m)	10.1×5	建筑物等级	3	备用电源	装机	50 kW
设计标准	10 年一遇排涝设计,20 年一遇防洪校核		抗震设计烈度	VI			台数	1

规划设计参数		设计水位组合			校核水位组合			检修门	型式	浮箱叠梁门	小水电	容量	
		上游(m)	下游(m)	流量(m³/s)	上游(m)	下游(m)	流量(m³/s)		块/套	6		台数	
	稳定	38.50	36.50	正常蓄水				历史特征值	2018-08-18			相应水位(m)	
		39.00	35.30	最高蓄水								上游	下游
	消能	38.50	35.18~38.30	0~100.00				上游水位	最高		39.35		
		38.67	35.18~38.57	0~199.10				下游水位	最低				
	防渗	39.00	35.30					最大过闸流量(m³/s)			380		
	孔径	39.66	39.51	292.60	40.72	40.52	398.30						

护坡长度(m)	部位	上游	下游	坡比	护坡型式	引河(m)	上游	底宽	底高程	边坡	下游	底宽	底高程	边坡
	左岸	45	45	1:4	浆砌石			85	33.80	1:4		85	33.80	1:4
	右岸	45	45	1:4	浆砌石	主要观测项目				垂直位移				

现场人员	9 人	管理范围划定	上下游河道、堤防各 200 m,左右侧各 50 m,面积:327 154 m²。
		确权情况	已确权,丰水国用〔闸〕字第 001 号,确权面积 5 380 m²。

水文地质情况：

1. 地下水类型及赋存条件场区覆盖层中的地下水主要为孔隙潜水,其补给来源为大气降水及地表水,排泄方式以蒸发及人工抽取为主。地下水和地表水有较密切的水力联系,受季节影响,年变幅 1～3 m。勘察期间测得钻孔内地下水位 36.38 m,复新河丰城闸下地表水位 36.38 m。场地内主要含水层为①层砂壤土及③层粉砂,该两层均为潜水含水层,透水性中等,富水性一般;第②、③-1、④层黏性土透水性弱—微透水,可视为场地内相对隔水层;⑤层含砂礓壤土夹粉砂的富水性及透水性与其砂礓的富集程度、埋藏条件及其所夹粉砂层的厚度有关。

2. 工程区域地处华北地台南缘,属华北地层区鲁西分区,地层发育不全,主要存在东西向构造和北西向构造两种构造类型。丰城闸闸室底板底高程 32.30 m,丰城站底板底高程 31.50 m,上游第一节翼墙底板底高程 33.00 m,岸墙底板底高程 31.70 m。各基础底板均位于③层粉砂之上,该层防渗抗冲能力差,层厚 2.2～6.8 m,层底高程 29.03～30.23 m,容许承载力 100 kPa,工程性质较差,标贯 3～8 击。其下为厚 1.2～2.4 m 的③-1 层淤泥质壤土,容许承载力 70 kPa,压缩性高,承载力低,标贯 2～4 击,为软弱下卧层。承载力与防渗均不能满足设计要求。采用挖除换填处理方式进行地基处理,将上述底板下③层粉砂与③-1 层淤泥质壤土全部挖除,换填水泥土,换填厚度平均 3 m。换填后基底摩擦系数不小于 0.30。公路桥采用钻孔灌注桩基础,以⑤层为桩端持力层。

控制运用原则：

一、最大过闸流量(398.3 m³/s),相应单宽流量(16.5 m³/s)及上、下游水位(40.72 m、40.52 m)。

二、最大水位差 5.5 m 及相应的上、下游水位 39.30 m、33.80 m。

三、上、下游河道的安全水位(40.00 m、36.00 m)和流量(398 m³/s)。

最近一次安全鉴定情况：

一、鉴定时间:2021 年 2 月 3 日。

二、鉴定结论、主要存在问题及处理措施:

丰城闸站综合安全类别评定为一类闸。主要存在问题:1. 各构件混凝土强度满足设计要求。2. 各构件碳化深度分布不均,水下检查发现 1♯、2♯ 机组进水口淤积超过 1 m。3. 下游右侧第二、三节翼墙接缝外侧墙体渗水。建议对闸墩、电机梁采取防碳化处理,对下游右侧第二、三节翼墙接缝外侧墙体渗水部位进行处理。

最近一次除险加固情况：(徐水基〔2019〕86 号)

一、建设时间:2011 年 11 月—2012 年 12 月。

二、主要加固内容:拆除重建原丰城闸站,新建工程移至原闸站下游约 300m 处,采用闸站结合型式,一字型布置,节制闸位于中间,泵站每侧各 2 台对称布置于节制闸的两侧,泵站设计流量 8 m³/s,安装 4 台 900ZLB-85 型轴流泵。

三、竣工验收意见、遗留问题及处理情况:2019 年 11 月 9 日通过徐州市水利局组织的丰县丰城闸站改建工程竣工验收,无遗留问题。

发生重大事故情况:无。

建成或除险加固以来主要维修养护项目及内容:无。

目前存在主要问题:无。

下步规划或其他情况:无。

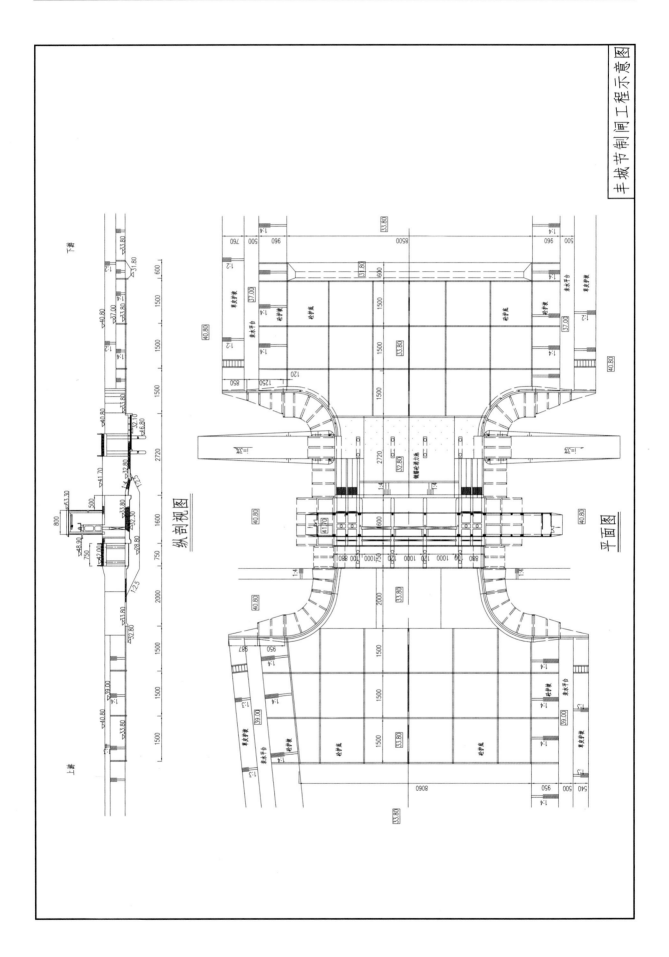

丰城节制闸管理范围界线图

划界标准：上下游河道、堤防各二百米，左右侧各五十米。

图　例

———　管理范围界线

界桩位置

FCZZ-XZFX-S0007　界桩编号

李楼节制闸

管理单位:丰县水利闸站管理所

闸孔数		7孔	闸孔净高(m)	闸孔	7	所在河流	复新河		主要作用	防洪、灌溉
	其中航孔			航孔		结构型式	开敞式			
闸总长(m)		125	每孔净宽(m)	闸孔	8	所在地	丰县常店镇李楼村		建成日期	1983年
闸总宽(m)		66		航孔		工程规模	中型		除险加固竣工日期	2019年10月

主要部位高程(m)	闸顶	40.00	胸墙底		下游消力池底	30.00	工作便桥面	40.00	水准基面	废黄河
	闸底	33.00	交通桥面	40.30	闸孔工作桥面	46.00	航孔工作桥面			
	附近堤防顶高程		上游左堤	41.50	上游右堤	41.50	下游左堤	40.40	下游右堤	40.40

交通桥标准	设计	公路Ⅱ级	交通桥净宽(m)	7.0+2×0.75	工作桥净宽(m)	闸孔	4.2	闸门结构型式	闸孔	平面钢闸门
	校核		工作便桥净宽(m)	2.0		航孔			航孔	

启闭机型式	闸孔	卷扬式	启闭机台数	闸孔	7	启闭能力(t)	闸孔	2×12.5	钢丝绳	规格	6×37-右交
	航孔			航孔			航孔			数量	60 m×2根

闸门钢材(t)	78	闸门(宽×高)(m×m)	8.5×4.5	建筑物等级	3	备用电源	装机	50 kW
设计标准	10年一遇设计,20年一遇校核			抗震设计烈度	Ⅵ		台数	1

规划设计参数		设计水位组合			校核水位组合			检修门	型式	浮箱叠梁门	小水电	容量	
		上游(m)	下游(m)	流量(m³/s)	上游(m)	下游(m)	流量(m³/s)		块/套	6		台数	
	稳定	37.00	33.00		37.00	32.50		历史特征值		2018-08-18		相应水位(m)	
											上游	下游	
	消能	37.70	33.00~37.55	0~605.00	39.24	39.04	820.00	上游水位	最高	37.41			
								下游水位	最低				
								最大过闸流量(m³/s)		744.59			
	孔径	37.70	37.55	605.00	39.24	39.04	820.00						

护坡长度(m)	部位	上游	下游	坡比	护坡型式	引河(m)	上游	底宽	底高程	边坡	下游	底宽	底高程	边坡
	左岸	65	45	1:3	浆砌石			100	33.00	1:3		82	31.00	1:3
	右岸	51	45	1:3	浆砌石	主要观测项目				垂直位移				

现场人员	12人	管理范围划定	复新河和月河包围范围内及复新河西堤、节制闸上、下游块石护坡外各50 m。月河东堤船闸上、下游块石护坡外各50 m。面积:327 154 m²。
		确权情况	已确权,确权面积5 950.2 m²(丰水国用〔闸〕字第011~013号)。

水文地质情况:

场地内土层可划分8层(不含亚层)。

第①层壤土:灰黄色,夹粉土薄层,软塑,层厚1.5~2.2 m,层底高程35.71~35.8 m,渗透系数$k=1.11×10^{-6}$ cm/s,容许承载力100 kPa。

第①-1层大堤填土:为褐黄色壤土及砂壤土,层厚2.0~2.25 m,层底高程35.79~37.95 m。

第②层粉土夹粉砂:黄色,灰黄色,饱和,松散,标贯2~5击,层厚1.8~2.0 m,层底高程33.8~34.23 m,渗透系数$k=1.5×10^{-5}~2.0×10^{-4}$ cm/s,容许承载力90 kPa。

第②-1层淤泥质壤土:深灰色,含粉土,软—流塑,标贯1~2击,层厚0~0.9 m,层底高程34.07~34.19 m,渗透系数$k=5.6×10^{-5}~6.0×10^{-4}$ cm/s,容许承载力70 kPa。

第②-2层粉砂:灰黄色,饱和,松散,标贯3~5击,层厚0~2.3 m,层底高程31.7~32.57 m,渗透系数$k=2.6×10^{-4}$ cm/s,容许承载力110 kPa。

第③层淤泥质粉质壤土:灰、深灰色,饱和,软塑,标贯1~4击,层厚1.0~3.5 m,层底高程29.69~31.57 m。渗透系数$k=3.5×10^{-5}$ cm/s,压缩系数$a_{1-2}=0.4~0.79$ MPa^{-1},容许承载力75 kPa。

第④层粉砂:灰黄色,饱和,松散,标贯5~6击,层厚0.6~2.5 m,层底高程28.99~29.63 m,渗透系数$k=3.04×10^{-4}$ cm/s,容许承载力100 kPa。

第⑤层黏土:灰黄色,软—可塑。标贯4~12击,层厚1.2~2.1 m,层底高程27.15~27.87 m。渗透系数$k=6.23×10^{-5}$ cm/s,压缩系数$a_{1-2}=0.2~0.42$ MPa^{-1},容许承载力140 kPa。

第⑥层黏土混砂礓:黄夹灰色,可塑—坚硬,含砂礓和少量铁锰小结核,局部为壤土含粉砂薄层,标贯10~24击,层厚1.9~5.6 m,层底高程23.68~25.44 m。渗透系数$k=3.51×10^{-6}~1.31×10^{-4}$ cm/s,压缩系数$a_{1-2}=0.11~0.41$ MPa^{-1},平均$2.43×10^{-5}$,容许承载力270 kPa。

第⑦层粉砂:黄色,中密,标贯17~29击,层厚0.5~2.8 m,层底高程22.74~23.59 m。渗透系数$k=1.31×10^{-4}$ cm/s,容许承载力250 kPa。

第⑧层壤土夹薄层粉砂及砂礓:黄夹灰色,可—坚硬,标贯13~29击,渗透系数$k=5.69×10^{-6}~4.66×10^{-4}$ cm/s,控制厚度13.1 m,层底高程9.54 m。压缩系数$a_{1-2}=0.19~0.46$ MPa^{-1},容许承载力320 kPa。

第⑧-1层粉砂:黄色,稍密—密实,标贯24~43击,层厚0~1.7 m,层底高程20.49~22.8 m,渗透系数$k=2.65×10^{-4}$ cm/s,容许承载力280 kPa。

第⑧-2层粉砂:黄色,中密—密实,标贯20~41击,层厚0~1.3 m,层底高程16.31~20.6 m。渗透系数$k=1.98×10^{-4}$ cm/s,容许承载力280 kPa。

第⑧-3层粉砂:黄色中密—密实,标贯18~40击,层厚0.5~2.8 m,渗透系数$k=2.23×10^{-4}$ cm/s,层底高程14.59 m。容许承载力280 kPa。

控制运用原则:

一、最大过闸流量(820 m³/s),相应单宽流量(12.8 m³/s)及上、下游水位(39.24 m,39.04 m)。

二、最大水位差5.5 m及相应的上、下游水位39.30 m、33.80 m。

三、上、下游河道的安全水位(39.00 m、34.00 m)和流量(820 m³/s)。

最近一次安全鉴定情况:

一、鉴定时间:2013年11月7日。

二、鉴定结论、主要存在问题及处理措施:综合安全类别评定为一类闸。

最近一次除险加固情况:(徐水基〔2019〕89号)

一、建设时间:2003年10月20日至2004年底。

二、主要加固内容:原节制闸、抽水站拆除重建,新建工程采用闸站分离,节制闸建在复新河主河上,抽水站建在大堤外,泵站设计流量16 m³/s,安装5台1200ZLB-100型轴流泵(1台备用)。

三、竣工验收意见、遗留问题及处理情况:2019年10月29日通过徐州市水务局组织的丰县李楼水利枢纽改建工程投入使用验收,无遗留问题。

发生重大事故情况:

无。

建成或除险加固以来主要维修养护项目及内容:

无。

目前存在主要问题:

无。

下步规划或其他情况:

无。

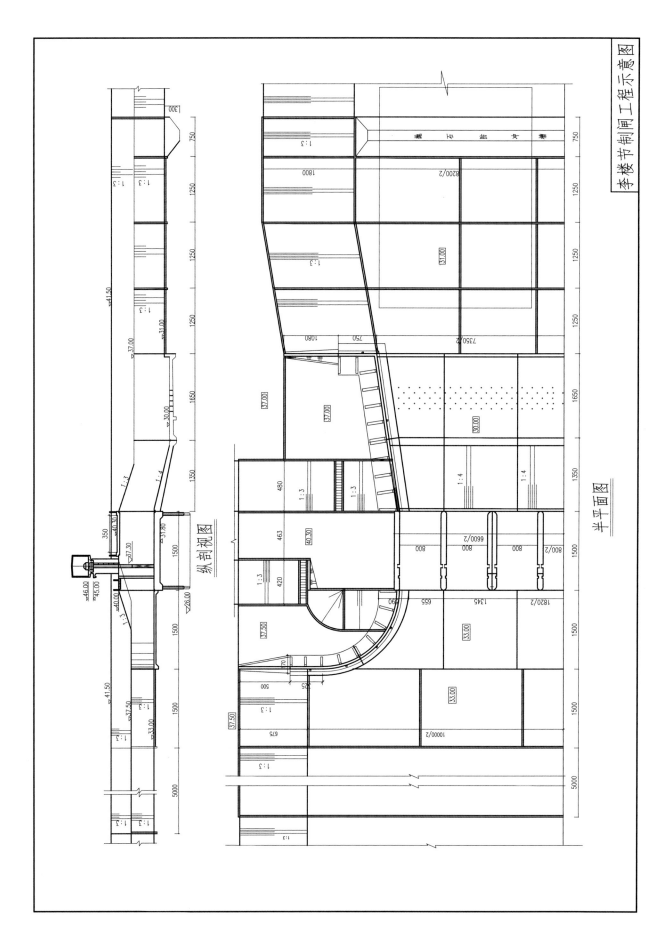

李楼节制闸闸工程示意图

平面图

纵剖视图

李楼节制闸管理范围界线图

划界标准：复新河和月河包围范围
内及复新河西堤、节制闸上、下游块石护
坡外各五十米。月河东堤船闸上、下游块
石护坡外各五十米。

图　例

管理范围线

界桩位置

LLZZ-XZFX-S0004 界桩编号

袁堂节制闸

管理单位:丰县水利闸站管理所

闸孔数	3		闸孔净高(m)	闸孔	6.5	所在河流	西营子河	主要作用	防洪、灌溉
	其中航孔			航孔		结构型式	开敞式		
闸总长(m)	96.44		每孔净宽(m)	闸孔	4	所在地	丰县首羡镇袁堂村	建成日期	1980 年 7 月
闸总宽(m)	15.9			航孔		工程规模	中型	除险加固竣工日期	2009 年 10 月

主要部位高程(m)	闸顶	39.5	胸墙底		下游消力池底	30.44	工作便桥面	39.50	水准基面	废黄河
	闸底	33.0	交通桥面	39.60	闸孔工作桥面	44.3	航孔工作桥面			
	附近堤防顶高程	上游左堤		上游右堤		下游左堤	39.5	下游右堤	39.5	

交通桥标准	设计	公路Ⅱ级	交通桥净宽(m)	7+2×0.5	工作桥净宽(m)	闸孔	3.1	闸门结构型式	闸孔	平面钢闸门
	校核	公路Ⅱ级	工作便桥净宽(m)	1.75		航孔			航孔	

启闭机型式	闸孔	卷扬式	启闭机台数	闸孔	3	启闭能力(t)	闸孔	2×8	钢丝绳	规格	6×37-右交
	航孔			航孔			航孔			数量	60 m×2 根

闸门钢材(t)		闸门(宽×高)(m×m)		4.13×4	建筑物等级	3	备用电源	装机	25 kW
设计标准	10 年一遇排涝设计,20 年一遇防洪校核				抗震设计烈度	Ⅵ		台数	1

规划设计参数		设计水位组合			校核水位组合			检修门	型式	浮箱式	小水电	容量	
		上游(m)	下游(m)	流量(m³/s)	上游(m)	下游(m)	流量(m³/s)		块/套	5		台数	
	稳定	36.50	33.60	正常蓄水				历史特征值	2018-08-18		相应水位(m)		
												上游	下游
	消能							上游水位	最高	37.20			
								下游水位	最低				
	防渗	36.50	32.50					最大过闸流量(m³/s)		100			
	孔径	37.33	37.13	103.00	38.67	38.47	141.00						

护坡长度(m)	部位	上游	下游	坡比	护坡型式	引河(m)	上游	底宽	底高程	边坡	下游	底宽	底高程	边坡
	左岸	18	32	1:3	预制块			27	33.00	1:3		20	31.50	1:3
	右岸	18	32	1:3	预制块	主要观测项目					垂直位移			

现场人员	5 人	管理范围划定	上下游河道、堤防各 200 m,左右侧各 50 m。面积:155 855 m²。
		确权情况	已确权,确权面积 1 551.09 m²(丰水国用〔闸〕字第 014 号)。

水文地质情况：

根据钻孔揭露,场地勘探深度内土层可分为 5 层,现分述如下:

第 1 层砂壤土:黄色,松软,饱和,夹黏土薄层,局部为粉砂,摇震反应中等。层厚 4.6～6.9 m,层底高程 31.6～32.5 m,静探锥阻 3.33～4.40 MPa,渗透系数 $6.0×10^{-4}$ cm/s,属中等透水层,防渗抗冲能力差,建议承载力特征值 100 kPa。

第 2 层淤泥质黏土:灰色,流塑,土质不甚均匀,下部含粉砂较多。层厚 1.6～2.5 m,层底高程 29.6～30.12 m,静探锥阻 0.46～0.74 MPa。渗透系数 $5.1×10^{-6}$ cm/s,微透水层,压缩系数 $a_{1-2}＝0.85$ MPa^{-1},属高压缩性土,承载力低,建议承载力特征值 65 kPa。

第 3 层黏土:灰褐～黄夹灰,局部粉土砂质较多,可塑,稍有光泽。层厚 1.6～2.3 m,层底高程 27.9～28.5 m,静探锥阻 1.35～1.63 MPa。渗透系数 $5.5×10^{-6}$ cm/s,微透水层,压缩系数 $a_{1-2}＝0.33$ MPa^{-1},属中等压缩性土,建议承载力特征值 120 kPa。

第 4 层黏土:灰黄、黄夹灰色,硬塑,切面有光泽,局部夹少量砂礓和铁、锰小结核。层厚 2.2～3.3 m,层底高程 24.9～25.74 m,静探锥阻 2.12～2.99 MPa。渗透系数 $5.6×10^{-6}$ cm/s,属微透水层,压缩系数 $a_{1-2}＝0.30$ MPa^{-1},属中等压缩性土,建议承载力特征值 160 kPa。

第 6 层粉砂:黄色、浅黄色,饱和,中密,土质不均匀,夹壤土薄层,局部互层。该层揭露厚度 0.3～0.6 m,静探锥阻 11.1～19.1 MPa,该层渗透系数 $7.6×10^{-4}$ cm/s,属中等透水层,建议承载力特征值 200 kPa。

控制运用原则:

袁堂闸控制闸上水位 36.50～37.00 m。主汛期大流量泄洪时,按低水位控制;翻水调水期间,应视闸下水位,适当抬高闸上蓄水位,原则上不超过 36.50 m 和 33.00 m,闸上、下游水位差控制在 5 m 以内。

最近一次安全鉴定情况:

一、鉴定时间:2020 年 12 月 22 日。

二、鉴定结论、主要存在问题及处理措施:工程综合安全类别评定为二类闸。主要存在问题:各构件碳化深度分布不均匀,下游导流墙端头处胀裂露筋,工作便桥侧面局部胀裂露筋,交通桥防撞护栏侧面胀裂露筋。建议尽快进行修复。

最近一次除险加固情况:(徐水基〔2019〕90 号)

一、建设时间:2009 年 11 月 18 日—2010 年底。

二、主要加固内容:拆除重建原袁堂闸站,新建工程采用闸站结合型式,一字型布置,节制闸位于一侧,泵站设计流量 2.9 m^3/s,安装 2 台 32ZLB-125 型轴流泵。

三、竣工验收意见、遗留问题及处理情况:2009 年 10 月 29 日通过徐州市水务局组织的南四湖湖西丰县复新河流域洼地 2008 年度应急治理工程投入使用验收,工程无遗留问题。

发生重大事故情况:

无。

建成或除险加固以来主要维修养护项目及内容:

无。

目前存在主要问题:

各构件碳化深度分布不均匀,下游导流墙端头处胀裂露筋,工作便桥侧面局部胀裂露筋,交通桥防撞护栏侧面胀裂露筋等。

下步规划或其他情况:

无。

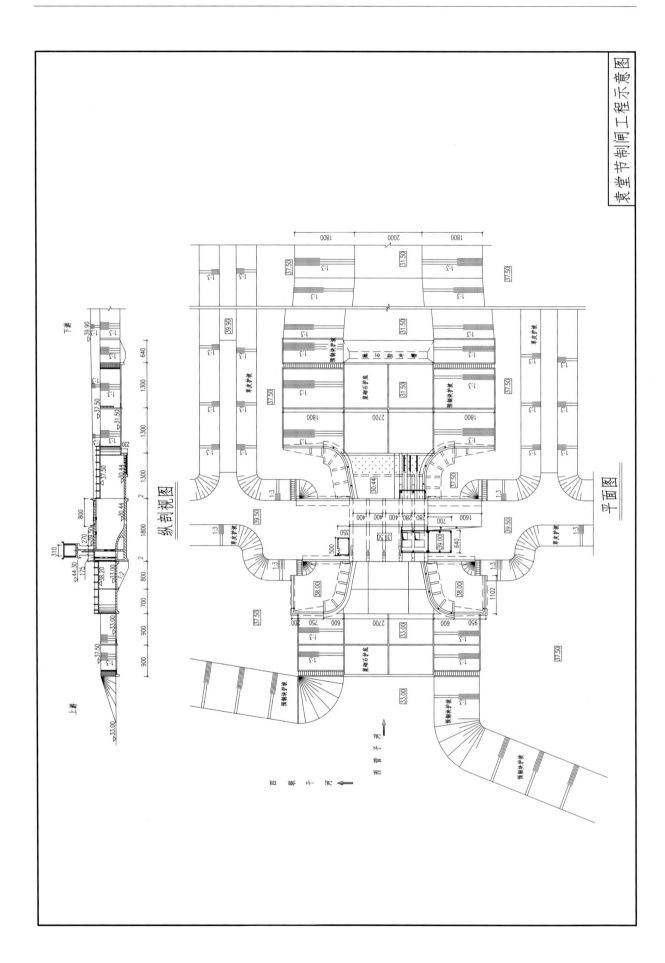

袁堂节制闸工程示意图

袁堂节制闸管理范围界线图

图　例

管理范围线

界桩位置

YTZZ-XZFX-S0007 界桩编号

划界标准：上下游河道、堤防各二百米；左右侧各五十米。

赵庄节制闸

管理单位:丰县水利闸站管理所

闸孔数		5	闸孔净高(m)	闸孔	7.7	所在河流		大行堤河		主要作用		防洪、排涝、蓄水、灌溉	
	其中航孔			航孔		结构型式		开敞式					
闸总长(m)		161.36	每孔净宽(m)	闸孔	7	所在地		丰县赵庄镇赵庄村		建成日期		1977 年 6 月	
闸总宽(m)		43		航孔		工程规模		中型		除险加固竣工日期		2016 年 5 月	
主要部位高程(m)	闸顶	41.8	胸墙底			下游消力池底	32.90	工作便桥面	41.80	水准基面		废黄河	
	闸底	34.10	交通桥面		42	闸孔工作桥面	50.00	航孔工作桥面					
	附近堤防顶高程		上游左堤	40.00		上游右堤	40.00	下游左堤	40.00	下游右堤		40.00	
交通桥标准	设计	公路Ⅱ级	交通桥净宽(m)		7+2×0.5	工作桥净宽(m)	闸孔	4.50	闸门结构型式	闸孔		平面钢闸门	
	校核		工作便桥净宽(m)		2		航孔			航孔			
启闭机型式	闸孔	卷扬式	启闭机台数	闸孔	5	启闭能力(t)	闸孔	2×12.5	钢丝绳	规格		6×37-右交	
	航孔			航孔			航孔			数量		68 m×2 根	
闸门钢材(t)			闸门(宽×高)(m×m)		7.13×5.4	建筑物等级	3	备用电源		装机		50 kW	
设计标准		10 年一遇设计,20 年一遇校核				抗震设计烈度		Ⅵ		台数		1	

规划设计参数		设计水位组合			校核水位组合			检修门	型式	浮箱叠梁门	小水电	容量	
		上游(m)	下游(m)	流量(m³/s)	上游(m)	下游(m)	流量(m³/s)		块/套	6		台数	
	稳定	38.50	36.50					历史特征值		2018-08-18		相应水位(m)	
											上游		下游
	消能							上游水位	最高	39.90			
								下游水位	最低				
	防渗	38.50	35.00					最大过闸流量(m³/s)		400			
	孔径	39.46	39.31	325.80	40.65	40.45	442.20						

护坡长度(m)	部位	上游	下游	坡比	护坡型式	引河(m)	上游	底宽	底高程	边坡	下游	底宽	底高程	边坡
	左岸	37	57	1:3～1:4	混凝土、草皮			83.8	34.10	1:4		68	34.10	1:4
	右岸	37	57	1:3～1:4	混凝土、草皮	主要观测项目					垂直位移			

现场人员	6 人	管理范围划定	上下游河道、堤防各 200 m,左右侧堤脚外 2 m。面积:183 438 m²。
		确权情况	已确权,确权面积 33 000 m²(丰水国用〔闸〕字第 039 号)。

水文地质情况：

经钻探揭示，场地内土层成层性较好，分布较稳定。根据沉积年代及工程性质，场地内土层自上而下可分为5层（不含亚层），综合叙述如下：

①层砂壤土：黄、黄褐色，湿—饱和，松软，摇震反应迅速，夹灰褐色壤土薄层，局部可为粉砂，土质不均匀。该层层厚4.4～6.7 m，层底高程34.79～36.79 m，锥尖阻力3.52～5.15 MPa，标贯击数4～8击。该层为地表及河坡土层，建议允许承载力90 kPa。

②层淤泥质砂壤土：灰、灰黄、灰黑色，饱和，含腐殖质，有臭味，加砂壤土薄层，局部可为淤泥质壤土，土质较不均匀。该层层厚2.1～4.7 m，层底高程31.66～32.76 m，锥尖阻力0.66～1.27 MPa，标贯击数1～3击。该层全场地分布，为河底土层，建议允许承载力70 kPa。

③-1层壤土：黄褐、灰褐色，饱和，可塑，切面稍有光泽，干强度及韧性中等。该层层厚1.0～1.4 m，层底高程31.29～31.60 m，标贯击数5～6击。该层为3层夹层，分布不连续，于场地内1♯～2♯孔缺失，建议允许承载力120 kPa。

③层壤土：黄褐、灰褐色，饱和，可塑，切面稍有光泽，干强度及韧性中等，上部土质稍软，下部含少量铁锰结核。该层层厚2.6～4.6 m，层底高程28.16～29.49 m，标贯击数6～8击。该层全场地分布，建议允许承载力150 kPa。

④层含砂礓壤土：黄、黄夹浅灰色，饱和，硬塑，切面光滑，有光泽，干强度及韧性中—高等，含少量铁锰结核及砂礓颗粒，砂礓大小不等，局部砂礓含量较高。该层层厚2.2～3.4 m，层底高程25.26～26.97 m，标贯击数9～16击。该层全场地分布，建议允许承载力200 kPa。

⑤层粉砂与壤土互层：黄、黄褐色，饱和，粉砂中密，壤土硬塑，呈互层状，局部呈互混状。该层钻孔未揭穿，揭露层厚3.7～5.8 m，相应高程21.16～21.56 m，标贯击15～28击。该层全场地分布，建议允许承载力200 kPa。

控制运用原则：

赵庄闸控制闸上水位38.50～39.30 m。主汛期大流量泄洪时，按低水位控制；翻水调水期间，应视闸下水位适当抬高闸上蓄水位，原则上不超过39.00 m和35.00 m，闸上、下游水位差控制在5 m以内。

最近一次安全鉴定情况：

一、鉴定时间：2021年2月。

二、鉴定结论、主要存在问题及处理措施：工程综合安全类别评定为一类闸。

最近一次除险加固情况：（徐水基〔2016〕63号）

一、建设时间：2014年3月20日—2015年8月。

二、主要加固内容：移址拆除重建原赵庄闸站，新建赵庄闸位于老闸下游750 m，采用闸站结合型式，一字型布置，泵站设计流量4.8 m³/s，安装2台900ZLB-100型轴流泵。

三、竣工验收意见、遗留问题及处理情况：2016年5月27日通过徐州市水利局组织的丰县赵庄闸站除险加固工程竣工验收，无遗留问题。

发生重大事故情况：无。

建成或除险加固以来主要维修养护项目及内容：无。

目前存在主要问题：无。

下步规划或其他情况：无。

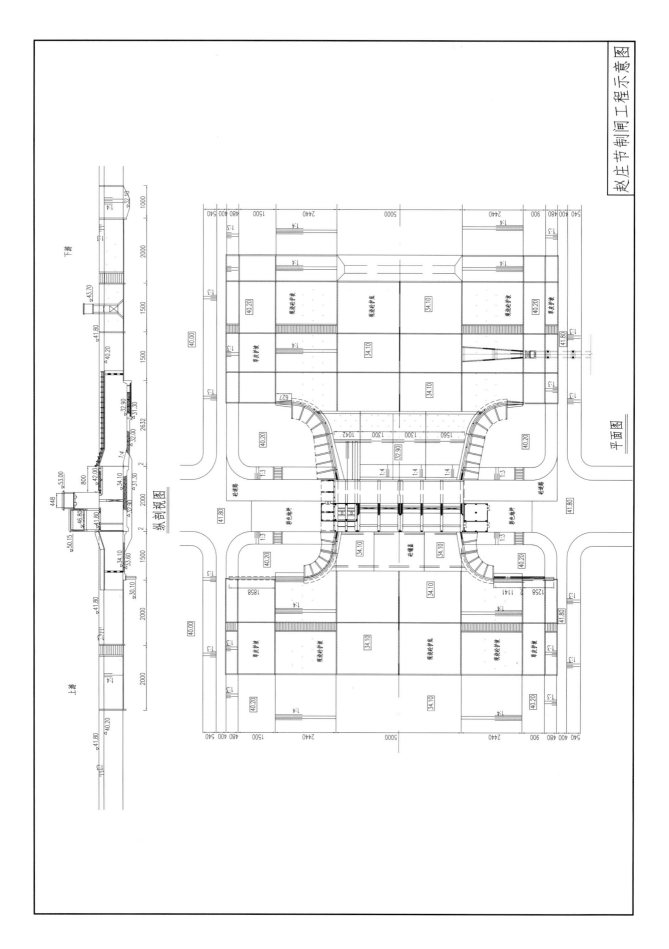

赵庄节制闸工程示意图

赵庄节制闸管理范围界线图

划界标准：上下游河道、
堤防各200米；左右侧堤防背
水坡堤脚外2米。

图　例

—— 管理范围线

◉ 界桩位置

ZZZZ-XZFX-S0007 界桩编号

ZZZZ-XZFX-S0006
ZZZZ-XZFX-S0005
ZZZZ-XZFX-S0004
ZZZZ-XZFX-S0007
ZZZZ-XZFX-S0008
ZZZZ-XZFX-S0003
ZZZZ-XZFX-S0002
ZZZZ-XZFX-S0001

河
堤
赵庄闸
行
大

韩庄节制闸

管理单位:丰县水利闸站管理所

闸孔数	3孔	闸孔净高(m)	闸孔	5.1	所在河流	白帝河	主要作用	泄洪、排涝、蓄水、灌溉
	其中航孔		航孔		结构型式	开敞式		
闸总长(m)	116.04	每孔净宽(m)	闸孔	5	所在地	丰县王沟镇韩庄村	建成日期	1978年12月
闸总宽(m)	18.5		航孔		工程规模	中型	除险加固竣工日期	2019年10月

主要部位高程(m)	闸顶	42.0	胸墙底		下游消力池底	33.40	工作便桥面	42.0	水准基面	废黄河
	闸底	36.9	交通桥面	42.0	闸孔工作桥面	47.90	航孔工作桥面			
	附近堤防顶高程	上游左堤	39.80	上游右堤	39.50	下游左堤	40.50	下游右堤	40.80	

交通桥标准	设计	公路Ⅱ级	交通桥净宽(m)	6.5+2×0.5	工作桥净宽(m)	闸孔	2	闸门结构型式	闸孔	平面钢闸门
	校核		工作便桥净宽(m)	2.5		航孔			航孔	

启闭机型式	闸孔	卷扬式	启闭机台数	闸孔	3	启闭能力(t)	闸孔	2×8	钢丝绳	规格	6×37-右交
	航孔			航孔			航孔			数量	52 m×2根

闸门钢材(t)		闸门(宽×高)(m×m)		建筑物等级	3	备用电源	装机	30 kW
设计标准	10年一遇设计,20年一遇校核			抗震设计烈度	Ⅵ		台数	1

规划设计参数		设计水位组合			校核水位组合			检修门	型式	浮箱叠梁门	小水电	容量	
		上游(m)	下游(m)	流量(m³/s)	上游(m)	下游(m)	流量(m³/s)		块/套	5		台数	
	稳定	40.50	36.00					历史特征值	2018-08-18		相应水位(m)		
											上游	下游	
	消能							上游水位 最高	40.35				
								下游水位 最低					
								最大过闸流量(m³/s)	67.5				
	孔径	39.16	38.96	72.00	40.27	40.07	100.00						

护坡长度(m)	部位	上游	下游	坡比	护坡型式	引河(m)	上游	底宽	底高程	边坡	下游	底宽	底高程	边坡
	左岸	19	38.5	1:4	浆砌石、预制块			40	36.50	1:4		45	34.40	1:4
	右岸	20	38.5	1:4	浆砌石、预制块	主要观测项目		垂直位移						

现场人员	5人	管理范围划定	上下游河道、堤防各200 m,左右侧各50 m,划界面积:148 078 m²。
		确权情况	已确权,确权面积1 899 m²(丰水国用〔闸〕字第004号)。

水文地质情况：

　　韩庄闸控制流域面积 69.5 km²，位于丰县西部王沟镇境内，是白衣河上的一座重要的梯级控制工程，也是从丰县北线微山湖上级湖向西部翻水的一座调水工程。韩庄站负担着丰县王沟镇 3.9 万亩农田的灌溉任务。水文计算复核采用 1984 年《江苏省暴雨洪水图集》，采用总入流槽蓄法计算流量。

　　场地内土层可划分 5 层（不含亚层），①—③为全新统地层，以粉土、砂壤土为主，次为软弱黏性土，第④—⑤层为上更新统地层，土质较好。闸站基础持力层为③层淤泥质壤土（局部②层砂壤土 3♯孔），厚度 1.0～1.8 m，该层土质软弱，压缩性高，承载力低，允许承载力 70 kPa，工程性质较差。

控制运用原则

　　一、最大过闸流量（100 m³/s），相应单宽流量（8.3 m³/s）及上、下游水位（40.27 m、40.07 m）。

　　二、最大水位差 4.4 m 及相应的上、下游水位 39.30 m、33.80 m。

　　三、上、下游河道的安全水位（40.00 m、36.00 m）和流量（100 m³/s）。

最近一次安全鉴定情况：

　　一、鉴定时间：2020 年 12 月 21 日。

　　二、鉴定结论、主要存在问题及处理措施：工程安全类别拟定为二类闸，主要存在问题：1. 部分闸墩墩头水位变幅区存在冻融露石、露筋现象。2. 闸门门槽轻微锈蚀，2♯闸门底止水漏水。对混凝土破损、露筋部位进行维修，对排架进行防碳化处理。

最近一次除险加固情况：（徐水基〔2019〕91 号）

　　一、建设时间：2006 年 1 月 15 日—2006 年底。

　　二、主要加固内容：原址拆除重建韩庄闸站，新建工程移至原闸站下游约 300 m 处，采用闸站结合型式，一字型布置，泵站设计流量 3.9 m³/s，安装 2 台 800ZLB-70 型轴流泵。

　　三、竣工验收意见、遗留问题及处理情况：2019 年 10 月 29 日通过徐州市水利局组织的丰县韩庄闸改建工程投入使用验收，无遗留问题。

发生重大事故情况：

　　无。

建成或除险加固以来主要维修养护项目及内容：

　　无。

目前存在主要问题：

　　无。

下步规划或其他情况：

　　无。

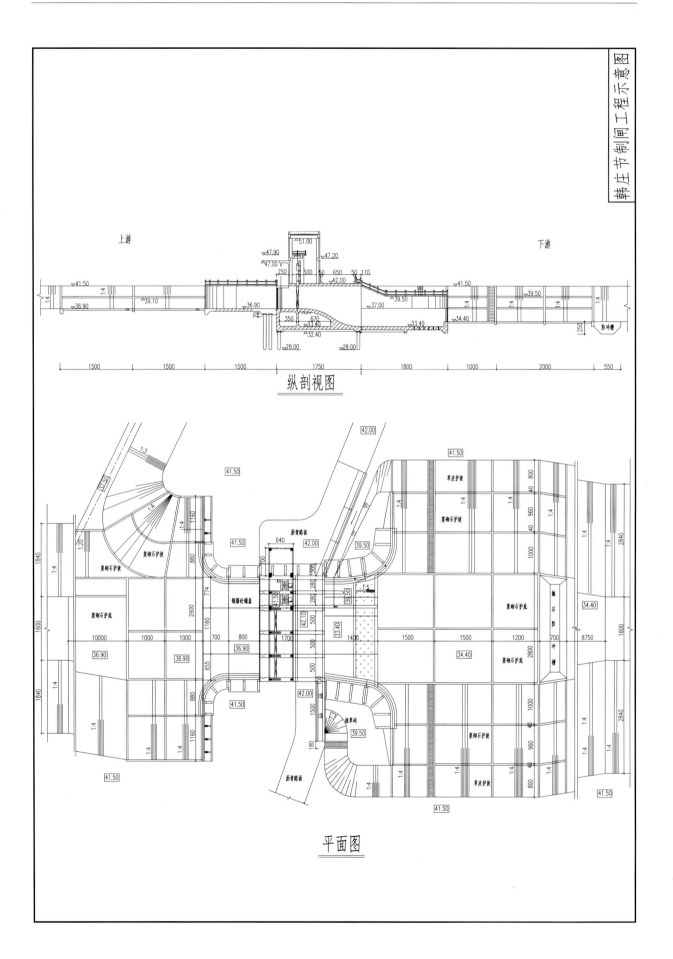

纵剖视图

平面图

韩庄节制闸管理范围界线图

划界标准：上下游河道、堤防各二百米，左右侧各五十米。

图　例

管理范围线

界桩位置

HZZZ-XZFX-S0012 界桩编号

HZZZ-XZFX-S0010
HZZZ-XZFX-S0009
HZZZ-XZFX-S0008
HZZZ-XZFX-S0007
HZZZ-XZFX-S0006
HZZZ-XZFX-S0005
HZZZ-XZFX-S00051
HZZZ-XZFX-S0004
HZZZ-XZFX-S0003
HZZZ-XZFX-S0002
HZZZ-XZFX-S0001
HZZZ-XZFX-S0011
HZZZ-XZFX-S0012
HZZZ-XZFX-S0013

河

农

白

韩庄闸

村卫生室

单楼刘菜园

王线

常王线

苗河节制闸

管理单位:丰县水利闸站管理所

闸孔数		3	闸孔净高(m)	闸孔	6	所在河流		苗城河	主要作用		防洪、灌溉	
	其中航孔			航孔		结构型式		开敞式				
闸总长(m)		124.04	每孔净宽(m)	闸孔	6	所在地		丰县孙楼镇庞庄村	建成日期		1982年	
闸总宽(m)		22		航孔		工程规模		中型	除险加固竣工日期		未竣工验收	
主要部位高程(m)	闸顶	42.5	胸墙底		下游消力池底	34.30	工作便桥面		42.50	水准基面		1985国家高程
	闸底	36.50	交通桥面	42.50	闸孔工作桥面		49.00	航孔工作桥面				
	附近堤防顶高程	上游左堤	43.90	上游右堤		43.50	下游左堤		43.70	下游右堤		43.00
交通桥标准	设计	公路Ⅱ级	交通桥净宽(m)		5+2×0.5	工作桥净宽(m)	闸孔	4.4	闸门结构型式	闸孔	平面钢闸门	
	校核		工作便桥净宽(m)		2.5		航孔			航孔		
启闭机型式	闸孔	卷扬式	启闭机台数	闸孔	3	启闭能力(t)	闸孔	2×16	钢丝绳	规格	6×37-右交	
	航孔			航孔			航孔			数量	60 m×2根	
闸门钢材(t)			闸门(宽×高)(m×m)		6×4.6	建筑物等级	3	备用电源	装机	30 kW		
设计标准		排涝标准10年一遇,设计洪水标准20年一遇,校核洪水标准50年一遇				抗震设计烈度	Ⅶ		台数	1		

规划设计参数		设计水位组合			校核水位组合			检修门	型式	浮箱叠梁门	小水电	容量	
		上游(m)	下游(m)	流量(m³/s)	上游(m)	下游(m)	流量(m³/s)		块/套	6		台数	
	稳定	38.80	36.00	最低蓄水				历史特征值		2018-08-18		相应水位(m)	
		40.30	38.30	正常蓄水								上游	下游
		40.80	38.30	最高蓄水									
	消能	41.10	38.30～40.90	0～122.50				上游水位	最高		41.15		
	防渗	40.30	38.30					下游水位	最低				
		38.80	36.00					最大过闸流量(m³/s)					
	孔径	39.68	39.58	70.35									
		40.55	40.45	96.48	41.10	40.90	122.50						

护坡长度(m)	部位	上游	下游	坡比	护坡型式	引河(m)		底宽	底高程	边坡		底宽	底高程	边坡
	左岸	20	50	1:4	砼		上游	90	36.50	1:4	下游	40	35.00	1:4
	右岸	20	42	1:4	砼	主要观测项目				垂直位移				

现场 人员	5人	管理范围划定	上下游河道、堤防各 200 m,左右侧各 50 m。面积:197 856 m²。
		确权情况	已确权,确权面积 1 721.66 m²(丰水国用〔闸〕字第 009 号)。

水文地质情况:

场地土层可划分 6 层(不含夹层),自上而下为:

①层砂壤土:局部夹壤土薄层,建议允许承载力 100 kPa。

②层壤土:建议允许承载力 80 kPa。

③层砂壤土夹粉砂:间夹壤土层,建议允许承载力 110 kPa。

③-1 层淤泥质壤土:建议允许承载力 60 kPa。

③-2 层壤土:建议允许承载力 90 kPa。

④层壤土:建议允许承载力 110 kPa。

④-1 层砂壤土:建议允许承载力 110 kPa。

⑤层黏土:建议允许承载力 170 kPa。

⑥层含砂礓黏土:局部夹粉砂薄层,含砂礓、砂粒及铁锰结核,局部砂礓富集,砂礓直径 1～10 cm,一般含量 10%～30%,局部胶结成磐,建议允许承载力 250 kPa。

⑥-1 层粉砂:以粉砂为主,间夹细砂,局部夹含砂礓黏土层,局部呈互层状态,建议允许承载力 150 kPa。

⑥-2 层粉砂:以粉砂为主,间夹细砂,局部夹含砂礓黏土层,局部呈互层状态,建议允许承载力 180 kPa。

上游部分翼墙底板位于第③-1 层淤泥质壤土层,该层地基承载力为 60 kN,不能满足要求,采用换填 12%水泥土进行地基处理;底板位于第③层砂壤土夹粉砂层和③-2 壤土层,地基承载力分别为 110 kN 和 90 kN,不能满足要求,采用换填 12%水泥土进行地基处理,以提高地基承载力。

控制运用原则:

苗河闸控制闸上水位 40.50～41.00 m。主汛期大流量泄洪时,按低水位控制;翻水调水期间,应视闸下水位,适当抬高闸上蓄水位,原则上不超过 41.00 m 和 36.00 m,闸上、下游水位差控制在 5 m 以内。

最近一次安全鉴定情况:

一、鉴定时间:2021 年 2 月 3 日。

二、鉴定结论、主要存在问题及处理措施:工程安全类别评定为四类闸。主要存在问题:1. 排架、闸墩、撑梁混凝土胀裂露筋,碳化严重,交通桥老化严重。2. 闸底板下游侧为反拱底板,最大裂缝宽度验算不满足规范要求,存在安全隐患,消力池底板厚度不满足要求,结构安全评为 C。3. 混凝土闸门强度低,螺杆式启闭机整体老化严重,螺杆弯曲;电气设备老化,金属结构及机电设备安全评为 C。建议拆除重建。

最近一次除险加固情况:

一、建设时间:2021 年 10 月 20 日开工。

二、主要加固内容:苗山闸拆除重建,苗山站维修加固。

三、竣工验收意见、遗留问题及处理情况:未竣工。

发生重大事故情况:

无。

建成或除险加固以来主要维修养护项目及内容:

无。

目前存在主要问题:

正在实施重建加固。

下步规划或其他情况:

无。

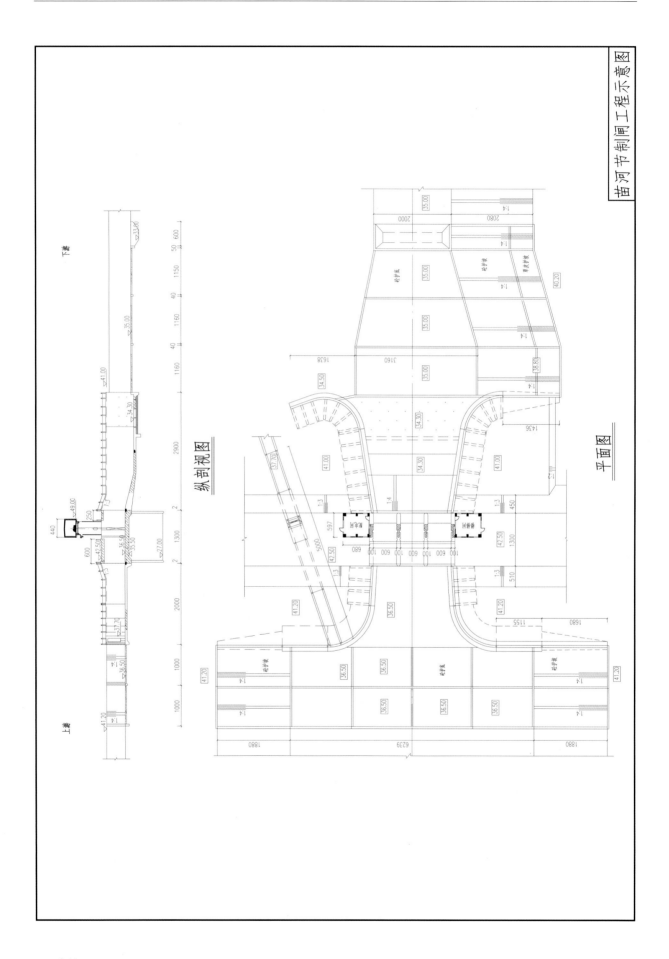

苗河节制闸工程示意图

纵剖视图

平面图

苗河节制闸管理范围界线图

图例

——	管理范围线
⚲	界桩位置
MHZZ-XZFX-S0005	界桩编号

划界标准：上下游河道、堤防各二百米；左右侧各五十米。

王岗集节制闸

管理单位：丰县水利闸站管理所

闸孔数	3 孔		闸孔净高(m)	闸孔	5	所在河流		子午河		主要作用		防洪、灌溉
	其中航孔			航孔		结构型式		开敞式				
闸总长(m)	110.54		每孔净宽(m)	闸孔	5	所在地		丰县宋楼镇王岗集村		建成日期		1979 年 5 月
闸总宽(m)	18.5			航孔		工程规模		中型		除险加固竣工日期		2012 年 12 月
主要部位高程(m)	闸顶	42.5	胸墙底		下游消力池底	34.75		工作便桥面	42.50	水准基面		废黄河
	闸底	37.50	交通桥面	43.10	闸孔工作桥面	48.60		航孔工作桥面				
	附近堤防顶高程	上游左堤	42.80	上游右堤		42.30	下游左堤		41.30	下游右堤		41.50
交通桥标准	设计	公路Ⅱ级	交通桥净宽(m)		7+2×0.5	工作桥净宽(m)	闸孔	3.1	闸门结构型式	闸孔		平面钢闸门
	校核		工作便桥净宽(m)		1.55		航孔			航孔		
启闭机型式	闸孔	卷扬式		启闭机台数	闸孔	3	启闭能力(t)	闸孔	2×8	钢丝绳	规格	6×37-右交
	航孔				航孔			航孔			数量	56 m×2 根
闸门钢材(t)	10		闸门(宽×高)(m×m)			建筑物等级	3		备用电源	装机		30 kW
设计标准		10 年一遇排涝设计,20 年一遇防洪校核					抗震设计烈度	Ⅵ			台数	1

规划设计参数		设计水位组合			校核水位组合			检修门	型式	浮箱叠梁门	小水电	容量	
		上游(m)	下游(m)	流量(m³/s)	上游(m)	下游(m)	流量(m³/s)		块/套	5		台数	
	稳定	41.00	37.50	正常蓄水				历史特征值		2018-08-18		相应水位(m)	
											上游		下游
	消能							上游水位	最高		41.35		
								下游水位	最低				
	防渗	41.50	37.00					最大过闸流量(m³/s)			70.63		
	孔径	40.76	40.56	110.8	41.69	41.39	151.90						

护坡长度(m)	部位	上游	下游	坡比	护坡型式	引河(m)	上游	底宽	底高程	边坡	下游	底宽	底高程	边坡
	左岸	20	42	1:4	预制块			36	37.50	1:4		36	35.90	1:4
	右岸	20	42	1:4	预制块	主要观测项目				垂直位移				

现场人员	5 人	管理范围划定	上下游河道、堤防各 200 m,左右侧各 50 m。面积:144 159 m²。
		确权情况	已确权,确权面积 2 805 m²(丰水国用〔闸〕字第 007 号)。

水文地质情况：

　　根据勘探钻孔揭示，场地在钻探深度范围内所揭示的土层根据区域地质资料分析对比、地质成因、工程地质特征、岩土层性质自上而下可分为 8 层（含亚层），1～3 层（含亚层）为全新统地层，以粉土为主，次为壤土及软弱黏性土，第 4～6 层（含亚层）为上更新统地层含砂礓壤土及粉砂。

　　A 层素填土：老闸左右侧墙后填土，为粉土混壤土、黏土，土质不甚均匀，干密度 1.47 g/cm，标贯 2～8 击，密实性一般。

　　第①层粉土：黄色、灰黄色，局部夹粉砂及黏土薄层，松散，湿—饱和，摇震反应迅速，层厚 4.0～8.1 m，层底高程 32.4～33.58 m，标贯 27 击，锥尖阻力 1.67～3.16 MPa，渗透系数 8.01×10^{-5}～3.55×10^{-4} cm/s，弱—中等透水，防渗抗冲能力差，建议允许承载力 95 kPa。该层中间夹一层淤泥质壤土，层号①-1。

　　第①-1 层淤泥质壤土：褐色，软塑，局部夹粉土、粉砂及砂壤土薄层，土质很不均匀，分布不稳定，局部呈透镜状，层厚 0.5～1.0 m，层底高程 34.9～35.27 m，标贯 1 击，锥尖阻力 0.57～1.15 MPa，渗透系数 4.50×10^{-6} cm/s，微透水，压缩系数 $a_{1-2} = 0.7$ MPa^{-1}，属高压缩性土，承载力低，建议允许承载力 70 kPa。

　　第②层粉质壤土：灰黄色，局部夹粉砂薄层（1$^\#$孔），可塑，层厚 2.8～3.75 m，层底高程 28.9～30.38 m，标贯 3～5 击，锥尖阻力 0.7～1.43 MPa，渗透系数 2.80×10^{-7}～9.52×10^{-7} cm/s，微透水，压缩系数 $a_{1-2} = 0.51$ MPa^{-1}，建议允许承力 90 kPa。

　　第③层壤土：灰褐色，可塑，局部夹轻粉质壤土薄层，层厚 1.7～3.1 m，层底高程 26.5～27.92 m。标贯 6～10 击，锥尖阻力 1.13～1.5 MPa，渗透系数 3.02×10^{-7}～1.79×10^{-5} cm/s，微—弱透水，压缩系数 $a_{1-2} = 0.30$ MPa^{-1}，为一般黏性土，建议允许承载力 130 kPa。

　　第④层含砂礓壤土：灰黄夹灰白色，硬塑，含砂礓、砂粒及铁结核，土质不均匀，局部夹粉砂及砂壤土薄层，揭露厚度 4.0 m，层底高程 23.7～25.9 m。标贯 10～19 击，锥尖阻力 1.97～2.94 MPa，渗透系数 1.93×10^{-7}～2.51×10^{-5} cm/s，微—弱透水，压缩系数 $a_{1-2} = 0.23$ MPa^{-1}，建议允许承载力 260 kPa。

　　第⑤层粉砂：灰黄色，中密—密实，土质不均匀，局部夹粉质壤土薄层，揭露厚度 6.4～6.5 m，层底高程 17.4～17.5 m。标贯 19～31 击，渗透系数 7.82×10^{-4}～3.81×10^{-3} cm/s，中等透水，富水性好，建议允许承载力 220 kPa。

　　第⑥层含砂礓壤土：灰黄夹灰白色，硬塑，含砂、砂粒及铁锰结核，土质不均匀，局部夹粉砂薄层，揭露厚度 1.2 m，标贯 13～20 击，渗透系数 5.51×10^{-7}～3.63×10^{-6} cm/s，微透水，压缩系数 $a_{1-2} = 0.20$ MPa^{-1}，建议允许承载力 300 kPa。

控制运用原则：

　　王岗集闸控制闸上水位 40.50～41.00 m。主汛期大流量泄洪时，按低水位控制；翻水调水期间，应视闸下水位，适当抬高闸上蓄水位，原则上不超过 41.00 m 和 36.00 m，闸上、下游水位差控制在 5 m 以内。

最近一次安全鉴定情况：

　　一、鉴定时间：2012 年 2 月。

　　二、鉴定结论、主要存在问题及处理措施：工程安全类别评定为二类闸，主要存在问题：1. 下游左侧护坡与翼墙连接处局部掏空；交通桥铺装层局部破损，侧面混凝土胀裂。2. 水闸活动门槽轻微锈蚀；泵站主电机局部轻微锈蚀，电机轴承箱存在渗油现象；1$^\#$、3$^\#$清污机减速机、电动机锈蚀较重。建议对交通桥铺装层等部位进行维修处理，对排架、翼墙进行防碳化处理。

最近一次除险加固情况：（徐水基〔2012〕108 号）

　　一、建设时间：2007 年 11 月 28 日—2010 年 6 月 12 日。

　　二、主要加固内容：原址拆除重建，采用闸站结合型式，一字型布置，节制闸位于泵站东侧，泵站设计流量 6 m³/s，安装 3 台 900ZLB-85 型轴流泵。

　　三、竣工验收意见、遗留问题及处理情况：2012 年 12 月 28 日通过徐州市水利局组织的丰县王岗集闸站改建工程竣工验收，无遗留问题。

发生重大事故情况：

　　无。

建成或除险加固以来主要维修养护项目及内容：

　　无。

目前存在主要问题：

　　1. 下游左侧护坡与翼墙连接处局部掏空；交通桥铺装层局部破损，侧面混凝土胀裂。

　　2. 水闸活动门槽轻微锈蚀；泵站主电机局部轻微锈蚀，电机轴承箱存在渗油现象；1$^\#$、3$^\#$清污机减速机、电动机锈蚀较重。

下步规划或其他情况：

　　无。

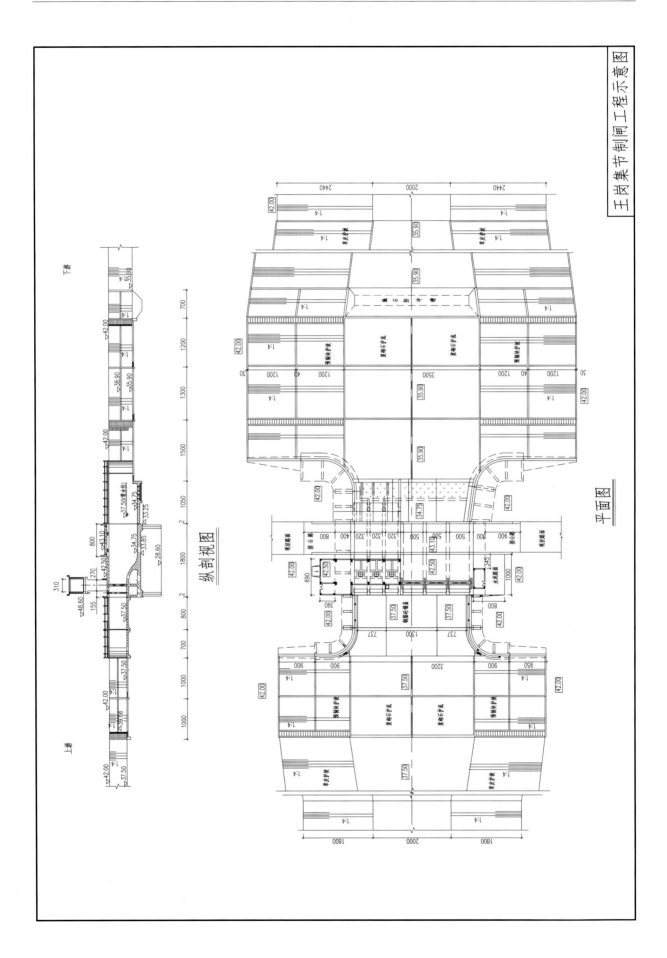

王岗集节制闸管理范围界线图

划界标准：上下游河道、堤防各二百米，左右侧各五十米。

图　例

管理范围围界线

界桩位置

界桩编号　WGJZZ-XZFX-S0006

阚楼橡胶坝

管理单位:丰县水利闸站管理所

闸孔数	1		闸孔净高(m)	坝长	80	所在河流	大沙河		主要作用	防洪、灌溉
	其中航孔			坝高	4	内压比	1.25			
闸总长(m)	172.7		单孔净宽(m)	闸孔	5	所在地	丰县大沙河镇二坝村	建成日期		2015 年
闸总宽(m)	80			航孔		工程规模	中型	除险加固竣工日期		2020 年 11 月

主要部位高程(m)	坝顶	43.70	胸墙底		下游消力池底	37.8	工作便桥面		水准基面	废黄河
	坝底	39.70	交通桥面		闸孔工作桥面		航孔工作桥面			
	附近堤防顶高程		上游左堤		上游右堤		下游左堤		下游右堤	

交通桥标准	设计	公路Ⅱ级	交通桥净宽(m)		工作桥净宽(m)	闸孔		闸门结构型式	闸孔	橡胶坝
	校核		工作便桥净宽(m)			航孔			航孔	

附属设施型式	充排水泵	250HW-125	管道	管径	300 mm	闸阀	数量	4	橡胶坝	规格	JBD3.5-2602-2
	台数	2		材质	球墨铸铁管		型号	DN300双法兰		坝布	J260240-2

闸门钢材(t)		闸门(宽×高)(m×m)		建筑物等级	2	备用电源	装机	
设计标准	10 年一遇排涝设计,20 年一遇防洪校核			抗震设计烈度	Ⅵ		台数	

规划设计参数		设计水位组合			校核水位组合			检修门	型式		小水电	容量	
		上游(m)	下游(m)	流量(m³/s)	上游(m)	下游(m)	流量(m³/s)		块/套			台数	
	稳定	43.50	42.50	正常蓄水				历史特征值	2018-08-18		相应水位(m)		
											上游	下游	
	消能	43.50~46.34	40.50~45.94	0~1 360.00				上游水位	最高				
	防渗	43.50	40.50					下游水位	最低				
	孔径	42.45	42.25	550.00				最大过闸流量(m³/s)					
		44.86	44.56	901.00	46.34	45.94	1 360.00						

护坡长度(m)	部位	上游	下游	坡比	护坡型式	引河(m)	上游	底宽	底高程	边坡	下游	底宽	底高程	边坡
	左岸	60	58	1:4	砼			150	38.5	1:5		150	38.5	1:5
	右岸	60	58	1:4	砼	主要观测项目				垂直位移				

现场人员	5 人	管理范围划定	含在大沙河河道管理范围内,即左右侧为大沙河截渗沟沟口处 5 m,上下游各 200 m。
		确权情况	未确权。

水文地质情况：

　　自上而下分为 5 层，①层砂壤土夹粉砂，②层淤泥质壤土，③层壤土，④层含砂礓壤土夹粉砂层，⑤层含砂礓黏土。基础采用水泥土换填处理。

控制运用原则：

　　阙楼橡胶坝控制闸上水位 45.94～46.34 m。主汛期夹河橡胶坝大流量泄洪时，按低水位控制；翻水调水期间，应视闸下水位，适当抬高闸上蓄水位，原则上不超过 46.00 m 和 41.00 m，闸上、下游水位差控制在 5 m 以内。

最近一次安全鉴定情况：

　　一、鉴定时间：2021 年 2 月。

　　二、鉴定结论、主要存在问题及处理措施：综合评定为二类闸。主要存在问题为橡胶坝部分闸阀漏水，充水泵室渗水，建议尽快处理。

最近一次除险加固情况：（徐水基〔2020〕100 号）

　　一、建设时间：2014 年 9 月。

　　二、主要加固内容：拆除重建阙楼闸站，其中泵站设计流量 2.8 m³/s，安装 2 台 700ZLB-125 型轴流泵。

　　三、竣工验收意见、遗留问题及处理情况：2020 年 11 月 3 日通过徐州市水务局组织的徐州市黄河故道大沙河剩余段河道治理工程（丰县段）竣工验收，无遗留问题。

发生重大事故情况：

　　无。

建成或除险加固以来主要维修养护项目及内容：

　　无。

目前存在主要问题：

　　无。

下步规划或其他情况：

　　无。

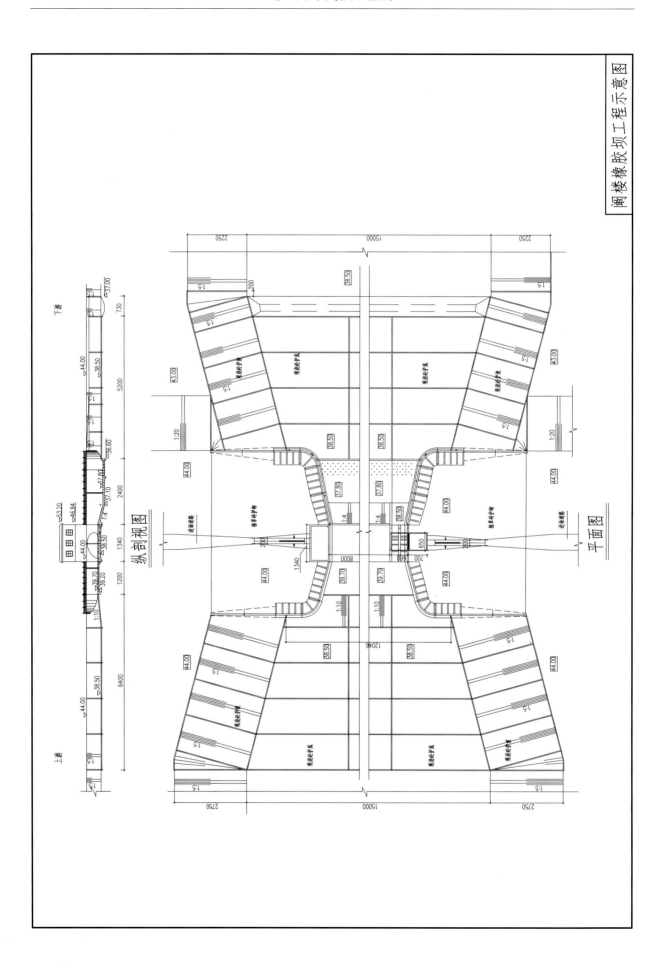

闸楼楼橡胶坝工程示意图

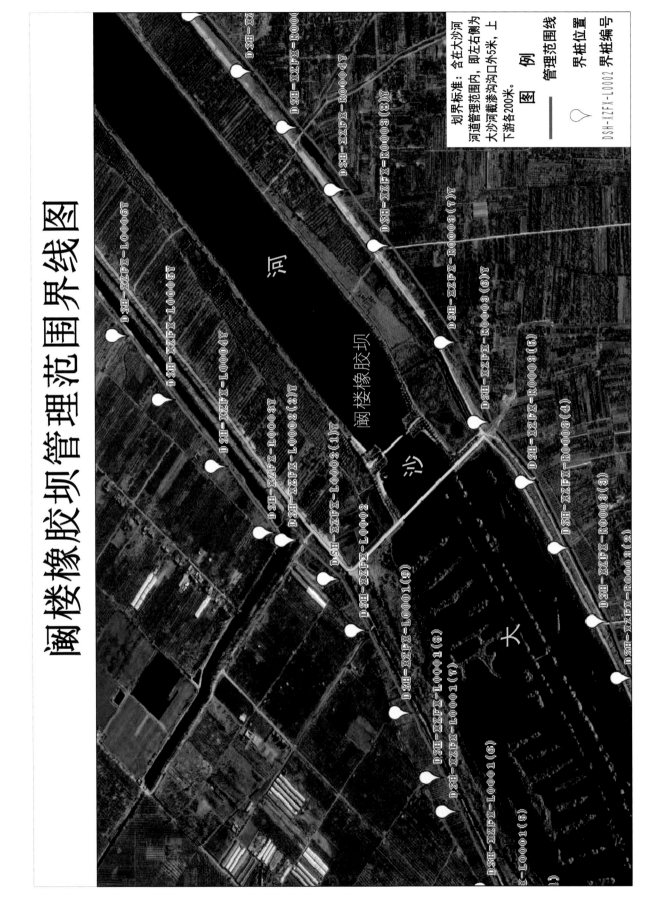

阙楼橡胶坝管理范围界线图

夹河橡胶坝

管理单位:丰县水利闸站管理所

闸孔数		1	闸孔净高(m)	坝长	56	所在河流	大沙河	主要作用	防洪、灌溉
	其中航孔			坝高	3.4	内压比	1.25		
闸总长(m)		179.5	单孔净宽(m)	闸孔		所在地	丰县大沙河镇夹河村	建成日期	1991年7月
闸总宽(m)		56		航孔		工程规模	中型	除险加固竣工日期	2020年11月

主要部位高程(m)	坝顶	43.00	胸墙底			下游消力池底	36.40	工作便桥面	44.00	水准基面	废黄河
	坝底	39.60	交通桥面	45.93		闸孔工作桥面		航孔工作桥面			
	附近堤防顶高程		上游左堤		上游右堤		下游左堤		下游右堤		

交通桥标准	设计	公路Ⅱ级	交通桥净宽(m)	7	工作桥净宽(m)	闸孔		闸门结构型式	闸孔	橡胶坝
	校核		工作便桥净宽(m)			航孔			航孔	

附属设施型式	电机	15 kW	管道	管径	0.25	闸阀	数量	4	橡胶坝	规格	JBD3.5-2602-2
	电机配备	一用		材质	镀锌		型号	DN250-16-HT200		坝布	J260240-2

闸门钢材(t)		闸门(宽×高)(m×m)		建筑物等级	3	备用电源	装机台数	
设计标准	10年一遇排涝设计,20年一遇防洪校核			抗震设计烈度	Ⅵ			

规划设计参数		设计水位组合			校核水位组合			检修门	型式		小水电	容量
		上游(m)	下游(m)	流量(m³/s)	上游(m)	下游(m)	流量(m³/s)		块/套			台数
	稳定	42.50	41.50					历史特征值	2018-08-18		相应水位(m)	
											上游	下游
	消能							上游水位 最高				
								下游水位 最低				
	孔径	41.95	41.35	550.00				最大过闸流量(m³/s)				
		44.26	42.60	901.00	45.66	43.86	1 360.00					

护坡长度(m)	部位	上游	下游	坡比	护坡型式	引河(m)	上游	底宽	底高程	边坡	下游	底宽	底高程	边坡
	左岸	86.4	57	1:4	砼			150	38.5	1:5		106.55	36.0	1:5
	右岸	86.4	57	1:4	砼	主要观测项目				垂直位移				

现场人员	6人	管理范围划定	上下游河道、堤防各200 m,左右侧各50 m。
		确权情况	已确权,确权面积1 690 m²(丰水国用〔闸〕字第008号)。

水文地质情况：

　　自上而下分为 5 层，①层砂壤土夹粉砂，②层淤泥质壤土，③层壤土，④层含砂礓壤土夹粉砂层，⑤层含砂礓黏土。基础采用水泥土搅拌桩。

控制运用原则：

　　夹河橡胶坝控制闸上水位 42.50～43.00 m。主汛期夹河橡胶坝大流量泄洪时，按低水位控制；翻水调水期间，应视闸下水位，适当抬高闸上蓄水位，原则上不超过 43.00 m 和 38.00 m，闸上、下游水位差控制在 5 m 以内。

最近一次安全鉴定情况：

　　一、鉴定时间：2021 年 2 月 3 日。

　　二、鉴定结论、主要存在问题及处理措施：工程综合评价为四类闸。

　　主要存在问题：闸顶高程不满足 20 年一遇防洪要求；消力池深度、长度、厚度和海漫长度不满足 10 年及 20 年一遇行洪要求。建议拆除重建。

最近一次除险加固情况：（徐水基〔2020〕100 号）

　　一、建设时间：2014 年 9 月。

　　二、主要加固内容：列入徐州市黄河故道大沙河剩余段河道治理工程，对夹河闸进行除险加固，主要包括：1. 更换坝袋及充水系统；2. 泵站机房拆除重建，更换主电机和电气设备，泵站设计流量 5 m³/s，安装 2 台 900ZLB-100 型轴流泵。

　　三、竣工验收意见、遗留问题及处理情况：2020 年 11 月 3 日通过徐州市水务局组织的徐州市黄河故道大沙河剩余段河道治理工程（丰县段）竣工验收，无遗留问题。

发生重大事故情况：

　　无。

建成或除险加固以来主要维修养护项目及内容：

　　无。

目前存在主要问题：

　　闸顶高程不满足 20 年一遇防洪要求；消力池深度、长度、厚度和海漫长度不满足 10 年及 20 年一遇行洪要求。

下步规划或其他情况：

　　无。

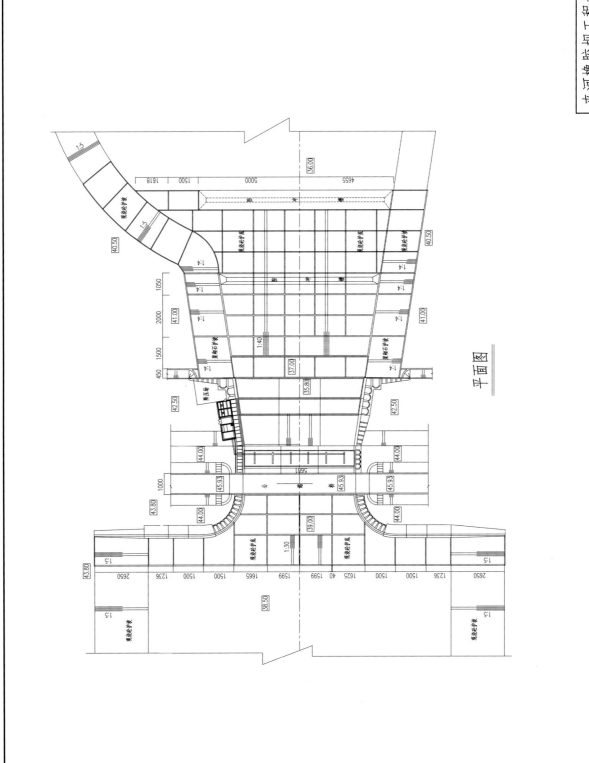

夹河橡胶坝工程示意图（一）

平面图

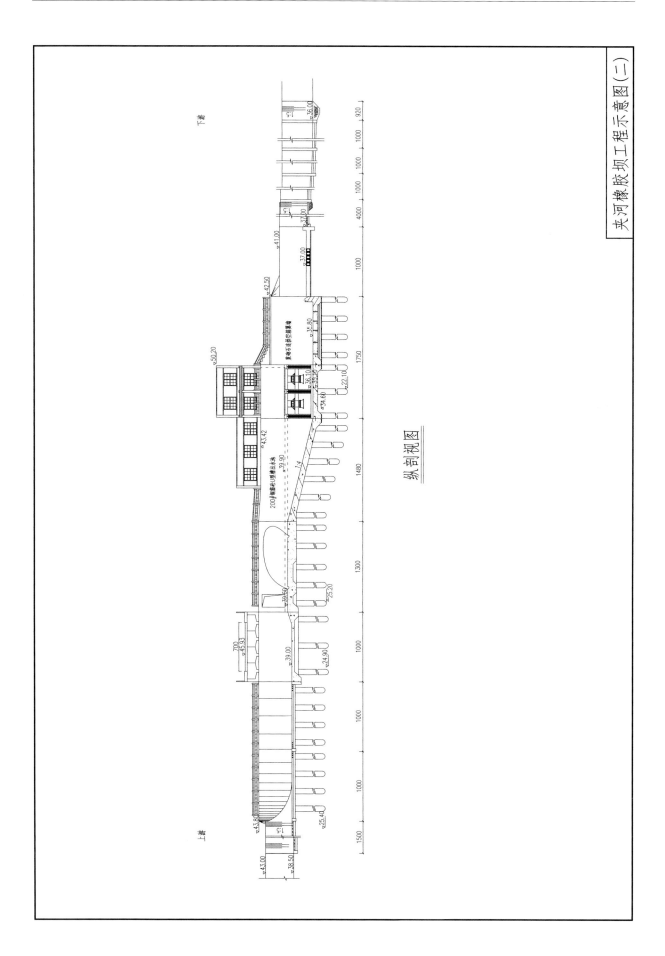

纵剖视图

夹河橡胶坝工程示意图（二）

夹河橡胶坝管理范围界线图

划界标准：上下游河道、堤防各二百米，左右侧各五十米。

图 例

—— 管理范围线

界桩位置

JHZZ-XZFX-S0005 界桩编号

华山节制闸

管理单位:丰县水利闸站管理所

闸孔数		6孔	闸孔净高(m)	闸孔	7.2	所在河流	大沙河	主要作用		泄洪、蓄水
		其中航孔		航孔		结构型式	开敞式			
闸总长(m)		158.8	每孔净宽(m)	闸孔	10	所在地	丰县华山镇西	建成日期		1998年12月
闸总宽(m)		68.62		航孔		工程规模	中型	除险加固竣工日期		2015年12月
主要部位高程(m)	闸顶	44.6	胸墙底		下游消力池底	32.40	工作便桥面	44.60	水准基面	废黄河
	闸底	37.4	交通桥面	44.60	闸孔工作桥面	51.30	航孔工作桥面			
	附近堤防顶高程		上游左堤	44.50	上游右堤	43.40	下游左堤	43.50	下游右堤	42.90
交通桥标准	设计	公路Ⅱ级	交通桥净宽(m)	7+2×0.5	工作桥净宽(m)	闸孔	4	闸门结构型式	闸孔	平面钢闸门
	校核		工作便桥净宽(m)	1.8		航孔			航孔	
启闭机型式	闸孔	卷扬式	启闭机台数	闸孔	6	启闭能力(t)	闸孔	2×16	钢丝绳	规格	6×37-右交
	航孔			航孔			航孔			数量	64 m×2根
闸门钢材(t)			闸门(宽×高)(m×m)		10.1×4.4	建筑物等级	3	备用电源	装机	50 kW
设计标准		10年一遇排涝设计,20年一遇防洪校核				抗震设计烈度	Ⅵ		台数	1

规划设计参数		设计水位组合			校核水位组合			检修门	型式	浮箱叠梁门	小水电	容量
		上游(m)	下游(m)	流量(m³/s)	上游(m)	下游(m)	流量(m³/s)		块/套	5		台数
	稳定	41.50	38.50	最高蓄水				历史特征值		2018-08-18	相应水位(m)	
		41.00	37.00	汛限水位							上游	下游
	消能	41.00～42.30	34.50～41.50	0～990.00				上游水位	最高	41.41		
								下游水位	最低			
	防渗	41.50	34.50					最大过闸流量(m³/s)		560		
	孔径	41.80	41.20	823.00	42.30	41.50	990.00					

护坡长度(m)	部位	上游	下游	坡比	护坡型式	引河(m)	上游	底宽	底高程	边坡	下游	底宽	底高程	边坡
	左岸	35	62	1:4	浆砌石			402	37.00	1:4		174	33.00	1:4
	右岸	35	62	1:4	浆砌石	主要观测项目			垂直位移、扬压力、河道断面						
现场人员	12人		管理范围划定	上游两岸至套闸南50 m、东岸至芦楼涵洞,下游两岸各200 m。面积:644 801 m²。										
			确权情况	已确权,确权面积5 340.38 m²(丰水国用〔闸〕字第003号)。										

水文地质情况：

场地内土层自上而下可分为6层，综合叙述如下：

①层砂壤土：黄色，夹灰褐色壤土薄层，上部潮湿、松软，下部松软、饱和，摇震反应迅速，无光泽反应。层厚2.8～5.8 m，层底高程35.97～37.29 m，标贯击数4～6击。该层为地表土层，除河底外全场地分布，建议允许承载力90 kPa。

②层粉砂：黄色，局部夹粉土薄层，饱和，松散。层厚1.1～5.7 m，层底高程30.70～32.00 m，标贯击数5～9击。该层为河底土层，全场地分布，建议允许承载力100 kPa。

③层淤泥质黏土：灰色、灰褐色，夹砂壤土薄层或团块，局部呈互层状，饱和，流塑，切面无光泽，韧性及干强度低。该层层厚1.8～3.4 m，层底高程28.47～29.09 m，标贯击数2～3击。该层全场地分布，建议允许承载力70 kPa。

④层壤土：深灰色、灰褐色，底部含铁锰结核，饱和，可塑，切面稍有光泽，干强度及韧性中等。该层层厚1.4～2.4 m，层底高程26.27～27.60 m，标贯击数5～7击。该层全场地分布，建议允许承载力120 kPa。

⑤层含砂礓黏土：灰色、黄夹灰色，含铁锰结核及砂礓小颗粒，局部含砂粒，砂礓大小不等，含量不均匀，局部含砂粒；硬塑，切面光滑，有光泽，干强度及韧性中等一高。该层钻孔未全部揭穿，控制层厚0.6～3.6 m，控制层底高程23.80～26.40 m，标贯击数9～13击。该层全场地分布，建议允许承载力200 kPa。

⑥层粉砂：黄色，夹壤土、砂壤土薄层，局部含黏粒较多，饱和，中密，无摇震反应。该层钻孔为揭穿，控制层厚1.6 m，标贯击数23击。该层全场地分布，建议允许承载力200 kPa。

场地内第①～③层为第四系全新统地层，土质松软，工程性质较差，场地内第④层壤土为一般黏性土，压缩性中等偏高，工程性质一般。第⑤层含砂礓黏土及第⑥层粉砂为第四系上更新统地层，压缩性中等偏低，承载力相对较高，工程性质较好，但其埋深较大，浅基础难以利用，是场地内良好的桩基持力层。

控制运用原则：

一、最大过闸流量（990 m³/s），相应单宽流量（16.5 m³/s）及上、下游水位（42.30 m、41.50 m）。

二、最大水位差5.5 m及相应的上、下游水位（41.00 m、34.50 m）。

三、上、下游河道的安全水位（41.00 m、37.00 m）和流量（823 m³/s）。

最近一次安全鉴定情况：

一、鉴定时间：2020年12月22日。

二、鉴定结论、主要存在问题及处理措施：工程安全类别评定为一类闸。

最近一次除险加固情况：（徐水基〔2015〕106号）

一、建设时间：2012年11月—2014年12月。

二、主要加固内容：拆除改造闸室及下游部分翼墙，加固接长下游消力池及海漫、重建防冲槽；增设上游护坡护底；改建启闭机房及控制室；更换工作闸门、启闭机及电气设备等。

三、竣工验收意见、遗留问题及处理情况：2015年12月23日通过徐州市水利局组织的丰县华山闸除险加固工程竣工验收，无遗留问题。

发生重大事故情况：无。

建成或除险加固以来主要维修养护项目及内容：

2021年为创建国家级水管单位，对华山闸进行更新改造，主要包括以下项目：

1. 2021年启闭机房及下游护坡维修项目：一是两侧桥头堡及启闭机房维修，总面积约683.9 m²。其中，中控室改造63.5 m²，阳光房改造约102.5 m²，铺设地砖164.5 m²，环氧树脂地坪430.2 m²，内墙乳胶漆496.3 m²，外墙真石漆1 075 m²，瓦屋面仿古漆899 m²，露台防水71.1 m²，屋面防水222.5 m²，增加电动伸缩楼梯1套等。二是下游护坡维修700 m²。

2. 2021年金属结构维修养护、电气设备改造及综合线缆桥架项目：卷扬式启闭机维修保养6台套，启闭机座开孔封堵12孔等，钢闸门防腐821.4 m²，增设检修闸门搁置轨道，购置安装检修门电动轨道运输车1台。

3. 变压器改造：改造为箱式变压器，移至室外并增设防护设施，控制柜改造6台套，控制电缆改造150 m。

4. 设置水闸墩头钢结构托臂支架6个，敷设电缆桥架455 m(7道)。

5. 自动化提升改造、工程观测及自来水管网改造项目：自动化控制系统提升改造1项；增设垂直位移、河道断面、扬压力观测、水下检查，增设垂直位移观测标点44个，断面桩32根，自来水管网改造1 km。

目前存在主要问题：无。

下步规划或其他情况：无。

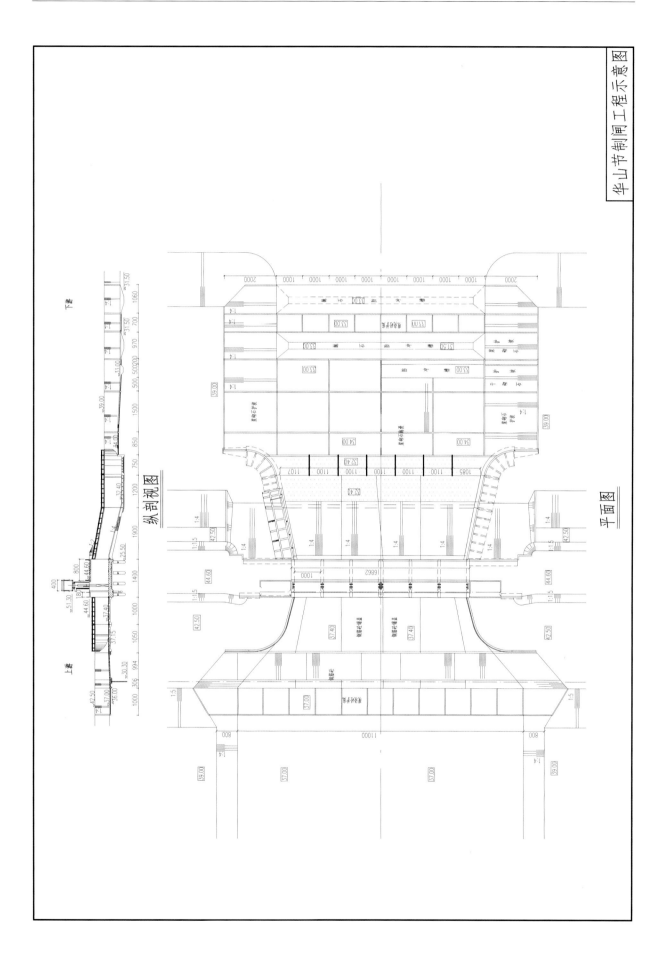

华山节制闸工程示意图

华山节制闸管理范围界线图

划界标准：上游西岸至套闸南五十米、东岸至芦楼涵洞，下游两岸各两百米。

图　例

———　管理范围界线

◡　界桩位置

HSJZZ-XZFX-S0008　界桩编号

范楼节制闸

管理单位:丰县水利闸站管理所

闸孔数	3		闸孔净高(m)	闸孔	5.5	所在河流	南支河	主要作用	防洪、灌溉
	其中航孔			航孔		结构型式	开敞式		
闸总长(m)	159.96		每孔净宽(m)	闸孔	7	所在地	丰县范楼镇叉口村	建成日期	1986年8月
闸总宽(m)	25			航孔		工程规模	中型	完工日期	2017年12月

主要部位高程(m)	闸顶	40.5	胸墙底		下游消力池底	30.3	工作便桥面	40.50	水准基面	废黄河
	闸底	35.00	交通桥面	41.50	闸孔工作桥面	47.0	航孔工作桥面			
	附近堤防顶高程	上游左堤	45.00	上游右堤	45.00	下游左堤	42.20	下游右堤	42.20	

交通桥标准	设计	公路Ⅱ级	交通桥净宽(m)	4.5	工作桥净宽(m)	闸孔	3.9	闸门结构型式	闸孔	平面钢闸门
	校核		工作便桥净宽(m)	1.5		航孔			航孔	

启闭机型式	闸孔	卷扬式	启闭机台数	闸孔	3	启闭能力(t)	闸孔	2×10	钢丝绳	规格	6×37-右交
	航孔			航孔			航孔			数量	52 m×2根

闸门钢材(t)	14	闸门(宽×高)(m×m)	7.13×4	建筑物等级	3	备用电源	装机	30 kW
设计标准	10年一遇排涝设计,20年一遇防洪校核			抗震设计烈度	Ⅵ		台数	1

规划设计参数		设计水位组合			校核水位组合			检修门	型式	浮箱叠梁门	小水电	容量	
		上游(m)	下游(m)	流量(m³/s)	上游(m)	下游(m)	流量(m³/s)		块/套	4		台数	
	稳定	38.00	34.00	正常蓄水				历史特征值	2018-08-18		相应水位(m)		
											上游	下游	
	消能	38.00～38.79	33.50～39.39	0～236.64				上游水位 最高		40.05			
								下游水位 最低					
	防渗	39.00	33.50					最大过闸流量(m³/s)		156.6			
	孔径	38.88	38.58	173.07	39.79	39.39	236.64						

护坡长度(m)	部位	上游	下游	坡比	护坡型式	引河(m)	上游	底宽	底高程	边坡	下游	底宽	底高程	边坡
	左岸	38	40	1:4	浆砌石			63	35.00	1:4		44	31.00	1:4
	右岸	38	40	1:4	浆砌石	主要观测项目					垂直位移				

现场人员	12人	管理范围划定	上下游河道、堤防各200 m,左右侧各50 m,划界面积194 317 m²。
		确权情况	已确权,确权面积2 115.72 m²(丰水国用〔闸〕字第005号)。

水文地质情况：

范楼闸场根据钻探揭示，将场地内土层自上而下分为 6 层（不含夹层），现自上而下分述如下：

A 素填土：该层为堤防填土，以黄色砂壤土为主，不同程度混黏性土。土层厚 1.7～2.7 m，层底高程为 39.96～40.45 m。该层仅在 F05♯、F03♯ 孔揭露，土层密实性极差。

①层砂壤土：黄、黄褐、黄夹灰色，局部为粉砂，夹较多黏土、淤泥质黏土薄层，局部呈互层状。上部湿，下部饱和，摇震反应中等，松散，标贯击数 4～6 击。层厚 4.0～5.2 m，层底高程 35.29～36.22 m。该层全场地分布，土质不均匀。

②层壤土：黄褐、灰褐色，夹砂壤土、粉砂薄层。可塑，局部软塑，切面稍有光泽，干强度与韧性中等。标贯击数 5 击，该层层厚 1.2～1.7 m，层底高程 33.96～34.92 m。该层全场地分布，土质不均匀，上部偏软。

③层粉砂：黄、黄褐、黄夹灰，局部为砂壤土，夹较多黏土、壤土薄层。饱和，松散，标贯击数 4～7 击。层厚 4.5～6.0 m，层底高程 28.92～29.65 m。该层全场地分布，土质不均匀。

④层壤土：黄褐、深灰夹黄褐色，含少量铁锰结核，局部夹粉砂层。可塑，无摇震反应，切面稍光滑，有光泽，干强度与韧性中等。标贯击数 6～7 击。层厚 1.5～2.5 m，层底高程 26.90～27.75 m。该层全场地分布。

⑤层含砂礓壤土：黄褐、棕黄夹灰色，局部夹粉砂层，夹铁锰结核、小颗粒砂礓，砂礓局部富集。硬塑，无摇震反应，切面稍光滑，有光泽，干强度与韧性高。标贯击数 10～12 击。该层全场地分布，未揭穿，最大揭露厚度 3.0 m。

控制运用原则：

范楼闸控制闸上水位 36.5～36.8 m。主汛期范楼闸大流量泄洪时，按低水位控制；翻水调水期间，应视闸下水位，适当抬高闸上蓄水位，原则上不超过 36.8 m 和 32.0 m，闸上、下游水位差控制在 5 m 以内。

最近一次安全鉴定情况：

一、鉴定时间：无。

二、鉴定结论、主要存在问题及处理措施：无。

最近一次除险加固情况：

一、建设时间：2015 年 10 月 18 日—2017 年 12 月 16 日。

二、主要加固内容：列入丰县南支河泵站更新改造工程，老闸拆除重建，新建闸站采用闸站结合型式，一字型布置，节制闸左侧，泵站设计流量 12 m³/s，安装 4 台 1000ZLB-5.5 型轴流泵。

三、竣工验收意见、遗留问题及处理情况：未竣工验收。

发生重大事故情况：无。

建成或除险加固以来主要维修养护项目及内容：无。

目前存在主要问题：无。

下步规划或其他情况：无。

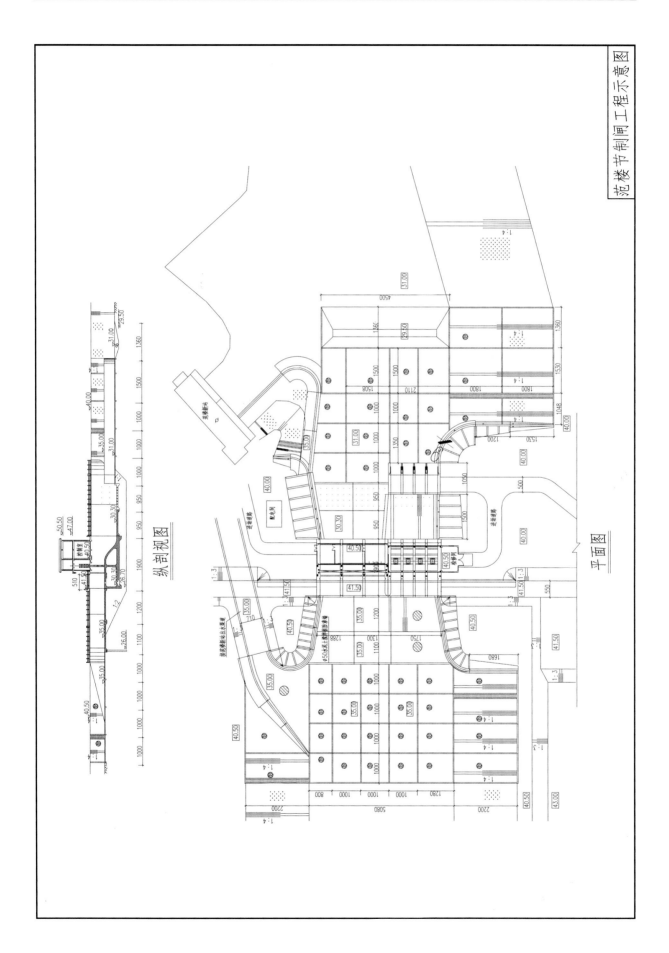

范楼节制闸工程示意图

范楼节制闸管理范围界线图

梁寨节制闸

管理单位:丰县水利闸站管理所

闸孔数	3	闸孔净高(m)	闸孔	4.5	所在河流	南支河	主要作用	防洪、灌溉
	其中航孔		航孔		结构型式	胸墙式		
闸总长(m)	182.56	每孔净宽(m)	闸孔	4.0	所在地	丰县梁寨镇南	建成日期	1988 年
闸总宽(m)	15.8		航孔		工程规模	小型	除险加固竣工日期	未竣工验收

主要部位高程(m)	闸顶	43.0	胸墙底	40.00	下游消力池底	34.50	工作便桥面	43.00	水准基面	废黄河
	闸底	35.5	交通桥面		闸孔工作桥面	50.00	航孔工作桥面			
	附近堤防顶高程		上游左堤	42.40	上游右堤	42.30	下游左堤	41.70	下游右堤	43.80

交通桥标准	设计	公路Ⅱ级	交通桥净宽(m)	9+2×0.5	工作桥净宽(m)	闸孔	3.9	闸门结构型式	闸孔	平面钢闸门
	校核		工作便桥净宽(m)	5.5		航孔			航孔	

启闭机型式	闸孔	卷扬式	启闭机台数	闸孔	3	启闭能力(t)	闸孔	2×12.5	钢丝绳	规格	6×37-右交
	航孔			航孔			航孔			数量	68 m×2 根

闸门钢材(t)	14	闸门(宽×高)(m×m)	4.13×4.7	建筑物等级	3	备用电源	装机	kW
设计标准	10 年一遇排涝设计,20 年一遇防洪校核			抗震设计烈度	Ⅵ		台数	1

规划设计参数		设计水位组合			校核水位组合			检修门	型式	浮箱式	小水电	容量	
		上游(m)	下游(m)	流量(m³/s)	上游(m)	下游(m)	流量(m³/s)		块/套	6		台数	
	稳定	41.00	37.50	最低水位				历史特征值		2018-08-18		相应水位(m)	
		41.50	38.00	正常水位							上游	下游	
		42.20	38.50	最高水位				上游水位 最高		41.75			
	消能	39.92~42.20	37.50~40.48	0~82.00				下游水位 最低					
	防渗	42.20	37.20					最大过闸流量(m³/s)		122			
	孔径	39.92	39.82	63.00	40.78	40.58	82.00						

护坡长度(m)	部位	上游	下游	坡比	护坡型式	引河(m)	上游	底宽	底高程	边坡	下游	底宽	底高程	边坡
	左岸	40.85	36.55	1:4	混凝土			43	37.00	1:4		43	35.00	1:4
	右岸	40.85	36.55	1:4	混凝土	主要观测项目				垂直位移				

现场人员	10 人	管理范围划定	上下游河道、堤防各 200 m,左右侧各 50 m。面积:107 615 m²
		确权情况	已确权,确权面积 2 890.5 m²(丰水国用〔闸〕字第 015 号)。

水文地质情况：

　　A 层素填土：

　　②层砂壤土夹粉砂：夹粉砂较多，局部夹壤土、淤泥质土薄层，标贯 2～12 击，土层厚度 1.0～10.2 m。该层全场地分布，建议允许承载力 90 kPa。

　　②-1 层淤泥质壤土：夹较多砂壤土、粉砂薄层，土质很不均匀。标贯 1～5 击，土层厚度 0.5～5.1 m，建议允许承载力 55～60 kPa。

　　②-2 层淤泥质壤土：夹淤泥质砂壤土，标贯 1～5 击，土层厚度 0.4～1.3 m。该层为②层夹层，建议允许承载力 60 kPa。

　　②-3 层淤泥质壤土：局部夹壤土、砂壤土、粉砂薄层，标贯 1～5 击，土层厚度 0.4～3.8 m。该层为②层夹层，分布不连续。建议允许承载力 65 kPa。

　　③层壤土：含铁锰结核及少量砂礓，标贯 2～10 击，土层厚度 0.5～4.2 m。该层全线分布，建议允许承载力 120 kPa。

　　③-1 层粉砂：标贯 5～9 击，土层厚度 0.6～2.4 m。局部分布，建议允许承载力 110 kPa。

　　④层含砂礓壤土：含少量砂礓，标贯 7～31 击，该层未揭穿，该层全线分布，建议允许承载力 220～260 kPa。

　　④-1 层粉砂：局部夹壤土薄层，标贯 8～31 击，土层厚度 0.8～2.8 m。该层土质不均匀，为透镜体夹层，主要分布于梁西河沿线，其余局部分布，建议允许承载力 180～200 kPa。

　　闸室基础底高程 34.2 m，上下游翼墙基底高程 34.5 m，位于第②砂壤土夹粉砂层中，下卧层为③层壤土，采用水泥土搅拌桩围封消液化，同时采用水泥土搅拌桩复合地基。

控制运用原则：

　　梁寨闸控制闸上水位 41.00～41.80 m。主汛期大流量泄洪时，按低水位控制；翻水调水期间，应视闸下水位，适当抬高闸上蓄水位，原则上不超过 40.00 m 和 36.00 m，闸上、下游水位差控制在 5 m 以内。

最近一次安全鉴定情况：

　　一、鉴定时间：无。

　　二、鉴定结论、主要存在问题及处理措施：无。

最近一次除险加固情况：

　　一、建设时间：2018 年 12 月。

　　二、主要加固内容：拆除梁寨闸、梁寨南站、北站，新建梁寨闸站位于梁寨闸下 100 m，采用闸站结合方案，跨河布置，水闸布置在北侧，泵站布置在水闸南侧，梁寨站设计流量 37.0 m³/s，选用 4 台 1850ZLQ12-5.5 型立式轴流泵机组（3 机 1 备）。

　　三、竣工验收意见、遗留问题及处理情况：未竣工验收。

发生重大事故情况：

　　无。

建成或除险加固以来主要维修养护项目及内容：

　　无。

目前存在主要问题：

　　无。

下步规划或其他情况：

　　无。

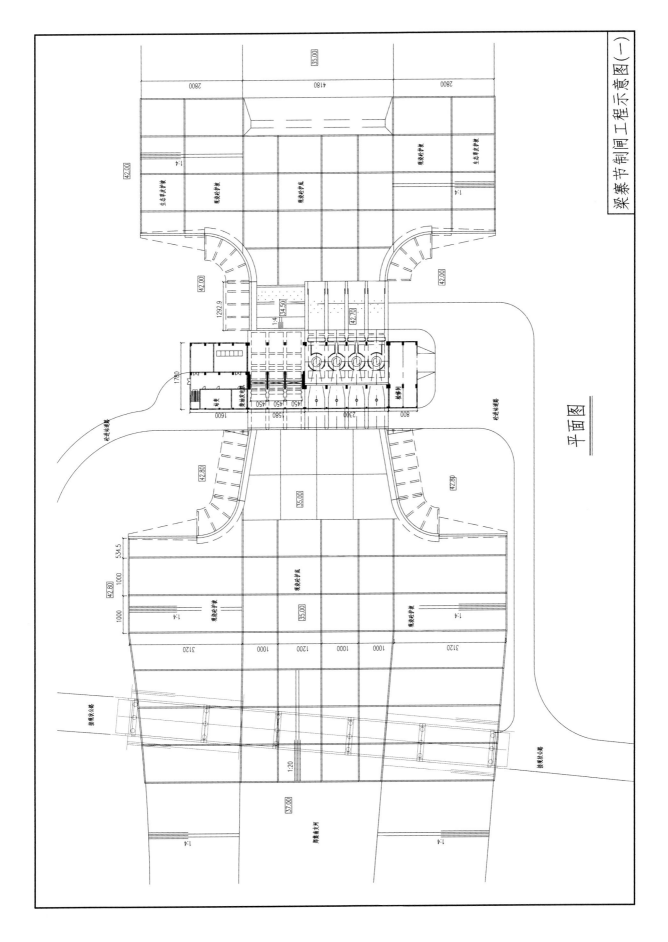

平面图

梁寨节制闸工程示意图（一）

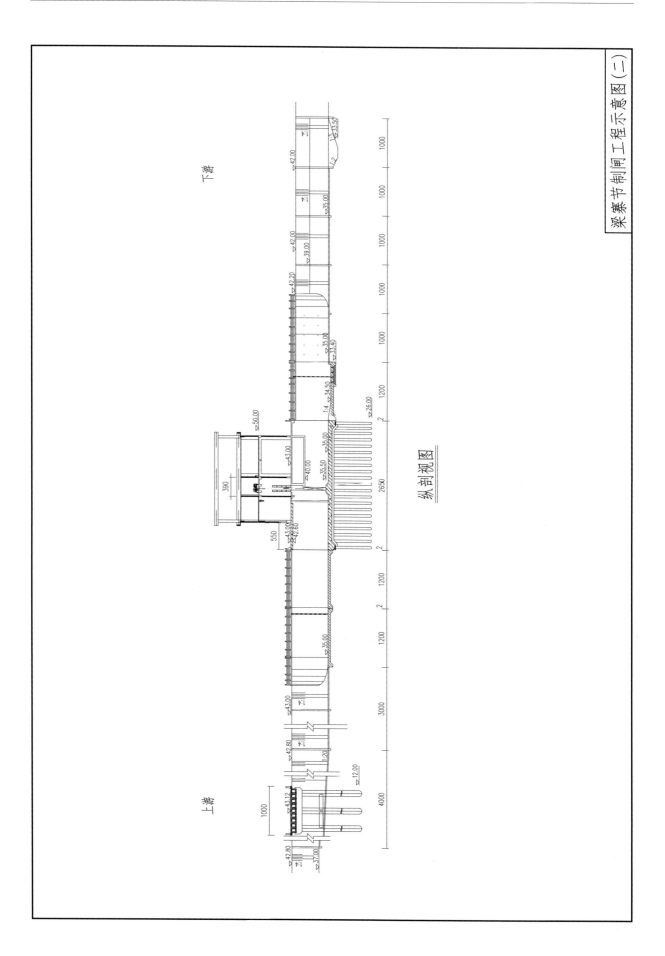

纵剖视图

梁寨节制闸工程示意图（二）

梁寨节制闸管理范围界线图

图　例

管理范围线

界桩位置

LZZ-XZFX-S0005　界桩编号

划界标准：上下游河道、堤防各二百米，左右侧各五十米。

沛　县

李 庄 闸

管理单位:沛县水利局大沙河闸站管理所

闸孔数	9孔		闸孔净高(m)	闸孔	6.3	所在河流	大沙河	主要作用	节制闸			
	其中航孔			航孔		结构型式	开敞式					
闸总长(m)	185.5		每孔净宽(m)	闸孔	10	所在地	沛县龙固	建成日期	1992年9月			
闸总宽(m)	103.04			航孔		工程规模	大(2)型	除险加固竣工日期	2016年12月			
主要部位高程(m)	闸顶	40.00	胸墙底		下游消力池底	29.40	工作便桥面	40.00	水准基面	废黄河		
	闸底	33.70	交通桥面	40.00	闸孔工作桥面	46.1	航孔工作桥面					
	附近堤防顶高程		上游左堤	40.00	上游右堤	40.50	下游左堤	40.50	下游右堤	40.50		
交通桥标准	设计	公路Ⅱ级	交通桥净宽(m)	7+2×0.5	工作桥净宽(m)	3.5	闸门结构型式	闸孔	平面钢闸门			
	校核		工作便桥净宽(m)	3				航孔				
启闭机型式	闸孔	卷扬式	启闭机台数	闸孔	9	启闭能力(t)	闸孔	2×12.5	钢丝绳	规格	6×37	
	航孔			航孔			航孔			数量	44m×18根	
闸门钢材(t)			闸门(宽×高)(m×m)		10.1×3.9	建筑物等级	2	备用电源	装机	30 kW		
设计标准		10年一遇排涝设计,20年一遇防洪校核				抗震设计烈度	Ⅶ		台数	1		

规划设计参数		设计水位组合			校核水位组合			检修门	型式	叠梁浮箱式	小水电	容量		
		上游(m)	下游(m)	流量(m³/s)	上游(m)	下游(m)	流量(m³/s)		块/套	4		台数		
	稳定	37.00	34.50	正常蓄水				历史特征值		日期		相应水位(m)		
		37.30	35.00	最高蓄水								上游	下游	
		35.50	33.00	最低蓄水				上游水位 最高						
	消能	37.00~38.31	33.00~37.96	0~1 360.00				下游水位 最低						
	防渗	37.30	33.00					最大过闸流量(m³/s)						
	孔径	37.58	37.35	901.00	38.30	37.96	1 360.00							

护坡长度(m)	部位	上游	下游	坡比	护坡型式	引河(m)	上游	底宽	底高程	边坡	下游	底宽	底高程	边坡
	左岸	40	75	1:4	混凝土			120	33.5	1:4		120	30.0	1:4
	右岸	40	75	1:4	混凝土	主要观测项目			垂直位移					

现场人员	7人	管理范围划定	上下游河道、堤防各200 m,背水侧堤脚外5 m。
		确权情况	确权面积:35 733.3 m²。发证日期:1994年9月。证号:沛国用〔94〕字第26号。

水文地质情况：

自上而下分别为 A 素填土，①砂壤土夹粉砂，①-1、①-2、①-3 均为淤泥质壤土，①-4 为黏土，②淤泥质壤土，③壤土，④含砂礓壤土，④-1 粉砂夹壤土，⑤砂礓壤土夹粉砂层。其中①层在李庄闸至湖口段为地震液化土层；闸室下清基至③壤土层顶面下 1 m，翼墙下清基至③壤土层顶面下 0.2 m，均采用 12％水泥土换填，压实度不小于 0.96；下游第一、二、三节翼墙下采用水泥土搅拌桩处理。

控制运用原则：

李庄闸汛期闸上控制水位 36.5 m。

最近一次安全鉴定情况：

一、鉴定时间：2022 年 11 月 22 日。

二、鉴定结论、主要存在问题及处理措施：经综合评定为一类闸。

最近一次除险加固情况：

一、建设时间：2015 年 12 月 2 日—2016 年 12 月 7 日。

二、主要加固内容：拆除重建李庄闸，列入徐州市黄河故道大沙河剩余段河道治理工程。

三、竣工验收意见、遗留问题及处理情况：2016 年 12 月 7 日通过徐州市黄河故道大沙河剩余段河道治理工程合同工程完工验收。

发生重大事故情况：

无。

建成或除险加固以来主要维修养护项目及内容：

无。

目前存在主要问题：

维修养护经费不足。

下步规划或其他情况：

无。

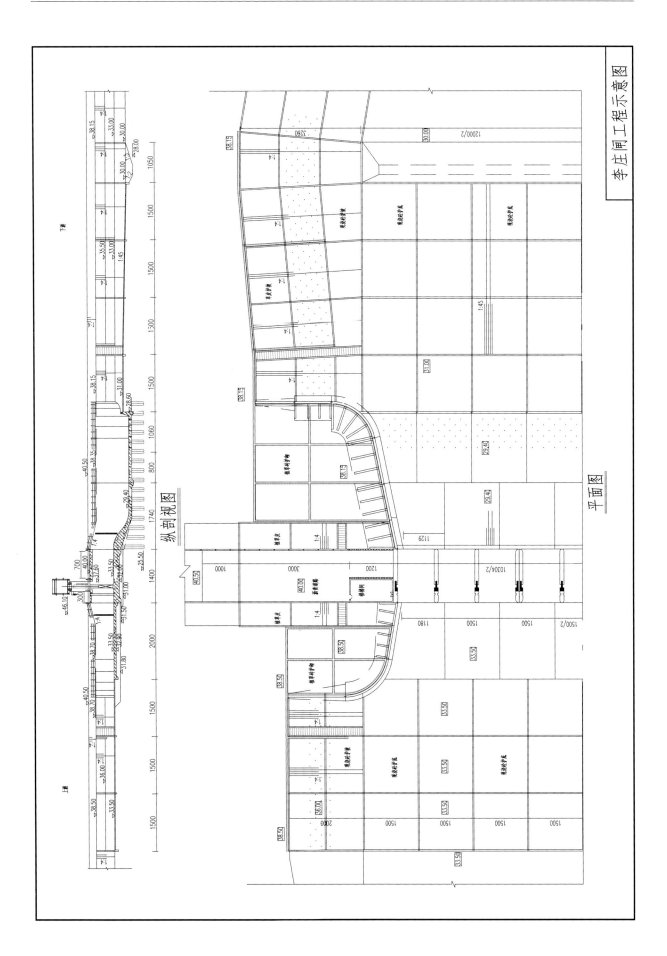

李庄闸工程示意图

平面图

纵剖视图

李庄闸管理范围界线图

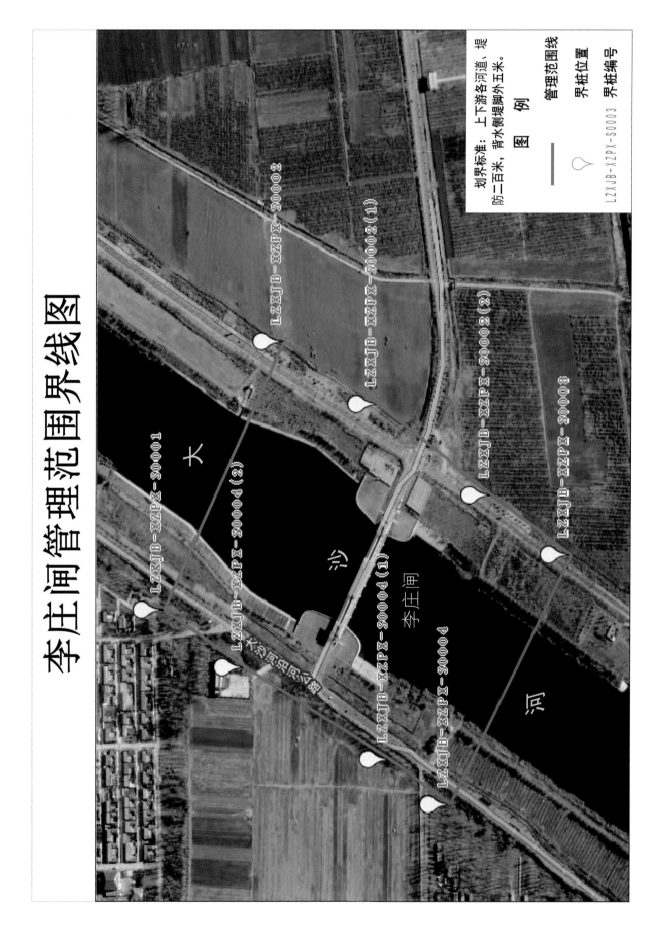

划界标准：上下游各河道、堤防二百米，背水侧堤脚外五米。

图　例

管理范围围界线

界桩位置

界桩编号

LZXJB-XZPX-S0003

鸳　楼　闸

管理单位:沛县大沙河闸站管理所

闸孔数	9孔		闸孔净高(m)	闸孔	7.5	所在河流	大沙河	主要作用	蓄水、排涝
	其中航孔			航孔		结构型式	开敞式		
闸总长(m)	116.5		每孔净宽(m)	闸孔	6	所在地	沛县鹿楼镇	建成日期	2009年6月
闸总宽(m)	65.24			航孔		工程规模	中型	除险加固竣工日期	2019年12月

主要部位高程(m)	闸顶	41.00	胸墙底		下游消力池底	32.50	工作便桥面	41.0	水准基面	废黄河
	闸底	33.50	交通桥面	41.00	闸孔工作桥面	48.1	航孔工作桥面			
	附近堤防顶高程	上游左堤	42.24	上游右堤	41.75	下游左堤	42.24	下游右堤	41.75

| 交通桥标准 | 设计 | 汽-10 | 交通桥净宽(m) | 4.5+2×0.5 | 工作桥净宽(m) | 闸孔 | 3.84 | 闸门结构型式 | 闸孔 | 平面钢闸门 |
| | 校核 | | 工作便桥净宽(m) | 2.5 | | 航孔 | | | 航孔 | |

| 启闭机型式 | 闸孔 | 卷扬式 | 启闭机台数 | 闸孔 | 9 | 启闭能力(t) | 闸孔 | 2×10 | 钢丝绳 | 规格 | 6×37 |
| | 航孔 | | | 航孔 | | | 航孔 | | | 数量 | 42.4 m×18 根 |

| 闸门钢材(t) | | 闸门(宽×高)(m×m) | | 建筑物等级 | 3 | 备用电源 | 装机 | kW |
| | | | | | | | 台数 | 1 |

| 设计标准 | 10 年一遇排涝设计,20 年一遇防洪校核 | | | | | 抗震设计烈度 | Ⅵ | | |
| | | | | | | | | | |

规划设计参数		设计水位组合			校核水位组合			检修门	型式	浮箱叠梁式	小水电	容量	
		上游(m)	下游(m)	流量(m³/s)	上游(m)	下游(m)	流量(m³/s)		块/套	4 块		台数	
	稳定	38.50	37.00					历史特征值		日期		相应水位(m)	
												上游	下游
	消能	38.60~40.43	37.22~40.18	0~990.00				上游水位	最高				
								下游水位	最低				
	防渗	38.50	35.50					最大过闸流量(m³/s)					
	孔径	40.12	39.96	823.00	40.43	40.18	990.00						

护坡长度(m)	部位	上游	下游	坡比	护坡型式	引河(m)	上游	底宽	底高程	边坡	下游	底宽	底高程	边坡
	左岸	20	55.5	1:4	浆砌石			140	33.50	1:4		100	33.50	1:4
	右岸	20	55.5	1:4	浆砌石	主要观测项目				垂直位移				

| 现场人员 | 7人 | 管理范围划定 | 上下游河道、堤防各 200 m,左右岸各 50 m。 |
| | | 确权情况 | 未确权。 |

水文地质情况：

　　场内土层自上而下分 3 层：①层粉砂,层底标高 28.73～29.38 m,容许承载力 90 kPa。①-2 淤泥质黏土,容许承载力 45 kPa。①-3—①-5 砂壤土,容许承载力 80 kPa。①-6 淤泥质黏土,层底标高 28.73～29.38 m,容许承载力 55 kPa。②层壤土,层底标高 27.33～27.90 m,容许承载力 110 kPa。③层壤土含砂礓,底高程 17.63 m,容许承载力 300 kPa。

　　闸室持力层位于第①层粉砂上。

控制运用原则：

　　鸳楼闸汛期闸上控制水位 37.0 m。

最近一次安全鉴定情况：

　　一、鉴定时间:2020 年 12 月 24 日。

　　二、鉴定结论、主要存在问题及处理措施:该闸综合评定为二类闸,主要存在问题:

　　1. 混凝土构件碳化,交通桥上游路缘石露石露筋,工作便桥混凝土剥落露筋。

　　2. 闸门面板、端柱、滚轮、止水压板锈蚀,启闭时门体震动。

　　3. 启闭机锈蚀,减速机漏油。

　　4. 闸门涂层厚度不满足规范要求。

　　建议:

　　1. 落实工程管护经费,加强工程养护。

　　2. 对部分混凝土构件进行防碳化处理。

　　3. 闸门进行防腐处理。

最近一次除险加固情况:(徐水基〔2019〕117 号)

　　一、建设时间:2004 年 12 月至 2005 年 10 月。

　　二、主要加固内容:新建鸳楼闸。

　　三、竣工验收意见、遗留问题及处理情况:2019 年 12 月 18 日通过徐州市水利局组织的沛县大沙河治理工程(丰沛县界—李庄闸)鸳楼闸验收总结评审,无遗留问题。

发生重大事故情况:无。

建成或除险加固以来主要维修养护项目及内容：

　　2019 年 3 月对启闭机房和楼梯间改造。

目前存在主要问题：

　　1. 混凝土构件碳化,交通桥上游路缘石露石露筋,工作便桥混凝土剥落露筋;

　　2. 闸门面板、端柱、滚轮、止水压板锈蚀,启闭时门体震动;

　　3. 启闭机锈蚀,减速机漏油;

　　4. 闸门涂层厚度不满足规范要求;

　　5. 维护养护经费不足。

下步规划或其他情况:无。

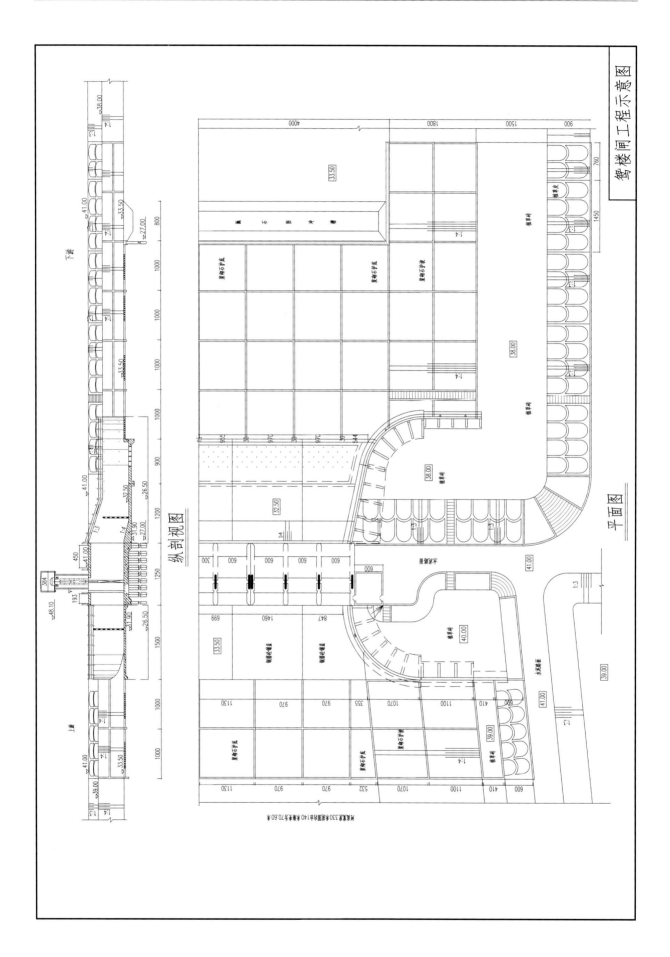

鸳楼闸管理范围界线图

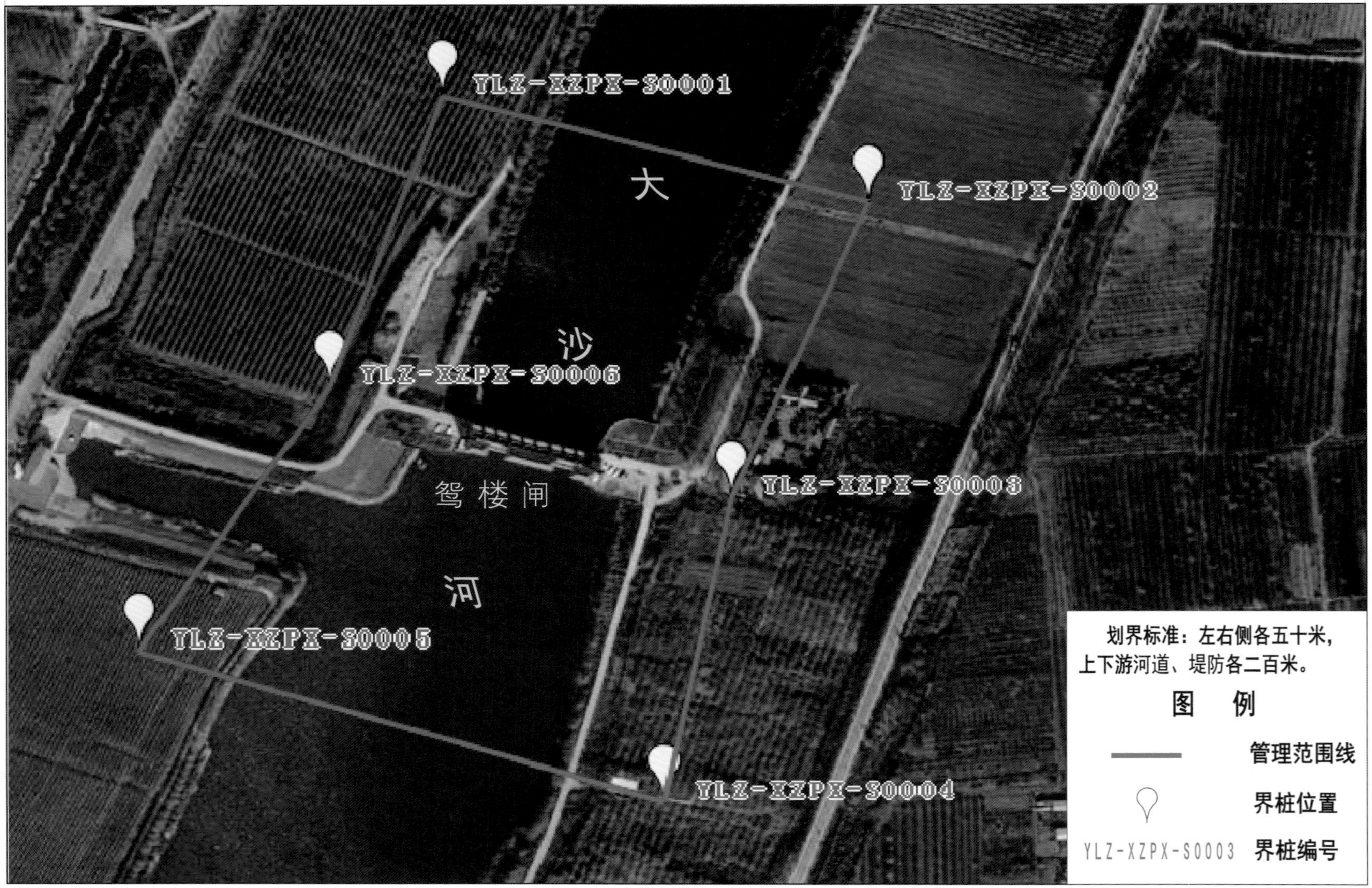

图　例

管理范围线

界桩位置

YLZ-XZPX-S0003　界桩编号

划界标准：左右侧各五十米，
上下游河道、堤防各二百米。

YLZ-XZPX-S0002

YLZ-XZPX-S0003

YLZ-XZPX-S0004

YLZ-XZPX-S0001

YLZ-XZPX-S0006

鸳楼闸

大

沙

河

YLZ-XZPX-S0005

沛　城　闸

管理单位:沛县水利局城西闸站管理所

闸孔数	3孔		闸孔净高(m)	闸孔	7.9	所在河流	丰沛运河	主要作用	蓄水、排涝
	其中航孔			航孔		结构型式	开敞式		
闸总长(m)	133.5		每孔净宽(m)	闸孔	8	所在地	沛县沛城镇	建成日期	1972年10月
闸总宽(m)	27.8			航孔		工程规模	中型	除险加固竣工日期	2019年12月

主要部位高程(m)	闸顶	38.5	胸墙底		下游消力池底	28.3	工作便桥面	38.5	水准基面	废黄河
	闸底	29.8	交通桥面	39.25	闸孔工作桥面	45.8	航孔工作桥面			
	附近堤防顶高程	上游左堤	38	上游右堤	38	下游左堤	38	下游右堤	38

交通桥标准	设计	公路Ⅱ级	交通桥净宽(m)	18+2×0.5	工作桥净宽(m)	闸孔	4.8	闸门结构型式	闸孔	平面钢闸门
	校核		工作便桥净宽(m)	1.35		航孔			航孔	

启闭机型式	闸孔	卷扬式	启闭机台数	闸孔	3	启闭能力(t)	闸孔	2×16	钢丝绳	规格	8×37
	航孔			航孔			航孔			数量	24.6 m×12根

闸门钢材(t)		闸门(宽×高)(m×m)	8.13×5.5	建筑物等级	3	备用电源	装机	kW
设计标准	10年一遇排涝设计,20年一遇防洪校核			抗震设计烈度	Ⅶ		台数	1

		设计水位组合			校核水位组合			检修门	型式	浮箱叠梁式	小水电	容量	
		上游(m)	下游(m)	流量(m³/s)	上游(m)	下游(m)	流量(m³/s)		块/套	1套		台数	
规划设计参数	稳定	34.50	32.00	正常蓄水				历史特征值		日期		相应水位(m)	
		35.00	33.00	正常蓄水							上游		下游
	消能	35.50	30.50～35.50	0～221.98				上游水位	最高				
		36.90	32.00～36.90	0～303.31				下游水位	最低				
	防渗	35.30	30.30					最大过闸流量(m³/s)					
	孔径	35.50	35.30	221.98	36.90	36.70	303.31						

护坡长度(m)	部位	上游	下游	坡比	护坡型式	引河(m)	上游	底宽	底高程	边坡	下游	底宽	底高程	边坡
	左岸	27	58	1:3	浆砌石			72.8	29.8	1:3		30	29.3	1:3
	右岸	39	58	1:3	浆砌石	主要观测项目				垂直位移				

现场人员	22人	管理范围划定	上下游河道、堤防各200 m,左右岸各50 m。
		确权情况	确权面积:55 933.3 m²。发证日期:1994年9月。证号:沛国用〔94〕字第16号。

水文地质情况:
自上而下分别为 A 素填土,①-1 砂壤土夹砂,②壤土,②-1 粉砂,③黏土,④壤土,⑤粉砂,⑤-含砂礓壤土。

控制运用原则:
沛城闸闸上正常蓄水位 34.5 m,汛期控制水位 33.8~34.5 m。

最近一次安全鉴定情况:
一、鉴定时间:无。
二、鉴定结论、主要存在问题及处理措施:无。

最近一次除险加固情况:(徐水基〔2019〕110 号)
一、建设时间:2015 年 10 月—2016 年 12 月 17 日。
二、主要加固内容:原址拆除重建沛城闸。城西站设计流量 15 m³/s,安装 5 台 1400ZLB-5.5 轴流泵。
三、竣工验收意见、遗留问题及处理情况:2019 年 12 月 31 日通过徐州市水务局组织的沛县沛城闸除险加固工程竣工验收,无遗留问题。

发生重大事故情况:
无。

建成或除险加固以来主要维修养护项目及内容:
无。

目前存在主要问题:
维修养护经费不足。

下步规划或其他情况:
无。

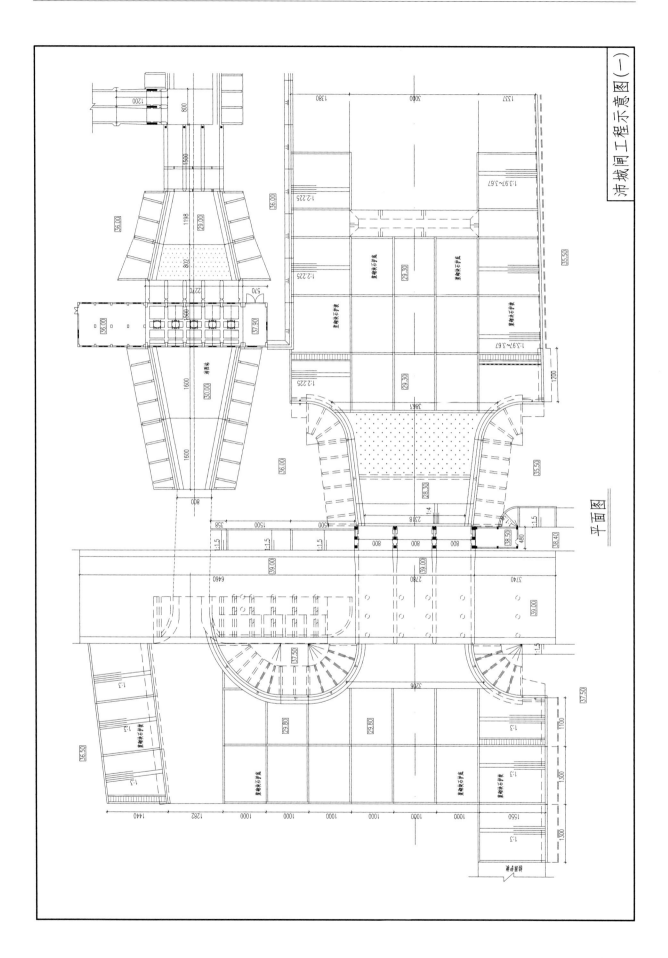

沛城闸工程示意图（一）

平面图

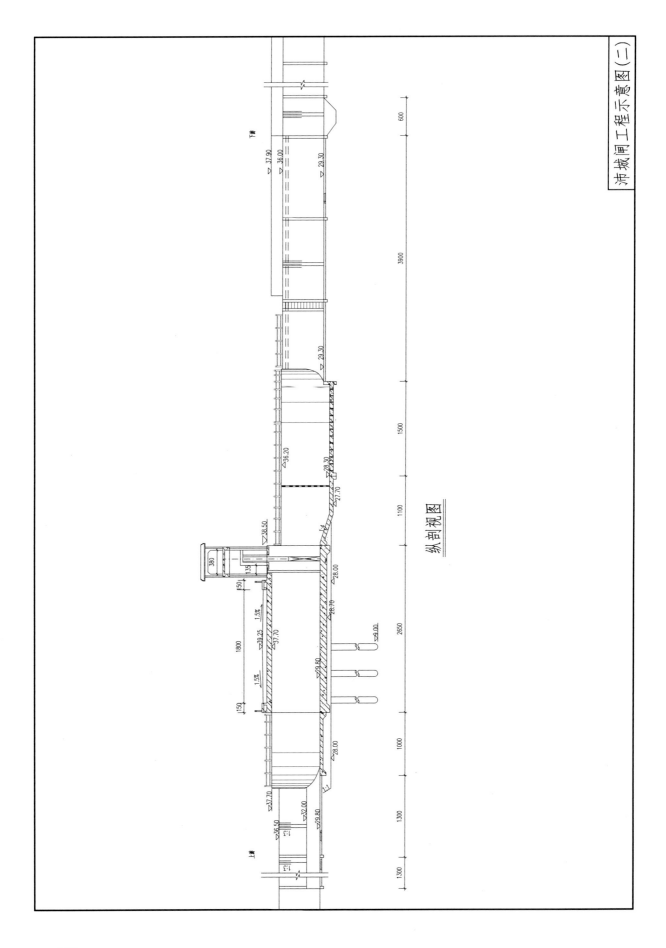

纵剖视图

沛城闸工程示意图(二)

沛城闸管理范围界线图

沛 县

邹 庄 闸

管理单位:沛县水利局邹庄闸站管理所

闸孔数	3 孔	闸孔净高(m)	闸孔	4.8	所在河流	丰沛运河	主要作用		排涝、蓄水
	其中航孔		航孔		结构型式	开敞式			
闸总长(m)	104.54	每孔净宽(m)	闸孔	4	所在地	沛县朱寨镇	建成日期		1992 年 9 月
闸总宽(m)	15.2		航孔		工程规模	中型	除险加固竣工日期		2019 年 12 月

主要部位高程(m)	闸顶	39.3	胸墙底		下游消力池底	30.5	工作便桥面	39.3	水准基面	废黄河
	闸底	34.5	交通桥面	39.3	闸孔工作桥面	44.5	航孔工作桥面			
	附近堤防顶高程		上游左堤	39.0	上游右堤	39.0	下游左堤	39.0	下游右堤	39.0

交通桥标准	设计	汽-10	交通桥净宽(m)	3.5+2×0.25	工作桥净宽(m)	闸孔	3.2	闸门结构型式	闸孔	平面钢闸门
	校核		工作便桥净宽(m)	1.8		航孔			航孔	

启闭机型式	闸孔	螺杆式	启闭机台数	闸孔	3	启闭能力(t)	闸孔	2×8	钢丝绳	规格	m× 根
	航孔			航孔			航孔			数量	

闸门钢材(t)		闸门(宽×高)(m×m)		建筑物等级	3	备用电源	装机	20 kW
设计标准	10 年一遇排涝设计,20 年一遇防洪校核			抗震设计烈度	Ⅵ		台数	1

规划设计参数		设计水位组合			校核水位组合			检修门	型式	叠梁浮箱式	小水电	容量	
		上游(m)	下游(m)	流量(m³/s)	上游(m)	下游(m)	流量(m³/s)		块/套	3		台数	
	稳定	37.50	32.50	设计蓄水				历史特征值		日期		相应水位(m)	
		38.50	33.00	规划蓄水								上游	下游
	消能							上游水位	最高				
								下游水位	最低				
								最大过闸流量(m³/s)					
	孔径	37.50	36.50	102.00									

护坡长度(m)	部位	上游	下游	坡比	护坡型式	引河(m)	上游	底宽	底高程	边坡	下游	底宽	底高程	边坡
	左岸	38	46	1:3	浆砌石			30	34.5	1:3		12	31	1:3
	右岸	38	46	1:3	浆砌石	主要观测项目					垂直位移				

现场人员	13 人	管理范围划定	上下游河道、堤防各 200 m,左右岸各 50 m。
		确权情况	确权面积:14 666.7 m²。发证日期:1994 年 9 月。证号:沛国用〔94〕字第 23 号。

水文地质情况：

　　场内土层自上而下分 3 层：①层粉砂，层底标高 28.0～28.2 m，容许承载力 80 kPa；①-1 淤泥质黏土，层底标高 34.1 ～34.4 m，容许承载力 70 kPa；①-2 砂壤土，层底标高 32.0～32.3 m，容许承载力 80 kPa；①-3 淤泥质黏土，层底标高 28.0～28.2 m，容许承载力 65 kPa。②层壤土，层底标高 26.0～26.6 m，容许承载力 135 kPa。③层壤土含砂礓，底高程 21.8 m，容许承载力 250 kPa。

控制运用原则：

　　邹庄闸汛期闸上控制水位 36.0～36.5 m。

最近一次安全鉴定情况：

　　一、鉴定时间：2020 年 12 月 24 日。

　　二、鉴定结论、主要存在问题及处理措施：该闸综合评定为二类闸。

　　主要存在问题：

　　1. 工作便桥、栏杆、机房基础梁钢筋锈胀、混凝土剥落。

　　2. 闸门、检修闸门锈蚀严重，止水损坏。

　　3. 启闭机限位装置损坏，2♯闸门右螺杆弯曲，3♯启闭机右机架松动。

　　4. 闸门、检修闸门涂层厚度不满足规范要求。

　　建议：

　　1. 落实工程管护经费，加强工程养护。

　　2. 对闸门、检修闸门进行防腐处理。

　　3. 对混凝土表面进行防碳化处理。

　　4. 尽快修复螺杆启闭机限位装置。

最近一次除险加固情况：（徐水基〔2019〕117 号）

　　一、建设时间：2005 年 11 月 20 日—2009 年 5 月。

　　二、主要加固内容：原址拆除重建邹庄闸站，采用闸站结合型式，一字型布置，中部为节制闸，两侧为泵站，泵站设计流量 10 m³/s，安装 4 台 40ZLB4085-6 型轴流泵。

　　三、竣工验收意见、遗留问题及处理情况：2019 年 12 月 18 日通过徐州市水利局组织的沛县大沙河治理工程（丰沛县界—李庄闸）邹庄闸站验收总结评审，无遗留问题。

发生重大事故情况：

　　无。

建成或除险加固以来主要维修养护项目及内容：

　　无。

目前存在主要问题：

　　1. 工作便桥、栏杆、机房基础梁钢筋锈胀、混凝土剥落。

　　2. 闸门、检修闸门锈蚀严重，止水损坏。

　　3. 启闭机限位装置损坏，2♯闸门右螺杆弯曲，3♯启闭机右机架松动。

　　4. 闸门、检修闸门涂层厚度不满足规范要求。

　　5. 维修养护经费不足。

下步规划或其他情况：

　　无。

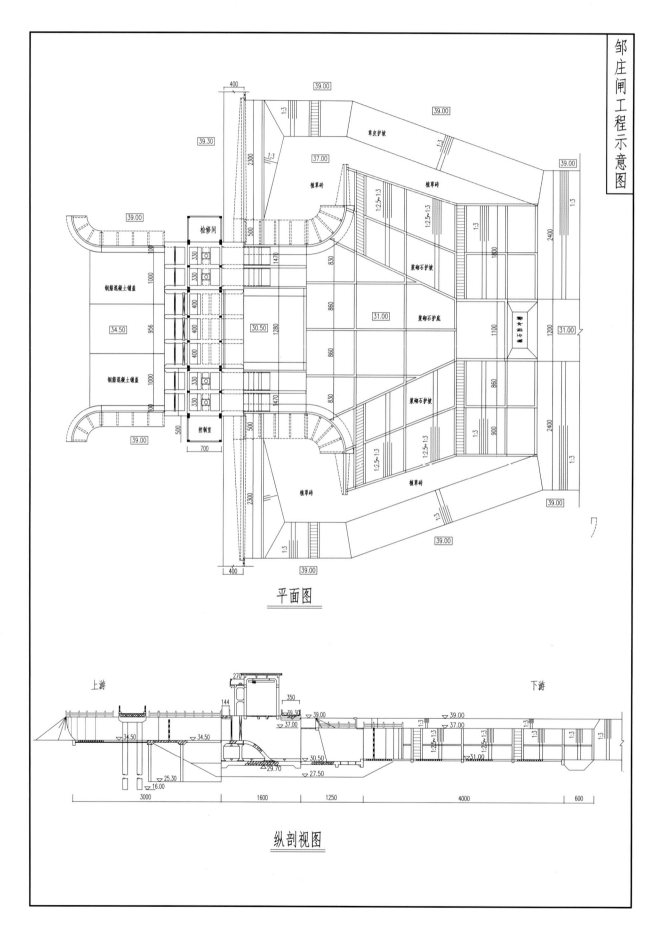

邹庄闸工程示意图

平面图

纵剖视图

邹庄闸管理范围界线图

苗 洼 闸

管理单位：沛县水利局苗洼闸站管理所

闸孔数	3 孔		闸孔净高（m）	闸孔	7.5	所在河流		鹿口河	主要作用		蓄水、排涝	
	其中航孔			航孔		结构型式		开敞式				
闸总长(m)	99.5		每孔净宽（m）	闸孔	10	所在地		沛县张寨镇	建成日期		1972 年 5 月	
闸总宽(m)	34.6			航孔		工程规模		中型	除险加固竣工日期		2021 年 9 月	

主要部位高程（m）	闸顶	38.50	胸墙底		下游消力池底	29.00	工作便桥面	38.5	水准基面		废黄河
	闸底	31.00	交通桥面	38.50	闸孔工作桥面	45.00	航孔工作桥面				
	附近堤防顶高程	上游左堤		上游右堤			下游左堤			下游右堤	

交通桥标准	设计		交通桥净宽(m)	8	工作桥净宽（m）	闸孔	5	闸门结构型式	闸孔	平面钢闸门
	校核		工作便桥净宽(m)	4		航孔			航孔	

启闭机型式	闸孔	卷扬式		启闭机台数	闸孔	3	启闭能力（t）	闸孔	2×16	钢丝绳	规格	6×37
	航孔				航孔			航孔			数量	50m×6 根

闸门钢材(t)		闸门（宽×高）(m×m)	10.1×4.3	建筑物等级	3	备用电源	装机	50 kW
设计标准	10 年一遇排涝设计，20 年一遇防洪校核，50 年一遇挡洪校核			抗震设计烈度	Ⅶ		台数	1

规划设计参数		设计水位组合			校核水位组合			检修门	型式		小水电	容量		
		上游（m）	下游（m）	流量（m³/s）	上游（m）	下游（m）	流量（m³/s）		块/套			台数		
	稳定	34.50	32.00	正常蓄水				历史特征值		日期		相应水位(m)		
		35.00	32.50	正常蓄水									上游	下游
	消能	34.60	31.00～34.40					上游水位	最高					
		37.20	32.00～37.00					下游水位	最低					
	防渗	35.00	31.00					最大过闸流量（m³/s）						
	孔径	34.60	34.40	248.50	37.20	37.00	344.50							

护坡长度（m）	部位	上游	下游	坡比	护坡型式	引河（m）	上游	底宽	底高程	边坡	下游	底宽	底高程	边坡
	左岸	8	44	1∶3	浆砌石			36.4	31	1∶3		48	30	1∶3
	右岸	8	44	1∶3	浆砌石	主要观测项目					垂直位移			

现场人员	7 人	管理范围划定	上下游河道、堤防各 200 m，左右岸各 50 m。
		确权情况	确权面积：12 200 m²。发证日期：1994 年 9 月。证号：沛国用〔94〕字第 17 号。

水文地质情况：

　　场内土层自上而下分为：A 层填土，层底标高 33.87～34.04 m。①层壤土，层底标高 31.54～31.77 m，容许承载力 100 kPa。②层壤土，层底标高 28.54～28.57 m，容许承载力 80 kPa；②-1 砂壤土，层底标高 30.04 m，容许承载力 100 kPa。③层壤土，层底标高 27.64～27.87 m，容许承载力 110 kPa。④层壤土，层底标高 26.34～26.37 m，容许承载力 100 kPa。⑤层含砂礓壤土，层底标高 17.14～17.27 m，容许承载力 220 kPa。

控制运用原则：

　　苗洼闸闸上正常蓄水位 34.5 m，汛期控制水位 33.8～34.5 m。

最近一次安全鉴定情况：

　　一、鉴定时间：2020 年 12 月 24 日。

　　二、鉴定结论、主要存在问题及处理措施：该闸评定为二类闸。

　　主要存在问题为：

　　1. 部分混凝土构件碳化。

　　2. 下游左侧第一、二节翼墙间沉降变形、第二节下沉；下游右侧第二、三节翼墙沉降变形、第三节下沉；工作便桥与右侧引道接缝处变形、引道下沉。

　　3. 上游右侧翼墙混凝土对销螺栓孔存在渗水现象。

　　4. 闸门表面局部锈蚀，涂层厚度部分不满足规范要求，控制柜接线不规范。

　　建议：

　　1. 落实工程管护经费，加强工程养护。

　　2. 对闸门进行防腐处理，并修复止水。

　　3. 加强工程养护及工程观测。

最近一次除险加固情况：（徐水基〔2021〕43 号）

　　一、建设时间：2012 年 10 月 26 日—2014 年 5 月 9 日。

　　二、主要加固内容：原址拆除重建苗洼闸站，采用闸站结合型式，一字型布置，泵站设计流量 5 m³/s，安装 3 台 900ZLB-85 型轴流泵。

　　三、竣工验收意见、遗留问题及处理情况：2021 年 9 月 3 日通过徐州市水务局组织的沛县湖西泵站更新改造工程竣工验收，无遗留问题。

发生重大事故情况：

　　无。

建成或除险加固以来主要维修养护项目及内容：

　　无。

目前存在主要问题：

　　1. 下游左侧第一、二节翼墙间沉降变形、第二节下沉；下游右侧第二、三节翼墙沉降变形、第三节下沉；工作便桥与右侧引道接缝处变形、引道下沉。

　　2. 闸门涂层厚度部分不满足规范要求。

下步规划或其他情况：

　　无。

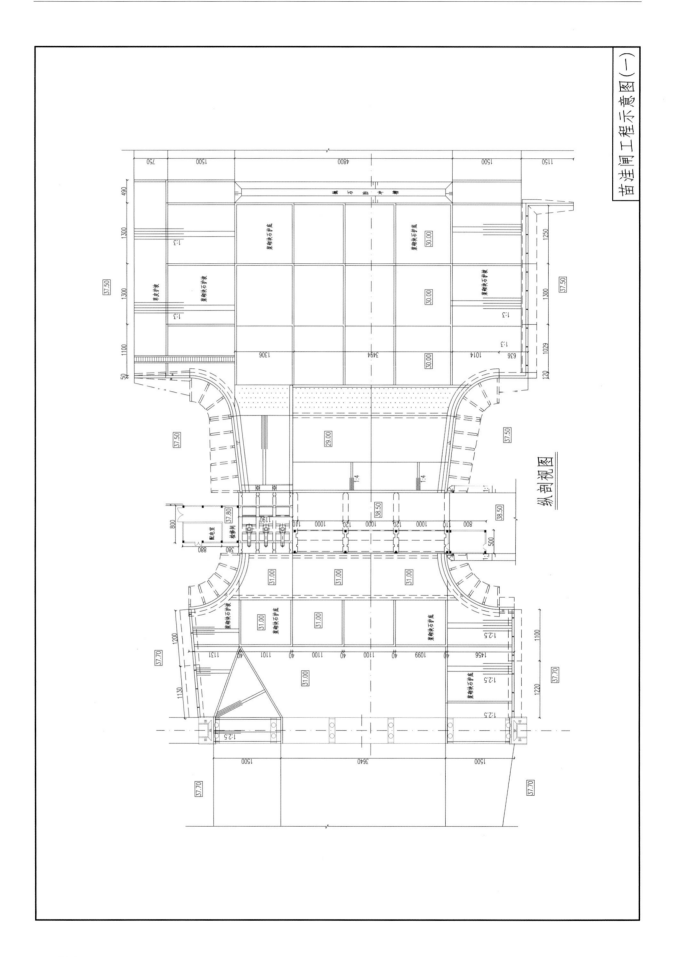

苗洼闸工程示意图（一）

纵剖视图

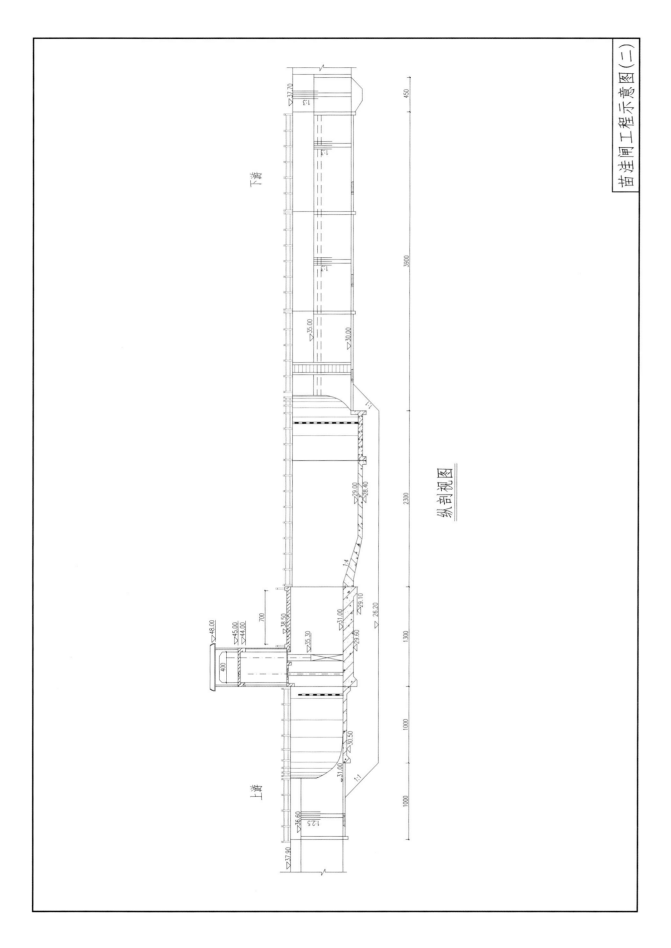

纵剖视图

苗洼闸管理范围界线图

图　例

划界标准：上下游河道、堤防各二百米，左右侧各五十米。

—— 管理范围线

界桩位置

MNZZ-XZPX-S0003　界桩编号

李　庙　闸

管理单位:沛县水利局李庙闸站管理所

闸孔数	3孔		闸孔净高(m)	闸孔	5	所在河流	鹿口河		主要作用	蓄水、排涝
	其中航孔			航孔		结构型式	开敞式			
闸总长(m)	142		每孔净宽(m)	闸孔	6	所在地	沛县张寨镇	建成日期	1984年5月	
闸总宽(m)	21.8			航孔		工程规模	中型	除险加固竣工日期	2017年12月	

主要部位高程(m)	闸顶	39.0	胸墙底		下游消力池底	30.30	工作便桥面	39.00	水准基面	废黄河
	闸底	34.0	交通桥面	39.00	闸孔工作桥面	44.70	航孔工作桥面			
	附近堤防顶高程		上游左堤		上游右堤		下游左堤		下游右堤	

交通桥标准	设计	汽-10	交通桥净宽(m)	4.5	工作桥净宽(m)	闸孔	3.4	闸门结构型式	闸孔	平面钢闸门
	校核		工作便桥净宽(m)	2.6		航孔			航孔	

启闭机型式	闸孔	卷扬式	启闭机台数	闸孔	3	启闭能力(t)	闸孔	2×8	钢丝绳	规格	6×37
	航孔			航孔			航孔			数量	35 m×6根

闸门钢材(t)		闸门(宽×高)(m×m)	6.13×3.8	建筑物等级	3	备用电源	装机		kW
设计标准	10年一遇排涝设计,20年一遇防洪校核			抗震设计烈度	Ⅵ		台数		

规划设计参数		设计水位组合			校核水位组合			检修门	型式		小水电	容量	
		上游(m)	下游(m)	流量(m³/s)	上游(m)	下游(m)	流量(m³/s)		块/套			台数	
	稳定	37.00	34.50		37.50	32.50		历史特征值		日期		相应水位(m)	
												上游	下游
	消能	37.74	32.50~34.50	50.00~128.00				上游水位	最高				
		37.89	34.50~37.67	175.00				下游水位	最低				
	防渗	37.50	32.50					最大过闸流量(m³/s)					
	孔径	37.74	36.11	128.00	37.89	37.69	175.00						

护坡长度(m)	部位	上游	下游	坡比	护坡型式	引河(m)	上游	底宽	底高程	边坡	下游	底宽	底高程	边坡
	左岸	30	66	1:2.5	混凝土			20	34	1:2.5		20	31	1:3
	右岸	30	66	1:2.5	混凝土	主要观测项目				垂直位移				

现场人员	9人	管理范围划定	上下游河道、堤防各200 m,左右岸各50 m。
		确权情况	确权面积:8 400 m²。发证日期:1994年9月。证号:沛国用〔94〕字第24号。

水文地质情况：

　　场内土层自上而下分为：A 素填土，层底标高 34.41～35.88 m。①层砂壤土，层底标高 31.28～32.55 m，容许承载力 90 kPa；①-1 淤泥质砂壤土，层底标高 33.45 m，容许承载力 70 kPa。②层淤泥质砂壤土夹壤土，层底标高 29.48～30.01 m，容许承载力 60 kPa。③层砂壤土，层底标高 28.31～28.85 m，容许承载力 85 kPa。④层淤泥质砂壤土，层底标高 27.71～28.28 m，容许承载力 60 kPa。⑤层黏土，层底标高 25.0～26.18 m，容许承载力 130 kPa。⑥层含砂礓壤土夹砂，层底标高 18.28～24.1 m，容许承载力 250 kPa。⑦层含砂礓壤土，层底标高 18.28～18.35 m，容许承载力 250 kPa；⑦-1 层壤土，层底标高 24.4～25.1 m，容许承载力 170 kPa。

控制运用原则：

　　李庙闸汛期闸上控制水位 36.0～36.5 m。

最近一次安全鉴定情况：

　　一、鉴定时间：2020 年 12 月 24 日。

　　二、鉴定结论、主要存在问题及处理措施：该闸综合评定为二类闸。

　　主要存在问题：管护经费不到位，建议落实工程管护经费，加强工程养护。

最近一次除险加固情况：（徐水基〔2018〕3 号）

　　一、建设时间：2014 年 11 月—2015 年 9 月。

　　二、主要加固内容：拆除原有李庙东、西（站）闸，合并新建李庙闸站，采用闸站结合型式，一字型布置，泵站设计流量 10.5 m³/s，安装 4 台 1000ZLB-4 型轴流泵。

　　三、竣工验收意见、遗留问题及处理情况：2017 年 12 月 29 日通过徐州市水利局组织的沛县沛西泵站更新改造工程竣工验收，无遗留问题。

发生重大事故情况：

　　无。

建成或除险加固以来主要维修养护项目及内容：

　　无。

目前存在主要问题：

　　维修养护经费不足。

下步规划或其他情况：

　　无.

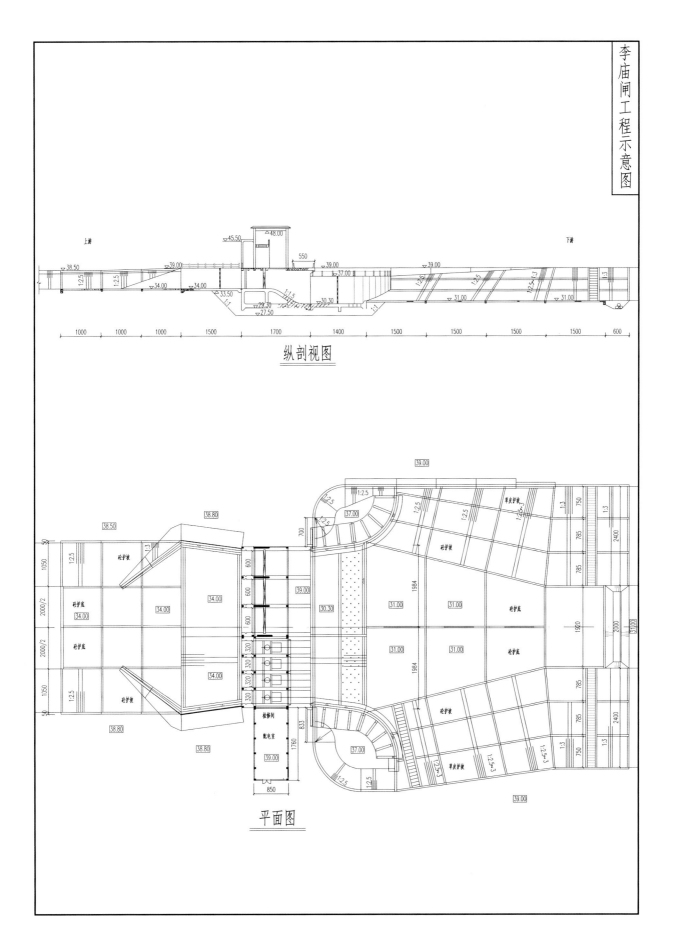

纵剖视图

平面图

李庙闸管理范围界线图

侯　阁　闸

管理单位:沛县水利局侯阁闸站管理所

闸孔数	3 孔	闸孔净高（m）	闸孔	4.8	所在河流	郑集北支河	主要作用	蓄水、排涝
	其中航孔		航孔		结构型式	开敞式		
闸总长(m)	156.56	每孔净宽（m）	闸孔	6	所在地	沛县敬安镇	建成日期	1993 年 4 月
闸总宽(m)	22		航孔		工程规模	中型	除险加固竣工日期	未竣工

主要部位高程（m）	闸顶	39.00	胸墙底		下游消力池底	30.5	工作便桥面	38.7	水准基面	废黄河
	闸底	34.20	交通桥面	39.03	闸孔工作桥面	45.7	航孔工作桥面			
	附近堤防顶高程		上游左堤		上游右堤		下游左堤		下游右堤	

交通桥标准	设计	公路Ⅱ级	交通桥净宽(m)	4.5	工作桥净宽（m）	闸孔	3.7	闸门结构型式	闸孔	平面钢闸门
	校核		工作便桥净宽(m)	2.2		航孔			航孔	

启闭机型式	闸孔	卷扬式	启闭机台数	闸孔	3	启闭能力（t）	闸孔	2×10	钢丝绳	规格	6×37
	航孔			航孔			航孔			数量	76 m×8 根

闸门钢材(t)		闸门(宽×高)(m×m)	6×4.1	建筑物等级	3	备用电源	装机台数	75 kW
设计标准	10 年一遇排涝设计,20 年一遇防洪校核			抗震设计烈度	Ⅶ			1

规划设计参数		设计水位组合			校核水位组合			检修门	型式	叠梁浮箱式	小水电	容量台数	
		上游（m）	下游（m）	流量（m³/s）	上游（m）	下游（m）	流量（m³/s）		块/套	3			
	稳定	37.50	36.00	正常蓄水				历史特征值		日期		相应水位(m)		
												上游	下游
		37.00	34.40	最低蓄水									
		38.00	36.50	最高蓄水				上游水位　最高					
	消能	37.31～38.03	34.40～37.73	0～147.00				下游水位　最低					
	防渗	38.00	34.00					最大过闸流量（m³/s）					
	孔径	37.31	37.11	114.00	38.03	37.73	147.00					

护坡长度（m）	部位	上游	下游	坡比	护坡型式	引河（m）	上游	底宽	底高程	边坡	下游	底宽	底高程	边坡
	左岸	58.6	48.6	1∶3	混凝土			10	34.2	1∶3		10	31.00	1∶3
	右岸	58.6	48.6	1∶3	混凝土	主要观测项目				垂直位移				

现场人员	7 人	管理范围划定	上下游河道、堤防各 200 m,左右岸各 50 m。
		确权情况	确权面积:3 186.7 m²。发证日期:1994 年 9 月。证号:沛国用〔94〕字第 25 号。

水文地质情况:

自上而下可划分12层(含亚层)。A层素填土:该层主要为堤防及建筑物附近堆填土。黄、黄夹灰、灰色,以粉土、砂壤土为主,不同程度混壤土等。土层厚度0.5~2.6 m,填土不均匀,局部密实性较差。①层壤土:棕褐色壤土,局部夹粉土薄层和素填土,标贯2~7击,土层厚度0.5~4.5 m,该层主要分布于郑集南支河范楼闸站至郑集河湖口沿线。建议允许承载力90 kPa。①-1层砂壤土:褐、黄褐色,松散,较湿—饱和,局部夹壤土薄层。层厚0.4~4.2 m,锥尖阻力1.49~2.68 MPa,标贯4~6击。该层主要分布在郑集新站及其附近,建议允许承载力90 kPa。②层砂壤土夹粉砂:黄、黄夹灰、灰色,夹粉砂较多,局部呈互层状或团块状,局部夹壤土、淤泥质土薄层,土质不均匀。饱和,松散,摇震反应迅速,标贯2~12击,土层厚度1.0~10.2 m。该层全场地分布。建议允许承载力90 kPa。②-1层淤泥质壤土:黄灰、灰黑色,局部为淤泥质砂壤土,夹较多砂壤土、粉砂薄层,土质很不均匀。饱和,流塑~软塑,干强度与韧性中等,标贯1~5击,土层厚度0.5~5.1 m。该层为②层夹层,分布不连续,呈透镜体状分布,建议允许承载力55~60 kPa。②-2层淤泥质壤土:黄夹灰、深灰色,夹淤泥质砂壤土,局部呈互层状,土质不均匀,饱和,流塑—软塑,标贯1~5击,土层厚度0.4~1.3 m。该层为②层夹层,分布不连续,呈透镜体状分布,建议允许承载力60 kPa。②-3层淤泥质壤土:灰、深灰、灰黑色,局部夹壤土、砂壤土、粉砂薄层,土质不均匀。饱和,流塑—软塑,干强度与韧中等,标贯1~5击,土层厚度0.4~3.8 m。该层为②层夹层,分布不连续。建议允许承载力65 kPa。③层壤土:黄褐、灰褐色,饱和,可塑,切面有光泽,干强度及韧性高,含铁锰结核及少量砂礓,标贯2~10击,土层厚度0.5~4.2 m。该层全线分布,建议允许承载力120 kPa。③-1层粉砂:黄夹灰色,呈透镜状,土质不均匀。饱和,松散,摇震反应迅速,标贯5~9击,土层厚度0.6~2.4 m。局部分布,建议允许承载力110 kPa。④层含砂礓壤土:黄灰色、灰褐色,饱和,硬塑,切面有光泽,干强度及韧性高,含少量砂礓,标贯7~31击,该层未揭穿,最大揭露厚度14.9 m。该层全线分布,建议允许承载力220~260 kPa。④-1层粉砂:黄色,含细砂,局部松散,一般呈中密—密实状态,局部夹壤土薄层,标贯8~31击,土层厚度0.8~2.8 m。该层土质不均匀,为透镜体夹层,该层主要分布于梁西河沿线,其余局部分布,建议允许承载力180~200 kPa。④-2层粉砂:黄色,中密—密实,土层厚度1.1~5.8 m。该层分布不稳定,多以透镜体状分布,主要分布于吴河站、复新河下游支河口闸、南支河岗叉楼桥等,建议允许承载力160~200 kPa。

闸站基底位于②层砂壤土夹粉砂层中,为地震液化土层,基础采用水泥土搅拌桩复合地基和消液化围封。

控制运用原则:

候阁闸汛期闸上控制水位36.0~36.5 m。

最近一次安全鉴定情况:

一、鉴定时间:无。

二、鉴定结论、主要存在问题及处理措施:无。

最近一次除险加固情况:

一、建设时间:2019至2020年。

二、主要加固内容:新建候阁闸站位于原候阁闸站下游41.5 m,采用闸站结合型式,一字型布置,泵站设计流量14.0 m³/s,安装4台1000ZLB-100A型轴流泵。

三、竣工验收意见、遗留问题及处理情况:未竣工验收。

发生重大事故情况:

无。

建成或除险加固以来主要维修养护项目及内容:

无。

目前存在主要问题:

维护养护经费不足。

下步规划或其他情况:

无。

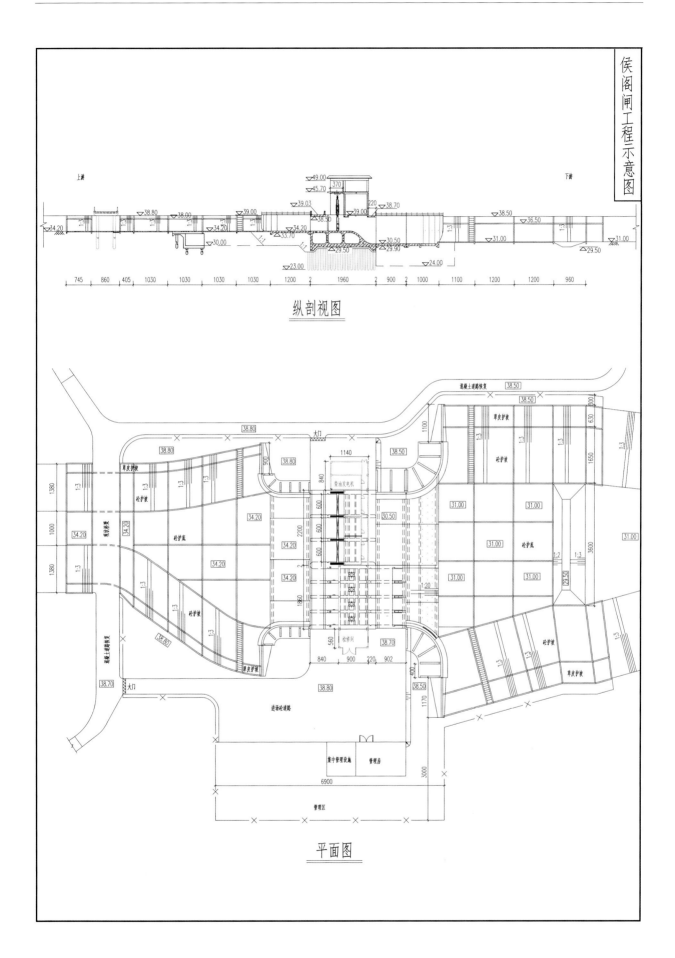

侯阁闸工程示意图

纵剖视图

平面图

侯阁闸管理范围界线图

图　例

管理范围界线

界桩位置

界桩编号

HGZZ-XZPX-S0007

划界标准：左右侧各五十米，
上下游河道、堤防各二百米。

七 段 闸

管理单位:沛县水利局五段闸站管理所

闸孔数	5孔		闸孔净高(m)	闸孔	6	所在河流	顺堤河		主要作用	蓄水、排涝
	其中航孔			航孔		结构型式	开敞式			
闸总长(m)	129		每孔净宽(m)	闸孔	7	所在地	沛县五段镇		建成日期	1973年10月
闸总宽(m)	41.32			航孔		工程规模	中型		除险加固竣工日期	2019年12月
主要部位高程(m)	闸顶	35.00	胸墙底		下游消力池底	28.1	工作便桥面	35.00	水准基面	废黄河
	闸底	29.00	交通桥面	35.00	闸孔工作桥面	40.80	航孔工作桥面			
	附近堤防顶高程		上游左堤		上游右堤		下游左堤		下游右堤	
交通桥标准	设计	公路Ⅱ级	交通桥净宽(m)	4.5+2×0.5	工作桥净宽(m)		闸孔	3.2	闸门结构型式	闸孔	平面钢闸门
	校核		工作便桥净宽(m)	2			航孔			航孔	
启闭机型式	闸孔	卷扬式	启闭机台数	闸孔	5	启闭能力(t)	闸孔	2×8	钢丝绳	规格	6×19
	航孔			航孔			航孔			数量	60 m×10 根
闸门钢材(t)			闸门(宽×高)(m×m)		7×3.8	建筑物等级	3	备用电源	装机	50 kW
设计标准		10年一遇排涝设计,20年一遇防洪校核				抗震设计烈度	Ⅶ		台数	1

规划设计参数		设计水位组合			校核水位组合			检修门	型式	浮箱叠梁式	小水电	容量
		上游(m)	下游(m)	流量(m³/s)	上游(m)	下游(m)	流量(m³/s)		块/套	4块		台数
	稳定	32.50	31.50	正常蓄水				历史特征值		日期	相应水位(m)		
		32.67	32.57	10年排涝水位							上游	下游	
		32.50	29.00	检修								
		32.50	31.50	地震			上游水位 最高					
	消能	32.67	30.50~32.57	0~161.56			下游水位 最低					
	防渗	32.50	29.00									
	孔径	32.50	32.10	145.13	5年一遇		最大过闸流量(m³/s)					
		32.67	32.57	161.56	10年一遇							

护坡长度(m)	部位	上游	下游	坡比	护坡型式	引河(m)	上游	底宽	底高程	边坡	下游	底宽	底高程	边坡
	左岸	30	55.5	1:3	浆砌石			49	29.00	1:3		45	29.00	1:3
	右岸	30	55.5	1:3	浆砌石	主要观测项目			垂直位移					

现场 人员	2 人	管理范围划定	上下游河道、堤防各 200 m,左右岸各 50 m。
		确权情况	确权面积:15 733.3 m²。发证日期:1994 年 9 月。证号:沛国用〔94〕字第 06 号。

水文地质情况:

根据钻孔揭示,场地内土层自上而下分述如下:

②层砂壤土:棕黄、黄褐色,饱和,松软,夹软塑壤土团块或薄层,土质不均匀。层厚 1.2～4.0 m,层底高程 30.98～32.03 m。锥尖阻力 0.90～1.59 MPa。标贯击数 11 击。建议允许承载力 90 kPa。该层颗粒细小,易渗透变形,且地震液化,工程性质极差,全场地分布。

③层淤泥质黏土:灰、灰褐色,含腐殖质及小贝壳,夹粉砂薄层,软塑,局部为淤泥,土质不均匀。层厚 3.8～5.4 m,层底高程 27.08～27.59 m。锥尖阻力 0.36～0.63 MPa。标贯击数 2～4 击。建议允许承载力 70 kPa。该层全场地分布。

③-1 层砂壤土夹砂:黄褐色、黄色,土质松软,夹粉砂薄层,局部夹淤泥质壤土,土质不均匀。厚度 0.5～1.0 m,层底高程 30.39～30.62 m。锥尖阻力 0.98～1.96 MPa。建议允许承载力 80 kPa。该层颗粒细小,易渗透变形,且地震液化,工程性质极差,以透镜体形式。

④层黏土:棕褐色、黄褐色,夹壤土块及薄层,可塑,土质不均匀。层厚 2.87～4.4 m,层底高程 23.08～24.29 m。锥尖阻力 1.17～1.36 MPa。标贯击数 6～8 击。建议允许承载力 120 kPa。该层全场地分布。

⑤层含砂礓壤土:黄夹灰色,含砂礓及小豆状铁锰结核,硬塑,局部相对较软,呈可塑状,局部混粉砂团块及黏土块,土质不均匀。层厚 2.3～3.5 m,层底高程 20.68～21.18 m。锥尖阻力 1.93～2.32 MPa。标贯击数 13～14 击。建议允许承载力 250 kPa。该层全场地分布。

⑥层粉砂:黄、灰黄色,局部夹粉细砂层。层厚 0.2～1.81 m,层底高程 19.28～20.62 m。锥尖阻力 3.69～8.31 MPa。建议允许承载力 200 kPa。该层为地震不液化土层,全场地分布。

⑦层含砂礓黏土:棕黄夹灰白色,硬塑,夹砂礓及铁锰结核,局部砂礓富集。该层控制层厚 0.5～5.1 m,相应层底高程 15.39～18.88 m。锥尖阻力 1.89～3.93 MPa。标贯击数 16～18 击。建议允许承载力 300 kPa。该层全场地分布。

控制运用原则:

七段闸汛期闸上控制水位 32.0～32.5 m。

最近一次安全鉴定情况:

一、鉴定时间:无。

二、鉴定结论、主要存在问题及处理措施:无。

最近一次除险加固情况:(徐水基〔2019〕111 号)

一、建设时间:2015 年 12 月 25 日—2016 年 12 月 17 日。

二、主要加固内容:原址拆除重建七段闸。

三、竣工验收意见、遗留问题及处理情况:2019 年 12 月 31 日通过徐州市水务局组织的沛县七段闸除险加固工程竣工验收,无遗留问题。

发生重大事故情况:

无。

建成或除险加固以来主要维修养护项目及内容:

无。

目前存在主要问题:

维修养护经费不足。

下步规划或其他情况:

无。

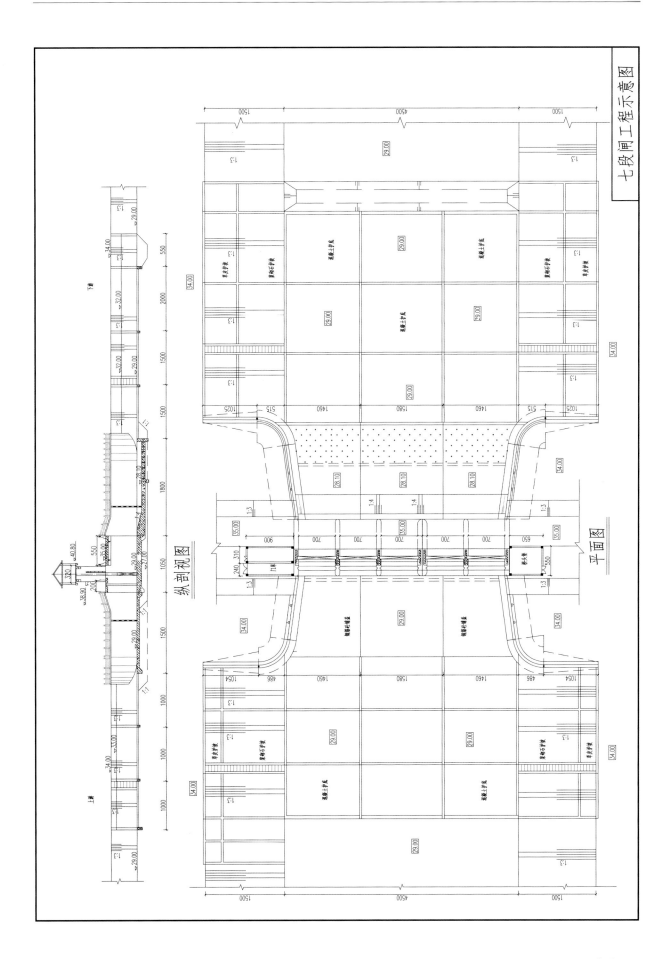

七段闸工程示意图

纵剖视图

平面图

七段闸管理范围界线图

鹿 口 地 涵

管理单位:沛县水利局韩坝闸站管理所

闸孔数	6孔		闸孔净高（m）	闸孔	5	所在河流	顺堤河	主要作用	蓄水、排涝
	其中航孔			航孔		结构型式	涵洞式		
闸总长(m)	299.5		每孔净宽（m）	闸孔	4.0	所在地	沛县胡寨镇	建成日期	1966年5月
闸总宽(m)	30.1			航孔		工程规模	中型	除险加固竣工日期	未竣工

主要部位高程（m）	闸顶	34.20	胸墙底	32.00	下游消力池底	26.5	工作便桥面	34.2	水准基面	废黄河
	闸底	27.00	交通桥面		闸孔工作桥面	41.2	航孔工作桥面			
	附近堤防顶高程		上游左堤		上游右堤		下游左堤		下游右堤	

交通桥标准	设计		交通桥净宽(m)		工作桥净宽（m）		闸孔	4.2	闸门结构型式	闸孔	平面钢闸门
	校核		工作便桥净宽(m)		2.5		航孔			航孔	

启闭机型式	闸孔	卷扬式		启闭机台数	闸孔	6	启闭能力（t）	闸孔	2×8	钢丝绳	规格	6×37
	航孔				航孔			航孔			数量	50 m×6 根

闸门钢材(t)		闸门（宽×高）(m×m)	4.13×5.2	建筑物等级	3	备用电源	装机台数	1
设计标准	5年一遇排涝设计,10年一遇防洪校核			抗震设计烈度	Ⅶ			

规划设计参数		设计水位组合			校核水位组合			检修门	型式	浮箱叠梁式	小水电	容量	
		上游（m）	下游（m）	流量（m³/s）	上游（m）	下游（m）	流量（m³/s）		块/套	4		台数	
	稳定	33.00	32.50	挡洪				历史特征值		日期		相应水位(m)	
												上游	下游
	消能	33.17	31.00～33.02					上游水位	最高					
								下游水位	最低					
	防渗	33.00	32.50					最大过闸流量（m³/s）						
	孔径	32.49	32.34	101.00	33.17	33.02	107.00						

护坡长度（m）	部位	上游	下游	坡比	护坡型式	引河（m）		底宽	底高程	边坡		底宽	底高程	边坡
	左岸	20	38	1∶3	预制块	上游		36.4	31	1∶3	下游	48	30	1∶3
	右岸	20	38	1∶3	预制块	主要观测项目		垂直位移						

现场人员	7人	管理范围划定	按照土地权属范围规定。
		确权情况	确权面积:32 333.3 m²。发证日期:1994年9月。证号:沛国用〔94〕字第04号。

水文地质情况：

①层砂壤土：灰黄、黄褐色，上部湿，下部饱和，松软，摇震反应迅速，局部夹粉砂及淤泥质壤土薄层，局部呈互混状，土质不均匀。标贯 5～7 击，锥阻 1.40～3.90 MPa。层厚 0.7～3.7 m，层底高程 33.09～35.24 m。该层全场地分布，建议承载力特征值 90 kPa。

②层淤泥质壤土：深灰、灰黑色，饱和，流塑—软塑，干强度与韧性中等，切面无光泽，局部夹淤泥质砂壤土薄层及团块，土质不均匀。标贯 2～4 击，锥阻 0.45～0.93 MPa。层厚 0.6～2.5 m，层底高程 31.60～33.24 m。该层全场地分布，建议承载力特征值 65 kPa。

③层粉砂夹砂壤土：黄褐、黄白色，饱和，松散，夹砂壤土、壤土薄层，局部呈互混状，土质不均匀。标贯 5～8 击，锥阻 1.79～5.20 MPa。层厚 1.4～4.1 m，层底高程 28.23～31.01 m。该层全场地分布，建议承载力特征值 100 kPa。

④层淤泥质壤土：深灰、灰黑色，饱和，流塑—软塑，干强度与韧性中等，切面无光泽，局部夹淤泥质砂壤土薄层及团块，土质不均匀。标贯 3～4 击，锥阻 0.53～0.78 MPa。层厚 0.6～2.1 m，层底高程 28.68～29.23 m。该层全场地分布，建议承载力特征值 65 kPa。

⑤层壤土：灰黄、灰褐色，可塑，饱和，干强度及韧性中等，切面光滑、稍有光泽，局部夹砂壤土薄层。标贯 6～13 击，锥阻 0.95～1.07 MPa。层厚 0.3～6.6 m，层底高程 21.73～28.44 m。该层全场地分布，建议承载力特征值 120 kPa。

⑤-1 层粉砂夹黏土：黄灰色，夹黏土团块，局部呈互混状，土质不均匀。饱和，松散—中密，摇振反应迅速。该层分布不连续，建议承载力特征值 120 kPa。

⑥层含砂礓壤土：灰黄、灰黄夹灰白色，硬塑—坚硬，干强度及韧性高，切面较亮、有光泽，含砂礓、砂粒及铁锰结核，局部砂礓富集，夹粉砂及砂壤土薄层，局部呈互混状，土质较不均匀。标贯 11～17 击，锥阻 1.89～3.81 MPa。揭露层厚 0.6～5.5 m。建议承载力特征值 250 kPa。

控制运用原则：

鹿口地涵汛期闸上控制水位 32.0～32.5 m。

最近一次安全鉴定情况：

一、鉴定时间：无。

二、鉴定结论、主要存在问题及处理措施：无。

最近一次除险加固情况：

一、建设时间：2021—2022 年。

二、主要加固内容：列入南四湖湖西洼地治理工程，拆除重建鹿口地涵。

三、竣工验收意见、遗留问题及处理情况：正在实施，尚未竣工。

发生重大事故情况：

无。

建成或除险加固以来主要维修养护项目及内容：

无。

目前存在主要问题：

无。

下步规划或其他情况：

无。

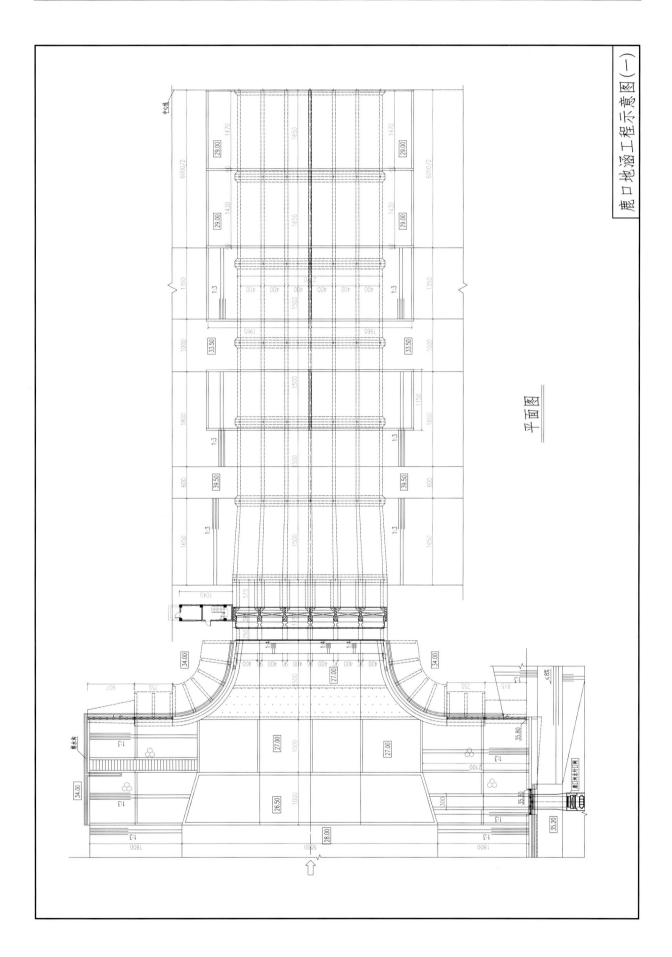

鹿口地溢工程示意图(一)

平面图

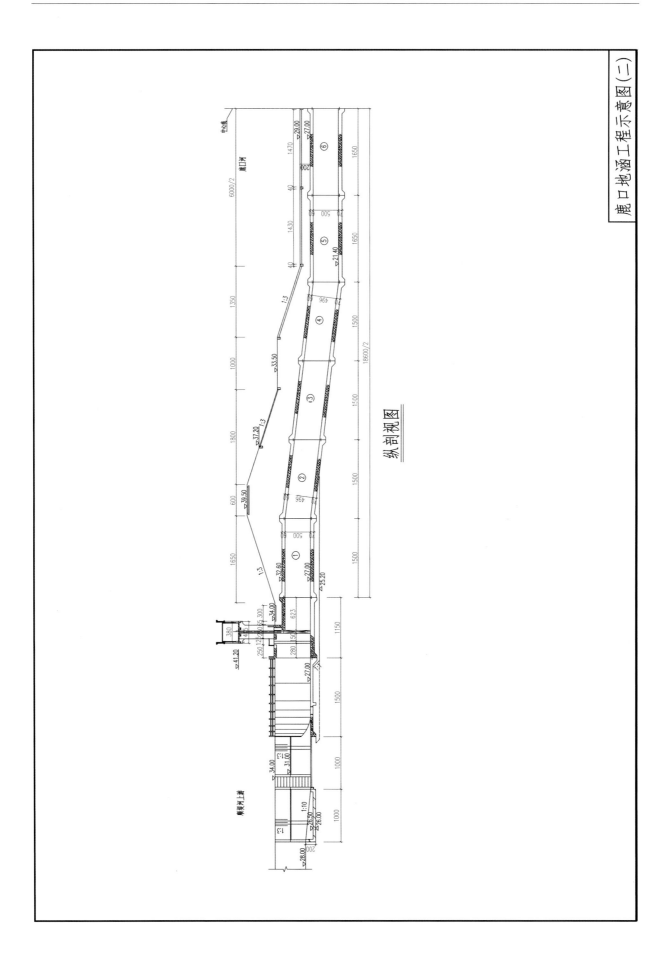

鹿口地涵工程示意图（二）

纵剖视图

鹿口地涵管理范围界线图

划界标准：按照土地权属范围划定。

图　例

—— 管理范围线

◯ 界桩位置

LKDH-XZPX-S0003 界桩编号

LKDH-XZPX-S0002

LKDH-XZPX-S0002(1)

LKDH-XZPX-S0003

LKDH-XZPX-S0001(1)

影响口界

LKDH-XZPX-S0001

LKDH-XZPX-S0004

顺堤河

睢宁县

黄 河 东 闸

管理单位:睢宁县古邳扬水站

闸孔数	7孔		闸孔净高(m)	闸孔	6.3	所在河流	废黄河	主要作用	防洪、排涝、灌溉
	其中航孔			航孔		结构型式	开敞式		
闸总长(m)	140.45		每孔净宽(m)	闸孔	5	所在地	睢宁县古邳镇	建成日期	1967年8月
闸总宽(m)	43.8			航孔		工程规模	中型	除险加固竣工日期	2017年1月

主要部位高程(m)	闸顶	31.8	胸墙底		下游消力池底	24	工作便桥面	31.8	水准基面	废黄河
	闸底	25.5	交通桥面	31.8	闸孔工作桥面	38.8	航孔工作桥面			
	附近堤防顶高程		上游左堤		上游右堤		下游左堤		下游右堤	

交通桥标准	设计	公路Ⅱ级	交通桥净宽(m)	6+2×0.5	工作桥净宽(m)	闸孔	4.6	闸门结构型式	闸孔	平面钢闸门
	校核		工作便桥净宽(m)	2.2		航孔			航孔	

启闭机型式	闸孔	卷扬式	启闭机台数	闸孔	7	启闭能力(t)	闸孔	2×8	钢丝绳	规格		
	航孔			航孔			航孔			数量	m× 根	

闸门钢材(t)	55.65	闸门(宽×高)(m×m)	5.12×4.8	建筑物等级	3	备用电源	装机	40 kW
设计标准	20年一遇排涝设计,100年一遇防洪校核			抗震设计烈度	Ⅷ		台数	1

规划设计参数		设计水位组合			校核水位组合			检修门	型式	浮箱叠梁式	小水电	容量	
		上游(m)	下游(m)	流量(m³/s)	上游(m)	下游(m)	流量(m³/s)		块/套	4		台数	
	稳定	28.50	25.00	正常蓄水	30.00	25.50	最高蓄水	历史特征值		日期	相应水位(m)		
											上游	下游	
	消能	28.50~30.80	25.00~29.02	0~351.00				上游水位 最高					
								下游水位 最低					
	防渗	30.00	25.50					最大过闸流量(m³/s)					
	孔径	30.30	27.99	177.00	30.80	29.02	351.00						

护坡长度(m)	部位	上游	下游	坡比	护坡型式	引河(m)		底宽	底高程	边坡		底宽	底高程	边坡
	左岸	20	67.45	1:4	砼		上游	100	25.00	1:4	下游	80.0	24.00	1:4
	右岸	20	67.45	1:4	砼	主要观测项目				垂直位移				

现场人员	2人	管理范围划定	上下游河道、堤防各500 m,左右侧各200 m。
		确权情况	未确权。

水文地质情况:

　　自上而下共分 8 层,其中包括 1 个亚层,自上而下分别为粉土、粉土、粉砂、粉砂、黏土、黏土、黏土。

控制运用原则:控制闸上水位 27.5～28.5 m。

最近一次安全鉴定情况:

　　一、鉴定时间:2022 年 9 月 1 日。

　　二、鉴定结论、主要存在问题及处理措施:综合评定为二类闸。

　　主要存在问题:闸门部分构件涂层厚度不满足要求;下游护坡损毁坍塌,河床冲刷淤积严重。建议对闸门进行防腐处理、侧止水进行维修;对下游护坡进行修复并适当延长护坡长度。

最近一次除险加固情况:(徐水基〔2017〕54 号)

　　一、建设时间:2014 年 11 月 15 日—2016 年 7 月 14 日。

　　二、主要加固内容:原址拆建黄河东闸

　　三、竣工验收意见、遗留问题及处理情况:

　　2017 年 1 月 12 日通过徐州市水利局组织的睢宁县黄河东闸除险加固工程竣工验收。该工程已按批复实施完成,质量合格,财务管理规范,竣工结算已通过审计,档案已通过专项验收,工程运行正常,发挥了设计效益。无遗留问题。

发生重大事故情况:

　　无。

建成或除险加固以来主要维修养护项目及内容:

　　无。

目前存在主要问题:

　　下游护坡损毁坍塌,河床冲刷淤积严重。

下步规划或其他情况:

　　无。

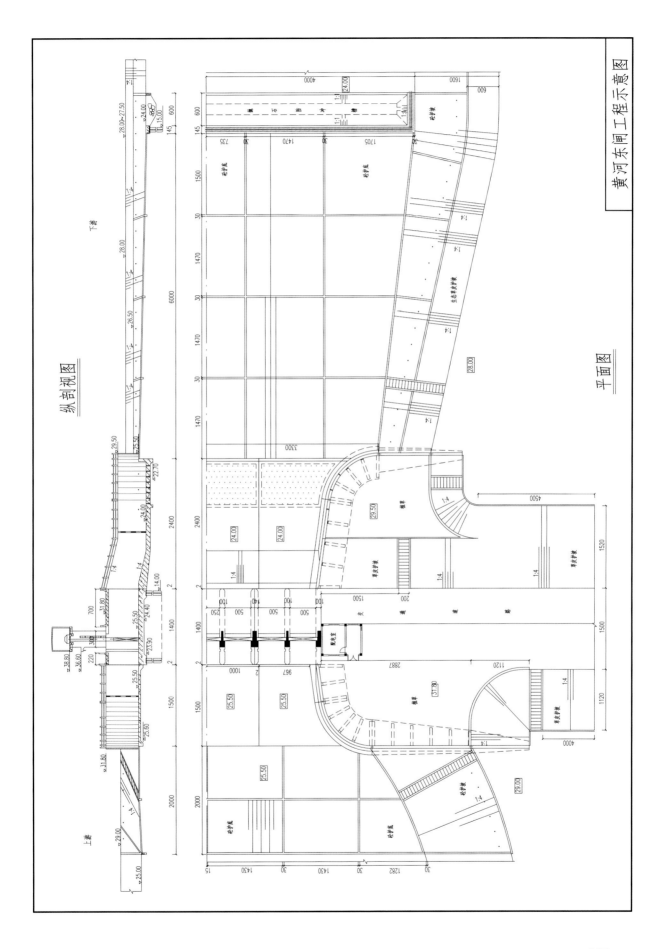

黄河东闸工程示意图

纵剖视图

平面图

黄河东闸管理范围界线图

图　例

划界标准：上下游各500米，
左右侧各200米。

管理范围围界线

界桩位置

HHDZ-XZSN-S0006　界桩编号

黄 河 西 闸

管理单位:睢宁县古邳扬水站

闸孔数	7孔		闸孔净高(m)	闸孔	中间3孔:4.5	所在河流	废黄河		主要作用	防洪、排涝、灌溉
	其中航孔			航孔	两边4孔:4.0	结构型式	开敞式			
闸总长(m)	70.7		每孔净宽(m)	闸孔	中间5孔:4.6	所在地	睢宁县古邳镇		建成日期	1995年7月
闸总宽(m)	41.6			航孔	两边2孔:4.5	工程规模	中型		除险加固竣工日期	年 月
主要部位高程(m)	闸顶	30.5	胸墙底			下游消力池底	26	工作便桥面		水准基面	废黄河
	闸底	中间3孔:26.0 两边4孔:26.5	交通桥面	30.5		闸孔工作桥面	34.58	航孔工作桥面			
	附近堤防顶高程		上游左堤		上游右堤		下游左堤		下游右堤	
交通桥标准	设计		交通桥净宽(m)		21	工作桥净宽(m)	闸孔	2.2	闸门结构型式	闸孔	钢筋混凝土闸门
	校核		工作便桥净宽(m)				航孔			航孔	
启闭机型式	闸孔	螺杆式	启闭机台数	闸孔	7	启闭能力(t)	闸孔	2×8	钢丝绳	规格	
	航孔			航孔			航孔			数量	m× 根
闸门钢材(t)			闸门(宽×高)(m×m)			建筑物等级	3	备用电源	装机	kW
									台数	1
设计标准		20年一遇排涝设计,50年一遇防洪校核				抗震设计烈度	Ⅷ			

规划设计参数		设计水位组合			校核水位组合			检修门	型式		小水电	容量	
		上游(m)	下游(m)	流量(m³/s)	上游(m)	下游(m)	流量(m³/s)		块/套			台数	
	稳定	30.00	27.00					历史特征值		日期		相应水位(m)	
												上游	下游
	消能							上游水位 最高					
								下游水位 最低					
								最大过闸流量(m³/s)					
	孔径	28.70	28.50	185.00	28.90	28.50	220.00						

护坡长度(m)	部位	上游	下游	坡比	护坡型式	引河(m)		底宽	底高程	边坡		底宽	底高程	边坡
	左岸	15.5	17.5	1:4	浆砌石		上游	80	25.00	1:4	下游	100	25.00	1:4
	右岸	15.5	17.5	1:4	浆砌石	主要观测项目								

现场人员	2人	管理范围划定	上下游河道、堤防各500 m,左右侧200 m。
		确权情况	未确权。

水文地质情况:

第四纪全新统及以上更新统地层,自上而下分别为:素填土,底层高程 27.03～28.49 m,土质及密实性都不均匀。淤泥质壤土,底层高程 25.79 m,建议允许承载力 60 kPa。砂壤土,底层高程 18.73～20.29 m,建议允许承载力 90 kPa。砂壤土,底层高程 15.19～15.43 m,建议允许承载力 100 kPa。壤土,底层高程 1.7～4.8 m,建议允许承载力 120 kPa。

控制运用原则:

控制闸上水位 27.5～28.0 m。

最近一次安全鉴定情况:

一、鉴定时间:2020 年 10 月 30 日。

二、鉴定结论、主要存在问题及处理措施:经综合评定为四类闸。

主要存在问题:闸顶高程不满足要求,排架、闸墩、撑梁、闸门等砼构件存在钢筋锈胀、碳化等现象。建议拆除重建。

最近一次除险加固情况:

一、建设时间:2018 年。

二、主要加固内容:增设启闭机房。

三、竣工验收意见、遗留问题及处理情况:无。

发生重大事故情况:

无。

建成或除险加固以来主要维修养护项目及内容:

2018 年增设启闭机房。

目前存在主要问题:

闸顶高程不满足要求,混凝土结构碳化深度大,破损严重。

下步规划或其他情况:

拆除重建。

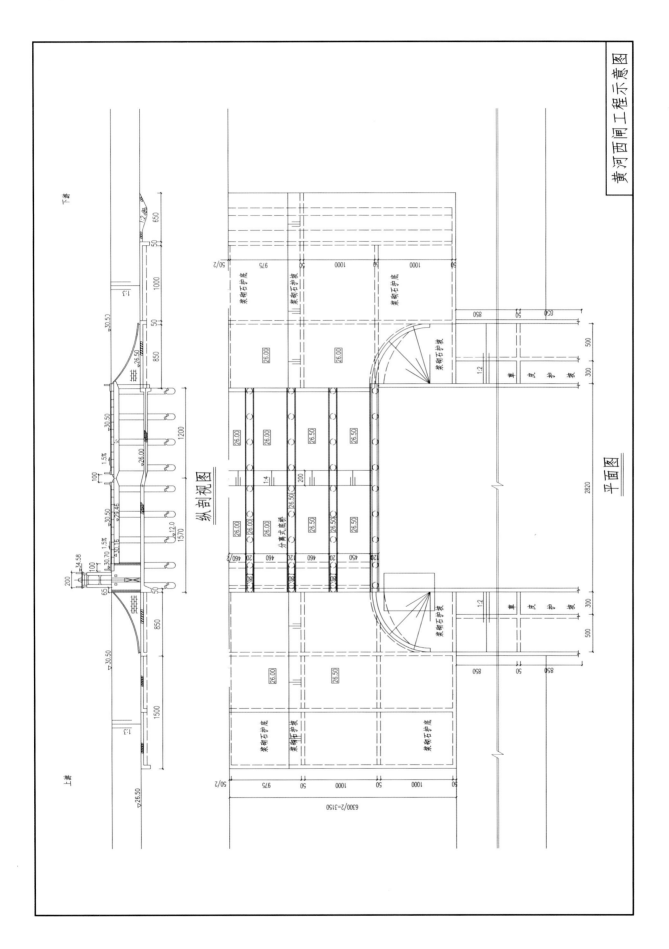

黄河西闸工程示意图

纵剖视图

平面图

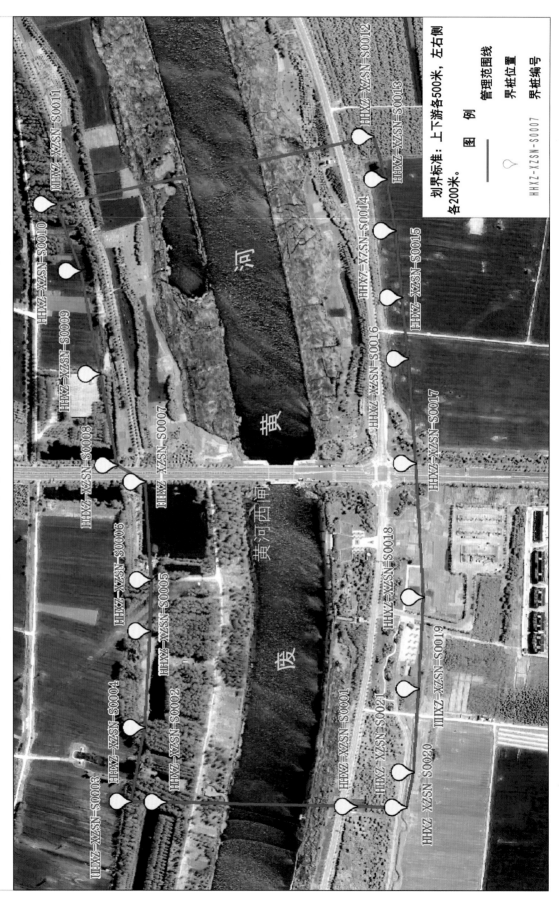

黄河西闸管理范围界线图

沙 集 闸

管理单位:睢宁县凌城抽水站

闸孔数	5孔		闸孔净高(m)	闸孔	9	所在河流	徐沙河	主要作用		泄洪、排涝
	其中航孔			航孔		结构型式	开敞式			
闸总长(m)	175.0		每孔净宽(m)	闸孔	8	所在地	睢宁县沙集镇	建成日期		1979年5月
闸总宽(m)	47.9			航孔		工程规模	中型	除险加固竣工日期		2019年12月
主要部位高程(m)	闸顶	24.0	胸墙底		下游消力池底	8.00	工作便桥面	23.0	水准基面	废黄河
	闸底	15.0	交通桥面	24.0	闸孔工作桥面	29.5	航孔工作桥面			
	附近堤防顶高程		上游左堤	22.00	上游右堤	22.00	下游左堤	22.00	下游右堤	22.00
交通桥标准	设计	公路Ⅱ级	交通桥净宽(m)		7	工作桥净宽(m)	闸孔	5	闸门结构型式	闸孔	弧形钢闸门
	校核		工作便桥净宽(m)		1.75		航孔			航孔	
启闭机型式	闸孔	卷扬式	启闭机台数	闸孔	5	启闭能力(t)	闸孔	2×15	钢丝绳	规格	m× 根
	航孔			航孔			航孔			数量	
闸门钢材(t)	85	闸门(宽×高)(m×m)	7.96×6.327	建筑物等级	3	备用电源	装机	80kW
设计标准	10年一遇排涝设计,20年一遇防洪校核				抗震设计烈度	Ⅷ		台数	1

规划设计参数		设计水位组合			校核水位组合			检修门	型式	浮箱叠梁式	小水电	容量	
		上游(m)	下游(m)	流量(m³/s)	上游(m)	下游(m)	流量(m³/s)		块/套	16块/2套		台数	
	稳定	19.50	12.50		20.00	11.50		历史特征值		日期	相应水位(m)		
		19.00	13.50	地震期							上游	下游	
	消能	20.00	12.50	200.00				上游水位 最高					
		19.00	13.50	405.00				下游水位 最低					
		20.27	17.85	520.00				最大过闸流量(m³/s)					
	孔径	19.00	17.85	405.00	20.27	19.97	520.00						

护坡长度(m)	部位	上游	下游	坡比	护坡型式	引河(m)	上游	底宽	底高程	边坡	下游	底宽	底高程	边坡
	左岸	30	55	1:4	砼			50.0	15.00	1:4		50.0	8.50	1:4
	右岸	30	55	1:4	砼	主要观测项目		垂直位移						

现场人员	2人	管理范围划定	上下游河道、堤防各500 m,左右侧各200 m。
		确权情况	未确权。

水文地质情况：

自上而下分 9 层,层 1 素填土,层 1-1 杂填土,层 2 粉土,层 3 黏土,层 4 黏土,层 5 粉土,层 6 粉质黏土,层 7 粉土夹粉砂,层 8 黏土。

控制运用原则:控制闸上水位 19.5 m。

最近一次安全鉴定情况:

一、鉴定时间:无。

二、鉴定结论、主要存在问题及处理措施:无。

最近一次除险加固情况:(徐水基〔2019〕103 号)

一、建设时间:2016 年 10 月—2018 年 12 月。

二、主要加固内容:拆建老闸闸室,上下游翼墙,上游铺盖,下游第一、二级消力池,上下游护坡、护底及下游防冲槽等,配备闸门,启闭机及电气设备,新建启闭机房等。

三、竣工验收意见、遗留问题及处理情况:2019 年 12 月 27 日通过由徐州市水务局组织的睢宁县沙集闸除险加固工程竣工验收,该工程已按批复实施完成,质量合格,财务管理规范,竣工决算已通过审计,档案已通过专项验收,工程运行正常。验收时未完工程为管理区院墙 90 m,2020 年 3 月底前完成。

发生重大事故情况:

无。

建成或除险加固以来主要维修养护项目及内容:

无。

目前存在主要问题:

无。

下步规划或其他情况:

无。

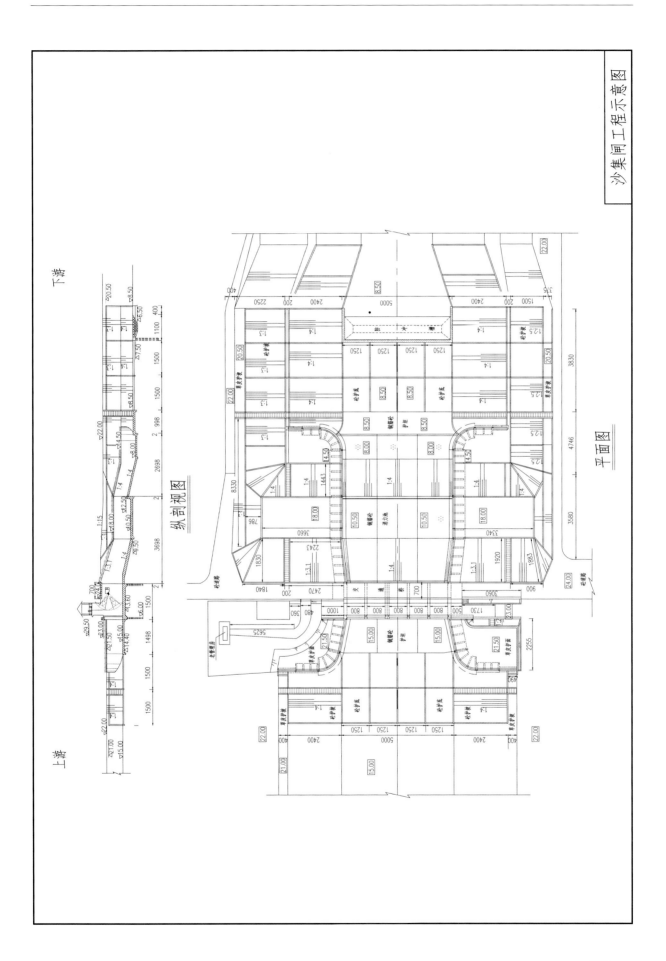

沙集闸工程示意图

平面图

纵剖视图

上游

下游

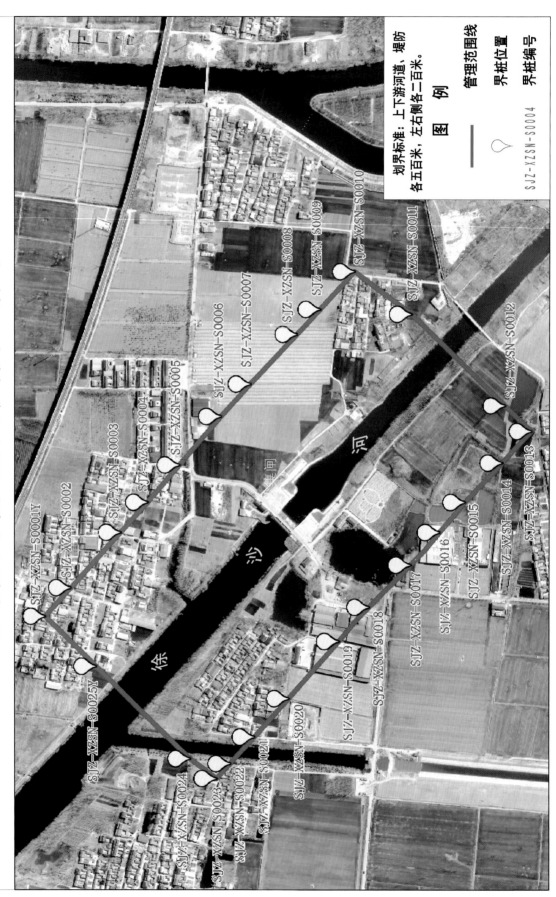

沙集闸管理范围界线图

白塘河地涵

管理单位:睢宁县供排水管网管理处

闸孔数	5孔	闸孔净高（m）	闸孔	3.5	所在河流	白塘河	主要作用	防洪、排涝、灌溉
	其中航孔		航孔		结构型式	涵洞式		
闸总长(m)	278.5	每孔净宽（m）	闸孔	4	所在地	睢宁县金城街道	建成日期	1976 年 4 月
闸总宽(m)	25.2		航孔		工程规模	中型	完工日期	2022 年 7 月

主要部位高程（m）	闸顶	23.6	胸墙底	20	下游消力池底	15.7	工作便桥面	23.6	水准基面	废黄河
	闸底	16.5	交通桥面		闸孔工作桥面	30.1	航孔工作桥面			
	附近堤防顶高程		上游左堤	22.70	上游右堤	22.70	下游左堤	23.50	下游右堤	23.50

交通桥标准	设计		交通桥净宽(m)		工作桥净宽（m）	闸孔	5.9	闸门结构型式	闸孔	平面钢闸门
	校核		工作便桥净宽(m)	3.5		航孔			航孔	

启闭机型式	闸孔	卷扬式	启闭机台数	闸孔	5	启闭能力（t）	闸孔	12.5	钢丝绳	规格	
	航孔			航孔			航孔			数量	m× 根

闸门钢材(t)	27.25	闸门(宽×高)(m×m)	4.12×3.85	建筑物等级	3	备用电源	装机	50 kW
设计标准	10 年一遇设计,20 年一遇校核			抗震设计烈度	8		台数	1

规划设计参数		白塘河			徐沙河水位（m）	备注	检修门	型式	浮箱叠梁式	小水电	容量	
		上游（m）	下游（m）	流量（m³/s）				块/套	5		台数	
	稳定	20.50	18.40		19.00	正常蓄水位					相应水位(m)	
					22.52	20 年一遇洪水	历史特征值		日期			
	消能	20.50～22.58	18.40～21.83	0～164.00						上游		下游
	防渗	22.58		19.00		白塘河 20 年一遇排涝,徐沙河正常蓄水位	上游水位 最高					
			21.83	19.00		下游水位 最低						
		20.05		22.52		白塘河正常蓄水,徐沙河 20 年一遇行洪						
			18.40	22.52								
	孔径	20.50	19.65	93.00		5 年一遇设计排涝						
		20.60	20.07	128.00		10 年一遇设计排涝,为设计流量						
		22.58	21.83	164.00		20 年一遇校核排涝,为校核流量						

护坡长度（m）	部位	上游	下游	坡比	护坡型式	引河（m）	上游	底宽	底高程	边坡	下游	底宽	底高程	边坡
	左岸	35	69.5	1：3	砼			20.0	16.50	1：3		20.0	16.50	1：3
	右岸	35	69.5	1：3	砼	主要观测项目					垂直位移			

现场人员	2 人	管理范围划定	上下游河道、堤防各 300 m,左右岸各 150 m。
		确权情况	已确权 25 952 m²,睢国用〔95〕字第 9510 号。

水文地质情况：

　　自上而下共分 12 层（包括 1 个亚层），其中层 11 为第四纪晚更新世沉积：1 层素填土,2 层粉质黏土,3 层重粉质砂壤土,3-1 层重粉质砂壤土,4 层淤泥质粉质黏土,5 层重粉质砂壤土,6 层粉质黏土,7 层粉质黏土,8 层重粉质壤土,9 层重粉质壤土,10 层中砂夹重粉质砂壤土,11 层粉质黏土。

控制运用原则：

　　控制闸上水位 19.5～20.5 m;引清水冲污时,可控制不高于 21.0 m。

最近一次安全鉴定情况：

　　一、鉴定时间:2009 年 3 月 12 日。

　　二、鉴定结论、主要存在问题及处理措施:经综合评定为四类闸。

　　主要存在问题:过流能力不足;下游防冲消能设施不满足规范要求;洞身砼碳化、露筋,强度不满足要求;上下游翼墙为浆砌石结构,不满足防渗、抗震要求;砼闸门碳化、露筋严重,强度达不到规范要求;管理设施简陋。

　　处理措施:拆除重建。

最近一次除险加固情况：

　　一、建设时间:2020 年 10 月开工,2022 年 7 月完工。

　　二、主要加固内容:原址拆除重建白塘河地涵。

　　三、竣工验收意见、遗留问题及处理情况:无。

发生重大事故情况：

　　无。

建成或除险加固以来主要维修养护项目及内容：

　　无。

目前存在主要问题：

　　无。

下步规划或其他情况：

　　无。

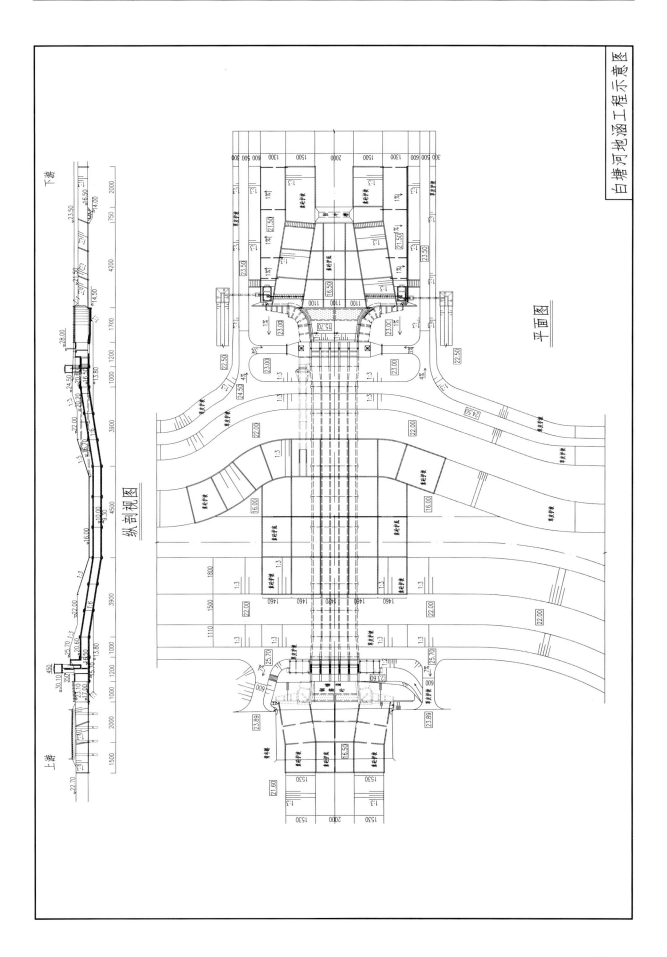

白塘河源地河整治工程示意图

平面图

纵剖视图

上游

下游

白塘河地涵管理范围界线图

图　例

划界标准：上下游河道、堤防
各三百米，左右侧各一百五十米。

管理范围线

界桩位置

BTHDXH-XZSN-S0015 界桩编号

高 集 闸

管理单位:睢宁县高集抽水站

闸孔数	3孔		闸孔净高（m）	闸孔	4.95	所在河流	徐沙河	主要作用		排涝、蓄水、灌溉
	其中航孔			航孔		结构型式	开敞式			
闸总长(m)	129.5		每孔净宽（m）	闸孔	6	所在地	睢宁县岚山镇	建成日期		1975 年 3 月
闸总宽(m)	22			航孔		工程规模	中型	除险加固竣工日期		2019 年 7 月
主要部位高程（m）	闸顶	25.3	胸墙底		下游消力池底	16.3	工作便桥面	25.3	水准基面	废黄河
	闸底	20.35	交通桥面	25.3	闸孔工作桥面	30.8	航孔工作桥面			
	附近堤防顶高程		上游左堤	24.20	上游右堤	24.20	下游左堤	24.20	下游右堤	24.20
交通桥标准	设计	公路Ⅰ级	交通桥净宽(m)		11+2×0.5	工作桥净宽（m）	闸孔	4.6	闸门结构型式	闸孔	平面钢闸门
	校核		工作便桥净宽(m)		1.8		航孔			航孔
启闭机型式	闸孔	卷扬式	启闭机台数	闸孔	3	启闭能力（t）	闸孔	2×8	钢丝绳规格	
	航孔			航孔			航孔		数量	m× 根
闸门钢材(t)		23.04	闸门(宽×高)(m×m)		6.12×3.65	建筑物等级	3	备用电源	装机台数	20 kW
设计标准		10 年一遇排涝设计				抗震设计烈度	Ⅷ			1

规划设计参数		设计水位组合			校核水位组合			检修门	型式	浮箱叠梁式	小水电	容量台数
		上游（m）	下游（m）	流量（m³/s）	上游（m）	下游（m）	流量（m³/s）		块/套	3		
	稳定	23.50	19.00		23.50	18.20		历史特征值		日期	相应水位(m)	
											上游 下游	
	消能							上游水位 最高				
								下游水位 最低				
								最大过闸流量（m³/s）				
	孔径	23.68	23.01	175.00								

护坡长度（m）	部位	上游	下游	坡比	护坡型式	引河（m）	上游	底宽	底高程	边坡	下游	底宽	底高程	边坡
	左岸	20	46	1:3	砼			24.0	20.35	1:3		14.0	17.40	1:2.5
	右岸	20	46	1:3	砼	主要观测项目				垂直位移				

现场人员	2 人	管理范围划定	上下游河道、堤防各 200 m,左右侧各 100 m。
		确权情况	未确权。

水文地质情况：

共 8 个大层及 1 个夹层，从上到下：层 1 杂填土为近年人工堆积，层 2—层 5 黏土为第四纪全新世沉积，层 6—层 8 黏土为第四纪晚更新世沉积。

地基处理采用板桩围封方式。结合闸基防渗布置和地基液化处理，在闸室底板四周、上游第一、二节翼墙及下游第一节翼墙底板下设置 0.3 m 厚钢筋砼板桩，板桩底高程 16.0 m。下游第二、三节翼墙基础采用挖除回填水泥土措施处理。

控制运用原则：

控制闸上水位 22.8～23.5 m。

最近一次安全鉴定情况：

鉴定时间：无。

鉴定结论、主要存在问题及处理措施：无。

最近一次除险加固情况：(徐水基〔2019〕46 号)

一、建设时间：2015 年 2 月—2017 年 8 月。

二、主要加固内容：原址拆除重建高集闸。

三、竣工验收意见、遗留问题及处理情况：

2019 年 7 月通过徐州市水务局组织的睢宁县高集闸除险加固工程竣工验收，该工程已按批复实施完成，质量合格，财务管理规范，竣工决算已通过审计，档案已通过专项验收，工程运行正常，发挥了设计效益，无遗留问题。

发生重大事故情况：

无。

建成或除险加固以来主要维修养护项目及内容：

无。

目前存在主要问题：

无。

下步规划或其他情况：

无。

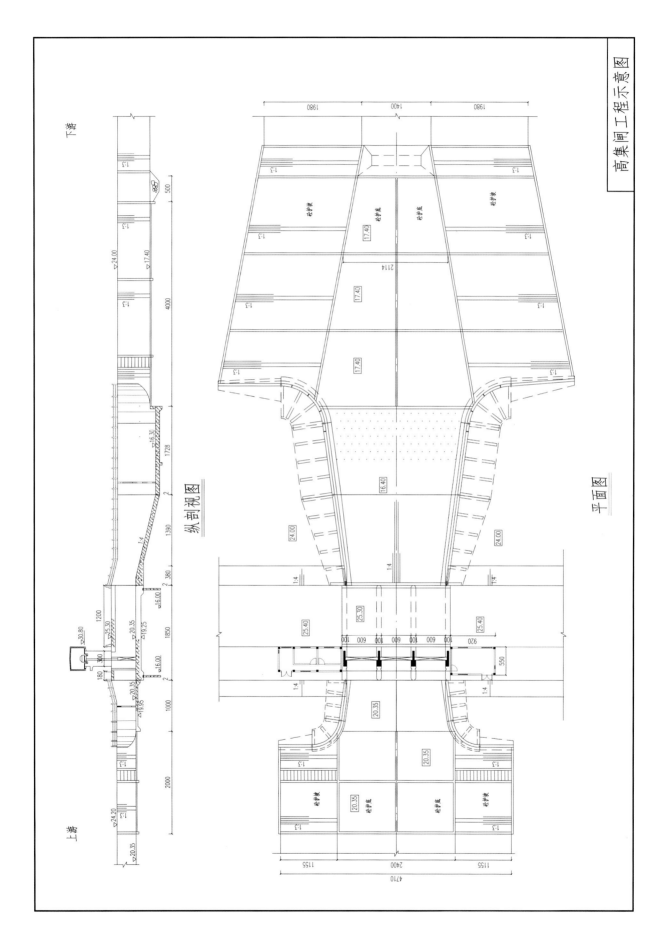

高集闸工程示意图

纵剖视图

平面图

高集闸管理范围界线图

图　例

管理范围线

界桩位置

PMZ（GJZ）-XZSN-S0003 界桩编号

划界标准：上下游河道、堤防各二百米，左右侧各一百米。

汪 庄 闸

管理单位:睢宁县高集抽水站

闸孔数	3孔		闸孔净高(m)	闸孔	5	所在河流	徐沙河	主要作用		排涝、灌溉
	其中航孔			航孔		结构型式	开敞式			
闸总长(m)	100.1		每孔净宽(m)	闸孔	5	所在地	睢宁县岚山镇	建成日期		2002年6月
闸总宽(m)	18.2			航孔		工程规模	中型	除险加固竣工日期		年 月
主要部位高程(m)	闸顶	27.0	胸墙底		下游消力池底	19.2	工作便桥面	27.0	水准基面	废黄河
	闸底	21.0	交通桥面	27.0	闸孔工作桥面	33.6	航孔工作桥面			
	附近堤防顶高程		上游左堤		上游右堤		下游左堤		下游右堤	
交通桥标准	设计		交通桥净宽(m)		4.5+2×0.5	工作桥净宽(m)	闸孔	3.4	闸门结构型式	闸孔	平面钢闸门
	校核		工作便桥净宽(m)		1.6		航孔			航孔	
启闭机型式	闸孔	螺杆式		启闭机台数	闸孔	3	启闭能力(t)	闸孔	2×8	钢丝绳	规格	m× 根
	航孔				航孔			航孔			数量	

闸门钢材(t)		闸门(宽×高)(m×m)		5.5×5.0	建筑物等级	3	备用电源	装机台数	kW
设计标准	10年一遇排涝设计,20年一遇防洪校核				抗震设计烈度	Ⅷ			

规划设计参数		设计水位组合			校核水位组合			检修门	型式		小水电	容量		
		上游(m)	下游(m)	流量(m³/s)	上游(m)	下游(m)	流量(m³/s)		块/套			台数		
	稳定	25.50	21.50		26.10	21.50		历史特征值		日期		相应水位(m)		
		25.50	23.50	地震								上游	下游	
	消能							上游水位 最高						
								下游水位 最低						
								最大过闸流量(m³/s)						
	孔径	26.10	26.00	143.00										

护坡长度(m)	部位	上游	下游	坡比	护坡型式	引河(m)	上游	底宽	底高程	边坡	下游	底宽	底高程	边坡
	左岸	25.0	25.0	1:3	砼			12.0	21.00	1:3		12.0	21.00	1:3
	右岸	25.0	25.0	1:3	砼		主要观测项目							

现场人员	2人	管理范围划定	上下游河道、堤防各200 m,左右岸各100 m。
		确权情况	已确权43 808.25 m²。

水文地质情况：

上部为砂壤土夹壤土，下部为粉砂夹粉土、砂壤土，第四纪全新统及上更新统地层，从上到下分为 7 层。1 层砂壤土，2 层淤泥质壤土，3 层粉砂，4 层黏土，5 层含砂礓壤土，6 层粉砂，7 层含砂礓壤土。闸室持力层在第 1 层砂壤土上。

控制运用原则：

控制闸上水位在 24.9～25.5 m 时，原则上关门挡水，平时低水位时有效拦蓄当地降雨径流。

最近一次安全鉴定情况：

一、鉴定时间：2020 年 1 月 4 日。

二、鉴定结论、主要存在问题及处理措施：经综合评定为二类闸。

主要存在问题：工作桥排架钢筋锈胀、开裂，混凝土最大碳化深度 36 mm，超过设计保护层厚度，闸墩部分钢筋保护层厚度不满足要求；钢闸门面板锈蚀，涂层不符合规范要求，个别滚轮锈死不转动。

建议处理措施：尽快对闸门进行防腐处理，修复滚轮、止水；对闸墩、排架进行防碳化处理；加强工程管理，及时进行维修养护。

最近一次除险加固情况：

一、建设时间：无。

二、主要加固内容：无。

三、竣工验收意见、遗留问题及处理情况：无。

发生重大事故情况：

无。

建成或除险加固以来主要维修养护项目及内容：

无。

目前存在主要问题：

工作桥排架钢筋锈胀、开裂，混凝土最大碳化深度 36 mm，超过设计保护层厚度，闸墩部分钢筋保护层厚度不满足要求；钢闸门面板锈蚀，涂层不符合规范要求，个别滚轮锈死不转动。

下步规划或其他情况：

无。

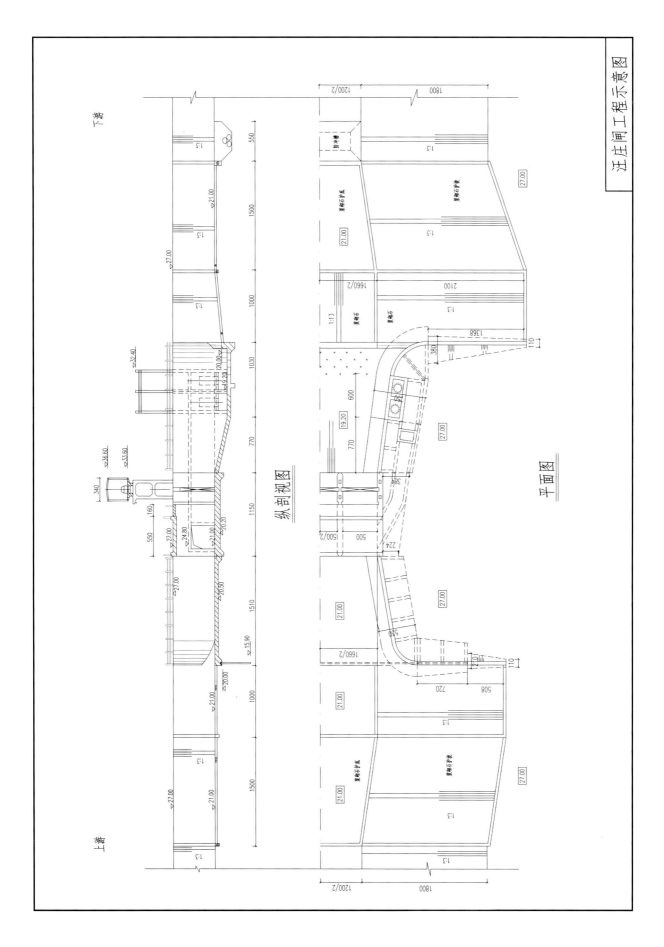

汪庄闸工程示意图

纵剖视图

平面图

汪庄闸管理范围界线图

划界标准：上下游河道、堤防各二百米，左右侧各一百米。

图　例

管理范围线

界桩位置

界桩编号　WZZZ-XZSN-S0005

WZZZ-XZSN-30007
WZZZ-XZSN-30008
WZZZ-XZSN-30006
WZZZ-XZSN-30009
WZZZ-XZSN-30010
WZZZ-XZSN-30005
WZZZ-XZSN-30011
WZZZ-XZSN-30004
WZZZ-XZSN-30012
汪庄闸
沙　　河
WZZZ-XZSN-30003
WZZZ-XZSN-30013
WZZZ-XZSN-30002
WZZZ-XZSN-30001
徐
WZZZ-XZSN-30014

胡 滩 闸

管理单位:睢宁县桃园水利站

闸孔数	3孔	闸孔净高（m）	闸孔	7.3	所在河流	徐沙河（西支）	主要作用	防洪、排涝、灌溉		
	其中航孔		航孔		结构型式	开敞式				
闸总长(m)	123	每孔净宽（m）	闸孔	8	所在地	睢宁县桃园镇	建成日期	1981年12月		
闸总宽(m)	28.4		航孔		工程规模	中型	完工日期	2021年5月		
主要部位高程（m）	闸顶	23.8	胸墙底		下游消力池底	16.0	工作便桥面	23.8	水准基面	废黄河
	闸底	16.5	交通桥面	23.8	闸孔工作桥面	28.0	航孔工作桥面			
	附近堤防顶高程		上游左堤	24.00	上游右堤	24.00	下游左堤	24.00	下游右堤	24.00
交通桥标准	设计	公路Ⅱ级	交通桥净宽(m)	4.5	工作桥净宽（m）	闸孔	5	闸门结构型式	闸孔	升卧式平面钢闸门
	校核		工作便桥净宽(m)	1.6		航孔			航孔	
启闭机型式	闸孔	卷扬式	启闭机台数	闸孔	3	启闭能力（t）	闸孔	2×15	钢丝绳 规格	m× 根
	航孔			航孔			航孔		数量	
闸门钢材(t)		43.65	闸门(宽×高)(m×m)		7.9×5.3	建筑物等级	3	备用电源	装机	75 kW
设计标准		10年一遇排涝设计,20年一遇防洪校核				抗震设计烈度	Ⅷ		台数	1

规划设计参数		设计水位组合			校核水位组合			检修门	型式	浮箱叠梁式	小水电	容量	
		上游（m）	下游（m）	流量（m³/s）	上游（m）	下游（m）	流量（m³/s）		块/套	7		台数	
	稳定	21.50	19.00					历史特征值		日期		相应水位(m)	
												上游	下游
	消能							上游水位 最高					
								下游水位 最低					
	孔径	21.90	21.80	200.00	23.30	23.10	248.00	最大过闸流量（m³/s）					

护坡长度（m）	部位	上游	下游	坡比	护坡型式	引河（m）	上游	底宽	底高程	边坡	下游	底宽	底高程	边坡
	左岸	55.0	85.0	1:2.5	砼			10.0	16.50	1:2.5		10.0	16.50	1:2.5
	右岸	55.0	85.0	1:2.5	砼	主要观测项目			垂直位移					

现场人员	2人	管理范围划定	上下游河道、堤防各200 m,左右侧各100 m。
		确权情况	未确权。

水文地质情况：

上部为第四系冲积层厚约 40～50 m，由全新世—下更新世组成，其中全新世地层岩性主要为砂壤土、粉砂、壤土和淤泥质壤土；中上更新世地层岩性以黏性土为主，夹粉砂土及中细砂透镜体；下更新世地层岩性主要为黏性土夹钙质沉淀层、壤土，含砾粗、中、细砂互层。闸室及上下游翼墙采用水泥土搅拌桩进行地基处理。

控制运用原则：

控制闸上水位 19.00～21.20 m。水稻栽秧用水季节，可短时间预升水位到 21.50 m；当预报有暴雨时，可预降一部分水位，待暴雨来临时及时提闸排水，利用降雨未汇流到河槽之前，排除河内余水。

最近一次安全鉴定情况：

一、鉴定时间：2009 年 3 月 12 日。

二、鉴定结论、主要存在问题及处理措施：四类闸。

主要存在问题：该闸主体结构强度不满足规范要求；消能、防冲设施不满足规范要求；渗透稳定不满足规范要求；岸墙、闸墩及上下游翼墙为浆砌块石结构，不能满足抗震及防渗要求；砼闸门碳化、露筋损坏，漏水严重；启闭机老化损坏；交通桥荷载标准低；无管理设施。

处理措施：拆除重建。

最近一次除险加固情况：

一、建设时间：2021 年开工建设，尚未竣工。

二、主要加固内容：拆除重建胡滩闸。

三、竣工验收意见、遗留问题及处理情况：尚未竣工。

发生重大事故情况：

无。

建成或除险加固以来主要维修养护项目及内容：

无。

目前存在主要问题：

无。

下步规划或其他情况：

无。

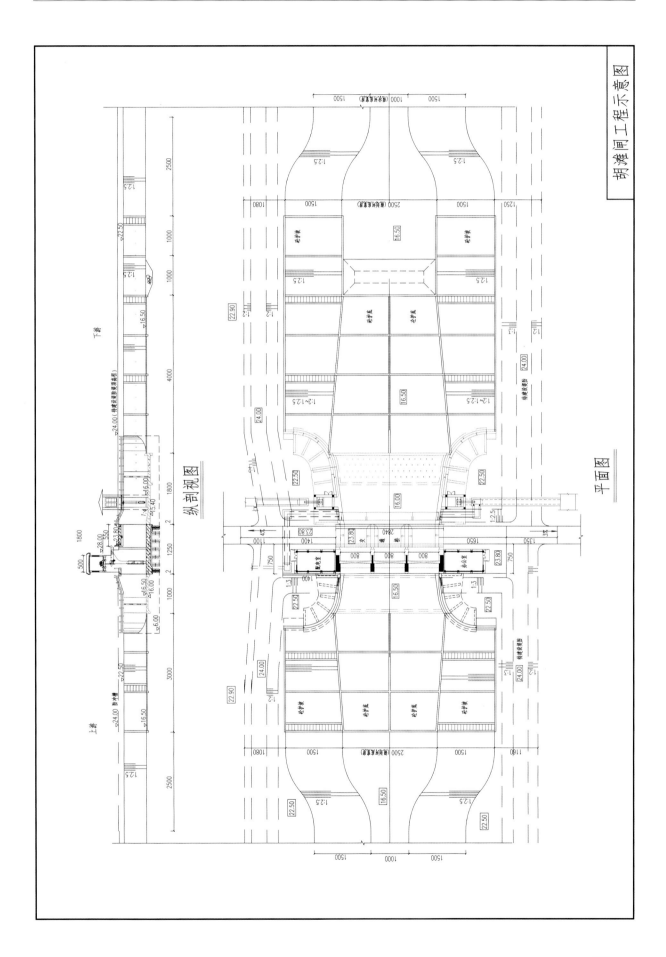

胡滩闸工程示意图

平面图

纵剖视图

胡滩闸管理范围界线图

划界标准：上下游河道、堤防各二百米，左右侧各一百米。

图　例

———　管理范围线

◊　界桩位置

HTZ-XZSN-S0006　界桩编号

朱 东 闸

管理单位:睢宁县桃园水利站

闸孔数	3孔	闸孔净高(m)	闸孔	6.1	所在河流	老龙河	主要作用	排涝、灌溉
	其中航孔		航孔		结构型式	开敞式		
闸总长(m)	116	每孔净宽(m)	闸孔	5	所在地	睢宁县桃园镇	建成日期	1974年3月
闸总宽(m)	19		航孔		工程规模	中型	除险加固竣工日期	2015年8月

主要部位高程(m)	闸顶	23.3	胸墙底		下游消力池底	16.4	工作便桥面	23.3	水准基面	废黄河
	闸底	17.2	交通桥面	23.3	闸孔工作桥面	28.3	航孔工作桥面			
	附近堤防顶高程		上游左堤	23.5	上游右堤	23.5	下游左堤	23.0	下游右堤	23.00

交通桥标准	设计	公路Ⅱ级	交通桥净宽(m)	9+2×0.5	工作桥净宽(m)	闸孔	4.6	闸门结构型式	闸孔	平面钢闸门
	校核		工作便桥净宽(m)	2.3		航孔			航孔	

启闭机型式	闸孔	卷扬式	启闭机台数	闸孔	3	启闭能力(t)	闸孔	2×8	钢丝绳	规格	
	航孔			航孔			航孔			数量	m× 根

闸门钢材(t)	18.6	闸门(宽×高)(m×m)	5.12×3.3	建筑物等级	3	备用电源	装机	40 kW
设计标准	5年一遇排涝设计,20年一遇防洪校核			抗震设计烈度	Ⅷ		台数	1

规划设计参数		设计水位组合			校核水位组合			检修门	型式	浮箱叠梁式	小水电	容量	
		上游(m)	下游(m)	流量(m³/s)	上游(m)	下游(m)	流量(m³/s)		块/套	3		台数	
	稳定	20.00	17.20					历史特征值		日期		相应水位(m)	
												上游	下游
	消能	20.00~22.30	18.00~22.10	0~142.80				上游水位 最高					
								下游水位 最低					
	防渗	20.00	16.40					最大过闸流量(m³/s)					
	孔径	20.47	20.35	85.70	22.30	22.10	142.80						

护坡长度(m)	部位	上游	下游	坡比	护坡型式	引河(m)	上游	底宽	底高程	边坡	下游	底宽	底高程	边坡
	左岸	20.0	42.7	1:3	砼			20	17.2	1:4		20	17.2	1:3
	右岸	20.0	42.7	1:3	砼	主要观测项目				垂直位移				

现场人员	2人	管理范围划定	上下游河道、堤防各200 m,左右岸各80 m。
		确权情况	未确权。

水文地质情况：

上部全新统地层以黄色、灰色粉砂、亚砂土、淤泥质黏土、亚黏土为主，土质松散、软弱；其下为更新统地层，以褐色含钙质结核粉质黏土、黏土等老黏土为主，中夹薄—厚层粉细砂体，土质坚硬、密实，工程性质良好。基础处理，采用水泥土回填。

控制运用原则：

闸上控制水位和沙集闸闸上水位相同（19.50～20.00 m）。需要开闸分洪或调度灌溉水源时，由睢宁县防指统一指挥。

最近一次安全鉴定情况：

一、鉴定时间：2020 年 10 月 30 日。

二、鉴定结论、主要存在问题及处理措施：二类闸。

主要存在问题：上游左岸末节与第二节翼墙错缝 1 cm；桥头堡与启闭机房接缝处错位 4 cm，缝内填料脱落，门体局部锈蚀，闸门止水漏水。

处理措施：尽快修复闸门止水、沉降缝填料；加强工程检查维护，做好闸门除锈养护工作；加强工程观测，进一步分析沉降错缝原因。

最近一次除险加固情况：徐水基〔2015〕78 号

一、建设时间：2013 年 4 月—2013 年 12 月。

二、主要加固内容：原址拆除重建朱东闸，更换闸门、启闭机及电气设备，增设部分管理设施。

三、竣工验收意见、遗留问题及处理情况：2015 年 8 月 28 日通过徐州市水利局组织的朱东闸除险加固工程竣工验收，该工程已按批复实施完成，质量合格，财务管理规范，竣工结算已通过审计，档案已通过专项验收，工程运行正常，发挥了设计效益，无遗留问题。

发生重大事故情况：

无。

建成或除险加固以来主要维修养护项目及内容：

无。

目前存在主要问题：

上游左岸末节与第二节翼墙错缝 1 cm；桥头堡与启闭机房接缝处错位 4 cm，缝内填料脱落；门体局部锈蚀，闸门止水漏水。

下步规划或其他情况：

加强工程管理和维修养护。

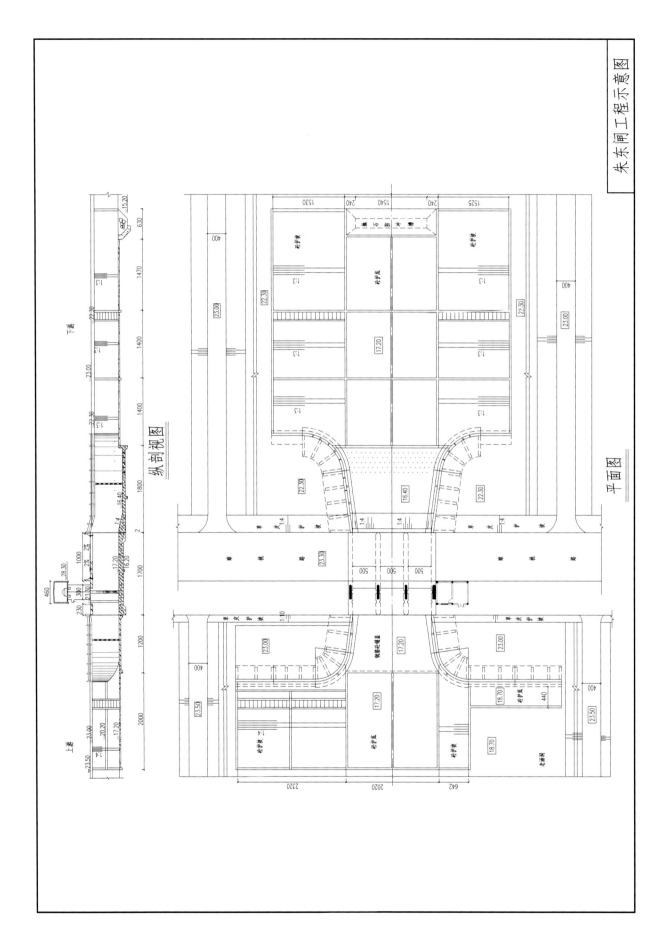

朱东闸工程示意图

纵 剖 视 图

平 面 图

朱东闸管理范围界线图

图　例

管理范围界线

界桩位置

界桩编号

划界标准：上下游河道、堤防各二百米，左右侧各八十米。

ZDZ-XZSN-S0003

朱　西　闸

管理单位:睢宁县桃园水利站

闸孔数	3 孔	闸孔净高 (m)	闸孔	3.5	所在河流	田河	主要作用	防洪、排涝、灌溉
	其中航孔		航孔		结构型式	脚墙式		
闸总长(m)	112	每孔净宽 (m)	闸孔	5	所在地	睢宁县桃园镇	建成日期	1974 年 8 月
闸总宽(m)	19		航孔		工程规模	中型	除险加固竣工日期	2022 年 1 月

主要部位高程(m)	闸顶	24.4	胸墙底	20.5	下游消力池底	16	工作便桥面	22.7	水准基面	废黄河
	闸底	17.0	交通桥面	24.4	闸孔工作桥面	30.7	航孔工作桥面			
	附近堤防顶高程		上游左堤		上游右堤		下游左堤		下游右堤	

交通桥标准	设计	公路Ⅱ级	交通桥净宽(m)	4.5+2×0.5	工作桥净宽(m)	闸孔	5.9	闸门结构型式	闸孔	平面钢闸门
	校核		工作便桥净宽(m)	1.5		航孔			航孔	

启闭机型式	闸孔	卷扬式	启闭机台数	闸孔	3	启闭能力(t)	闸孔	2×10	钢丝绳	规格		m× 根
	航孔			航孔			航孔			数量		

闸门钢材(t)	21.75	闸门(宽×高)(m×m)	5.12×4.15	建筑物等级	3	备用电源	装机	50 kW
设计标准	10 年一遇排涝设计			抗震设计烈度	Ⅷ		台数	1

规划设计参数		设计水位组合			校核水位组合			检修门	型式	浮箱叠梁式	小水电	容量	
		上游(m)	下游(m)	流量(m³/s)	上游(m)	下游(m)	流量(m³/s)		块/套	6		台数	
	稳定	21.50	19.00	正常蓄水				历史特征值		日期	相应水位(m)		
		23.30	19.00	挡洪								上游	下游
	消能	21.50~21.75	18.00~21.65	105.00				上游水位	最高				
	防渗	21.50	17.00					下游水位	最低				
		23.30	19.00					最大过闸流量(m³/s)					
	孔径	21.85	21.75	105.00									

护坡长度(m)	部位	上游	下游	坡比	护坡型式	引河(m)	上游	底宽	底高程	边坡	下游	底宽	底高程	边坡
	左岸	20	36	1∶3	砼			15.0	17.00	1∶3		15.0	17.00	1∶3
	右岸	20	36	1∶3	砼	主要观测项目			垂直位移					

现场人员	2 人	管理范围划定	上下游河道、堤防各 200 m,左右岸各 80 m。
		确权情况	未确权。

水文地质情况：

共分 11 层，层 1—层 7 为第四季全新世沉积，层 8、层 11 为第四纪晚更新世沉积：1 层素填土，2 层重粉质砂壤土，3 层重粉质砂壤土，4 层粉质黏土，5 层重粉质砂壤土，6 层淤泥质粉质黏土，6-1 层重粉质砂壤土，7 层粉质黏土，7-1 层重粉质砂壤土，8 层粉质黏土，9 层粉质黏土夹重粉质砂壤土，10 层粉质黏土，11 层轻粉质砂壤土。

控制运用原则：

控制闸上水位 19.5～20.0 m，需要开闸分洪或调度灌溉水源时，由睢宁县防指统一指挥。

最近一次安全鉴定情况：

一、鉴定时间：2009 年 3 月 12 日。

二、鉴定结论、主要存在问题及处理措施：四类闸。

存在问题：该闸主体结构强度不满足规范要求；渗透稳定不满足规范要求；消能、防冲设施不满足规范要求；主体结构为浆砌块石结构，不利于抗震及防渗；钢丝网薄壳面板混凝土闸门碳化、露筋损坏；启闭机老化损坏严重；交通桥荷载标准低，损坏严重；无管理设施。

处理措施：拆除重建。

最近一次除险加固情况：徐水基〔2022〕3 号

一、建设时间：2020 年 2 月 25 日—2021 年 7 月 31 日。

二、主要加固内容：原址拆除重建朱西闸。

三、竣工验收意见、遗留问题及处理情况：2022 年 1 月 14 日通过徐州市水务局组织的朱西闸除险加固工程竣工验收，该工程已按批复实施完成，工程质量合格，财务管理规范，竣工结算已通过审计，档案已通过专项验收，工程运行正常，无遗留问题。

发生重大事故情况：

无。

建成或除险加固以来主要维修养护项目及内容：

无。

目前存在主要问题：

无。

下步规划或其他情况：

无。

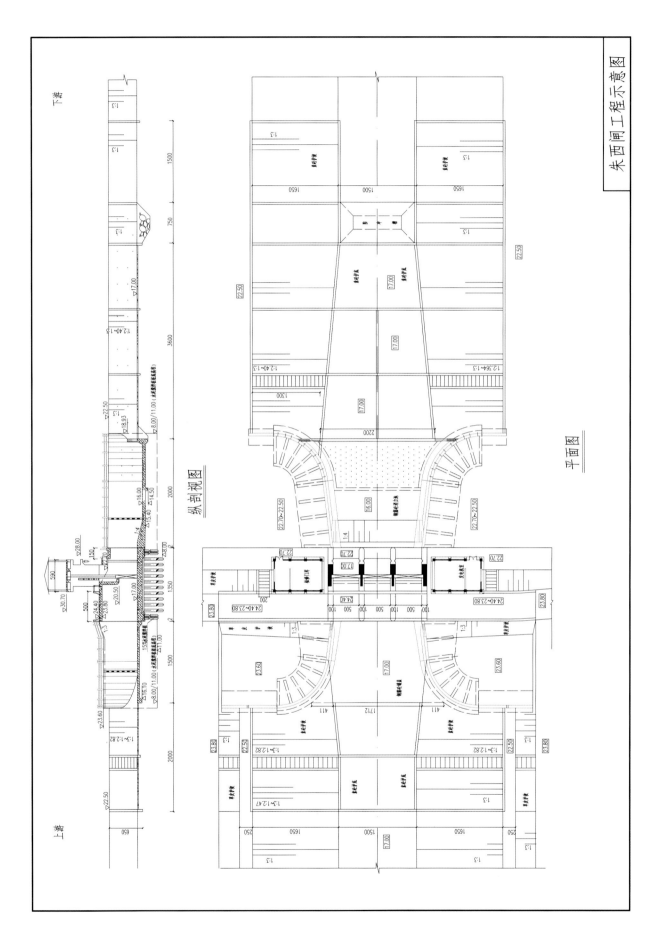

朱西闸管理范围界线图

划界标准：上下游河道、堤防各二百米，左右侧各八十米。

图　例

管理范围线

界桩位置

界桩编号

ZXZ-XZSN-S0003

鲁 庙 闸

管理单位:睢宁县桃园水利站

闸孔数	3 孔		闸孔净高(m)	闸孔	7.8	所在河流	新龙河	主要作用	防洪、排涝、灌溉
	其中航孔			航孔		结构型式	开敞式		
闸总长(m)	129.5		每孔净宽(m)	闸孔	4	所在地	睢宁县桃园镇	建成日期	1982 年 6 月
闸总宽(m)	15.6			航孔		工程规模	中型	完工日期	2021 年 7 月

主要部位高程(m)	闸顶	23.8	胸墙底		下游消力池底	15.2	工作便桥面	23.8	水准基面	废黄河
	闸底	16.0	交通桥面	23.8	闸孔工作桥面	30.3	航孔工作桥面			
	附近堤防顶高程	上游左堤		上游右堤		下游左堤		下游右堤		

交通桥标准	设计	公路Ⅱ级	交通桥净宽(m)	10+2×0.5	工作桥净宽(m)	闸孔	5.1	闸门结构型式	闸孔	平面钢闸门
	校核		工作便桥净宽(m)	1.8		航孔			航孔	

启闭机型式	闸孔	卷扬式	启闭机台数	闸孔	3	启闭能力(t)	闸孔	12.5	钢丝绳规格	平面钢闸门
	航孔			航孔			航孔		数量	m× 根

闸门钢材(t)	19.5	闸门(宽×高)(m×m)	4.12×4.8	建筑物等级	3	备用电源	装机	50 kW
设计标准	10 年一遇排涝设计,20 年一遇防洪校核			抗震设计烈度	Ⅷ		台数	1

规划设计参数		设计水位组合			校核水位组合			检修门	型式	叠梁式	小水电	容量
		上游(m)	下游(m)	流量(m³/s)	上游(m)	下游(m)	流量(m³/s)		块/套	6		台数
	稳定	20.50	18.40		21.00	20.50		历史特征值		日期	相应水位(m)	
											上游	下游
	消能							上游水位 最高				
								下游水位 最低				
								最大过闸流量(m³/s)				
	孔径	20.55	20.45	81.00	22.41	22.21	103.00					

护坡长度(m)	部位	上游	下游	坡比	护坡型式	引河(m)	上游	底宽	底高程	边坡	下游	底宽	底高程	边坡
	左岸	40	56	1:2.2	砼			7.0	17.00	1:2.2		12.0	16.00	1:3
	右岸	40	56	1:2.2	砼	主要观测项目								

现场人员	2 人	管理范围划定	上下游河道、堤防各 200 m,左右侧各 100 m。
		确权情况	未确权。

水文地质情况：

自上而下共分 11 层，其中层 1—层 4 为第四纪全新世沉积，层 5—层 11 为第四纪晚更新世沉积：1 层素填土，2 层重粉质砂壤土，2-1 层粉质黏土，3 层粉质黏土，4 层粉质黏土，5 层粉质黏土，6 层重粉质砂壤土，7 层重粉质砂壤土，8 层粉质黏土，9 层粉质黏土，10 层粉质黏土夹重粉质砂壤土，11 层粉质黏土。

控制运用原则：

控制闸上水位 19.00～21.20 m。水稻栽秧用水季节，可短时间预升水位到 20.50 m。

最近一次安全鉴定情况：

一、鉴定时间：2009 年 3 月 12 日。

二、鉴定结论、主要存在问题及处理措施：四类闸。

存在问题：该闸主体工程为浆砌石结构，强度不满足规范要求；渗透稳定不满足规范要求；消能、防冲设施不满足规范要求；砼闸门碳化、露筋；启闭机老化损坏；交通桥荷载标准低，拱圈裂缝；无管理设施。

处理措施：拆除重建。

最近一次除险加固情况：徐水基〔2022〕2 号

一、建设时间：2020 年 2 月 16 日—2021 年 7 月 31 日。

二、主要加固内容：原址拆除重建鲁庙闸。

三、竣工验收意见、遗留问题及处理情况：2022 年 1 月 13 日通过徐州市水务局组织的鲁庙闸除险加固工程竣工验收，该工程已按批复实施完成，工程质量合格，财务管理规范，竣工结算已通过审计，档案已通过专项验收，工程运行正常，无遗留问题。

发生重大事故情况：

无。

建成或除险加固以来主要维修养护项目及内容：

无。

目前存在主要问题：

无。

下步规划或其他情况：

无。

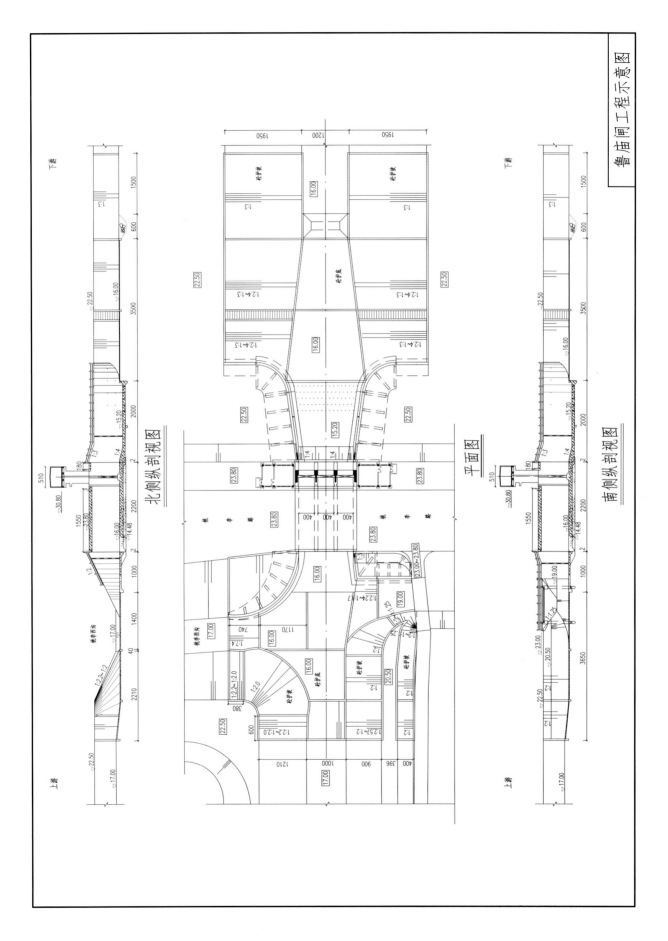

鲁庙闸工程示意图

鲁庙闸管理范围界线图

图　例

管理范围围界线

界桩位置

界桩编号　LMZ-XZSN-S0006

划界标准：上下游河道、堤防各二百米，左右侧各一百米。

汤 集 北 闸

管理单位:睢宁县官山水利站

闸孔数	3 孔		闸孔净高（m）	闸孔	7.35	所在河流	新龙河	主要作用	蓄水、灌溉、排涝
	其中航孔			航孔		结构型式	开敞式		
闸总长(m)	105.54		每孔净宽（m）	闸孔	8	所在地	睢宁县官山镇	建成日期	2023 年 12 月
闸总宽(m)	28.6			航孔		工程规模	中型	除险加固竣工日期	年 月
主要部位高程(m)	闸顶	21.6	胸墙底		下游消力池底	13.25	工作便桥面	21.6	水准基面	废黄河
	闸底	14.25	交通桥面	21.6	闸孔工作桥面	30.0	航孔工作桥面			
	附近堤防顶高程		上游左堤	21.6	上游右堤	21.6	下游左堤	21.6	下游右堤	21.6
交通桥标准	设计	公路Ⅱ级	交通桥净宽(m)	5.0	工作桥净宽（m）		闸孔	4.5	闸门结构型式	闸孔	升卧式平面钢闸门
	校核		工作便桥净宽(m)	2.0			航孔			航孔	
启闭机型式	闸孔	卷扬式	启闭机台数	闸孔	3	启闭能力（t）	闸孔	2×16	钢丝绳	规格	m× 根
	航孔			航孔			航孔			数量	

闸门钢材(t)		闸门(宽×高)(m×m)	8.12×6.3	建筑物等级	3	备用电源	装机台数	kW
设计标准	10 年一遇排涝设计			抗震设计烈度	Ⅷ		台数	1

规划设计参数		设计水位组合			校核水位组合			检修门	型式	浮箱叠梁式	小水电	容量	
		上游（m）	下游（m）	流量（m³/s）	上游（m）	下游（m）	流量（m³/s）		块/套	7		台数	
	稳定	20.00	18.40	设计蓄水	20.50	18.40		历史特征值		日期		相应水位(m)	
												上游	下游
	消能							上游水位 最高					
								下游水位 最低					
								最大过闸流量（m³/s）					
	孔径	19.80	19.65	252.00									

护坡长度(m)	部位	上游	下游	坡比	护坡型式	引河（m）	上游	底宽	底高程	边坡	下游	底宽	底高程	边坡
	左岸	20	47	1∶3	砼			40.0	14.25	1∶3		40.0	14.25	1∶3
	右岸	20	47	1∶3	砼	主要观测项目				垂直位移				

现场人员	2 人	管理范围划定	上下游河道、堤防各 300 m,左右侧各 150 m。
		确权情况	未竣工验收。

水文地质情况：

据钻探揭示，场地土层可划分6层（不含填土及亚层）。地上部①—④层为第四系全新统地层，其中①层粉质黏土、②-1层粉质黏土可塑，松软，工程性质较差。②层粉土，松散，防渗抗冲能力差，工程性质较差。②-2层、③层淤泥质粉质黏土，土质软弱，抗剪强度低，压缩性高，易流变及产生不均匀沉降，工程性质极差。④层黏土为一般黏性土，压缩性中等，工程性质一般。第⑤层含砂礓黏土及⑤-1层粉砂、⑤-2层粉砂，为第四系上更新统地层，分布较稳定，压缩性中等偏低，承载力高，工程性质较好。第⑥层中风化石灰岩，中等风化，属硬质岩，建议承载力特征值为1 000 kPa，工程性质好。

汤集北闸基底高程13.50 m，基底土层为⑤层含砂礓黏土，建议允许承载力250 kPa。

控制运用原则：

控制闸上水位19.0～20.0 m，水稻栽种用水季节，可短时间预升水位至20.5 m。

最近一次安全鉴定情况：

一、鉴定时间：无。

二、鉴定结论、主要存在问题及处理措施：无。

工程竣工验收情况：徐水办基〔2024〕1号

一、建设时间：2021年1月12日开工，2022年6月17日完工。

二、主要加固内容：列入2020年汛后应急治理项目睢宁县新龙河二期治理工程。考虑原龙山闸上游无补充水源，原地拆建龙山闸，不能改变灌区缺水的现状，且该闸也无挡洪调节任务，功能由调度闸调整为排涝及蓄水灌溉，故结合灌区治理，在白塘河下游新龙河上新建汤集北闸，形成梯级水面，保证灌区灌溉，龙山闸闸位处保留现有交通功能，新建龙山桥。

三、竣工验收意见、遗留问题及处理情况：2023年12月28日，通过徐州市水务局组织的睢宁县新龙河二期治理工程竣工验收，无遗留问题。

发生重大事故情况：

无。

建成或除险加固以来主要维修养护项目及内容：

无。

目前存在主要问题：

无。

下步规划或其他情况：

无。

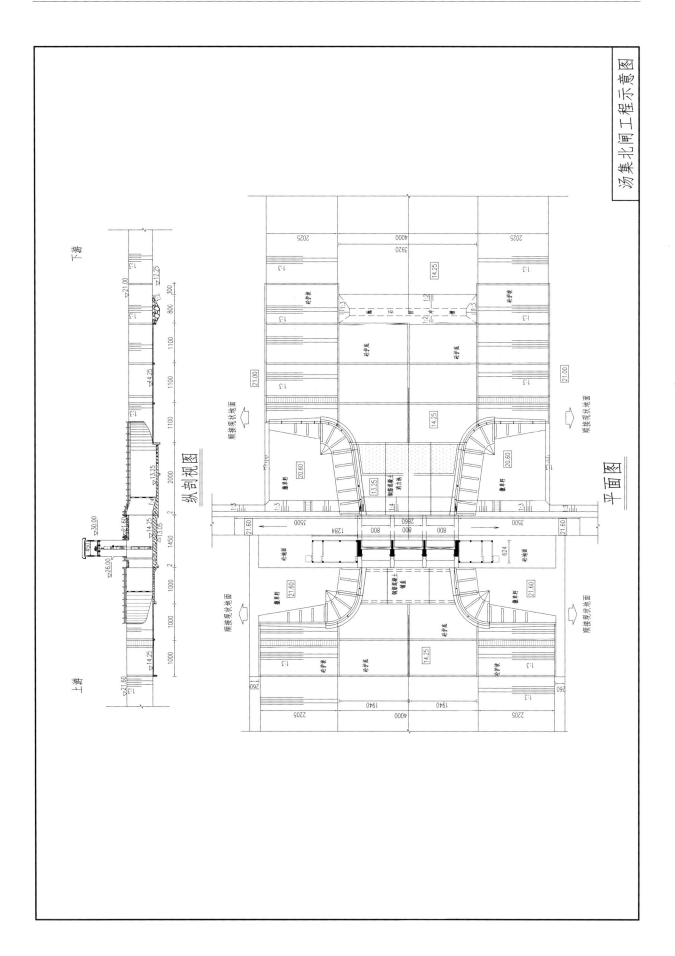

汤集北闸工程示意图

纵剖视图

平面图

凌　城　闸

管理单位:睢宁县凌城抽水站

<table>
<tr><td rowspan="2">闸孔数</td><td>5 孔</td><td rowspan="2">闸孔
净高
(m)</td><td>闸孔</td><td>8.6</td><td>所在河流</td><td colspan="2">新龙河</td><td rowspan="2">主要作用</td><td rowspan="2">防洪、排涝、灌溉</td></tr>
<tr><td>其中航孔</td><td>航孔</td><td></td><td>结构型式</td><td colspan="2">开敞式</td></tr>
<tr><td>闸总长(m)</td><td>232.4</td><td rowspan="2">每孔
净宽
(m)</td><td>闸孔</td><td>8</td><td>所在地</td><td colspan="2">睢宁县凌城镇</td><td>建成日期</td><td>1959 年 10 月</td></tr>
<tr><td>闸总宽(m)</td><td>47.5</td><td>航孔</td><td></td><td>工程规模</td><td colspan="2">中型</td><td>除险加固
竣工日期</td><td>2019 年 12 月</td></tr>
<tr><td rowspan="3">主要
部位
高程
(m)</td><td>闸顶</td><td>21.0</td><td>胸墙底</td><td></td><td>下游消力池底</td><td>8.7</td><td>工作便桥面</td><td>21.0</td><td rowspan="2">水准基面</td><td rowspan="2">废黄河</td></tr>
<tr><td>闸底</td><td>12.4</td><td>交通桥面</td><td>21.0</td><td>闸孔工作桥面</td><td>29.5</td><td>航孔工作桥面</td><td></td></tr>
<tr><td>附近堤防顶高程</td><td colspan="2">上游左堤</td><td colspan="2">上游右堤</td><td colspan="2">下游左堤</td><td colspan="3">下游右堤</td></tr>
<tr><td rowspan="2">交通
桥梁
标准</td><td>设计</td><td colspan="2">公路Ⅱ级</td><td>交通桥净宽(m)</td><td colspan="2">7.2+2×0.4</td><td rowspan="2">工作桥
净宽
(m)</td><td>闸孔</td><td>5.0</td><td rowspan="2">闸门
结构
型式</td><td>闸孔</td><td colspan="2">平面钢闸门</td></tr>
<tr><td>校核</td><td colspan="2"></td><td>工作便桥净宽(m)</td><td colspan="2">2.5</td><td>航孔</td><td></td><td>航孔</td><td colspan="2"></td></tr>
<tr><td rowspan="2">启闭
机
型式</td><td>闸孔</td><td colspan="2">卷扬式</td><td rowspan="2">启闭
机
台数</td><td>闸孔</td><td>5</td><td rowspan="2">启闭
能力
(t)</td><td>闸孔</td><td>2×16</td><td>钢
丝
绳</td><td>规格</td><td colspan="2">m× 根</td></tr>
<tr><td>航孔</td><td colspan="2"></td><td>航孔</td><td></td><td>航孔</td><td></td><td></td><td>数量</td><td colspan="2"></td></tr>
<tr><td colspan="2">闸门钢材(t)</td><td colspan="2">96.25</td><td>闸门(宽×高)(m×m)</td><td colspan="2">8.12×6.3</td><td>建筑物等级</td><td>3</td><td>备用
电源</td><td>装机</td><td colspan="2">75 kW</td></tr>
<tr><td colspan="2">设计标准</td><td colspan="4">10 年一遇排涝设计,20 年一遇防洪校核</td><td>抗震设
计烈度</td><td>Ⅷ</td><td></td><td>台数</td><td colspan="2">1</td></tr>
<tr><td rowspan="10">规划设计参数</td><td colspan="4">设计水位组合</td><td colspan="3">校核水位组合</td><td rowspan="2">检修门</td><td>型式</td><td>浮箱叠梁式</td><td rowspan="2">小水电</td><td>容量</td></tr>
<tr><td></td><td>上游
(m)</td><td>下游
(m)</td><td>流量
(m³/s)</td><td>上游
(m)</td><td>下游
(m)</td><td>流量
(m³/s)</td><td>块/套</td><td>8</td><td>台数</td></tr>
<tr><td rowspan="2">稳定</td><td>18.40</td><td>12.75</td><td></td><td>18.40</td><td>11.50</td><td></td><td colspan="2" rowspan="2">历史特征值</td><td rowspan="2">日期</td><td colspan="2">相应水位(m)</td></tr>
<tr><td></td><td></td><td></td><td></td><td></td><td></td><td>上游</td><td>下游</td></tr>
<tr><td rowspan="2">消能</td><td>18.40~
20.03</td><td>11.50~
19.78</td><td>0~
531.00</td><td rowspan="2"></td><td rowspan="2"></td><td rowspan="2"></td><td colspan="2">上游水位 最高</td><td></td><td></td><td></td></tr>
<tr><td></td><td></td><td></td><td colspan="2">下游水位 最低</td><td></td><td></td><td></td></tr>
<tr><td>防渗</td><td>18.40</td><td>11.50</td><td></td><td></td><td></td><td></td><td colspan="2" rowspan="2">最大过闸流量
(m³/s)</td><td></td><td></td><td></td></tr>
<tr><td>孔径</td><td>17.87</td><td>17.67</td><td>414.00</td><td>20.03</td><td>19.78</td><td>531.00</td><td></td><td></td><td></td></tr>
<tr><td rowspan="2">护坡
长度
(m)</td><td>部位</td><td>上游</td><td>下游</td><td>坡比</td><td>护坡型式</td><td rowspan="2">引河
(m)</td><td>上游</td><td>底宽</td><td>底高程</td><td>边坡</td><td rowspan="2">下游</td><td>底宽</td><td>底高程</td><td>边坡</td></tr>
<tr><td>左岸</td><td>60</td><td>85.3</td><td>1:3</td><td>砼</td><td></td><td>56.0</td><td>11.00</td><td>1:3</td><td>30.0</td><td>10.00</td><td>1:3</td></tr>
<tr><td>右岸</td><td>60</td><td>85.3</td><td>1:3</td><td>砼</td><td colspan="3">主要观测项目</td><td colspan="3">垂直位移</td></tr>
<tr><td rowspan="2">现场
人员</td><td rowspan="2">3 人</td><td colspan="2">管理范围划定</td><td colspan="6">上下游河道、堤防各 500 m,左右岸各 200 m。</td></tr>
<tr><td colspan="2">确权情况</td><td colspan="6">已确权 21 092.5 m²(睢〔1995〕9501 号)。</td></tr>
</table>

水文地质情况：

共划分 5 大层，从上到下：层 1 杂填土为近年人工堆积，层 2 黏土及层 3 淤泥质黏土为第四纪全新世沉积，层 4 黏土及层 5 含砂礓黏土为第四纪晚更新世沉积。

控制运用原则：

控制闸上水位 18.0～18.4 m。水稻栽秧用水季节，可短时间预升水位到 18.7 m。

最近一次安全鉴定情况：

一、鉴定时间：无。

二、鉴定结论、主要存在问题及处理措施：无。

最近一次除险加固情况：（徐水基〔2019〕102 号）

一、建设时间：2015 年 12 月—2018 年 8 月。

二、主要加固内容：拆除重建凌城闸。

三、竣工验收意见、遗留问题及处理情况：2019 年 12 月 27 日通过徐州市水务局组织的睢宁县凌城闸除险加固工程竣工验收，该工程已按批复实施完成，质量合格，财务管理规范，竣工决算已通过审计，档案已通过专项验收，工程运行正常，发挥了设计效益，无遗留问题。

发生重大事故情况：

无。

建成或除险加固以来主要维修养护项目及内容：

无。

目前存在主要问题：

无。

下步规划或其他情况：

无。

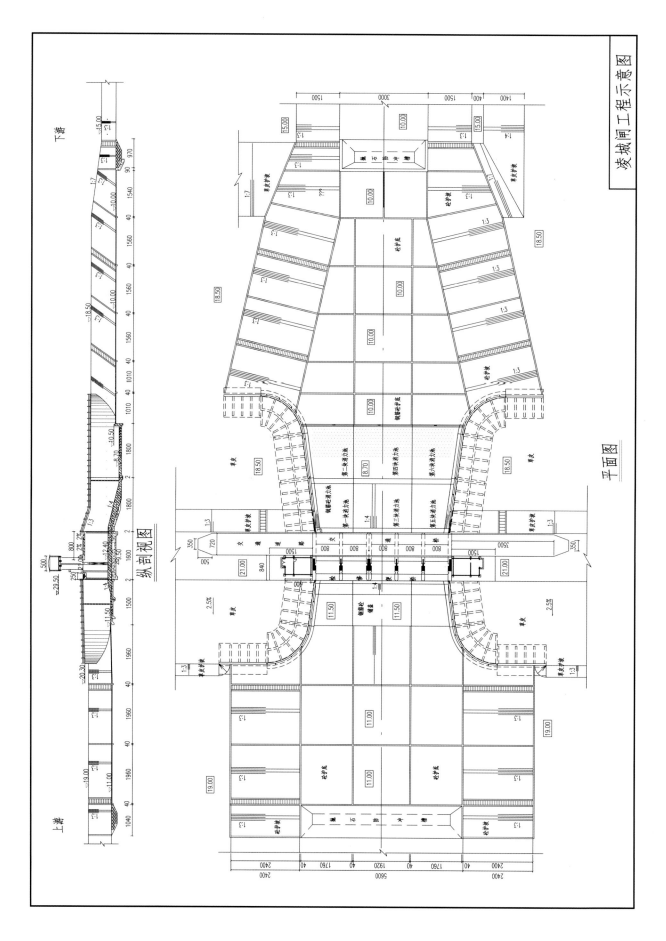

凌城闸工程示意图

凌城闸管理范围界线图

划界标准：上下游河道、堤防各五百米，左右侧各二百米。

图 例

—— 管理范围线

◇ 界桩位置

LCZ-XZSN-S0005 界桩编号

官 山 闸

管理单位:睢宁县官山水利站

闸孔数	5孔		闸孔净高(m)	闸孔	7.3	所在河流	白马河		主要作用	防洪、排涝、灌溉
	其中航孔			航孔		结构型式	开敞式			
闸总长(m)	113.5		每孔净宽(m)	闸孔	4.5	所在地	睢宁县官山镇	建成日期		1967年5月
闸总宽(m)	28.5			航孔		工程规模	中型	除险加固竣工日期		2019年12月

主要部位高程(m)	闸顶	21.8	胸墙底		下游消力池底	13.6	工作便桥面	21.8	水准基面	废黄河
	闸底	14.5	交通桥面	21.8	闸孔工作桥面	28.2	航孔工作桥面			
	附近堤防顶高程		上游左堤	22.00	上游右堤	22.00	下游左堤	22.00	下游右堤	22.00

交通桥标准	设计	公路Ⅱ级	交通桥净宽(m)	6+2×0.4	工作桥净宽(m)	闸孔	4.6	闸门结构型式	闸孔	平面钢闸门
	校核		工作便桥净宽(m)	2.0		航孔			航孔	

启闭机型式	闸孔	卷扬式	启闭机台数	闸孔	5	启闭能力(t)	闸孔	2×8	钢丝绳	规格	
	航孔			航孔			航孔			数量	m× 根

闸门钢材(t)	39.5	闸门(宽×高)(m×m)	4.62×4.8	建筑物等级	3	备用电源	装机	30 kW
设计标准	10年一遇排涝设计,20年一遇防洪校核			抗震设计烈度	Ⅷ		台数	1

规划设计参数		设计水位组合			校核水位组合			检修门	型式	叠梁式	小水电	容量		
		上游(m)	下游(m)	流量(m³/s)	上游(m)	下游(m)	流量(m³/s)		块/套	5		台数		
	稳定	19.00	15.80	设计蓄水	19.00	14.80	下游无水	历史特征值		日期		相应水位(m)		
													上游	下游
	消能	19.00~20.75	14.80~20.50	0~286.00				上游水位	最高					
								下游水位	最低					
								最大过闸流量(m³/s)						
	孔径	19.35	19.15	204.00	20.75	20.50	286.00							

护坡长度(m)	部位	上游	下游	坡比	护坡型式	引河(m)		底宽	底高程	边坡	下游	底宽	底高程	边坡
	左岸	20	48	1:3	砼		上游	25.0	14.50	1:3		25.0	14.50	1:3
	右岸	20	48	1:3	砼	主要观测项目								

现场人员	2人	管理范围划定	上下游河道、堤防各200 m,左右岸各100 m。
		确权情况	未确权。

水文地质情况：

从上到下 6 个大层及 1 个夹层：层 1 杂填土，层 2 粉土，层 3 黏土，层 4 黏土，层 5 粉土，层 6 黏土，层 6-1 粉土。

控制运用原则：

控制闸上水位 18.0～18.5 m。

最近一次安全鉴定情况：

一、鉴定时间：重建后尚未进行安全鉴定。

二、鉴定结论、主要存在问题及处理措施：无。

最近一次除险加固情况：（徐水基〔2019〕106 号）

一、建设时间：2016 年 3 月—2018 年 8 月。

二、主要加固内容：移址重建官山闸，新闸址位于老闸下游 4.5 km 处。

三、竣工验收意见、遗留问题及处理情况：睢宁县官山闸除险加固移址重建工程已按批复实施完成，质量合格，财务管理规范，竣工决算已通过审计，档案已通过专项验收，工程运行正常。2019 年 12 月 29 日通过徐州市水务局组织的睢宁县官山闸除险加固移址重建工程竣工验收，无遗留问题。

发生重大事故情况：

无。

建成或除险加固以来主要维修养护项目及内容：

无。

目前存在主要问题：

无。

下步规划或其他情况：

无。

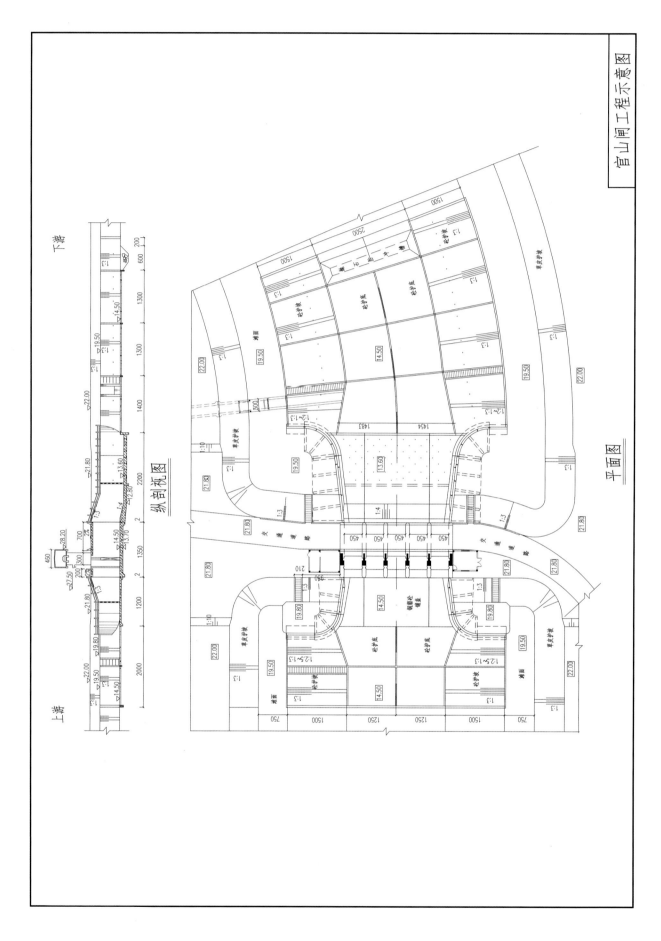

官山闸工程示意图

纵剖视图

平面图

官山闸管理范围界线图

图例

划界标准：上下游河道、堤防各二百米，左右侧各一百米。

管理范围线

界桩位置

GSZ-XZSN-S0003 界桩编号

四 里 桥 闸

管理单位:睢宁县李集水利站

闸孔数	3孔		闸孔净高(m)	闸孔	7.8	所在河流		潼河		主要作用		防洪、排涝、灌溉
	其中航孔			航孔		结构型式		开敞式				
闸总长(m)	121.0		每孔净宽(m)	闸孔	7	所在地		睢宁县李集镇		建成日期		1966年7月
闸总宽(m)	25.2			航孔		工程规模		中型		除险加固竣工日期		2023年1月
主要部位高程(m)	闸顶	23.8	胸墙底			下游消力池底	15.5		工作便桥面	23.8	水准基面	废黄河
	闸底	16.0	交通桥面		23.8	闸孔工作桥面	28.0		航孔工作桥面			
	附近堤防顶高程	上游左堤		23.2		上游右堤	23.2		下游左堤	23.0	下游右堤	23.00
交通桥标准	设计	公路Ⅱ级		交通桥净宽(m)	5.0+2×0.5	工作桥净宽(m)	闸孔	4.2	闸门结构型式	闸孔		升卧式平面钢闸门
	校核			工作便桥净宽(m)	2		航孔			航孔		
启闭机型式	闸孔	卷扬式		启闭机台数	闸孔	3	启闭能力(t)	闸孔	2×12.5	钢丝绳	规格	
	航孔				航孔			航孔			数量	m× 根
闸门钢材(t)			闸门(宽×高)(m×m)		6.94×4.5	建筑物等级	3		备用电源	装机		75 kW
设计标准	10年一遇排涝设计,20年一遇防洪校核						抗震设计烈度	Ⅷ			台数	1

规划设计参数		设计水位组合			校核水位组合			检修门	型式	浮箱叠梁式	小水电	容量	
		上游(m)	下游(m)	流量(m³/s)	上游(m)	下游(m)	流量(m³/s)		块/套	1套6块		台数	
	稳定	19.50	17.00	非汛期				历史特征值		日期		相应水位(m)	
		20.00	18.50	设计蓄水位								上游	下游
	消能							上游水位	最高				
								下游水位	最低				
								最大过闸流量(m³/s)					
	孔径	20.60	20.50	160.00	22.66	22.46	206.00						

护坡长度(m)	部位	上游	下游	坡比	护坡型式	引河(m)	上游	底宽	底高程	边坡	下游	底宽	底高程	边坡
	左岸	30	60	1:2.5	砼			20.0	16.00	1:2.5		20.0	16.00	1:2.5
	右岸	30	60	1:2.5	砼	主要观测项目								

现场人员	2人	管理范围划定	上下游河道、堤防各200 m,左右岸各100 m。
		确权情况	未确权。

水文地质情况：

岩土共分 11 层（其中包括 1 个亚层）：1 层素填土，2 层粉质黏土，3 层重粉质砂壤土，4 层黏土，5 层粉质黏土，6 层粉质黏土，6-1 层重粉质砂壤土，7 层重粉质砂壤土，8 层粉质黏土，9 层粉质黏土，10 层粉质黏土夹重粉质砂壤土，11 层粉质黏土。

控制运用原则：

控制闸上水位 18.5～19.0 m。

最近一次安全鉴定情况：

一、鉴定时间：2009 年 3 月 12 日。

二、鉴定结论、主要存在问题及处理措施：综合评价为四类闸。

存在问题：该闸主体结构强度不满足规范要求；渗透稳定不满足规范要求；消能、防冲设施不满足规范要求；主体结构为浆砌块石结构，不能满足抗震及防渗要求；砼闸门碳化，启闭机老化损坏；交通桥荷载标准低，碳化严重；无管理设施。

处理措施：建议拆除重建。

最近一次除险加固情况：（徐水办基〔2023〕4 号）

一、建设时间：2020 年 12 月 5 日开工，2021 年 10 月 28 日完工。

二、主要加固内容：拆除重建四里桥闸。

三、竣工验收意见、遗留问题及处理情况：2021 年通过徐州市水务局组织的睢宁县四里桥闸除险加固工程竣工验收，无遗留问题。

发生重大事故情况：

无。

建成或除险加固以来主要维修养护项目及内容：

无。

目前存在主要问题：

无。

下步规划或其他情况：

无。

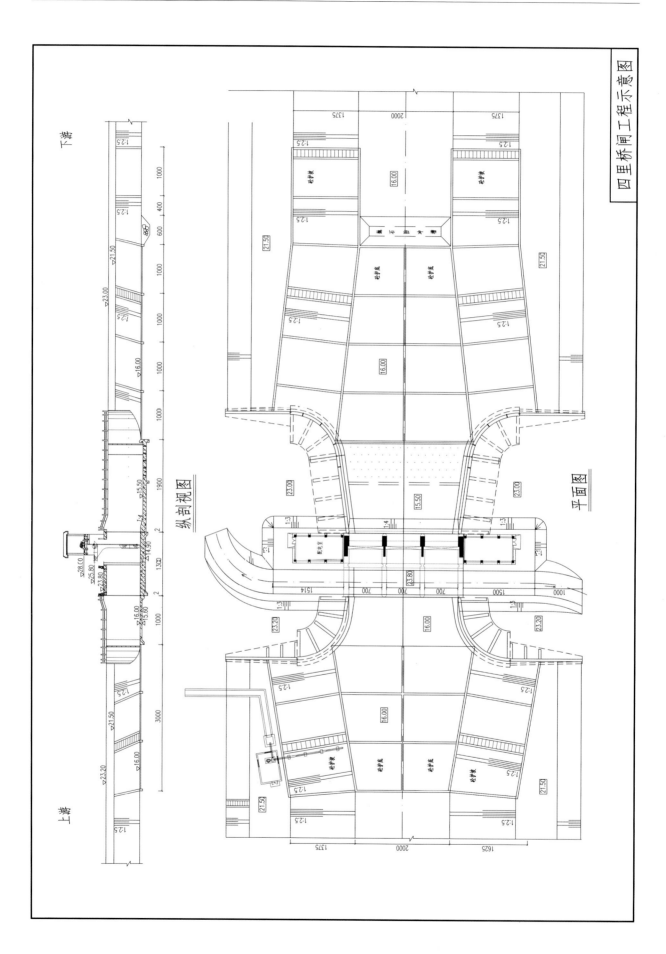

四里桥闸工程示意图

纵剖视图

平面图

四里桥闸管理范围界线图

杜 集 闸

管理单位:睢宁县官山水利站

闸孔数	5孔		闸孔净高(m)	闸孔	7.1	所在河流		潼河		主要作用		防洪、排涝、灌溉
	其中航孔			航孔		结构型式		开敞式				
闸总长(m)	120.04		每孔净宽(m)	闸孔	5	所在地		睢宁县官山镇		建成日期		1979年7月
闸总宽(m)	31			航孔		工程规模		中型		除险加固竣工日期		2017年1月

主要部位高程(m)	闸顶	21.7	胸墙底		下游消力池底	13.7	工作便桥面	21.7	水准基面		废黄河	
	闸底	14.6	交通桥面	21.7	闸孔工作桥面	27.8	航孔工作桥面					
	附近堤防顶高程		上游左堤	23.00	上游右堤	23.00	下游左堤	23.00	下游右堤		23.00	

交通桥标准	设计	公路Ⅱ级	交通桥净宽(m)	4.5+2×0.5	工作桥净宽(m)	闸孔	4.6	闸门结构型式	闸孔	平面钢闸门	
	校核		工作便桥净宽(m)	2		航孔			航孔		

启闭机型式	闸孔	卷扬式	启闭机台数	闸孔	5	启闭能力(t)	闸孔	2×6	钢丝绳	规格	
	航孔			航孔			航孔			数量	m× 根

闸门钢材(t)	35	闸门(宽×高)(m×m)	5.12×4.5	建筑物等级	3	备用电源	装机	30 kW
设计标准	10年一遇排涝设计,20年一遇防洪校核			抗震设计烈度	Ⅷ		台数	1

规划设计参数		设计水位组合			校核水位组合			检修门	型式	浮箱叠梁式	小水电	容量		
		上游(m)	下游(m)	流量(m³/s)	上游(m)	下游(m)	流量(m³/s)		块/套	5		台数		
	稳定	18.50	15.80	设计蓄水	18.00	14.65	下游无水	历史特征值		日期		相应水位(m)		
												上游	下游	
	消能	18.00~20.70	14.65~20.45	0~306.60				上游水位	最高					
								下游水位	最低					
								最大过闸流量(m³/s)						
	孔径	19.18	18.98	228.00	20.70	20.45	306.60							

护坡长度(m)	部位	上游	下游	坡比	护坡型式	引河(m)	上游	底宽	底高程	边坡	下游	底宽	底高程	边坡
	左岸	20	53.0	1:2.5	砼			28.0	14.60	1:2.5		32.0	14.60	1:2.5
	右岸	20	53.0	1:2.5	砼	主要观测项目				垂直位移				

现场人员	2人	管理范围划定	上下游河道、堤防各200 m,左右岸各100 m。
		确权情况	未确权。

水文地质情况：

上部全新统地层以灰黄色、黄褐色、灰色灰褐色粉土、黏土为主，土质松散、软弱；其下为更新统地层，以棕黄色含砂礓黏土为主，局部夹薄层壤土，土质坚硬、密实，工程性质良好。

控制运用原则：

控制闸上水位 18.0～18.5 m。

最近一次安全鉴定情况：

一、鉴定时间：2022 年 9 月 1 日。

二、鉴定结论、主要存在问题及处理措施：综合评定为二类闸。

主要存在问题：闸门部分构件涂层厚度不满足要求；闸门自重不足。建议对闸门进行防腐处理、侧止水进行维修；增加闸门配重并复核启闭机启闭能力。

最近一次除险加固情况：（徐水基〔2017〕53 号）

一、建设时间：2014 年 11 月—2016 年 7 月。

二、主要加固内容：原址拆除重建杜集闸，更换闸门、启闭机及电气设备，新建启闭机房；封堵下游南侧排涝涵洞，原址拆建上游南侧灌溉涵洞。

三、竣工验收意见、遗留问题及处理情况：2017 年 1 月通过徐州市水务局组织的睢宁县杜集闸除险加固工程竣工验收，该工程已按批复实施完成，质量合格，财务管理规范，竣工决算已通过审计，工程运行正常。无遗留问题。

发生重大事故情况：

无。

建成或除险加固以来主要维修养护项目及内容：

无。

目前存在主要问题：

无。

下步规划或其他情况：

无。

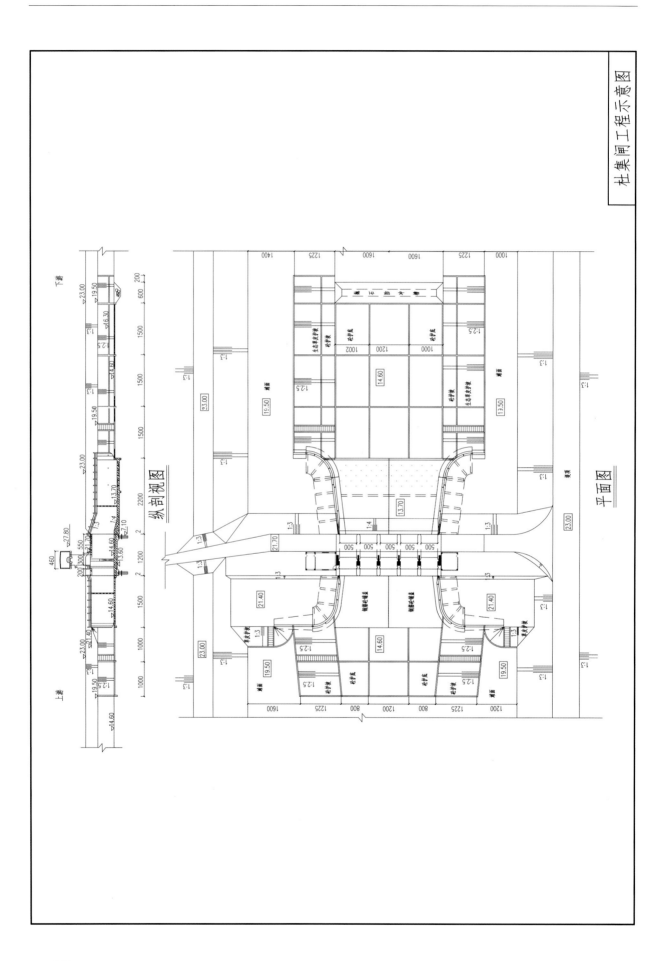

杜集闸工程示意图

纵剖视图

平面图

杜集闸管理范围界线图

划界标准：上下游河道、堤防各二百米，左右侧各一百米。

图 例

—— 管理范围界线

♀ 界桩位置

DJZ-XZSN-S0006 界桩编号

中 渭 河 闸

管理单位:睢宁县高作水利站

闸孔数		1孔	闸孔净高(m)	闸孔	5	所在河流	中渭河	主要作用	防洪、排涝、灌溉
		其中航孔		航孔		结构型式	胸墙式		
闸总长(m)		77.04	每孔净宽(m)	闸孔	6	所在地	睢宁县高作镇	建成日期	1983年11月
闸总宽(m)		8.4		航孔		工程规模	中型	除险加固竣工日期	未竣工

主要部位高程(m)	闸顶	22.5	胸墙底	20.0	下游消力池底	14.5	工作便桥面	22.5	水准基面	废黄河
	闸底	15.0	交通桥面	22.693	闸孔工作桥面	29.70	航孔工作桥面			
	附近堤防顶高程		上游左堤		上游右堤		下游左堤		下游右堤	

交通桥标准	设计	公路-Ⅱ级	交通桥净宽(m)	7+2×0.5	工作桥净宽(m)	闸孔	4.4	闸门结构型式	闸孔	平面钢闸门
	校核		工作便桥净宽(m)	1.7		航孔			航孔	

启闭机型式	闸孔	卷扬式	启闭机台数	闸孔	1	启闭能力(t)	闸孔	2×10	钢丝绳	规格	
	航孔			航孔			航孔			数量	m× 根

闸门钢材(t)		闸门(宽×高)(m×m)	6×5	建筑物等级	4	备用电源	装机	kW
设计标准	5年一遇设计, 年一遇校核			抗震设计烈度	Ⅷ		台数	

规划设计参数		设计水位组合			校核水位组合			检修门	型式		小水电	容量	
		上游(m)	下游(m)	流量(m³/s)	上游(m)	下游(m)	流量(m³/s)		块/套	5		台数	
	稳定	20.20	20.10	排涝	21.51	17.50	挡洪	历史特征值		日期	相应水位(m)		
											上游	下游	
	消能							上游水位 最高					
								下游水位 最低					
								最大过闸流量(m³/s)					
	孔径	19.81	19.76	9.81	灌溉								

护坡长度(m)	部位	上游	下游	坡比	护坡型式	引河(m)	上游	底宽	底高程	边坡	下游	底宽	底高程	边坡
	左岸	12.0	26.0	1:2.5	砼			6.0	15.0	1:2.5		6.0	15.0	1:2.5
	右岸	12.0	26.0	1:2.5	砼	主要观测项目		无						

现场人员	2人	管理范围划定	含在中渭河管理范围内,即河道背水坡脚外8 m。
		确权情况	未确权。

水文地质情况：

分 6 个工程地质层：1 层壤土建议允许承载力 90 kPa；2 层粉砂建议允许承载力 90 kPa；3 层淤泥质壤土建议允许承载力 70 kPa；4 层壤土建议允许承载力 1 000 kPa；5 层含砂礓壤土建议允许承载力 200 kPa；6 层粉砂建议允许承载力 200 kPa。

控制运用原则：

控制闸上水位 19.5 m，需要开闸分洪或调度灌溉水源时，由睢宁县防指统一指挥。

最近一次安全鉴定情况：

一、鉴定时间：2020 年 12 月 4 日。

二、鉴定结论、主要存在问题及处理措施：综合评定为四类闸。

主要存在问题：工程设施损坏严重，不能按设计工况运行，过流能力不满足要求；上下游护坡损毁，上下游连拱一字型翼墙拱片漏水，一字墙与闸室墙分缝处漏水，防渗长度不足；工作桥排架、大梁及闸室撑梁等混凝土构件钢筋锈胀开裂；交通桥拱圈（拱轴线）不规则、桥面铺装层损坏，闸墩、一字墙立柱、拱圈、撑梁、闸门、工作桥大梁混凝土强度推定值均不满足设计及规范要求，混凝土最大碳化深度 95 mm，超过保护层设计厚度；平面立拱钢丝网薄壳闸门梁柱碳化露筋；浆砌石消力池抗冲能力不满足要求，地震作用下，浆砌石边墩抗拉强度不满足要求，且不利于抗震；启闭机房损坏漏雨；启闭机钢丝绳、绳鼓、齿轮锈蚀严重，机架松动，减速箱漏油严重。

处理措施：建议拆除重建。

最近一次除险加固情况：

一、建设时间：2021 年。

二、主要加固内容：列入睢宁县凌城灌区续建配套与现代化改造项目 2021 年度工程，原址拆除重建中渭河闸。

三、竣工验收意见、遗留问题及处理情况：尚未竣工。

发生重大事故情况：

无。

建成或除险加固以来主要维修养护项目及内容：

无。

目前存在主要问题：

无。

下步规划或其他情况：

无。

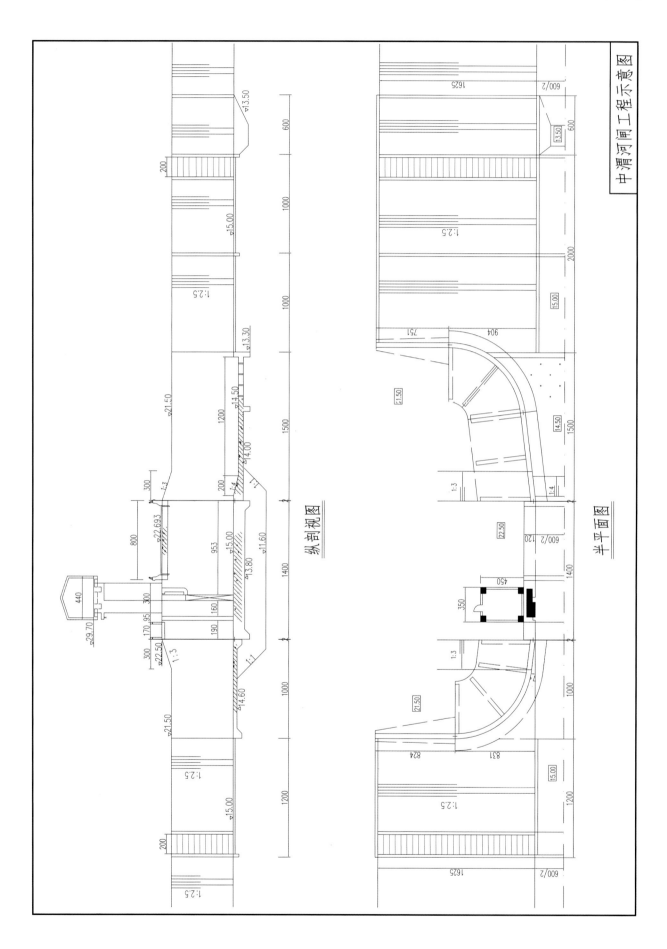

中涓河闸工程示意图

纵剖视图

半平面图

沂河橡胶坝

管理单位:邳州市沂河橡胶坝管理所

闸孔数	橡胶坝	6 跨	净高	橡胶坝	4.5	所在河流	沂河		主要作用	蓄水、灌溉	
	调节闸	3 孔	(m)	调节闸	10.5	内压比	1:1.3				
总长(m)	106.0		单孔净宽 (m)	橡胶坝	49.0	所在地	邳州市官湖镇授贤村		建成日期	2015 年 10 月	
总宽(m)	324.44			调节闸	6.0	工程规模	中型工程		除险加固竣工日期	年 月	
主要部位高程 (m)	顶高程	坝顶 29.5 闸顶 35.5	胸墙底			下游消力池底	22.5	调节闸工作便桥	35.5	水准基面	1985 国家高程
	底高程	25.0	交通桥面	35.63		调节闸工作桥	43.0	航孔工作桥面			
	附近堤防顶高程	上游左堤		上游右堤			下游左堤			下游右堤	
交通桥标准	设计	公路-Ⅱ级	交通桥净宽(m)	4.5+2×0.75	工作桥净宽 (m)	闸孔	5.0	闸门结构型式	橡胶坝	橡胶坝	
	校核		工作便桥净宽(m)	2.85		航孔			调节闸	平板钢闸门	
附属设施型式	电机	YP2-380S-8	管道	管径	DN1000	闸阀	数量	14	橡胶坝	型号	JBD4.0-260260-3 型
	电机台数	3		材质	钢板卷管		型号	Z120-24W		坝布	三布四胶结构
调节闸启闭机型式	卷扬式		台数	3	启闭能力 (t)	2×15	建筑物等级	3	备用电源	装机台数	
设计标准		50 年一遇防洪设计					抗震设计烈度	Ⅷ			

规划设计参数		设计水位组合			校核水位组合			检修门	型式	钢制组合式	小水电	容量
		上游 (m)	下游 (m)	流量 (m³/s)	上游 (m)	下游 (m)	流量 (m³/s)		块/套	3		台数
	稳定	29.50	24.00	非汛期	29.50	24.00		历史特征值		2020-08-14	相应水位(m)	
		28.50	24.00	汛期							上游	下游
		34.25	34.00	8 000.00				上游水位	最高	34.35		
	消能							下游水位	最低	34.05		
								最大过闸流量 (m³/s)		7 400 m³/秒		
	孔径											

护坡长度 (m)	部位	上游	下游	坡比	护坡型式	引河 (m)	上游	底宽	底高程	边坡	下游	底宽	底高程	边坡
	左岸	260	300	1:3	砼				24.0	1:3			24.0	1:3
	右岸	260	300	1:3	砼	主要观测项目								

现场人员	10 人	管理范围划定	上下游河道、堤防各 500 m,左右侧各 200 m。
		确权情况	未确权。

水文地质情况：

　　自上而下分为：①淤积中粗砂，②壤土，③含砂礓黏土，④壤土，⑤含砂黏土，⑥粗砂，⑦壤土，⑧中粗砂。

控制运用原则：

　　正常蓄水期控制和汛期控制。非汛期正常蓄水至设计高度 29.5 m，坝顶最大溢流水深 0.3 m；汛期按洪水分级原则，即小洪水、一般洪水、中高洪水进行调度管理，小洪水不塌坝，一般洪水，调节闸全开，塌 1、2 两节坝袋泄洪，中高洪水，调节闸全开，6 孔坝袋全部塌坝泄洪。

最近一次安全鉴定情况：

　　一、鉴定时间：2022 年 12 月 28 日。

　　二、鉴定结论、主要存在问题及处理措施：经综合评定为二类闸。

　　主要存在问题：1. 坝袋充水用集水井滤水系统损坏，易造成砂石颗粒进入泵管、坝袋，影响闸阀开闭及坝袋安全运行，建议尽快研究处理方案。2. 调节闸与控制室分缝受玻璃栈桥影响存在扩大趋势，建议加强观测。

最近一次除险加固情况：

　　一、建设时间：无。

　　二、主要加固内容：无。

　　三、竣工验收意见、遗留问题及处理情况：无。

发生重大事故情况：

　　无。

建成或除险加固以来主要维修养护项目及内容：

　　无。

目前存在主要问题：

　　无。

下步规划或其他情况：

　　无。

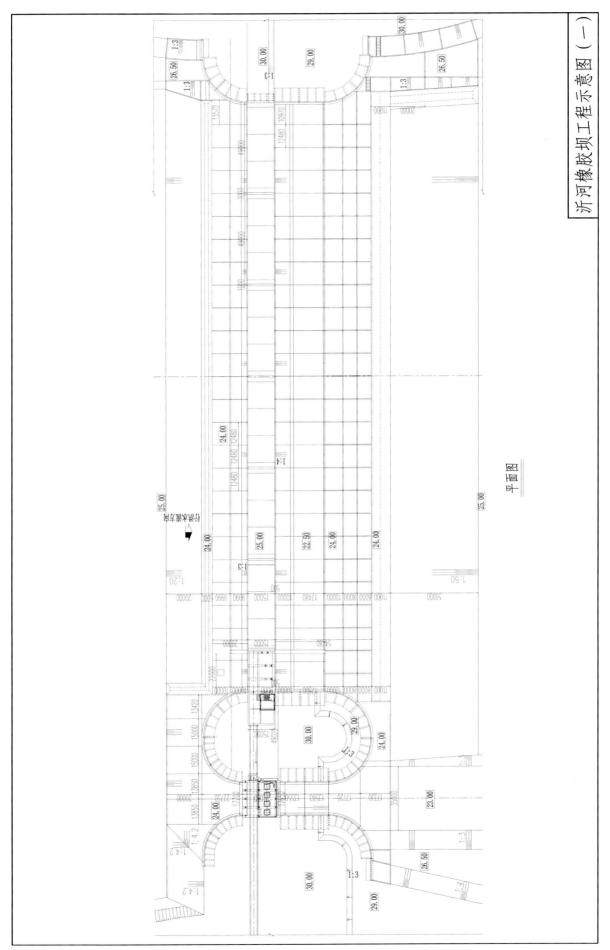

沂河橡胶坝工程示意图（一）

平面图

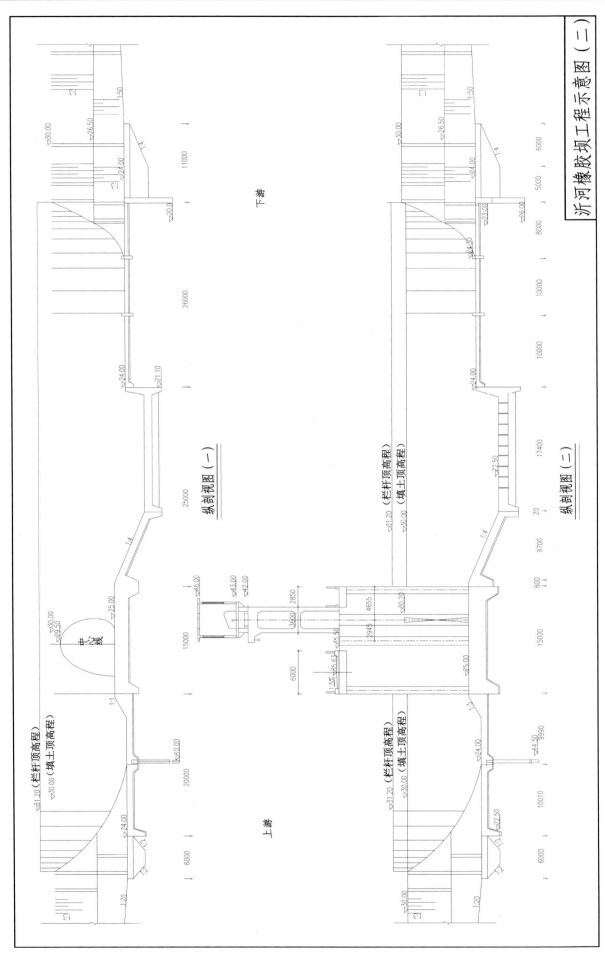

沂河橡胶坝工程示意图（二）

纵剖视图（一）

纵剖视图（二）

沂河橡胶坝管理范围界线图

划界标准：左右侧各二百米，
上下游河道、堤防各五百米。

图 例

———— 管理范围线

♀ 界桩位置

YHXJB-XZPZ-S0006 界桩编号

沙 墩 闸

管理单位:邳州市四户水利站

闸孔数	5	闸孔净高(m)	闸孔	6.5	所在河流	邳苍分洪道	主要作用		防洪、排涝
	其中航孔		航孔		结构型式	开敞式			
闸总长(m)	115.08	每孔净宽(m)	闸孔	8	所在地	邳州市四户镇	建成日期		未竣工
闸总宽(m)	47.5		航孔		工程规模	中型	除险加固竣工日期		未竣工

主要部位高程(m)	闸顶	32.30	胸墙底		下游消力池底	24.80	工作便桥面	22.30	水准基面	1985国家高程
	闸底	25.80	交通桥面	32.30	闸孔工作桥面	39.30	航孔工作桥面			
	附近堤防顶高程		上游左堤		上游右堤		下游左堤		下游右堤	

交通桥标准	设计	公路Ⅱ级	交通桥净宽(m)	5.5+2×0.45	工作桥净宽(m)	闸孔	5	闸门结构型式	闸孔	升卧式平面钢闸门
	校核		工作便桥净宽(m)	1.5		航孔			航孔	

启闭机型式	闸孔	卷扬式	启闭机台数	闸孔	5	启闭能力(t)	闸孔	2×16	钢丝绳	规格	26ZAB6X36WS+IWR1870ZS
	航孔			航孔			航孔			数量	5套

闸门钢材(t)		闸门(宽×高)(m×m)		8×4	建筑物等级	3级	备用电源	装机	50 kW
设计标准		5年一遇排涝,50年一遇防洪			抗震设计烈度	7		台数	1

规划设计参数		设计水位组合			校核水位组合			检修门	型式	钢质浮箱叠梁门	小水电	容量		
		上游(m)	下游(m)	流量(m³/s)	上游(m)	下游(m)	流量(m³/s)		块/套	6		台数		
	稳定	29.50	27.00	正常蓄水				历史特征值			日期		相应水位(m)		
													上游	下游
	消能	29.80~31.24	27.00~31.09	0~410.00				上游水位	最高						
	防渗	29.50	27.00					下游水位	最低						
	孔径	31.24	31.09	410.00	32.27	20年一遇漫滩行洪		最大过闸流量(m³/s)							
					32.88	50年一遇漫滩行洪									

护坡长度(m)	部位	上游	下游	坡比	护坡型式	引河(m)	上游	底宽	底高程	边坡	下游	底宽	底高程	边坡
	左岸	20	58.5	1:2.5	砼护坡			48	25.8	1:2.5		48	25.8	1:2.5
	右岸	20	58.5	1:2.5	砼护坡	主要观测项目				垂直位移				

现场人员	2人	管理范围划定	未划界。
		确权情况	未确权。

水文地质情况：

自上而下分为 8 层：①层素填土，主要为灰黄、褐黄、灰褐色粉质黏土、重粉质壤土、杂砂壤土，局部混杂，含碎石、碎块、砂礓块等，表层含植物根茎。土质杂乱、软硬不均，为人工填土，主要在堤身及地表分布。②层灰黄、灰色粉质黏土、重粉质壤土，含铁锰质结核，含少量砂礓，可塑状态。③-1 层灰黄、褐黄色粉质黏土，夹砂壤土薄层，可塑—软塑状态。⑤-1 层灰黄色粉质黏土、黏土，局部夹砂壤土薄层，含铁锰质结核，含砂礓，砂礓直径 1～5 cm，含量 5%～10%。可塑—硬塑状态。⑥层灰黄色粉砂、砂壤土，夹粉质黏土薄层，稍密—中密状态。⑦层灰黄色粉质黏土、黏土，局部夹砂壤土薄层，含铁锰质结构，含较多砂礓，局部砂礓富集，砂礓直径 1～5 cm，含量 5%～30%，硬塑状态。⑧灰黄色中、粗砂，局部为粉砂、砂壤土，局部夹灰黄色粉质黏土薄层，含云母片，密实状态。⑨层灰黄、褐黄色粉质黏土、黏土，含铁锰质结核，含少量砂礓，砂礓直径 1～5 cm，含量 50%左右，硬塑状态。

控制运用原则：

一、蓄水期，控制闸上水位 32.3 m，汛期开闸排涝，无涝关闸蓄水。

二、在排涝期间，沙墩闸由邳州市防办调度。

最近一次安全鉴定情况：

一、鉴定时间：无。

二、鉴定结果，主要存在问题及处理措施：无。

最近一次除险加固情况：

一、建设时间：2020 年 10 月—2021 年 12 月。

二、主要加固内容：列入"淮河流域及沂沭泗 2019 年旱涝后应急治理工程"，原址拆除重建。

三、竣工验收意见、遗留问题及处理情况：尚未竣工。

发生重大事故情况：

无。

建成或除险加固以来主要维修养护项目及内容：

正在除险加固。

目前存在主要问题：

无。

下步规划或其他情况：

无。

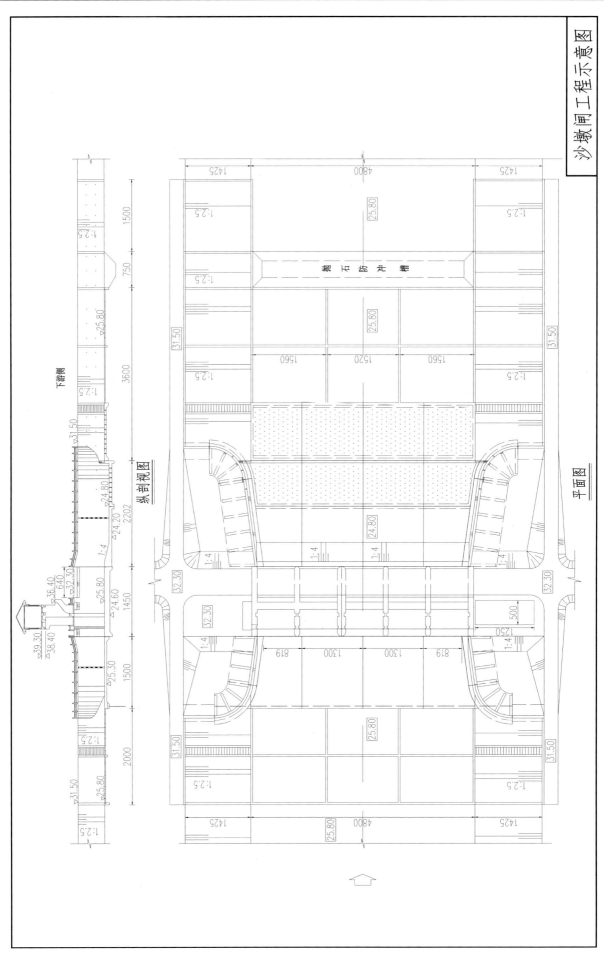

沙墩闸工程示意图

纵剖视图

平面图

依宿橡胶坝

管理单位:邳州市邳城翻水站

闸孔数	1	橡胶坝(m)	坝长	92.4	所在河流	邳苍分洪道(西偏泓)		主要作用	蓄水、灌溉
	其中航孔		坝高	2.5	内压比				
闸总长(m)	97.7	单孔净宽(m)	闸孔		所在地	邳州市戴庄镇	建成日期		1989 年
闸总宽(m)	92.4		航孔		工程规模	中型	除险加固竣工日期		2007 年

主要部位高程(m)	坝顶	26.00	胸墙底		下游消力池底	20.0	工作便桥面		水准基面	废黄河
	坝底	23.5	交通桥面	145	闸孔工作桥面	30	航孔工作桥面			
	附近堤防顶高程		上游左堤	31.33	上游右堤	31.25	下游左堤	31.25	下游右堤	31.33

交通桥标准	设计	汽-10	交通桥净宽(m)	4.5	工作桥净宽(m)	闸孔	闸门结构型式	闸孔	双锚固枕式橡胶坝
	校核		工作便桥净宽(m)			航孔		航孔	型号

附属设施型式	电机	22 kW	管道	管径(cm)	40	闸阀	数量	8	橡胶坝	型号
	电机设备			材质	铸铁		型号	DN400	坝布	

闸门钢材(t)		闸门表面积(m²)		建筑物等级	4	备用电源	装机台数	kW
设计标准		5 年一遇排涝设计		抗震设计烈度			小水电	容量台数

规划设计参数		设计水位组合			校核水位组合			检修门	型式块/套			
		上游(m)	下游(m)	流量(m³/s)	上游(m)	下游(m)	流量(m³/s)					
	稳定	29.41		900.00				历史特征值	年 月 日	相应水位(m)		
										上游	下游	
	消能							上游水位 最高				
								下游水位 最低				
								最大过闸流量(m³/s)				
	孔径	28.39	27.86	900.00								

护坡长度(m)	部位	上游	下游	坡比	护坡型式	引河(m)	上游	底宽	底高程	边坡	下游	底宽	底高程	边坡
	左岸	30	61	1:3	砼			99	23.0	1:3		132	21.0	1:35
	右岸	19	33	1:3	砼	主要观测项目								

现场人员	2 人	管理范围划定	上下游各 500 m,左右两侧各 200 m。
		确权情况	已确权 65 200 m²(邳国用〔94〕字第 38—18 号)。

水文地质情况：

原老坝西侧中间均有水,钻孔位于水下。

根据钻探揭示土层可分为三层:一层为壤土,暗褐,可塑夹砂,厚度 2.2 m。二层为粗砂,褐黄、中密、饱和,小碎石,厚度 1.0～3.8 m。三层为壤土,黄褐可硬塑,饱和,夹砂,厚度大于 4.0 m。

控制运用原则：

一、拦水灌溉,蓄水高程为 26.0 m。

二、汛期上游来水达到设计水位,塌坝袋泄流。

最近一次安全鉴定情况：

一、鉴定时间:2022 年 12 月 28 日。

二、鉴定结论、主要存在问题及处理措施:经综合评定为四类闸。

主要存在问题:1. 充水泵房墩墙、电机墩混凝土强度不满足规范要求;交通桥桥板混凝土强度不满足规范要求;各构件碳化深度较大且分布不均。2. 橡胶坝坝袋老化严重,局部破损,漏水严重;电气设备使用时间较长,电机、线路存在严重老化等现象。3. 行洪时桥梁阻水严重,橡胶坝控制运用可靠性差,存在安全隐患。4. 水平坡降、出逸坡降满足要求,但交通桥下部浆砌块石基础、上下游浆砌块石翼墙均参与防渗,效果差,渗流安全评为 B 级。5. 交通桥设计荷载标准低,不满足现行规范要求且浆砌块石桥墩存在开裂现象,结构安全评为 C 级。6. 闸室岸墙、上下游翼墙等主体工程均为浆砌石结构,不满足抗震要求,抗震安全评为 C 级。

建议拆除重建,在未除险加固之前,应做好防汛预案并降低标准使用。

最近一次除险加固情况：

一、建设时间:无。

二、主要加固内容:无。

三、竣工验收意见、遗留问题及处理情况:无。

发生重大事故情况：

无。

建成或除险加固以来主要维修养护项目及内容：

无。

目前存在主要问题：

无。

下步规划或其他情况：

无。

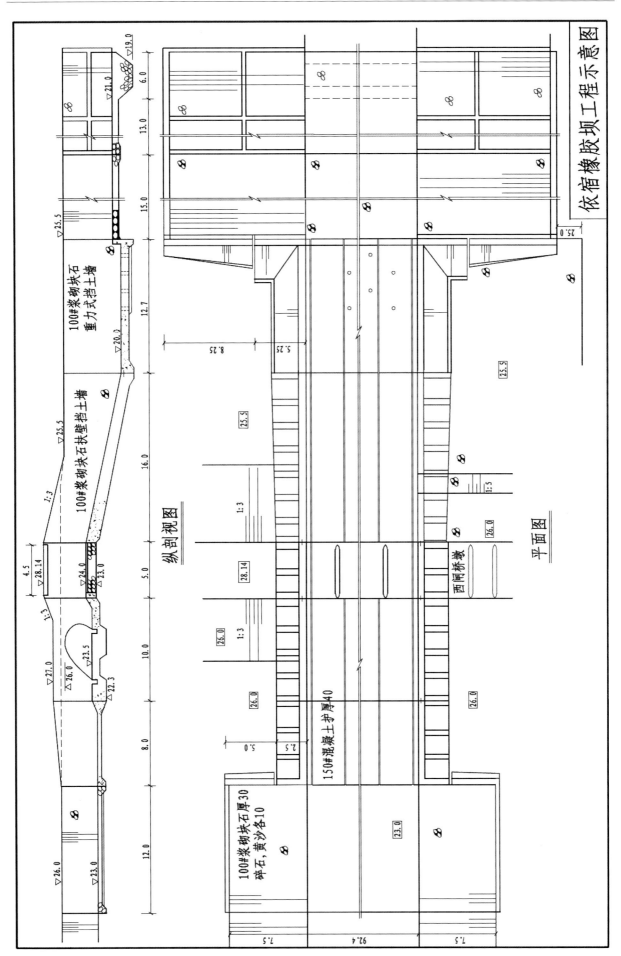

依宿橡胶坝工程示意图

纵剖视图

平面图

100#浆砌块石
重力式挡土墙

100#浆砌块石扶壁挡土墙

西闸桥墩

150#混凝土护厚40

100#浆砌块石厚30
碎石,黄沙各10

依宿橡胶坝管理范围界线图

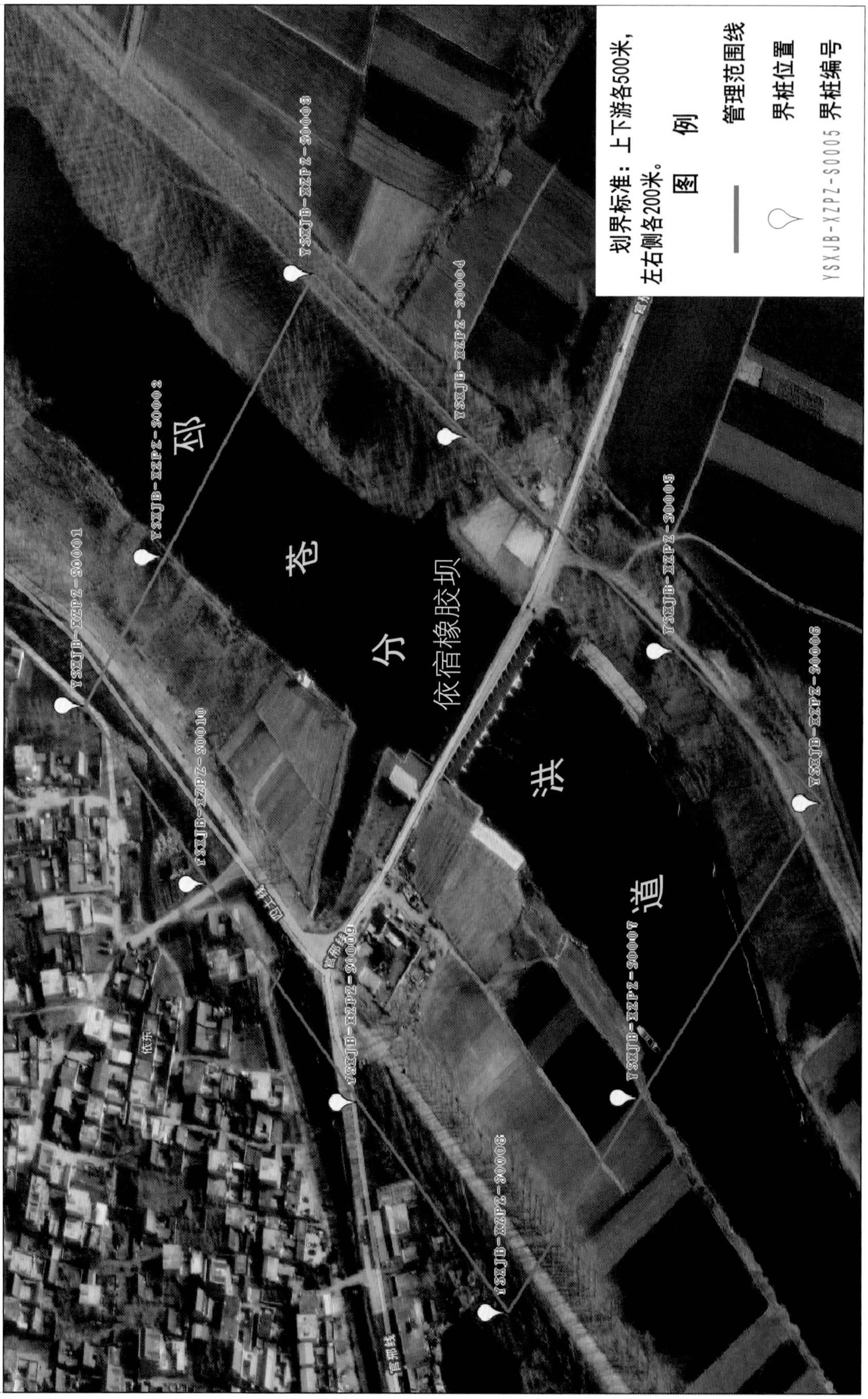

图　例

划界标准：上下游各500米，左右侧各200米。

管理范围线

界桩位置

YSXJB-XZPZ-S0005 界桩编号

邳

苍

分

洪

道

依宿橡胶坝

YSXJB-XZPZ-S0003

YSXJB-XZPZ-S0004

YSXJB-XZPZ-S0005

YSXJB-XZPZ-S0006

YSXJB-XZPZ-S0002

YSXJB-XZPZ-S0001

YSXJB-XZPZ-S0010

YSXJB-XZPZ-S0009

YSXJB-XZPZ-S0007

YSXJB-XZPZ-S0008

秦 口 闸

管理单位:邳州市四户镇水利站

闸孔数	5孔		闸孔净高(m)	闸孔	6.3	所在河流	汶河	主要作用	蓄水、排涝
	其中航孔			航孔		结构型式	开敞式		
闸总长(m)	128		每孔净宽(m)	闸孔	6	所在地	邳州市四户镇	建成日期	1971年6月
闸总宽(m)	36			航孔		工程规模	中型	除险加固竣工日期	2019年12月
主要部位高程(m)	闸顶	33.8	胸墙底		下游消力池底	26.3	工作便桥面	33.8	水准基面	1985国家高程
	闸底	27.5	交通桥面	33.8	闸孔工作桥面	41.3	航孔工作桥面			
	附近堤防顶高程		上游左堤	34.60	上游右堤	34.70	下游左堤	34.60	下游右堤	34.70
交通桥标准	设计	公路Ⅱ级	交通桥净宽(m)	5.5+2×0.5	工作桥净宽(m)	闸孔	5.2	闸门结构型式	闸孔	直升式平面钢闸门
	校核		工作便桥净宽(m)	1.52		航孔			航孔	
启闭机型式	闸孔	卷扬式	启闭机台数	闸孔	5	启闭能力(t)	闸孔	2×10	钢丝绳	规格	6×37
	航孔			航孔			航孔			数量	90 m×10根
闸门钢材(t)			闸门(宽×高)(m×m)		6.12×4.7	建筑物等级	3	备用电源	装机	30 kW
设计标准	10年一遇排涝设计,20年一遇防洪校核					抗震设计烈度	Ⅷ		台数	1

规划设计参数		设计水位组合			校核水位组合			检修门	型式	浮箱叠梁门	小水电	容量		
		上游(m)	下游(m)	流量(m³/s)	上游(m)	下游(m)	流量(m³/s)		块/套	5		台数		
	稳定	31.70	27.50	正常蓄水				历史特征值		日期		相应水位(m)		
												上游	下游	
	消能	31.00~32.62	27.50~32.42	0~296.04				上游水位 最高						
								下游水位 最低						
	防渗	31.70	27.50					最大过闸流量(m³/s)						
	孔径	31.88	31.78	188.00	32.62	32.42	296.04							

护坡长度(m)	部位	上游	下游	坡比	护坡型式	引河(m)	上游	底宽	底高程	边坡	下游	底宽	底高程	边坡
	左岸	24.5	52.5	1:2.5	混凝土			30.0~37.0	27.5	1:2.5		35.0~45.3	27.5~27.0	1:2.5
	右岸	24.5	52.5	1:2.5	混凝土	主要观测项目				垂直位移				

现场人员	2人	管理范围划定	含在汶河管理范围内,即左右侧为堤防背水坡堤脚外10 m,上下游各200 m。
		确权情况	未确权。

水文地质情况：

自上而下为：①素填土，②粉质黏土，③粉质黏土，③-1 中砾砂，④粉质黏土，④-1 中砂，⑤中砂，⑥粉质黏土，⑦中砂，⑦-1 粉质黏土。

控制运用原则：

秦口闸上游正常蓄水位 31.7 m，下游蓄水位 27.5 m。上游蓄水位严格控制在 31.7 m 以下，当上游水位超过 31.7 m 时，开始提闸放水，提升闸门高度不大于 0.5 m；当下游水位超过 30.5 m 以上时，可闸门全开。

最近一次安全鉴定情况：

一、鉴定时间：无。

二、鉴定结论、主要存在问题及处理措施：无。

最近一次除险加固情况：（徐水基〔2019〕96 号）

一、建设时间：2016 年 10 月—2017 年 8 月。

二、主要加固内容：移址重建秦口闸。

竣工验收意见、遗留问题及处理情况：2019 年 12 月 5 日通过徐州市水务局组织的秦口闸除险加固工程竣工验收，无遗留问题。

发生重大事故情况：

无。

建成或除险加固以来主要维修养护项目及内容：

无。

目前存在主要问题：

无。

下步规划或其他情况：

无。

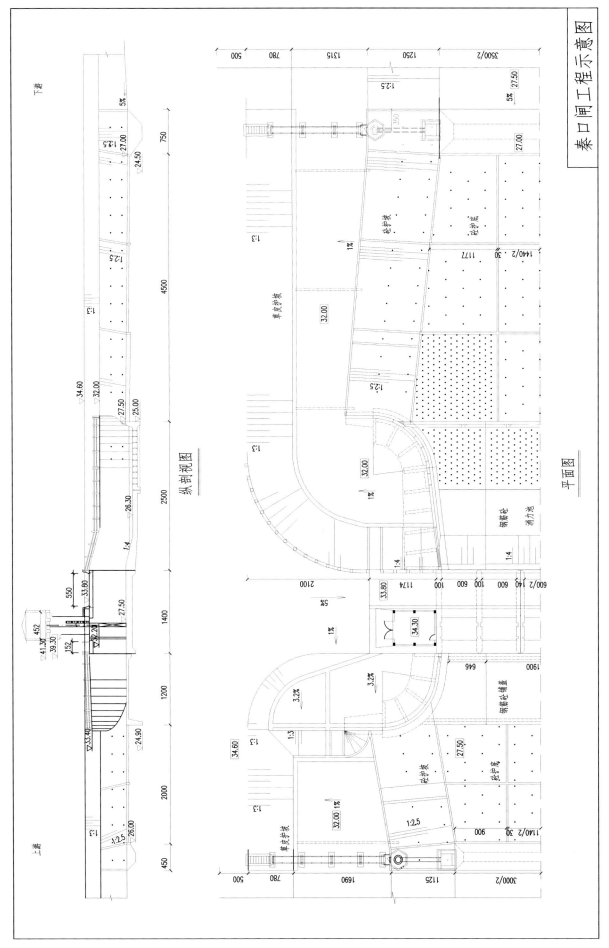

秦口闸工程示意图

平面图

纵剖视图

秦口闸管理范围界线图

图 例

划界标准：含在汶河管理范围内，即右侧为提防背水坡堤脚外10米，上下游各200米。

—— 管理范围界线

⊖ 界桩位置

WH-XZPZ-L049 界桩编号

半步丫闸

管理单位:邳州市四户镇水利站

闸孔数	12孔	闸孔净高(m)	闸孔	3.2	所在河流	西泇河	主要作用	蓄水、排涝
	其中航孔		航孔		结构型式	开敞式		
闸总长(m)	121.8	每孔净宽(m)	闸孔	5	所在地	邳州市四户镇董塘村	建成日期	1971年6月
闸总宽(m)	74.66		航孔		工程规模	中型	除险加固竣工日期	2019年12月

主要部位高程(m)	闸顶	32.2	胸墙底		下游消力池底	27	工作便桥面	32.2	水准基面	废黄河
	闸底	29.0	交通桥面	36.3	闸孔工作桥面	39.5	航孔工作桥面			
	附近堤防顶高程		上游左堤	36.3	上游右堤	36.3	下游左堤	36.3	下游右堤	36.3

交通桥标准	设计	公路-Ⅱ级	交通桥净宽(m)	6.0+2×0.5	工作桥净宽(m)	闸孔	4.0	闸门结构型式	闸孔	直升式平面钢闸门
	校核		工作便桥净宽(m)	2.3		航孔			航孔	

启闭机型式	闸孔	卷扬式	启闭机台数	闸孔	12	启闭能力(t)	闸孔	2×5	钢丝绳	规格	6×19
	航孔			航孔			航孔			数量	80 m×24 根

闸门钢材(t)	83.92	闸门(宽×高)(m×m)	5.13×2.7	建筑物等级	3	备用电源	装机台数	50 kW
设计标准	5年一遇排涝设计,20年一遇防洪校核			抗震设计烈度	Ⅶ			1

	设计水位组合			校核水位组合			检修门	型式	浮箱叠梁门	小水电	容量	
	上游(m)	下游(m)	流量(m³/s)	上游(m)	下游(m)	流量(m³/s)		块/套	3		台数	

规划设计参数	稳定	31.40	无水	正常蓄水				历史特征值		日期		相应水位(m)	
		31.40	无水	地震								上游	下游
	消能	31.40~34.32	28.00~34.12	0~990.00				上游水位 最高					
								下游水位 最低					
	防渗	31.40	无水					最大过闸流量(m³/s)					
	孔径	32.55	32.40	518.00,304.00(归槽流量)	34.32	34.12	1 556.00,990.00(归槽流量)						

护坡长度(m)	部位	上游	下游	坡比	护坡型式	引河(m)	上游	底宽	底高程	边坡	下游	底宽	底高程	边坡
	左岸	23	60	1:2.5	预制砼块			86	29.0	1:2.5		95.5	28.0~28.5	1:2.5
	右岸	23	60	1:2.5	预制砼块	主要观测项目					垂直位移				

现场人员	2人	管理范围划定	含在西泇河管理范围内,即左右侧为堤防背水坡堤脚外10 m,上下游各200 m。
		确权情况	未确权。

水文地质情况:

自上而下分为:①层壤土,①-1层淤泥质壤土,②层粗砂,②-1层含砂礓壤土,③层粗砂,④层含砂礓黏土。

控制运用原则:

一、半步丫闸正常蓄水位在31.5 m,当水位超过31.5 m时,把闸门提高20～30 cm,慢慢闭闸控制水位在31.5 m。

二、山东放水,西泇河分洪或排涝时,提前24 h闸门开启预泄上游河道来水,分洪或者排涝结束后,逐步关闭闸门蓄水。

最近一次安全鉴定情况:

一、鉴定时间:无。

二、鉴定结论、主要存在问题及处理措施:无。

最近一次除险加固情况:(徐水基〔2019〕97号)

一、建设时间:2016年10月—2017年10月。

二、主要加固内容:原址拆除重建半步丫闸。

三、竣工验收意见、遗留问题及处理情况:2019年12月5日通过徐州市水务局组织的邳州市半步丫闸除险加固工程竣工验收,无遗留问题。

发生重大事故情况:

无。

建成或除险加固以来主要维修养护项目及内容:

无。

目前存在主要问题:

无。

下步规划或其他情况:

无。

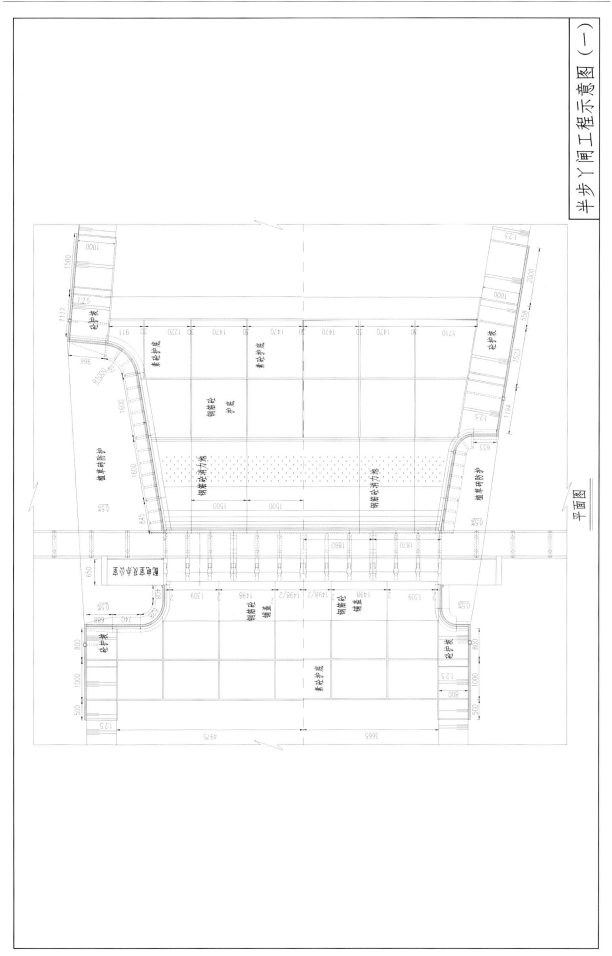

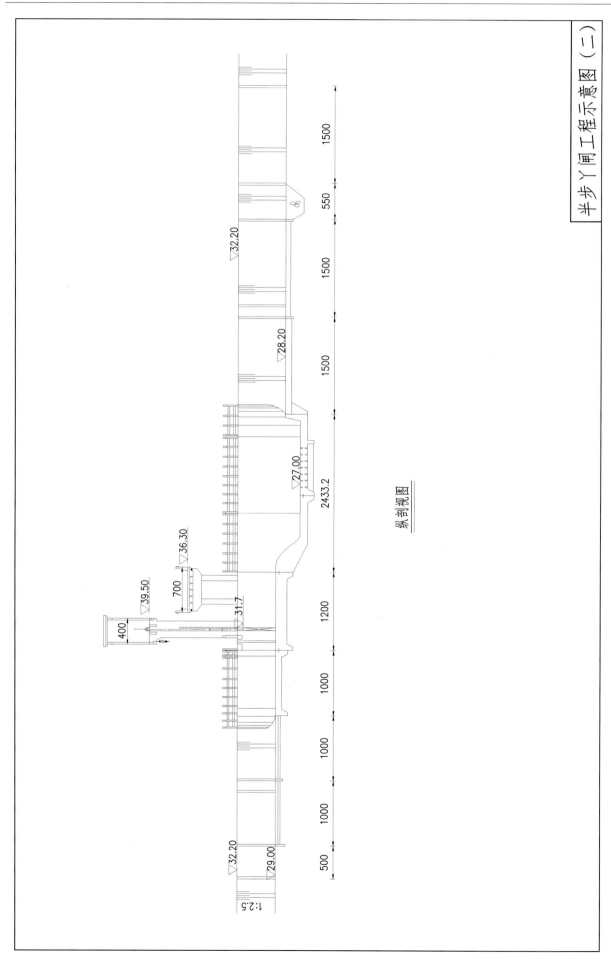

纵剖视图

半步丫闸工程示意图（二）

半步丫闸管理范围界线图

图 例

划界标准：含在西泇河
管理范围内，即左右侧为堤防
背水坡堤脚外10米，上下游各
200米。

管理范围线

界桩位置

界桩编号

XJHGZD-XZPZ-L0024

XJHGZD-XZPZ-L0020
XJHGZD-XZPZ-L0022X
XJHGZD-XZPZ-L0024Y
XJHGZD-XZPZ-L0023
XJHGZD-XZPZ-L0024
XJHGZD-XZPZ-L0025

西

闸人乎未

反

XJHGZD-XZPZ-R0001
XJHGZD-XZPZ-R0002
XJHGZD-XZPZ-R0005
XJHGZD-XZPZ-R0003
XJHGZD-XZPZ-R0004
XJHGZD-XZPZ-R0006

马 店 闸

管理单位:邳州市岔河水利站

闸孔数	14 孔	闸孔净高(m)	闸孔	3.0	所在河流	西泇河	主要作用		拦蓄
	其中航孔		航孔		结构型式	开敞式			
闸总长(m)	60	每孔净宽(m)	闸孔	3.8	所在地	邳州市岔河镇马季村	建成日期		1971 年 4 月
闸总宽(m)	?		航孔		工程规模		除险加固竣工日期		年 月

主要部位高程(m)	闸顶	26	胸墙底	25.5	下游消力池底	22.8	工作便桥面		水准基面	废黄河
	闸底	23	交通桥面	26.5	闸孔工作桥面		航孔工作桥面			
	附近堤防顶高程		上游左堤	31.5	上游右堤	31.5	下游左堤	31	下游右堤	31

交通桥标准	设计		交通桥净宽(m)		4.5	工作桥净宽(m)	闸孔		闸门结构型式	闸孔	
	校核		工作便桥净宽(m)				航孔			航孔	

启闭机型式	闸孔		启闭机台数	闸孔		启闭能力(t)	闸孔		钢丝绳	规格	
	航孔			航孔			航孔			数量	m× 根

闸门钢材(t)		闸门(宽×高)(m×m)		建筑物等级		备用电源	装机	kW
设计标准	年一遇排涝设计， 年一遇防洪校核		抗震设计烈度			台数	
						小水电	容量	
							台数	

规划设计参数		设计水位组合			校核水位组合			检修门	型式			
		上游(m)	下游(m)	流量(m³/s)	上游(m)	下游(m)	流量(m³/s)		块/套			
	稳定							历史特征值		日期	相应水位(m)	
											上游	下游
	消能							上游水位 最高				
								下游水位 最低				
								最大过闸流量(m³/s)				
	孔径											

护坡长度(m)	部位	上游	下游	坡比	护坡型式	引河(m)	上游	底宽	底高程	边坡	下游	底宽	底高程	边坡
	左岸													
	右岸					主要观测项目								

现场人员	2 人	管理范围划定	含在西泇河管理范围内,即左右侧为堤防背水坡堤脚外 10 m,上下游各 200 m。
		确权情况	未确权。

水文地质情况:

　　无。

控制运用原则:

　　马店闸将上游山东会宝岭水库来水控制在闸上,通过黄庄闸和沙庄闸分流到岔河境内,用于抗旱和灌溉。

最近一次安全鉴定情况:

　　一、鉴定时间:2020 年 12 月。

　　二、鉴定结论、主要存在问题及处理措施:经综合评定为四类闸。

　　主要存在问题:

　　1. 浆砌石翼墙、闸(桥)墩砂浆老化、勾缝脱落、块石松动、局部脱落,且浆砌石结构不满足抗震要求。

　　2. 11 孔翻倒门、3 孔提升门均已损坏拆除。

　　3. 交通桥混凝土桥面破损严重,荷载标准低,不满足实际车辆荷载等级,且安全护栏损坏严重。

　　4. 浆砌石消力池损毁严重,不满足消能需求。

　　5. 闸底板、铺盖、消力池均为浆砌石结构,渗流不满足要求。

　　处理措施:建议拆除重建。

最近一次除险加固情况:

　　一、建设时间:无。

　　二、主要加固内容:无。

　　三、竣工验收意见、遗留问题及处理情况:无。

发生重大事故情况:

　　无。

建成或除险加固以来主要维修养护项目及内容:

　　无。

目前存在主要问题:

　　年久失修,三孔提升门,无闸门、启闭机;九孔翻倒门均已毁坏,已无拦蓄能力。

下步规划或其他情况:

　　拆除重建,争取列入邳苍郯新洼地治理工程。

马店闸管理范围界线图

西泇河地涵

管理单位:邳州市岔河翻水站

闸孔数		5孔	闸孔净高(m)	闸孔	3.6	所在河流		西泇河	主要作用		分洪、灌溉
		其中航孔		航孔		结构型式		涵洞式			
闸总长(m)		446.2	每孔净宽(m)	闸孔	4	所在地		邳州市岔河镇	建成日期		1976年8月
闸总宽(m)		23.8		航孔		工程规模		中型	除险加固竣工日期		2019年10月
主要部位高程(m)	闸顶	27.5	胸墙底	25.6	下游消力池底	21.0	工作便桥面	27.5	水准基面		废黄河
	闸底	22.0	交通桥面		闸孔工作桥面	33.0	航孔工作桥面				
	附近堤防顶高程	上游左堤	33.0	上游右堤		33.0	下游左堤	33.0	下游右堤		33.0
交通桥标准	设计		交通桥净宽(m)			工作桥净宽(m)	闸孔	5.6	闸门结构型式	闸孔	潜孔式平面定轮直升钢闸门
	校核		工作便桥净宽(m)		2.0		航孔			航孔	
启闭机型式	闸孔	卷扬式	启闭机台数	闸孔	5	启闭能力(t)	闸孔	12.5	钢丝绳	规格	19 mm,公称抗拉强度1 779 MPa
	航孔			航孔			航孔			数量	27 m×10根
闸门钢材(t)		53	闸门(宽×高)(m×m)		4.12×3.9	建筑物等级		3	备用电源	装机	30 kW
设计标准		10年一遇排涝设计,20年一遇防洪校核				抗震设计烈度		Ⅷ		台数	1

规划设计参数		设计水位组合			校核水位组合			检修门	型式	浮箱叠梁门	小水电	容量	
		上游(m)	下游(m)	流量(m³/s)	上游(m)	下游(m)	流量(m³/s)		块/套	5		台数	
	稳定							历史特征值		日期		相应水位(m)	
												上游	下游
		26.50~29.40	23.00~28.85	0~155.00				上游水位 最高					
	消能							下游水位 最低					
								最大过闸流量(m³/s)					
	孔径	27.76	27.41	121.00	29.40	28.85	155.00						

护坡长度(m)	部位	上游	下游	坡比	护坡型式	引河(m)	上游	底宽	底高程	边坡	下游	底宽	底高程	边坡
	左岸	15	33	1:2.5	砼			15	22.0	1:2.5		20	22.0	1:2.5
	右岸	15	33	1:2.5	砼	主要观测项目					垂直位移			

现场人员	9人	管理范围划定	含在西泇河管理范围内,即左右侧为堤防背水坡堤脚外10 m,上下游各200 m。
		确权情况	未确权。

水文地质情况：

　　自上而下为：①素填土，②粉质黏土，②-1 粗砂，③粉质黏土，④粉质黏土，④-1 中砂，⑤粉质黏土。

控制运用原则：

　　一、当预报有灾害性天气影响和暴雨时，应当按有关规定或者上级主管部门要求参与防汛抗旱统一调度运用。

　　二、西泇河地涵上游正常蓄水位 27.0 m 时，下游蓄水位 26.5 m。上游蓄水位严格控制在 27.0 m 以下，当上游水位超过 27.0 m 时，开始提闸放水，放水情况视下游水位而定。

最近一次安全鉴定情况：

　　一、鉴定时间：无。

　　二、鉴定结论、主要存在问题及处理措施：无。

最近一次除险加固情况：（徐水基〔2019〕71 号）

　　一、建设时间：2015 年 10 月—2016 年 9 月。

　　二、主要加固内容：原址拆除重建西泇河地涵。

　　三、竣工验收意见、遗留问题及处理情况：2019 年 10 月 15 日通过徐州市水利局组织的西泇河地涵除险加固工程竣工验收，无遗留问题。

发生重大事故情况：

　　无。

建成或除险加固以来主要维修养护项目及内容：

　　无。

目前存在主要问题：

　　无。

下步规划或其他情况：

　　无。

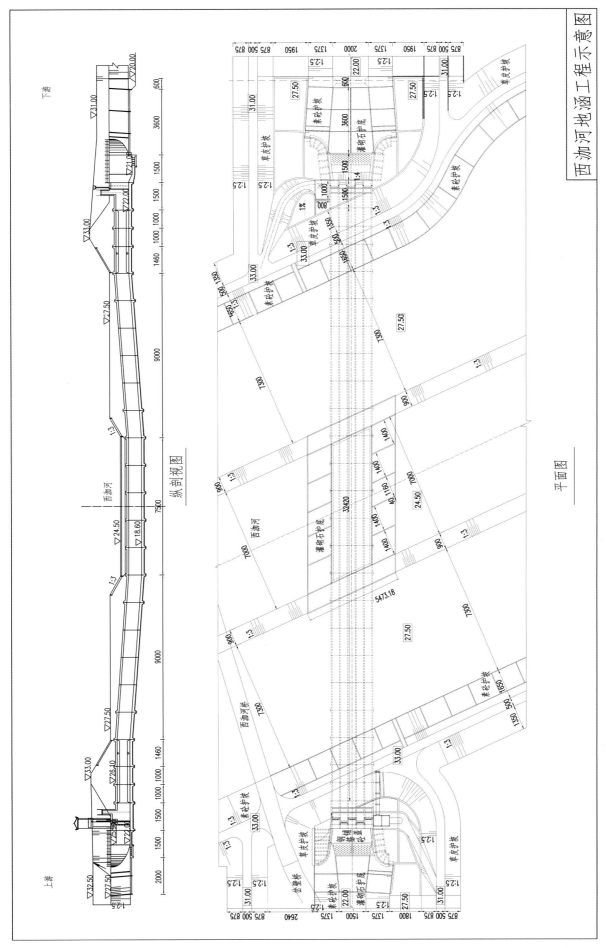

西泇河地涵工程示意图

西泇河地涵管理范围界线图

图　例

—— 管理范围线

◊ 界桩位置

XJHDH-XZPZ-S0009 界桩编号

划界标准：含在西泇河
管理范围内，即左右岸为堤防
背水坡堤脚外10米，上下游各
200米。

岔河节制闸

管理单位:邳州市岔河翻水站

闸孔数	3孔		闸孔净高 (m)	闸孔	5.0	所在河流	老西泇河	主要作用	蓄水、灌溉、排涝
	其中航孔			航孔		结构型式	开敞式		
闸总长(m)	84.0		每孔净宽 (m)	闸孔	5.0	所在地	邳州市岔河镇	建成日期	1992年4月
闸总宽(m)	19.0			航孔		工程规模	中型	除险加固竣工日期	2014年9月
主要部位高程 (m)	闸顶	28.0	胸墙底			下游消力池底	22.2	工作便桥面	28.0	水准基面	废黄河
	闸底	23.0	交通桥面	28.0		闸孔工作桥面	33.85	航孔工作桥面			
	附近堤防顶高程	上游左堤	31.0			上游右堤	31.0	下游左堤	31.0	下游右堤	31.0
交通桥标准	设计	公路Ⅱ级	交通桥净宽(m)		4+2×0.5	工作桥净宽 (m)	闸孔	3.84	闸门结构型式	闸孔	直升式平面钢闸门
	校核		工作便桥净宽(m)		1.3		航孔			航孔	
启闭机型式	闸孔	卷扬式		启闭机台数	闸孔	3	启闭能力 (t)	闸孔	2×6	钢丝绳	规格	直径19.5 mm
	航孔				航孔			航孔			数量	6 m×37 根

闸门钢材(t)		闸门(宽×高)(m×m)		5.12×4.3	建筑物等级	3	备用电源	装机	kW
设计标准	10年一遇排涝设计,20年一遇防洪校核				抗震设计烈度	Ⅷ		台数	

规划设计参数		设计水位组合			校核水位组合			检修门	型式	平面钢闸门	小水电	容量
		上游 (m)	下游 (m)	流量 (m³/s)	上游 (m)	下游 (m)	流量 (m³/s)		块/套	1扇		台数
	稳定	26.50	22.50	正常蓄水				历史特征值		日期		相应水位(m)
											上游	下游
	消能	26.50~28.80	22.50~28.60	0~159.00				上游水位 最高		2018年7月		28.3	28
								下游水位 最低					
	防渗	27.00	22.50					最大过闸流量 (m³/s)				159	
	孔径	27.37	27.27	123.00	28.80	28.60	159.00						

护坡长度 (m)	部位	上游	下游	坡比	护坡型式	引河 (m)	上游	底宽	底高程	边坡	下游	底宽	底高程	边坡
	左岸	10.0	38.0	1:2.5~1:3	砼			18.9	22.3	1:2.5		20.1	22.3	1:3
	右岸	15	33		砼	主要观测项目			垂直位移					

现场人员	5人	管理范围划定	上下游河道、堤防各200 m,左右侧各20 m。
		确权情况	未确权。

水文地质情况：

　　该区系沂蒙山区山前冲积扇平原的边缘部分,由沂、沭河将沂蒙山区古老变质岩风化物冲刷至本地沉积而成。土层厚度在 60～100 m 之间,表层多被 2～5 m 厚的弱水层亚黏土覆盖,其下大部分地区为亚砂土、中粗砂、亚黏土夹砂礓。地势北高南低,土质黏重瘠薄,易涝易旱。自上而下:层 1 为杂填土,层 2、3、4、5 均为黏土,层 6 为粉质黏土,层 7 为黏土。岔河闸持力层地基承载力为 220 kPa。

控制运用原则：

　　一、正常蓄水位控制在 26.5 m,水位超过 26.5 m 时,提闸放水直至水位 26.5 m。

　　二、汛期排涝时,涵闸打开服从西泇河以北的排涝。

最近一次安全鉴定情况：

　　一、鉴定时间:2020 年 12 月。

　　二、鉴定结论、主要存在问题及处理措施:经综合评定为二类闸,

　　主要存在问题:侧向存在垂直止水渗水现象,下游末节翼墙存在沉降,闸门侧止水漏水,面板局部锈蚀。

　　处理措施:建议尽快修复闸门止水和下游末节翼墙。

最近一次除险加固情况：(徐水基〔2014〕116 号)

　　一、建设时间:2012 年 11 月—2013 年 10 月。

　　二、主要加固内容:节制闸闸室、上下游翼墙拆建、上游护坦和下游防冲消能设施加固改造以及完善相关管理设施。

　　三、竣工验收意见、遗留问题及处理情况:2014 年 9 月 24 日,通过徐州市水利局召开的邳州市岔河闸除险加固工程竣工验收,竣工验收时尚有管理房工程未实施完成。

发生重大事故情况：

　　无。

建成或除险加固以来主要维修养护项目及内容：

　　无。

目前存在主要问题：

　　下游末节翼墙存在沉降,闸门侧止水漏水,面板局部锈蚀。

下步规划或其他情况：

　　无.

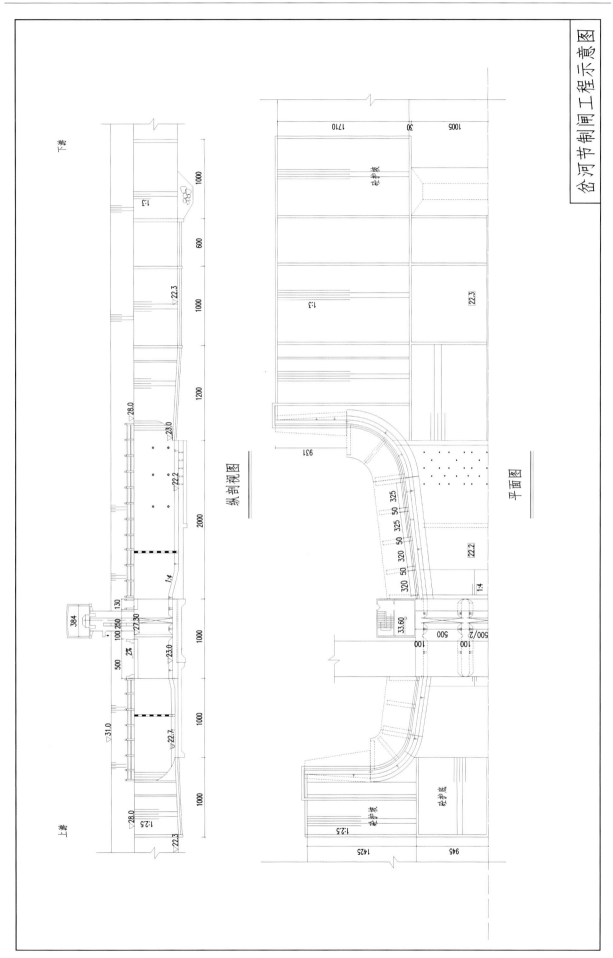

岔河节制闸工程示意图

纵剖视图

平面图

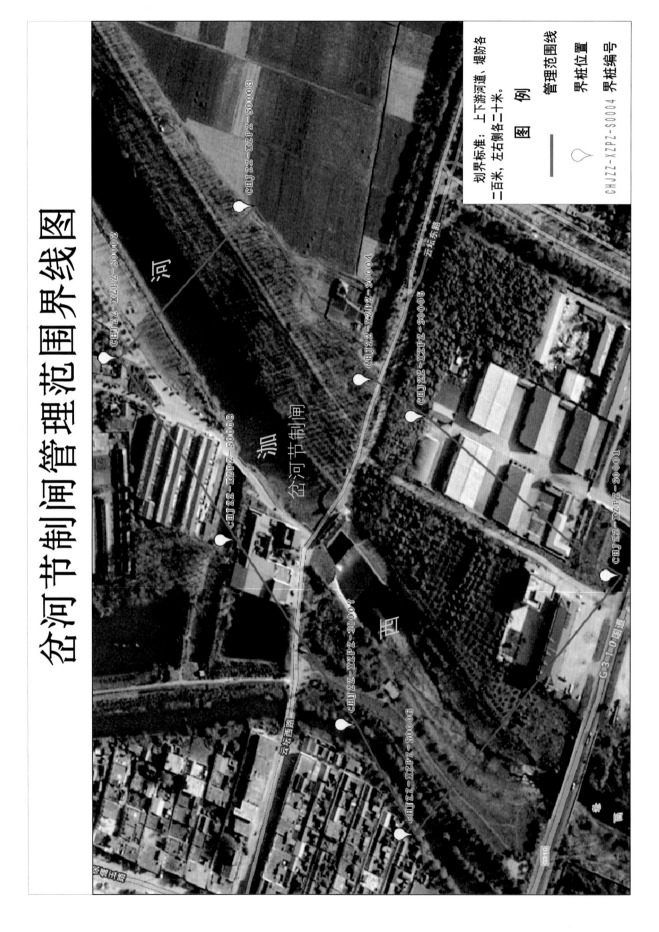

岔河节制闸管理范围界线图

蔡 庄 闸

管理单位:邳州市邢楼水利站

闸孔数	3孔		闸孔净高(m)	闸孔	4.8	所在河流	运女河	主要作用	蓄水灌溉、排涝
	其中航孔			航孔		结构型式	开敞式		
闸总长(m)	89.0		每孔净宽(m)	闸孔	4.0	所在地	邳州市邢楼镇	建成日期	1997 年 10 月
闸总宽(m)	15.2			航孔		工程规模	中型	除险加固竣工日期	2014 年 9 月

主要部位高程(m)	闸顶	29.0	胸墙底		下游消力池底	23.5	工作便桥面	29.0	水准基面	废黄河
	闸底	24.2	交通桥面	29.0	闸孔工作桥面	34.85	航孔工作桥面			
	附近堤防顶高程		上游左堤	31.0	上游右堤	31.0	下游左堤	31.0	下游右堤	31.0

交通桥标准	设计	公路Ⅱ级	交通桥净宽(m)	3.0+2×0.5	工作桥净宽(m)	闸孔	3.84	闸门结构型式	闸孔	平面钢闸门
	校核		工作便桥净宽(m)	2.0		航孔			航孔	

启闭机型式	闸孔	卷扬式	启闭机台数	闸孔	3	启闭能力(t)	闸孔	10	钢丝绳	规格	直径 16 mm
	航孔			航孔			航孔			数量	18 m×6 根

闸门钢材(t)		闸门(宽×高)(m×m)	4.12×4.1	建筑物等级	3	备用电源	装机	kW
设计标准	10 年一遇排涝设计,20 年一遇防洪校核			抗震设计烈度	Ⅷ		台数	

规划设计参数		设计水位组合			校核水位组合			检修门	型式	浮箱叠梁门	小水电	容量	
		上游(m)	下游(m)	流量(m³/s)	上游(m)	下游(m)	流量(m³/s)		块/套	5		台数	
	稳定	28.00	25.00	正常蓄水				历史特征值		日期		相应水位(m)	
												上游	下游
	消能	28.00~30.84	23.50~30.54	0~110.00				上游水位	最高				
								下游水位	最低				
	防渗	28.00	23.50					最大过闸流量(m³/s)					
	孔径	28.20	28.00	85.00	30.84	30.64	110.00						

护坡长度(m)	部位	上游	下游	坡比	护坡型式	引河(m)	上游	底宽	底高程	边坡	下游	底宽	底高程	边坡
	左岸	10	39.0	1:2	浆砌护坡			22.3	24.2	1:2		22.3	24.2	1:2
	右岸	10	39.0	1:2	浆砌护坡	主要观测项目				垂直位移				

现场人员	2人	管理范围划定	上下游河道、堤防各 200 m,左右侧为堤脚外 10 m。
		确权情况	未确权。

水文地质情况：

　　层 1 素填土：灰黄色、灰褐色，成分以黏土为主，松散，局部夹碎石，层底标高 28.23～28.80 m。层 2 黏土：灰褐色，可塑，切面稍有光泽，干强度中等，韧性中等，中压缩性，含少量砂礓，层底标高 26.71～27.63 m。层 3 黏土：韧性高含砂礓及铁锰质结核，层底标高 23.91～24.00 m。层 4 黏土：韧性高含砂礓及铁锰质结核，层底标高 22.93～23.40 m。层 5 黏土：韧性高含砂礓及铁锰质结核，该层未穿透。

控制运用原则：

　　一、由邳州市防汛抗旱指挥部负责调度，邢楼水利站负责执行。闸上游水位达到 28.8 m，设计排涝流量 10 m³/s。

　　二、在山东客水下泄时，闸门开启分泄上游河道来水，分洪或者排涝结束后，应逐步关闭闸门蓄水。闸门应对称、间隔、分级开启。每级开启高度及相邻闸门开启高度差不大于 0.5 m。闸门关闭顺序与开启时相反。

最近一次安全鉴定情况：

　　一、鉴定时间：2020 年 12 月。

　　二、鉴定结论、主要存在问题及处理措施：综合评定为二类闸。

　　主要存在问题：闸门局部锈蚀，建议对闸门进行防腐处理。

最近一次除险加固情况：（徐水基〔2014〕115 号）

　　一、建设时间：2012 年 11 月—2013 年 12 月。

　　二、主要加固内容：节制闸闸室、上下游翼墙、护坦和下游防冲消能设施改造，翻倒式闸门改为直升门及相关管理设施。

　　三、竣工验收意见、遗留问题及处理情况：2014 年 9 月 24 日通过徐州市水利局召开的蔡庄闸除险加固工程竣工验收，竣工验收时尚有管理房工程未实施完成。

发生重大事故情况：

　　无。

建成或除险加固以来主要维修养护项目及内容：

　　无。

目前存在主要问题：

　　闸门局部锈蚀。

下步规划或其他情况：

　　无。

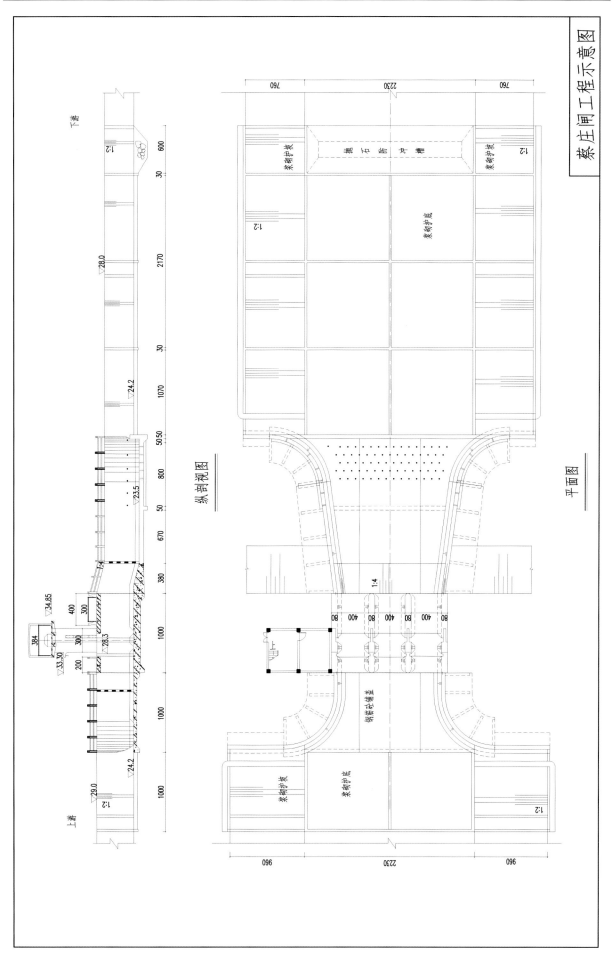

蔡庄闸工程示意图

蔡庄闸管理范围界线图

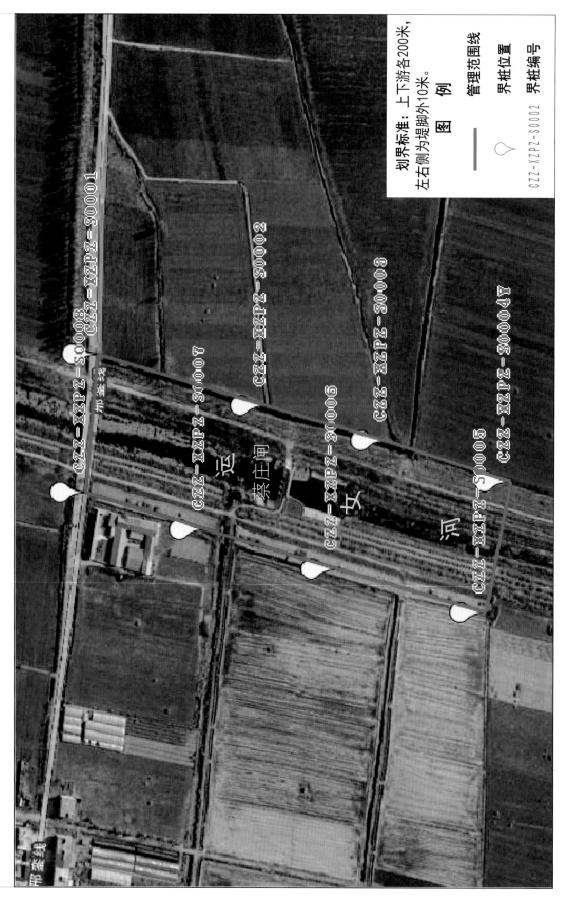

划界标准：上下游各200米，左右侧为堤脚外10米。

图　例

—————　管理范围线

♀　　　界桩位置

CZZ-XZPZ-S0002　界桩编号

武 圣 堂 闸

管理单位:邳州市邢楼水利站

<table>
<tr><td rowspan="2">闸孔数</td><td colspan="2">4 孔</td><td rowspan="2">闸孔
净高
(m)</td><td>闸孔</td><td>4.0</td><td>所在河流</td><td colspan="2">运女河</td><td rowspan="2">主要作用</td><td rowspan="2">蓄水灌溉、排涝</td></tr>
<tr><td colspan="2">其中航孔</td><td>航孔</td><td></td><td>结构型式</td><td colspan="2">开敞式</td></tr>
<tr><td>闸总长(m)</td><td colspan="2">78.29</td><td rowspan="2">每孔
净宽
(m)</td><td>闸孔</td><td>3.3</td><td>所在地</td><td colspan="2">邳州市邢楼镇</td><td>建成日期</td><td>1992 年 4 月</td></tr>
<tr><td>闸总宽(m)</td><td colspan="2">25.6</td><td>航孔</td><td></td><td>工程规模</td><td colspan="2">中型</td><td>除险加固
竣工日期</td><td>2014 年 9 月</td></tr>
<tr><td rowspan="3">主要
部位
高程
(m)</td><td>闸顶</td><td>26.7</td><td colspan="2">胸墙底</td><td></td><td>下游消力池底</td><td>21.9</td><td>工作便桥面</td><td rowspan="2">水准基面</td><td rowspan="2">废黄河</td></tr>
<tr><td>闸底</td><td>22.7</td><td colspan="2">交通桥面</td><td>26.7</td><td>闸孔工作桥面</td><td>32.2</td><td>航孔工作桥面</td></tr>
<tr><td>附近堤防顶高程</td><td colspan="2">上游左堤</td><td>30.7</td><td colspan="2">上游右堤</td><td>30.7</td><td>下游左堤</td><td>30.7</td><td>下游右堤</td><td>30.7</td></tr>
<tr><td rowspan="2">交通
桥
标准</td><td>设计</td><td colspan="3">交通桥净宽(m)</td><td>2.0+2×0.5</td><td rowspan="2">工作桥
净宽
(m)</td><td>闸孔</td><td>3.2</td><td rowspan="2">闸门
结构
型式</td><td>闸孔</td><td>平面钢闸门</td></tr>
<tr><td>校核</td><td colspan="3">工作便桥净宽(m)</td><td></td><td>航孔</td><td></td><td>航孔</td><td></td></tr>
<tr><td rowspan="2">启闭
机
型式</td><td>闸孔</td><td colspan="2">卷扬式</td><td rowspan="2">启闭
机
台数</td><td>闸孔</td><td>6</td><td rowspan="2">启闭
能力
(t)</td><td>闸孔</td><td>10</td><td rowspan="2">钢
丝
绳</td><td>规格</td><td>直径 16 mm</td></tr>
<tr><td>航孔</td><td colspan="2"></td><td>航孔</td><td></td><td>航孔</td><td></td><td>数量</td><td>15 m×12 根</td></tr>
<tr><td colspan="3">闸门钢材(t)</td><td colspan="3">闸门(宽×高)(m×m)</td><td>3.42×4</td><td>建筑物等级</td><td>3</td><td>备用
电源</td><td>装机
台数</td><td>kW</td></tr>
<tr><td>设计标准</td><td colspan="6">10 年一遇排涝设计,20 年一遇防洪校核</td><td colspan="2">抗震设
计烈度</td><td>Ⅷ</td><td colspan="3"></td></tr>
</table>

<table>
<tr><td rowspan="14">规
划
设
计
参
数</td><td colspan="3">设计水位组合</td><td colspan="3">校核水位组合</td><td rowspan="2">检
修
门</td><td>型式</td><td>浮箱叠梁门</td><td rowspan="2">小水
电</td><td>容量</td></tr>
<tr><td>上游
(m)</td><td>下游
(m)</td><td>流量
(m³/s)</td><td>上游
(m)</td><td>下游
(m)</td><td>流量
(m³/s)</td><td>块/套</td><td>5</td><td>台数</td></tr>
<tr><td rowspan="2">稳
定</td><td>26.70</td><td>23.50</td><td></td><td></td><td></td><td></td><td rowspan="2" colspan="2">历史特征值</td><td rowspan="2">日期</td><td colspan="2">相应水位(m)</td></tr>
<tr><td></td><td></td><td></td><td></td><td></td><td></td><td>上游</td><td>下游</td></tr>
<tr><td rowspan="2">消
耗</td><td>26.70~
29.85</td><td>23.50~
29.65</td><td>0~
162.00</td><td></td><td></td><td></td><td colspan="2">上游水位 最高</td><td>2021-07-29</td><td>28.2</td><td>28.2</td></tr>
<tr><td></td><td></td><td></td><td></td><td></td><td></td><td colspan="2">下游水位 最低</td><td>2018-01-20</td><td>24.6</td><td>24</td></tr>
<tr><td>防渗</td><td>26.70</td><td>23.50</td><td></td><td></td><td></td><td colspan="2" rowspan="2">最大过闸流量
(m³/s)</td><td colspan="3" rowspan="2"></td></tr>
<tr><td>孔径</td><td>27.12</td><td>27.02</td><td>127.00</td><td>29.85</td><td>29.65</td><td>162.00</td></tr>
</table>

<table>
<tr><td rowspan="3">护坡
长度
(m)</td><td>部位</td><td>上游</td><td>下游</td><td>坡比</td><td>护坡型式</td><td rowspan="2">引
河
(m)</td><td>上游</td><td>底宽</td><td>底高程</td><td>边坡</td><td rowspan="2">下游</td><td>底宽</td><td>底高程</td><td>边坡</td></tr>
<tr><td>左岸</td><td>8.55</td><td>11.0</td><td>1:2.5</td><td>浆砌护坡</td><td></td><td>75.0</td><td>22.7</td><td>1:2.5</td><td>64.85</td><td>22.3</td><td>1:2.5</td></tr>
<tr><td>右岸</td><td>8.55</td><td>11.0</td><td>1:2.5</td><td>浆砌护坡</td><td colspan="2">主要观测项目</td><td colspan="6">垂直位移</td></tr>
<tr><td rowspan="2">现场
人员</td><td rowspan="2" colspan="2">2 人</td><td colspan="2">管理范围划定</td><td colspan="10">上下游河道、堤防各 200 m,左右侧各 20 m。</td></tr>
<tr><td colspan="2">确权情况</td><td colspan="10">未确权。</td></tr>
</table>

水文地质情况：

　　根据钻探资料，分层情况如下：层1A 杂填土，灰色、灰褐色，成分以黏土为主，层底标高 25.50～28.06 m。层1B 杂填土，以黏性土、中砂为主，主要分布在闸下游两侧，层底标高 25.66～25.70 m。层2 黏土，干强度中等，含少量砂礓和铁锰质结构，层底标高 20.88～21.40 m。层3 黏土，干强度高，含砂礓和铁锰质结核，层底标高 20.18～20.16 m。层4 黏土，干强度高，含砂礓和铁锰质结核，该层未穿透。

控制运用原则：

　　一、武圣堂闸控制的内河正常水位为 26.7 m，警戒水位为 28.0 m。

　　二、设计排涝流量 127 m³/s，最大排涝流量 162 m³/s。

　　三、正常天气情况下，内河上游水位低于 27.12 m，必引水灌溉；当发生雨涝或预报大雨，水位临近警戒水位或超过时，由市防指下达排水或停止引水指令。

　　四、特殊水情况调度：当出现以下情况之一时，由市防指根据具体情况决定水闸启闭。

　　1. 当本镇河道可能出现 28.0 m 上水位时。

　　2. 当闸上下游出现超过 1 m 的水位差时。

　　五、在排水或引水过程中，当闸上下游水位差较大时，禁止中途关闸。因特殊情况需中途关闭闸门，经市防汛防旱指挥部决定下达关闭命令。

　　六、开闸排水期间，严格对进入闸区内人员车辆进行安全检查，发现险情的，及时会同防汛指挥等部门采取措施，防止管理区内发生事故。

最近一次安全鉴定情况：

　　一、鉴定时间：2020 年 11 月。

　　二、鉴定结论、主要存在问题及处理措施：综合评定为二类闸。

　　主要存在问题：工作桥排架存在钢筋锈胀，砼脱落现象，钢闸门锈蚀。

　　处理措施：建议加强工作养护，尽快对工程碳化、闸门锈蚀等进行处理。

最近一次除险加固情况：（徐水基〔2014〕118 号）

　　一、建设时间：2012 年 11 月—2013 年 10 月。

　　二、主要加固内容：保留闸室底板，改造局部墩墙，老闸底拆除后新增 C25 钢筋混凝土面层处理，拆除重建上下游翼墙，防渗铺盖及消力池，完善相关管理设施。

　　三、竣工验收意见、遗留问题及处理情况：

　　2014 年 9 月 24 日通过徐州市水利局组织的武圣堂闸除险加固工程竣工验收，竣工验收时尚有管理房工程未实施完成。

发生重大事故情况：

　　无。

建成或除险加固以来主要维修养护项目及内容：

　　无。

目前存在主要问题：

　　工作桥排架存在钢筋锈胀，砼脱落现象，钢闸门锈蚀。

下步规划或其他情况：

　　无。

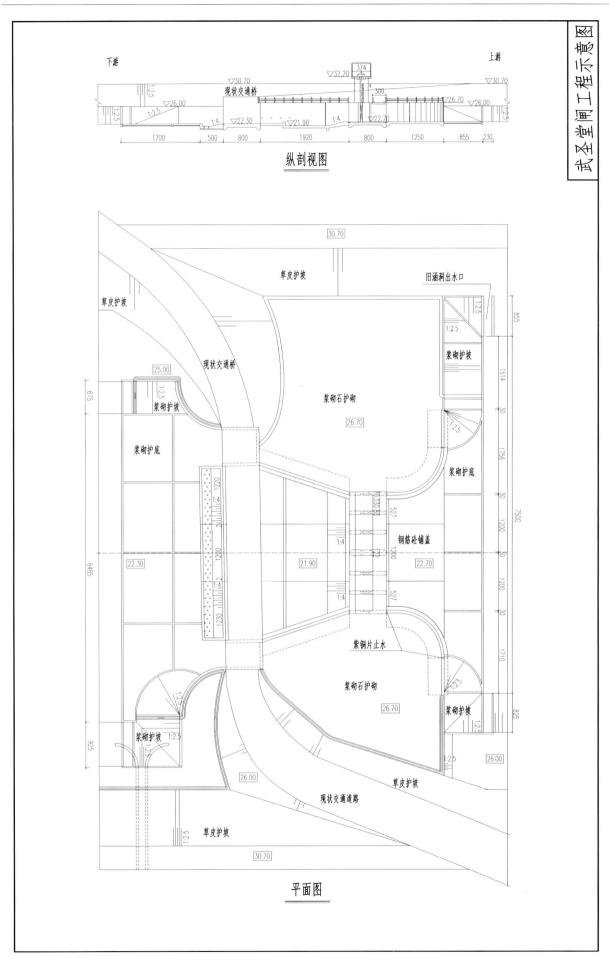

纵剖视图

平面图

邹　庄　闸

管理单位:邳州市邹庄镇水利站

闸孔数	7(2孔封堵)		闸孔净高(m)	闸孔	2.8	所在河流	武河	主要作用	蓄水
	其中航孔			航孔		结构型式	涵洞式		
闸总长(m)	39.8		每孔净宽(m)	闸孔	中间3孔2.9 两边2孔2.1	所在地	邳州市邹庄镇邹庄村	建成日期	1972年1月
闸总宽(m)	18.9			航孔		工程规模	中型	除险加固竣工日期	年　月

主要部位高程(m)	闸顶	35.1	胸墙底	33.4	下游消力池底	30.1	工作便桥面		
	闸底	30.6	交通桥面	35.1	闸孔工作桥面	37.7	航孔工作桥面	水准基面	废黄河
	附近堤防顶高程		上游左堤	34.3	上游右堤	34.3	下游左堤 34.1	下游右堤	34.2

交通桥标准	设计	汽-10	交通桥净宽(m)	5	工作桥净宽(m)	闸孔	3	闸门结构型式	闸孔	铸铁闸门
	校核	汽-15	工作便桥净宽(m)			航孔			航孔	
启闭机型式	闸孔	螺杆式	启闭机台数	闸孔	5	启闭能力(t)	闸孔	8	钢丝绳 规格	
	航孔			航孔			航孔		数量	m×　根

闸门钢材(t)		闸门(宽×高)(m×m)	2.9×2.8	建筑物等级	4	备用电源	装机 台数	kW 1
设计标准	5年一遇排涝设计,20年一遇防洪校核			抗震设计烈度	Ⅷ		小水电 容量 台数	

规划设计参数		设计水位组合			校核水位组合			检修门	型式 块/套		
		上游(m)	下游(m)	流量(m³/s)	上游(m)	下游(m)	流量(m³/s)				
	稳定	32.90	30.40	48.00	33.50	30.20	62.00	历史特征值	日期	相应水位(m)	
										上游	下游
	消耗	32.90~34.83	30.40~34.63	0~136.27				上游水位 最高	2019-08-10	34.8	34.6
								下游水位 最低	2020-06-30	30.5	30.4
	孔径	33.40	33.30	65.56	34.83	34.63	136.57	最大过闸流量(m³/s)	120		

护坡长度(m)	部位	上游	下游	坡比	护坡型式	引河(m)	上游			下游		
							底宽	底高程	边坡	底宽	底高程	边坡
	左岸	5	30	1:1.5	浆砌护坡		26	30.6	1:3	26.0	30.6	1:3
	右岸	5	30	1:1.5	浆砌护坡	主要观测项目			垂直位移			

现场人员	2人	管理范围划定	含在武河管理范围内,即左右侧为堤防背水坡堤脚外10m,上下游各200m。
		确权情况	未确权。

水文地质情况：

自上而下分别为：层1素填土,层2重粉质壤土,层3粉质黏土,层4粗砂,层5砂质黏土,层6中砂,层7粉质黏土,层8中砂,层9黏土。

控制运用原则：

一、邹庄闸控制的内河正常水位为32.9 m,警戒水位为32.0 m。

二、设计排涝流量65.56 m³/s,最大排涝流量136.57 m³/s。

三、正常天气情况下,内河上游水位低于32.90 m,可用于引水灌溉;当发生雨涝或预报大雨,水位临近警戒水位或超过时,由市防指下达排水或停止引水指令。

四、特殊水情况调度:当出现以下情况之一时,由市防指根据具体情况决定水闸启闭。

(1)当本镇河道可能出现30.0 m以上水位时。

(2)当闸上下游出现超过1 m的水位差时。

五、在排水或引水过程中,当闸上下游水位差较大时,禁止中途关闸。因特殊情况需中途关闭闸门,经市防汛防旱指挥部决定下达关闭命令。

六、开闸排水期间,严格对进入闸区内人员车辆进行安全检查;发现险情的,及时会同防汛指挥等部门采取措施,防止管理区内发生事故。

最近一次安全鉴定情况：

一、鉴定时间:2020年11月。

二、鉴定结论:经综合评价为四类闸。

主要存在问题：

1.排架、启闭机梁、工作便桥混凝土脱落。

2.启闭机梁、排架混凝土强度等级不满足设计和现行规范要求,排架、启闭机梁最大碳化深度分别为79 mm、54 mm,启闭机梁混凝土脱落、钢筋外露,实测截面小于设计断面。

3.浆砌块石砂浆强度偏低,局部仅达到M5。

4.闸顶高程、过流能力均不满足要求。防洪标准评为C级。

5.铺盖、闸底板、消力池均为浆砌石结构,止水损坏,防渗长度不满足要求。渗流安全评为C级。

6.闸室抗滑稳定、地基应力不均匀系数、地基承载力均满足规范要求,浆砌石结构抗拉强度不满足要求;消力池深度、长度、海漫长度均满足要求。结构安全评为C级。

7.地震工况下闸室抗滑稳定、整体稳定满足要求,浆砌石结构抗拉强度不满足要求,且不利于抗震。抗震安全评为C级。

8.交通桥面板多处纵向裂缝,最严重的一条缝宽40 mm缝长6.8 m,已有部分断裂。

处理措施:建议拆除重建。

最近一次除险加固情况：

一、建设时间:2019年。

二、主要加固内容:列入省级维修项目,主要内容为更换闸门、启闭机,改造启闭机室,人工起落改为电动起落,对上游护坡、下游消能、下游护坡进行维修加固。

三、竣工验收意见、遗留问题及处理措施:已竣工验收,无遗留问题。

发生重大事故情况:无

建成或除险加固以来主要维修养护项目及内容：

1.2012年更换闸门板5扇,更换启闭机5台。

2.2019年12月更换闸门、启闭机,改造启闭机室,人工起落改为电动起落,对上游护坡、下游消能、下游护坡进行维修、加固。

目前存在主要问题：

1.浆砌块石砂浆强度偏低,局部仅达到M5。

2.闸顶高程、过流能力均不满足要求。防洪标准评为C级。

3.铺盖、闸底板、消力池均为浆砌石结构,止水损坏,防渗长度不满足要求。渗流安全评为C级。

4.浆砌石结构抗拉强度不满足要求。结构安全评为C级。

5.浆砌石结构抗拉强度不满足要求,且不利于抗震。抗震安全评为C级。

6.交通桥面板多处纵向裂缝,最严重的一条缝宽40 mm缝长6.8 m,已有部分断裂。

下步规划或其他情况:争取列入邳苍郯新洼地整治工程。

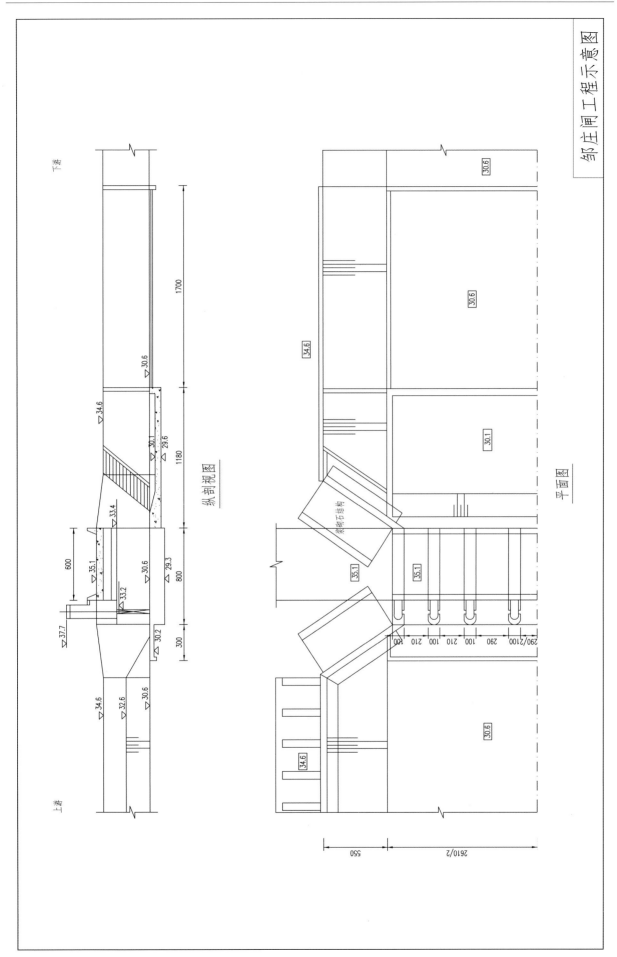

邹庄闸工程示意图

纵剖视图

平面图

邹庄闸管理范围界线图

划界标准：含在武河管理范围内，即左右侧为堤防背水坡堤脚外10米，上下游各200米。

图　例

——　管理范围线

◯　界桩位置

WH-XZPZ-R0052　界桩编号

铁 富 闸

管理单位:邳州市铁富镇水利站

闸孔数	3孔		闸孔净高(m)	闸孔	6.3	所在河流	武河		主要作用	灌溉、排涝
	其中航孔			航孔		结构型式	开敞式			
闸总长(m)	101		每孔净宽(m)	闸孔	5	所在地	邳州市铁富镇镇北村	建成日期		1992年5月
闸总宽(m)	19.2			航孔		工程规模	中型	除险加固竣工日期		正在实施

主要部位高程(m)	闸顶	33.4	胸墙底		下游消力池底	26.6	工作便桥面	33.4	水准基面	废黄河
	闸底	27.1	交通桥面	33.4	闸孔工作桥面	39.9	航孔工作桥面			
	附近堤防顶高程		上游左堤	32.5	上游右堤	32.5	下游左堤	32.5	下游右堤	32.5

交通桥标准	设计	公路Ⅱ级	交通桥净宽(m)	6+2×0.5	工作桥净宽(m)	闸孔	4.0	闸门结构型式	闸孔	平面直升钢闸门
	校核		工作便桥净宽(m)	2.25		航孔			航孔	

启闭机型式	闸孔	卷扬式	启闭机台数	闸孔	3	启闭能力(t)	闸孔	2×8	钢丝绳	规格	
	航孔			航孔			航孔			数量	m× 根

闸门钢材(t)	22.5	闸门(宽×高)(m×m)	5.13×4.2	建筑物等级	4	备用电源		装机台数	kW
设计标准	10年一遇排涝设计,20年一遇防洪校核			抗震设计烈度	Ⅷ				

规划设计参数		设计水位组合			校核水位组合			检修门	型式	叠梁浮箱式	小水电	容量台数
		上游(m)	下游(m)	流量(m³/s)	上游(m)	下游(m)	流量(m³/s)		块/套	4		
	稳定	26.70	30.50	28.50	设计蓄水			历史特征值		日期	相应水位(m)	
											上游	下游
		31.00	29.00	最高蓄水								
	消耗	31.15	28.50~31.05	0~97.22				上游水位	最高	2003-05-18	30	29.5
		32.57	32.37	145.84				下游水位	最低	2005-05-05	27	27
	防渗	31.00	28.00					最大过闸流量(m³/s)				
	孔径	31.15	31.05	97.22	32.57	32.37	145.84					

护坡长度(m)	部位	上游	下游	坡比	护坡型式	引河(m)	上游	底宽	底高程	边坡	下游	底宽	底高程	边坡
	左岸	20	37	1:2.5	砼预制块			20	27.1	1:2.5		20	27.1	1:2.5
	右岸	20	37	1:2.5	砼预制块	主要观测项目					垂直位移			

现场人员	7人	管理范围划定	含在武河管理范围内,即左右侧为堤防背水坡堤脚外10m,上下游各200m。
		确权情况	未确权。

水文地质情况:

　　场地内土层可分为 5 层(不包括夹层),现自上而下分述如下:第②层砂壤土:建议允许承载力 90 kPa。第③层壤土:夹淤泥质壤土薄层,土质不均匀,建议允许承载力 110 kPa。第③-1 层淤泥质壤土:干强度与韧性中等,建议允许承载力 70 kPa。第⑤-1 层粉砂:建议允许承载力 180 kPa。第⑤层含砂礓壤土:干强度及韧性高,夹砂层,含铁锰结核及砂礓,局部砂礓富集,建议允许承载力 250 kPa。上游挡土墙与闸室底板位于第③层壤土,该层地基承载力为 110 kN,其下为⑤粉砂层,该层地基承载力为 180 kN,渗透系数 7.29×10⁻³ cm/s,采用换填 12% 水泥土进行地基处理,以提高地基承载力,同时满足防渗需要。下游挡土墙底板及站室底板同样采用换填 12% 水泥土进行地基处理,以提高地基承载力,同时满足防渗需要。

控制运用原则:

　　一、铁富闸控制的内河正常水位为 28 m,警戒水位为 28.5 m。

　　二、正常天气情况下,内河上游水位低于 28 m,必引水灌溉;当发生雨涝或预报大雨,水位临近警戒水位或超过时,由市防指下达排水或停止引水指令。

　　三、汛期闸门开启,进行排涝。

最近一次安全鉴定情况:

　　一、鉴定时间:2020 年 11 月。

　　二、鉴定结论、主要存在问题及处理措施:经综合评价为四类闸。

　　主要存在问题:

　　1. 启闭机梁碳化、露筋、混凝土脱落严重,混凝土强度等级不满足设计和现行规范要求;浆砌石翼墙块石松动脱落,浆砌块石砂浆强度偏低,下游左岸翼墙已形成 2×2.5 m 孔洞,墙顶栏杆全部损坏。

　　2. 钢筋混凝土闸门碳化、钢筋锈涨、混凝土开裂。

　　3. 螺杆式启闭机锈蚀严重,螺杆弯曲。

　　4. 铺盖、闸底板、消力池均为浆砌石结构,止水损坏,防渗长度不满足要求。渗流安全评为 C 级。

　　5. 闸室浆砌石抗拉强度不满足要求;消力池深度、长度、海漫长度均不满足要求。结构安全评为 C 级。

　　6. 地震工况下闸室稳定满足要求,浆砌石结构抗拉强度不满足要求,且不利于抗震。抗震安全评为 C 级。

　　处理措施:建议拆除重建。

最近一次除险加固情况:

　　一、建设时间:正在实施,未竣工验收。

　　二、主要加固内容:原址拆除重建铁富闸,采用闸站结合形式,安装 3 台 500ZLB-125 型轴流泵,泵站总设计流量 2.0 m³/s,总装机容量 165 kW。

　　三、竣工验收意见、遗留问题及处理情况:正在拆除重建。

发生重大事故情况:

　　无。

建成或除险加固以来主要维修养护项目及内容:

　　无。

目前存在主要问题:

　　无。

下步规划或其他情况:

　　正在拆除重建。

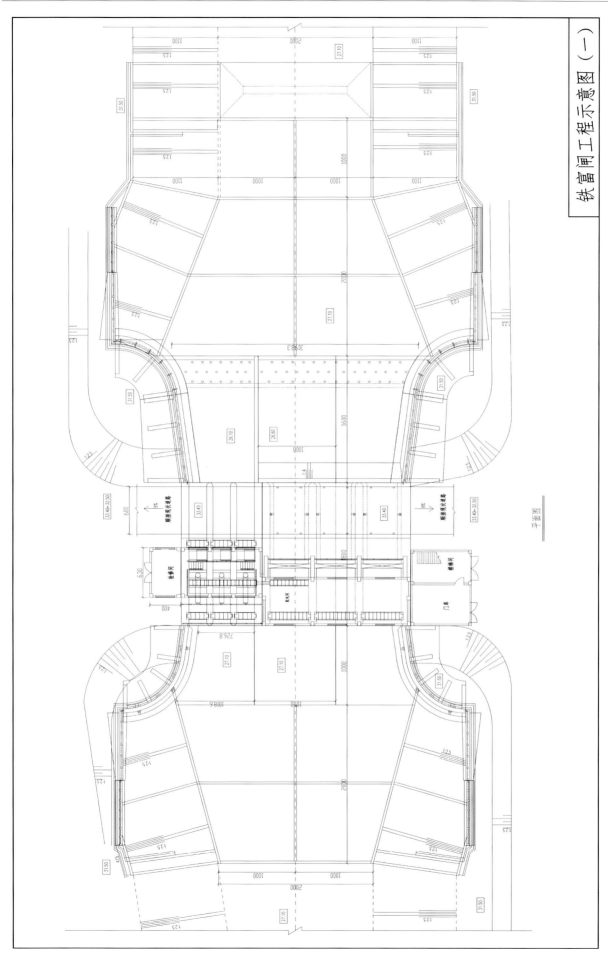

铁富闸工程示意图（一）

平面图

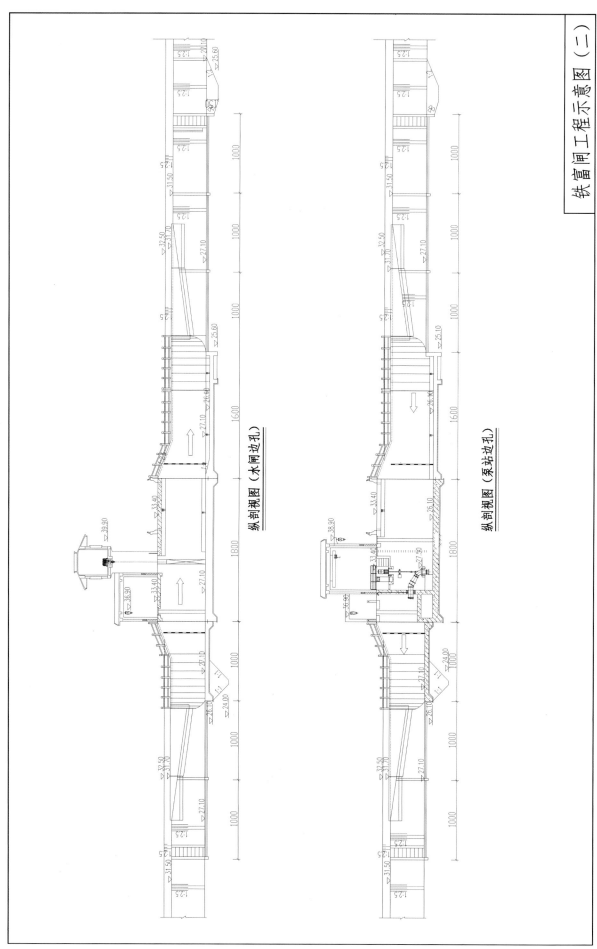

纵剖视图（水闸边孔）

纵剖视图（泵站边孔）

铁富闸工程示意图（二）

铁富闸管理范围界线图

划界标准：含在武河管理范围内，即左右侧为堤防背水坡堤脚外10米，上下游各200米。

图 例

—— 管理范围界线

♀ 界桩位置

WH-XZPZ-R0105 界桩编号

武 河

铁 富 闸

WH-XZPZ-R0104

WH-XZPZ-L0095

WH-XZPZ-R0105

WH-XZPZ-L0096

WH-XZPZ-R0106

WH-XZPZ-L0097

姚 庄 闸

管理单位:邳州市铁富镇水利站

闸孔数	9孔		闸孔净高(m)	闸孔	边孔4孔3.4中间5孔3.0	所在河流		武河		主要作用		灌溉、排涝
	其中航孔			航孔		结构型式		涵洞式				
闸总长(m)	42.0		每孔净宽(m)	闸孔	边孔4孔1.4中间5孔3.0	所在地		邳州市铁富镇姚庄村		建成日期		1975年5月
闸总宽(m)	25.0			航孔		工程规模		中型		除险加固竣工日期		年 月
主要部位高程(m)	闸顶	31.4 31.0	胸墙底			下游消力池底	27.0	工作便桥面		水准基面		废黄河
	闸底	28.0	交通桥面	31.4		闸孔工作桥面	33.4	航孔工作桥面				
	附近堤防顶高程		上游左堤	30.8		上游右堤	30.8	下游左堤	30.5	下游右堤		30.5
交通桥标准	设计		交通桥净宽(m)		4.2	工作桥净宽(m)	闸孔	1.0	闸门结构型式	闸孔		混凝土直升门(边孔)、翻倒门(已拆除)
	校核		工作便桥净宽(m)				航孔			航孔		
启闭机型式	闸孔	螺杆式	启闭机台数	闸孔	4	启闭能力(t)	闸孔	3	钢丝绳	规格		
	航孔			航孔			航孔			数量		m× 根
闸门钢材(t)			闸门(宽×高)(m×m)		1.5×2	建筑物等级	4		备用电源	装机		kW
设计标准		5年一遇排涝设计,20年一遇防洪校核				抗震设计烈度	Ⅷ			台数		

规划设计参数		设计水位组合			校核水位组合			检修门	型式		小水电	容量		
		上游(m)	下游(m)	流量(m³/s)	上游(m)	下游(m)	流量(m³/s)		块/套			台数		
	稳定	29.50	27.00	正常				历史特征值		日期		相应水位(m)		
		29.50	27.00		29.50	底板							上游	下游
		29.50	27.00	地震				上游水位	最高	2003-05-18			30	29.5
	消耗	29.50	27.00	151.20				下游水位	最低	2005-05-05			28	28
								最大过闸流量(m³/s)						
	孔径	30.06	29.96	72.58	31.40	31.30	151.20							

护坡长度(m)	部位	上游	下游	坡比	护坡型式	引河(m)	上游	底宽	底高程	边坡	下游	底宽	底高程	边坡
	左岸	5	14	1:2	浆砌块石			25.0	28.0	1:2		25.0	28.0	1:2
	右岸	5	14	1:2	浆砌块石	主要观测项目					元			

现场人员	7人	管理范围划定	含在武河管理范围内,即左右侧为堤防背水坡堤脚外10 m,上下游各200 m。
		确权情况	未确权。

水文地质情况:

自上而下分别为:层 1 素填土;层 2 重粉质壤土;层 3 粉质黏土,层底标高 26.33～27.32 m,承载力 90 kPa;层 4 粗砂;层 5-1 砂质黏土;层 7-1 粉质黏土;层 7 黏土。该闸以层 3 粉质黏土为基础持力层。

控制运用原则:

一、姚庄闸控制的上游正常水位为 29.0 m,警戒水位为 28.5 m。

二、设计最大瞬时排涝流量 136 m³/s。

三、正常天气情况下,上游内河水位低于 28 m,必引水灌溉;当发生雨涝或预报大雨,水位临近警戒水位或超过时,由市防指下达排水或停止引水指令。

四、特殊水情况调度:当出现以下情况之一时,由市防指根据具体情况决定水闸启闭。

(1)当本镇沿河可能出现 28.5m 以上高水位时;

(2)当闸上下游出现超过 1 m 的水位差时。

最近一次安全鉴定情况:

一、鉴定时间:2020 年 11 月。

二、鉴定结论、主要存在问题及处理措施:经综合评价为四类闸。

主要存在问题:

1. 启闭机梁碳化、露筋、混凝土脱落严重,浆砌石翼墙块石松动脱落,下游翼墙局部沉降,墙顶栏杆全部损坏;中间 5 孔翻倒门已损毁拆除;下游左岸浆砌石护坡局部缺失。

2. 交通桥拱圈基本完整,桥面存在裂缝,且无安全护栏。

3. 两侧各 2 孔直升钢筋混凝土闸门碳化、露筋,止水损毁;直升门螺杆式启闭机锈蚀严重,螺杆弯曲。

4. 启闭机梁混凝土强度等级不满足设计和现行规范要求,碳化深度最大值 55 mm,混凝土脱落、钢筋外露,实测截面小于设计断面。

5. 浆砌块石砂浆强度偏低,局部仅达到 M5。

6. 铺盖、闸底板、消力池均为浆砌石结构,止水损坏,防渗长度不满足要求。渗流安全评为 C 级。

7. 闸室抗滑稳定、地基承载力均满足规范要求;浆砌石结构抗拉强度不满足要求;消力池深度、长度、海漫长度均满足要求。结构安全评为 C 级。

8. 地震工况下闸室稳定满足要求,浆砌石结构抗拉强度不满足要求,且不利于抗震。抗震安全评为 C 级。

处理措施:建议拆除重建。

最近一次除险加固情况:

一、建设时间:无。

二、主要加固内容:无。

三、竣工验收意见、遗留问题及处理情况:无。

发生重大事故情况:

无.

建成或除险加固以来主要维修养护项目及内容:

2020 年 8 月进行闸交通桥拦防古墙安全加固、护坡维修。

目前存在主要问题:

同安全鉴定存在问题。

下步规划或其他情况:

争取列入邳苍郯新洼地治理工程。

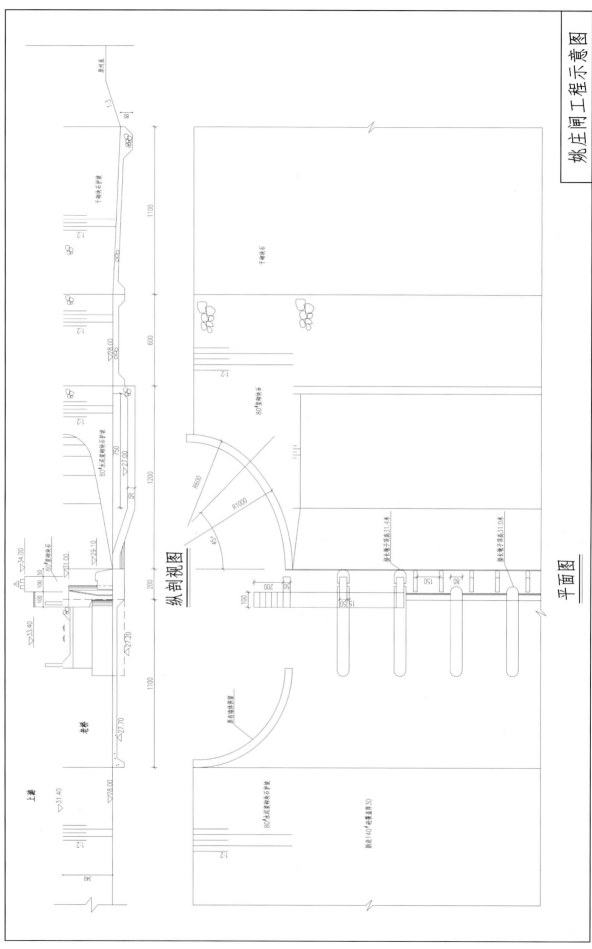

姚庄闸工程示意图

纵剖视图

平面图

姚庄闸管理范围界线图

划界标准：含在武河管
理范围内，即左右侧为堤防背
水坡堤脚外10米，上下游各
200米。

图　例

—— 管理范围线

◉ 界桩位置

WH-XZPZ-L0117 界桩编号

响 水 馏 闸

管理单位:邳州市铁富水利站

闸孔数	3 孔		闸孔净高(m)	闸孔	6.3	所在河流		武河		主要作用		节制、蓄水、排涝
	其中航孔			航孔		结构型式		开敞式				
闸总长(m)	100.5		每孔净宽(m)	闸孔	6	所在地		邳州市铁富镇		建成日期		1971 年 3 月
闸总宽(m)	22			航孔		工程规模		中型		除险加固竣工日期		2016 年 12 月

主要部位高程(m)	闸顶	31.8	胸墙底		下游消力池底	24.8		工作便桥面		31.8	水准基面		废黄河
	闸底	25.5	交通桥面		闸孔工作桥面	37.6		航孔工作桥面					
	附近堤防顶高程		上游左堤	31.8	上游右堤		31.8	下游左堤		31.8	下游右堤		31.8

交通桥标准	设计	公路Ⅱ级	交通桥净宽(m)	6.0+2×0.5	工作桥净宽(m)	闸孔	4.8	闸门结构型式	闸孔	平面直升式钢闸门
	校核		工作便桥净宽(m)	1.8		航孔			航孔	

启闭机型式	闸孔	卷扬式	启闭机台数	闸孔	3	启闭能力(t)	闸孔	2×10	钢丝绳	规格	直径 16 mm
	航孔			航孔			航孔			数量	50 m×6 根

闸门钢材(t)		闸门(宽×高)(m×m)	6.2×5.7	建筑物等级	4	备用电源	装机台数	
设计标准	5 年一遇设计,20 年一遇校核			抗震设计烈度	Ⅷ			

规划设计参数		设计水位组合			校核水位组合			检修门	型式	浮箱叠梁门	小水电	容量	
		上游(m)	下游(m)	流量(m³/s)	上游(m)	下游(m)	流量(m³/s)		块/套	3		台数	
	稳定	29.00	26.50	正常蓄水				历史特征值		日期		相应水位(m)	
												上游	下游
	消耗							上游水位	最高				
								下游水位	最低				
	防渗	29.00	25.50					最大过闸流量(m³/s)					
	孔径	29.50	29.40	95.75	30.85	30.55	206.41						

护坡长度(m)	部位	上游	下游	坡比	护坡型式	引河(m)	上游	底宽	底高程	边坡	下游	底宽	底高程	边坡
	左岸	20	36	1:2.5	砼护坡			30	25.5	1:2.5		30	25.5	1:2.5
	右岸	20	36	1:2.5	砼护坡	主要观测项目								

现场人员	5 人	管理范围划定	含在武河管理范围内,即左右侧为堤防背水坡堤脚外 10 m,上下游各 200 m。
		确权情况	未确权。

水文地质情况：

自上而下分为 9 层(不含亚层)：①层素填土，②层重粉质壤土，③层粉质黏土，④-1 层黏土，⑤-1 层砂质黏土，⑤层砂质黏土，⑥层砂土，⑦层黏土，⑧-1 层中砂，⑨层黏土，⑨-1 中砂。

控制运用原则：

一、蓄水期控制闸上水位 28.5 m；汛期开闸排涝，无涝关闸蓄水。

二、响水溜闸由邳州市防办调度。

最近一次安全鉴定情况：

一、鉴定时间：无。

二、鉴定结果，主要存在问题及处理措施：无。

最近一次除险加固情况：(徐水基〔2017〕92 号)

一、建设时间：2014 年 4 月—2015 年 5 月。

二、主要加固内容：列入邳州市武河(邳城闸—响水馏闸)治理工程，原址拆除重建响水馏闸。

三、竣工验收意见，遗留问题及处理情况：2016 年 12 月 10 日通过徐州市水利局组织的邳州市武河(邳城闸—响水馏闸)治理工程竣工验收，其中响水馏闸拆建工程无遗留问题。

发生重大事故情况：

无。

建成或除险加固以来主要维修养护项目及内容：

无。

目前存在主要问题：

无。

下步规划或其他情况：

无。

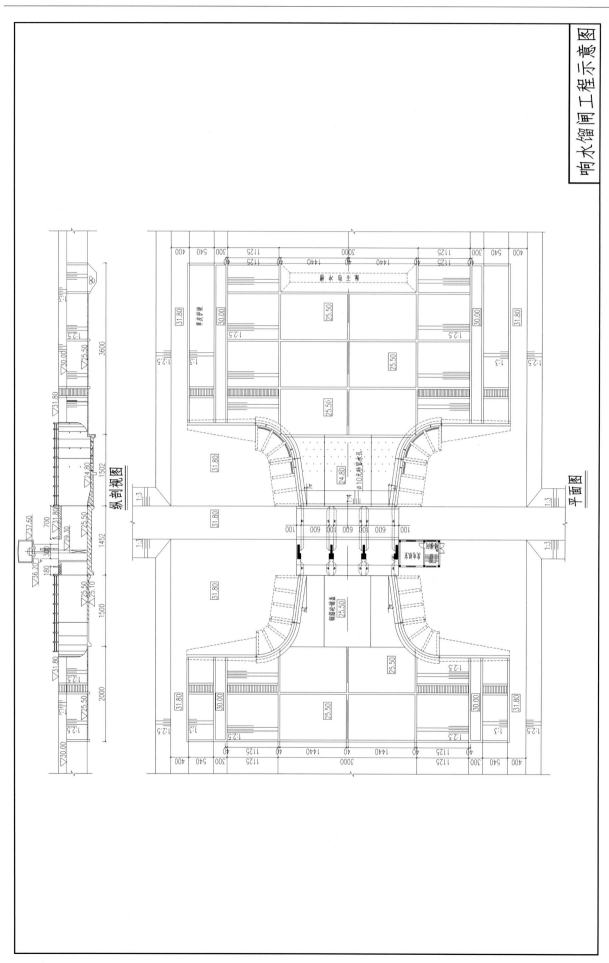

响水倒闸工程示意图

平面图

纵剖视图

响水馈闸管理范围界线图

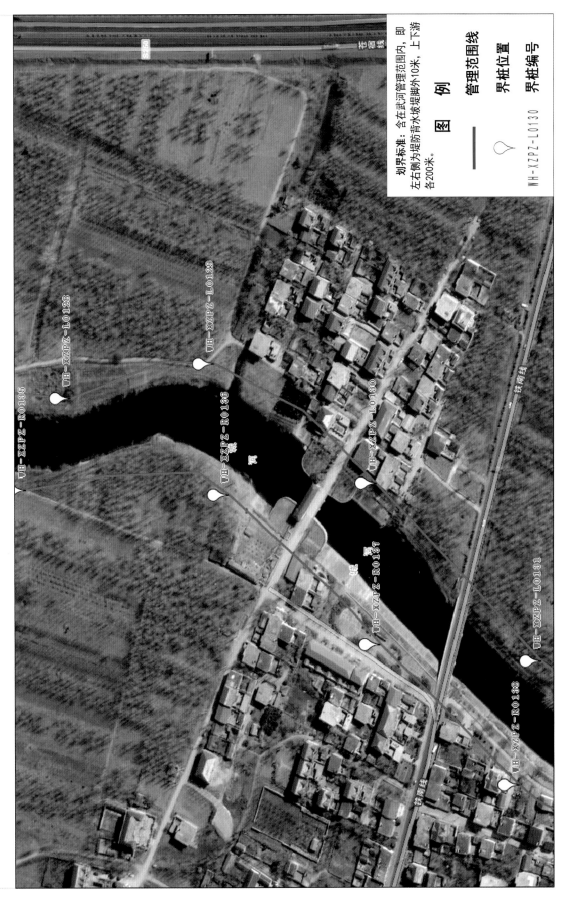

划界标准：含在武河管理范围内，即
左右侧为堤防背水坡堤脚外10米，上下游
各200米。

图 例

—— 管理范围线

○ 界桩位置

WH-XZPZ-L0130 界桩编号

油 坊 闸

管理单位:邳州市铁富镇水利站

闸孔数	10 孔		闸孔净高(m)	闸孔	3.5	所在河流	黄泥沟		主要作用	灌排
	其中航孔			航孔		结构型式	涵洞式			
闸总长(m)	47		每孔净宽(m)	闸孔	1.94	所在地	邳州市铁富镇油坊村	建成日期		1972 年 5 月
闸总宽(m)	28.94			航孔		工程规模	中型	除险加固竣工日期		年 月
主要部位高程(m)	闸顶	30.0	胸墙底	30.0	下游消力池底	25.5	工作便桥面		水准基面	废黄河
	闸底	26.5	交通桥面	31.8	闸孔工作桥面	35.0	航孔工作桥面			
	附近堤防顶高程	上游左堤	30.8	上游右堤	30.8	下游左堤	30.5	下游右堤		30.6
交通桥标准	设计		交通桥净宽(m)	3.4	工作桥净宽(m)	闸孔	2.2	闸门结构型式	闸孔	钢筋混凝土平板闸门
	校核		工作便桥净宽(m)			航孔			航孔	
启闭机型式	闸孔	螺杆式	启闭机台数	闸孔	10	启闭能力(t)	闸孔	5	钢丝绳	规格	m× 根
	航孔			航孔			航孔			数量	

闸门钢材(t)		闸门(宽×高)(m×m)	2.2×3.8	建筑物等级	4	备用电源	装机	6 kW
设计标准	5 年一遇排涝设计,20 年一遇防洪校核			抗震设计烈度	Ⅷ		台数	1

规划设计参数		设计水位组合			校核水位组合			检修门	型式		小水电	容量	
		上游(m)	下游(m)	流量(m³/s)	上游(m)	下游(m)	流量(m³/s)		块/套			台数	
	稳定	27.50	26.50					历史特征值		日期		相应水位(m)	
		28.00	27.90		29.30	29.10						上游	下游
	消耗	27.50～29.30	26.50～29.10	36.42～133.02				上游水位	最高	2003-05-18		30	29.5
								下游水位	最低	2005-05-05		27	27
								最大过闸流量(m³/s)		2003-05-18		133.02	133.02
	孔径	28.00	27.90	36.42	29.30	29.10	133.02						

护坡长度(m)	部位	上游	下游	坡比	护坡型式	引河(m)	上游	底宽	底高程	边坡	下游	底宽	底高程	边坡
	左岸	3	20	1:3	混凝土			26.3	26.5	1:3		26.3	26.5	1:3
	右岸	3	20	1:3	混凝土	主要观测项目								

现场人员	7 人	管理范围划定	含在黄泥沟管理范围内,即左右侧为堤防背水坡堤脚外 10 m,上下游各 200 m。
		确权情况	未确权。

水文地质情况：

自上而下分 15 层：层 1 素填土，层底标高 26.23～35.73 m；层 2 重粉质壤土，层底标高 25.94～34.55 m。层 3 粉质黏土，层底标高 24.34～33.25 m。层 4 粗砂；层 4-1 黏土。层 5 砂质黏土；层 5-1 砂质黏土。层 6 中砂。层 7 黏土；层 7-1 粉质黏土。层 8 砂质黏土；层 8-1 中砂。层 9 黏土；层 9-1 中砂。层 10 细砂，该层未揭穿。该闸持力层位于第 2 层重粉质壤土。

控制运用原则：

一、油坊闸控制的设计上游水位 28.0 m，警戒水位为 28.5 m。

二、设计最大瞬时排涝流量 83.6 m³/s。

三、正常天气情况下，上游河水位低于 27 m，必引水灌溉；当发生雨涝或预报大雨，水位临近警戒水位或超过时，由市防指下达排水或停止引水指令。

四、特殊水情况调度：当出现以下情况之一时，由市防指根据具体情况决定水闸启闭。

（1）当本镇沿河可能出现 28.5 m 以上高水位时；

（2）当闸上下游出现超过 1m 的水位差时。

最近一次安全鉴定情况：

一、鉴定时间：2020 年 11 月 20 日。

二、鉴定结论、主要存在问题及处理措施：经综合评定为四类闸。

主要存在问题：

1. 工作桥排架混凝土强度等级不满足现行规范要求，排架碳化严重，最大碳化深度为 95 mm。

2. 部分浆砌石结构砂浆勾缝脱落、块石松动、砂浆强度偏低。

3. 交通桥素砼微弯板蜂窝严重，部分断裂。

4. 启闭机锈蚀，砼闸门止水部分损坏，漏水。

5. 铺盖、闸底板、消力池均为浆砌石结构，止水损坏，防渗长度不满足要求。渗流安全评为 C 级。

6. 浆砌石结构抗拉强度不满足要求。

处理措施：建议拆除重建。

最近一次除险加固情况：

一、建设时间：无。

二、主要加固内容：无。

竣工验收意见、遗留问题及处理情况：无。

发生重大事故情况：

无。

建成或除险加固以来主要维修养护项目及内容：

2014 年 3 月经市水利局批复同意（徐水管〔2014〕24 号），对油坊闸进行维修加固。

1. 闸室：（1）拆除重做闸孔内 0.15 m 厚 C25 钢筋砼底板复浇层。（2）墩墙、挡墙浆砌石表面凿毛，用水泥砂浆抹面；闸首部分墩墙及门槽整修。（3）更换原 10 扇木质闸门为 2.2×3.5(m)C30 钢筋砼平板闸门。（4）增设 50 mC25 砼道路。（5）新做 27.7×2.1 m 启闭机房。

2. 上游连接段：（1）增做 0.2×0.6 mC25 砼翼墙压顶。（2）修复上游护底护坡；采用 MIO 浆砌石。

3. 下游连接段：（1）增做 0.2×0.6 mC25 砼翼墙压顶。（2）拆除重建下游消力池。（3）修复下游浆砌石护底护坡。（4）末端增设 5.0 m 长抛石防冲槽。

4. 机电及金属结构：更换 10 台螺杆式启闭机，其中 4 台为手电两用，6 台为手动，配置相应电动机、发电机组。

目前存在主要问题：

同安全鉴定存在问题。

下步规划或其他情况：

规划拆除重建，列入邳仓郊新洼地治理工程。

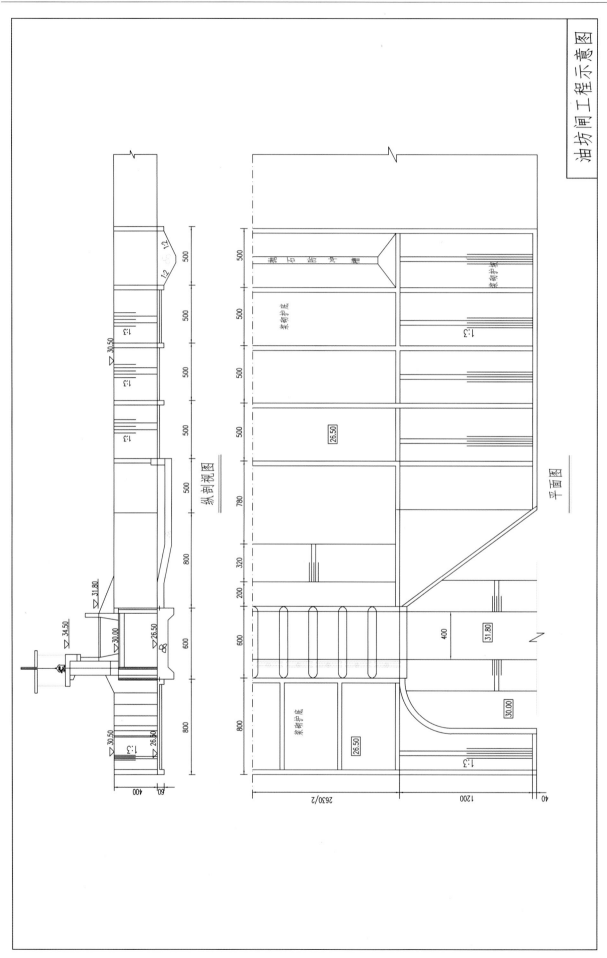

油坊闸工程示意图

纵剖视图

平面图

油坊闸管理范围界线图

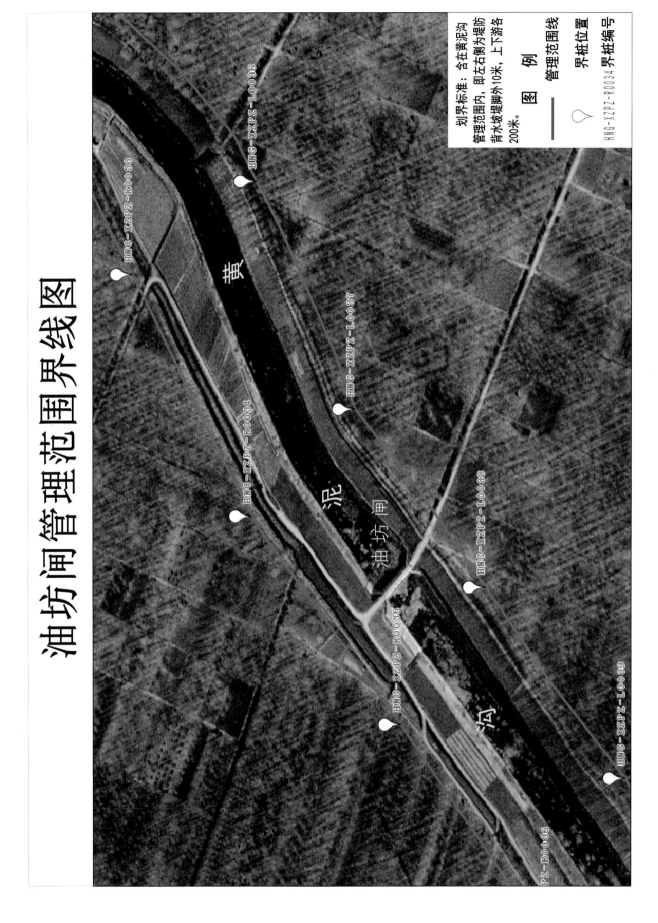

划界标准：含在黄泥沟
管理范围内，即左右侧为堤防
背水坡堤脚外10米，上下游各
200米。

图　例

—— 管理范围线

界桩位置

HNG-XZPZ-R0034 界桩编号

邳 城 闸

管理单位:邳州市邳城翻水站

闸孔数	3孔	闸孔净高(m)	闸孔	9.0	所在河流	城河	主要作用	节制、防洪、蓄水
	其中航孔		航孔		结构型式	开敞式		
闸总长(m)	195.6	每孔净宽(m)	闸孔	10	所在地	邳州市邳城镇	建成日期	1978年12月
闸总宽(m)	34.4		航孔		工程规模	中型	除险加固竣工日期	2015年12月

主要部位高程(m)	闸顶	32.0	胸墙底		下游消力池底	17.70	工作便桥面	32.0	水准基面	废黄河
	闸底	23.0	交通桥面	32.05	闸孔工作桥面	36.9	航孔工作桥面			
	附近堤防顶高程	上游左堤		上游右堤		下游左堤		下游右堤		

交通桥标准	设计	公路Ⅱ级	交通桥净宽(m)	7+2×1.0	工作桥净宽(m)	闸孔	5	闸门结构型式	闸孔	直支臂实腹式双主梁弧形钢闸门
	校核		工作便桥净宽(m)	1.1		航孔			航孔	

启闭机型式	闸孔	卷扬式	启闭机台数	闸孔	3	启闭能力(t)	闸孔	2×15	钢丝绳	规格	6×37
	航孔			航孔			航孔			数量	23 m×6 根

闸门钢材(t)		闸门(宽×高)(m×m)		建筑物等级	3	备用电源	装机	kW
设计标准	10年一遇排涝设计,20年一遇防洪校核			抗震设计烈度	Ⅷ		台数	

规划设计参数		设计水位组合			校核水位组合			检修门	型式	浮箱叠梁门	小水电	容量	
		上游(m)	下游(m)	流量(m³/s)	上游(m)	下游(m)	流量(m³/s)		块/套	6		台数	
	稳定	26.50	21.00	正常蓄水				历史特征值			日期		相应水位(m)	
												上游	下游
		27.00	21.00	最高蓄水										
		26.50	27.46	挡中运河50年一遇洪水				上游水位	最高					
		26.50	23.50	非汛期五年一遇				下游水位	最低					
								最大过闸流量(m³/s)						
	孔径	26.84	26.35	324.00	29.17	28.86	450.00							

护坡长度(m)	部位	上游	下游	坡比	护坡型式	引河(m)	上游	底宽	底高程	边坡	下游	底宽	底高程	边坡
	左岸	40	80.0	1:3	灌砌块石			38.0	23	1:3		40.0	18.50	1:3
	右岸	40	80.0	1:3	灌砌块石	主要观测项目			垂直位移					

现场人员	5人	管理范围划定	上游300 m,下游500 m,东至红旗干渠东河口以外5 m,西侧至西堤脚外5 m。
		确权情况	已确权162 340 m²(邳国用〔94〕字第38—19号)。

水文地质情况：

　　自上而下分为 8 层(不含亚层)：①层杂填土，①-1 层素填土，②-1 层壤土，②层中砂，③层含砂壤土，④层中砂，⑤层壤土，⑥层含砂黏土，⑦层中砂，⑧层含砂壤土。其中③、④层为水闸持力层，地基土承载力允许值为 130 kPa、220 kPa。

控制运用原则：

　　一、蓄水期，控制闸上水位 26.5 m；汛期开闸排涝，无涝关闸蓄水。

　　二、在排涝期间，张道口涵洞、四黄涵洞及时关闭不得倒灌，由邳城站及官湖镇防指负责执行。

最近一次安全鉴定情况：

　　一、鉴定时间：2020 年 12 月。

　　二、鉴定结果，主要存在问题及处理措施：经综合评定为二类闸。

　　主要存在问题为桥头堡及下游末节翼墙沉降，建议尽快修复。

最近一次除险加固情况：(徐水基〔2016〕5 号)

　　一、建设时间：2013 年 12 月—2014 年 8 月。

　　二、主要加固内容：原址拆除重建邳城闸。

　　三、竣工验收意见，遗留问题及处理情况：2015 年 12 月 30 日通过徐州市水利局组织的邳州市邳城闸除险加固工程竣工验收，无遗留问题。

发生重大事故情况：

　　无。

建成或除险加固以来主要维修养护项目及内容：

　　无。

目前存在主要问题：

　　桥头堡及下游末节翼墙沉降。

下步规划或其他情况：

　　无。

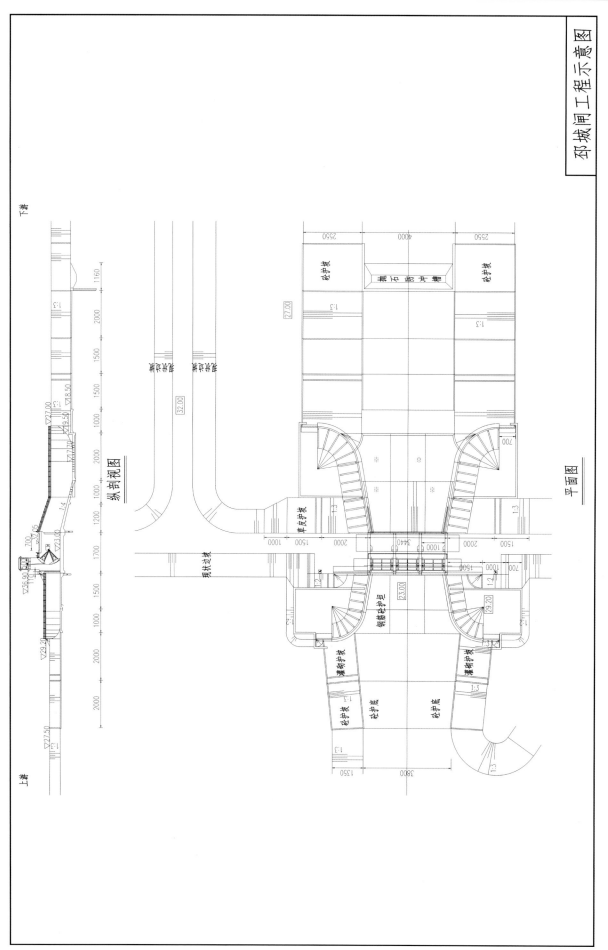

邳城闸工程示意图

平面图

纵剖视图

邳城闸管理范围界线图

划界标准：上游三百米，下游五百米。东侧纲河以北为红旗干渠东河口以外五米，纲河以南为城河外堤脚外十米。西侧至城河外堤脚线外十米。

图 例

—— 管理范围线

◊ 界桩位置

PCZ-XZPZ-S0005 界桩编号

PCZ-XZPZ-S0002
PCZ-XZPZ-S0003
PCZ-XZPZ-S0001T
PCZ-XZPZ-S0004
PCZ-XZPZ-S0011T
PCZ-XZPZ-S0016
PCZ-XZPZ-S0015
PCZ-XZPZ-S0014
PCZ-XZPZ-S0013
PCZ-XZPZ-S0005
PCZ-XZPZ-S0006
PCZ-XZPZ-S0007
PCZ-XZPZ-S0008T
PCZ-XZPZ-S0009
PCZ-XZPZ-S0010
PCZ-XZPZ-S0011T
PCZ-XZPZ-S0012
PCZ-XZPZ-S0011（1）

邳城闸

城 河

纲 河

刘　集　闸

管理单位:邳州市刘集翻水站

闸孔数	5孔	闸孔净高(m)	闸孔	5.5	所在河流	房亭河		主要作用	灌溉、排涝、通航
	其中航孔1孔		航孔	11.4	结构型式	钢筋混凝土开敞式涵洞式			
闸总长(m)	130.3	每孔净宽(m)	闸孔	10	所在地	邳州市八路镇		建成日期	1971年5月
闸总宽(m)	61.04		航孔	12	工程规模	中型		除险加固竣工日期	2019年10月

主要部位高程(m)	闸顶	闸孔24.5 航孔30.4	胸墙底		下游消力池底	18.0	工作便桥面	24.5	水准基面	废黄河
	闸底	19	交通桥面		闸孔工作桥面	34.0	航孔工作桥面	36.0		
	附近堤防顶高程		上游左堤	28.50	上游右堤	28.50	下游左堤	28.50	下游右堤	28.50

交通桥标准	设计		交通桥净宽(m)		工作桥净宽(m)	闸孔	5.0	闸门结构型式	闸孔	直升式平面钢闸门
	校核		工作便桥净宽(m)	4.5		航孔	5.0		航孔	升卧式平面钢闸门

启闭机型式	闸孔	卷扬式	启闭机台数	闸孔	4	启闭能力(t)	闸孔	2×16	钢丝绳	规格	6×37
	航孔	卷扬式		航孔	1		航孔	16.32		数量	6 m×8 根

闸门钢材(t)		闸门(宽×高)(m×m)	闸孔:10.01×5.0 航孔:11.96×5.0	建筑物等级	3	备用电源	装机	120 kW
设计标准	10年一遇排涝设计,20年一遇防洪校核			抗震设计烈度	Ⅷ		台数	1

规划设计参数	设计水位组合			校核水位组合			检修门	型式	浮箱叠梁式	小水电	容量		
	上游(m)	下游(m)	流量(m³/s)	上游(m)	下游(m)	流量(m³/s)		块/套	4		台数		
	稳定							历史特征值		日期		相应水位(m)	
												上游	下游
		23.50	20.50					上游水位	最高				
	消耗							下游水位	最低				
								最大过闸流量(m³/s)					
	孔径	25.41	25.31	716.00	26.04	25.95	924.00						

护坡长度(m)	部位	上游	下游	坡比	护坡型式	引河(m)	上游	底宽	底高程	边坡	下游	底宽	底高程	边坡
	左岸	26.9	49.4	1:3	混凝土			58.64	19.00	1:3		64.26	19.00	1:3
	右岸	26.9	49.4	1:3	混凝土	主要观测项目					垂直位移			

现场人员	7人	管理范围划定	上下游河道、堤防各200 m,左右侧为堤脚外20 m。
		确权情况	已确权(含刘集站、刘集闸,邳国用〔94〕字第38-10号)。

水文地质情况：

经钻孔揭示,土层以黏性土、砂土层为主,属于第四系河流冲积层。1 层素填土土质不均匀,灰黄、黄色,干,呈可塑状态,厚度 4.6～4.8 m,底层高程 23.37～23.44。2 层淤泥。灰色、夹壤土、湿,流塑—软塑状态,厚度 0.4～0.8 m,底层高程 18.40～20.83 m。3 层重粉质壤土,黄褐、黄、灰黄色,湿,软塑状态,层底高程 14.96～18.60 m,厚度 0.8～2.5 m。4 层中细砂,黄,黄白色,呈中密—密实状态,层底高程 7.27～9.24 m。闸室和上下游翼墙地基采用水泥土搅拌桩处理,平均桩底高程 11.0～12.0 m。

控制运用原则：

一、水位低于 21.5 m 时,关闭闸门,开机翻水。

二、平时正常开闸门蓄水,当水位大于 23.6 m 时,闸门全开,流量达到 720 m³/s。

最近一次安全鉴定情况：

一、鉴定时间:无。

二、鉴定结论、主要存在问题及处理措施:无。

最近一次除险加固情况：(徐水基〔2019〕72 号)

一、建设时间:2015 年 11 月—2016 年 11 月。

二、主要加固内容:原址拆除重建刘集闸。

三、竣工验收意见、遗留问题及处理情况:2019 年 10 月 15 日通过徐州市水利局组织的刘集闸除险加固工程竣工验收,无遗留问题。

发生重大事故情况：

无。

建成或除险加固以来主要维修养护项目及内容：

无。

目前存在主要问题：

无。

下步规划或其他情况：

无。

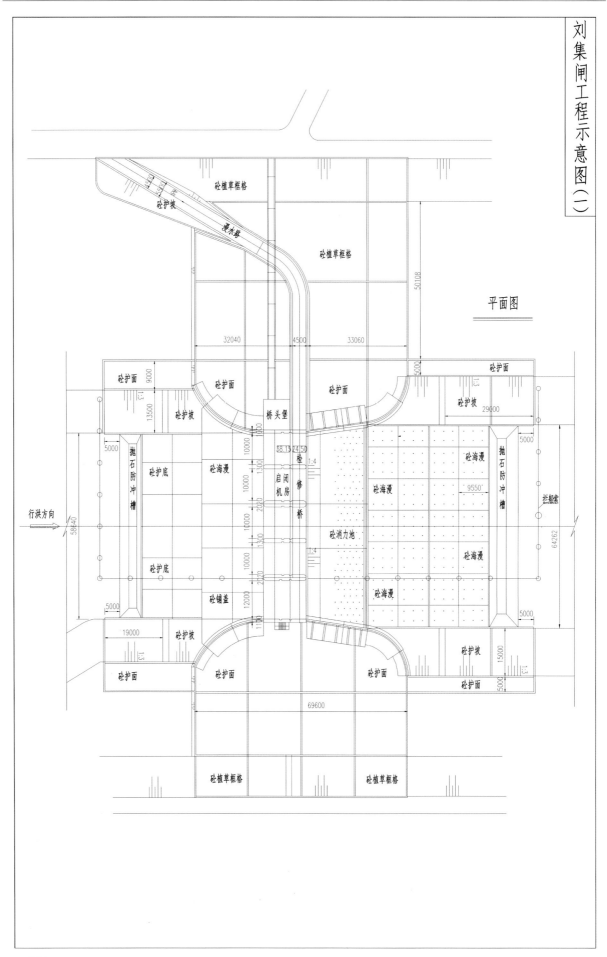

平面图

刘集闸工程示意图（一）

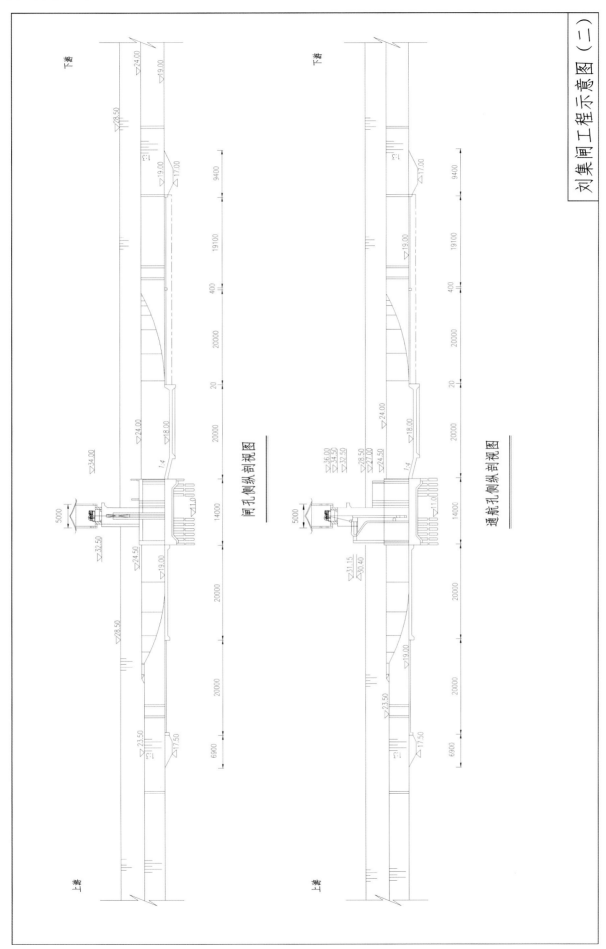

刘集闸工程示意图（二）

闸孔侧纵剖视图

通航孔侧纵剖视图

刘集闸管理范围界线图

划界标准：上下游各200米，
左右侧为堤脚外20米。

图 例

—— 管理范围线

⚲ 界桩位置

LJZ-XZPZ-S0006 界桩编号

LJZ-XZPZ-S0004

LJZ-XZPZ-S0008

LJZ-XZPZ-S0002

LJZ-XZPZ-S0017

LJZ-XZPZ-S0005

LJZ-XZPZ-S0006

LJZ-XZPZ-S0007

洞

刘集闸

房

王 庄 桥 闸

管理单位:运西灌区管理所

闸孔数	3 孔		闸孔净高(m)	闸孔	6.3	所在河流		古运河		主要作用		蓄水和排涝
	其中航孔			航孔		结构型式		开敞式				
闸总长(m)	103		每孔净宽(m)	闸孔	8	所在地		邳州市碾庄镇		建成日期		1970 年
闸总宽(m)	27.8			航孔		工程规模		中型		除险加固竣工日期		2017 年 1 月
主要部位高程(m)	闸顶	27.5	胸墙底			下游消力池底	19.5	工作便桥面	27.5	水准基面		废黄河
	闸底	21.2	交通桥面		27.5	闸孔工作桥面	35.0	航孔工作桥面				
	附近堤防顶高程		上游左堤		上游右堤			下游左堤		下游右堤		
交通桥标准	设计	公路-Ⅱ级	交通桥净宽(m)		4.5+2×0.25	工作桥净宽(m)	闸孔	4	闸门结构型式	闸孔		平面钢闸门
	校核		工作便桥净宽(m)		1.6		航孔			航孔		
启闭机型式	闸孔	卷扬式	启闭机台数	闸孔	3	启闭能力(t)	闸孔	2×12.5	钢丝绳	规格		
	航孔			航孔			航孔			数量		9 m×8 根
闸门钢材(t)		47.7	闸门(宽×高)(m×m)		8.12×5.45	建筑物等级		3	备用电源	装机台数		40 kW
设计标准		10 年一遇排涝设计,20 年一遇防洪校核				抗震设计烈度		Ⅷ		容量台数		

规划设计参数		设计水位组合			校核水位组合			检修门	型式	浮箱叠梁门	小水电			
		上游(m)	下游(m)	流量(m³/s)	上游(m)	下游(m)	流量(m³/s)		块/套	6				
	稳定	25.00	22.00	正常蓄水				历史特征值			日期		相应水位(m)	
		25.00	26.69	反向挡洪									上游	下游
	消耗	25.00	22.00	60.00	25.50	25.30	175.00	上游水位	最高		2019 年		24.5	24.5
								下游水位	最低		2017 年		22.5	22
	防渗	25.00	20.50					最大过闸流量(m³/s)						
	孔径	25.50	22.00	127.00	25.50	25.30	175.00							

护坡长度(m)	部位	上游	下游	坡比	护坡型式	引河(m)	上游	底宽	底高程	边坡	下游	底宽	底高程	边坡
	左岸	15.0	36.0	1:3	砼			36.0	21.2	1:3		40.0	20.0	1:3
	右岸	15.0	36.0	1:3	砼	主要观测项目					垂直位移			

现场人员	2 人	管理范围划定	上下游河道、堤防各 200 m,左右侧各 10 m。
		确权情况	未确权。

水文地质情况：

  1 层为表土；2—3 层位第四系全系统新近沉积土；第 4 层为第四系全新统一般沉积土；5—6 层为第四系晚更新统老沉积土。1 层表土；2 层砂壤土，2-1 壤土；3 层淤泥质黏土；4 层黏土；5 层粉砂；6 含砂礓黏土。

  闸室及上下游第一、二节翼墙采用 0.35 m×0.35 m 预制方桩对地基进行加固。

控制运用原则：

  一、正常蓄水位控制在 24.5 m，当水位超过 24.5 m 时，把闸门提高 20～30 cm 时把水放至 24.5 m，慢慢再关闭闸水位控制在 24.5 m。

  二、汛期上游排涝时提前 24 h 开启闸门预泄上游河道来水，分洪或排涝结束后，逐步关闭闸门蓄水。

最近一次安全鉴定情况：

  一、鉴定时间：2022 年 12 月 27 日。

  二、鉴定结论、主要存在问题及处理措施：经综合评定为一类闸。

最近一次除险加固情况：（徐水基〔2017〕18 号）

  一、建设时间：2014 年 8 月至 2015 年 10 月。

  二、主要加固内容：原址拆除重建王庄桥闸。

  三、竣工验收意见、遗留问题及处理情况：2017 年 1 月 13 日通过由徐州市水利局组织的邳州市王庄桥闸除险加固工程竣工验收，无遗留问题。

发生重大事故情况：

  无。

建成或除险加固以来主要维修养护项目及内容：

  无。

目前存在主要问题：

  无。

下步规划或其他情况：

  无。

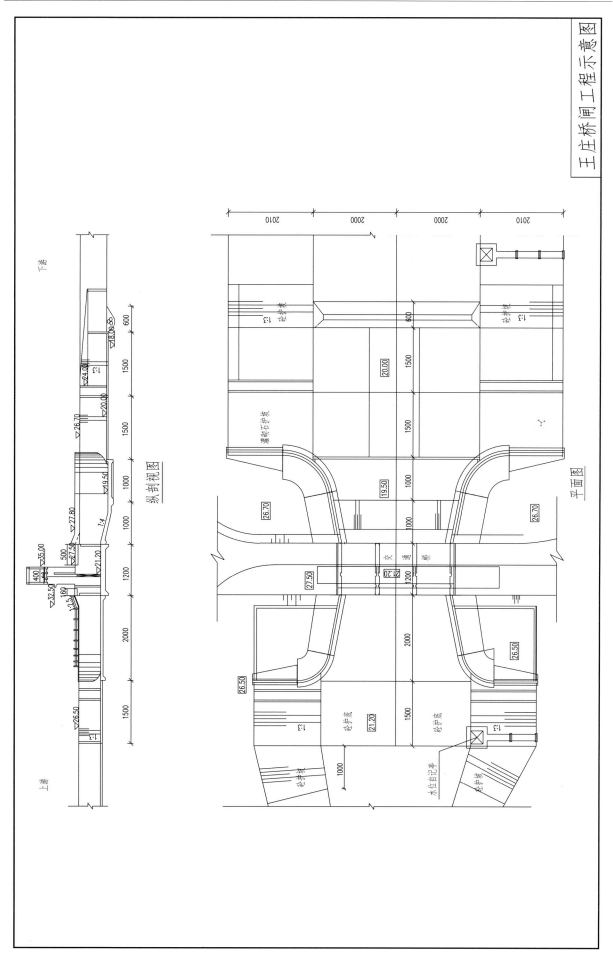

王庄桥闸工程示意图

王庄桥闸管理范围界线图

划界标准：上下游各200米，
左右侧为堤脚外10米。

图 例

—— 管理范围线

♀ 界桩位置

WZQZ-XZPZ-S0004 界桩编号

湖 湾 闸

管理单位：邳州市赵墩水利站

闸孔数	3		闸孔净高(m)	闸孔	5	所在河流	淤泥干河	主要作用	灌溉、排涝		
	其中航孔			航孔		结构型式	开敞式				
闸总长(m)	103.54		每孔净宽(m)	闸孔	4	所在地	邳州市赵墩镇	建成日期			
闸总宽(m)	15.6			航孔		工程规模	中型	除险加固竣工日期	2014 年 12 月		
主要部位高程(m)	闸顶	24.3	胸墙底		下游消力池底	18.5	工作便桥面	24.3	水准基面	1985 国家高程
	闸底	19.3	交通桥面	24.3	闸孔工作桥面	29.9	航孔工作桥面			
	附近堤防顶高程	上游左堤	28.3	上游右堤	28.3	下游左堤	29.9	下游右堤	29.9	
交通桥标准	设计	公路Ⅱ级	交通桥净宽(m)	4.5+2×0.5	工作桥净宽(m)	闸孔	3.6	闸门结构型式	闸孔	平面直升式钢闸门
	校核		工作便桥净宽(m)	1.9		航孔			航孔	
启闭机型式	闸孔	卷扬式	启闭机台数	闸孔	3	启闭能力(t)	闸孔	2×8	钢丝绳	规格	20 mm
	航孔			航孔			航孔			数量	300 m
闸门钢材(t)			闸门(宽×高)(m×m)		4.13×4.0	建筑物等级	3	备用电源	装机台数	
设计标准		10 年一遇排涝设计				抗震设计烈度	Ⅷ		小水电	容量 台数

规划设计参数		设计水位组合			校核水位组合			检修门	型式	浮箱叠梁门	块/套	
		上游(m)	下游(m)	流量(m³/s)	上游(m)	下游(m)	流量(m³/s)					
	稳定	22.40～23.00	20.75～22.65	尾水挡水				历史特征值		日期		相应水位(m)	
		25.00	26.69	反向挡洪							上游	下游
	消耗							上游水位 最高				
								下游水位 最低				
	防渗	23.00	19.80					最大过闸流量(m³/s)				
	孔径	23.31	23.01	105.10								

护坡长度(m)	部位	上游	下游	坡比	护坡型式	引河(m)	上游	底宽	底高程	边坡	下游	底宽	底高程	边坡
	左岸	20	36	1:4	砼预制块			40	19.3	1:4		40	18.5	1:4
	右岸	20	36	1:4	砼预制块	主要观测项目					垂直位移			

现场人员	2 人	管理范围划定	未划界。
		确权情况	未确权。

水文地质情况：

自上而下分为 5 层(不含亚层)：①层砂壤土，②层淤泥质砂壤土，③层砂壤土，③-1 层淤泥质砂壤土，④层壤土，⑤层含砂礓壤土。

控制运用原则：

一、蓄水期控制闸上水位 23.0 m；汛期开闸排涝，无涝关闸蓄水。

二、湖湾闸由邳州市防办调度。

最近一次安全鉴定情况：

一、鉴定时间：无。

二、鉴定结果，主要存在问题及处理措施：无。

最近一次除险加固情况：(丰沛尾水建〔2015〕2 号，苏调办〔2022〕4 号)

一、建设时间：2014 年 5 月 13 日—2014 年 12 月 26 日。

二、主要加固内容：列入南水北调丰县、沛县尾水资源化利用及导流工程 15 标，移址重建湖湾闸。

三、竣工验收意见，遗留问题及处理情况：

2015 年 6 月 11 日通过南水北调丰县、沛县尾水资源化利用及导流工程建设处组织的南水北调丰县、沛县尾水资源化利用及导流工程施工 15 标合同项目完成验收会议验收，其中湖湾闸工程质量优良，无遗留问题。

2020 年 6 月 18 日至 19 日通过江苏省南水北调办公室组织的南水北调丰县、沛县尾水资源化利用及导流工程竣工验收会议验收，其中施工 15 标无遗留问题。

发生重大事故情况：

无。

建成或除险加固以来主要维修养护项目及内容：

无。

目前存在主要问题：

无。

下步规划或其他情况：

无。

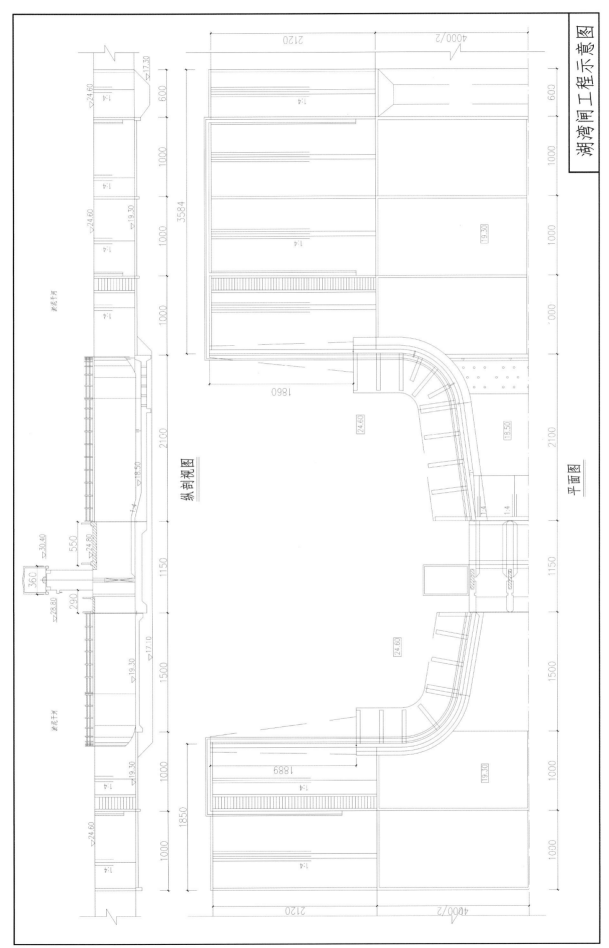

湖湾闸工程示意图

纵剖视图

平面图

位 庄 闸

管理单位:邳州市占城镇水利站

闸孔数	3孔		闸孔净高(m)	闸孔	6	所在河流	民便河	主要作用	防洪、排涝、蓄水
	其中航孔			航孔		结构型式	开敞式		
闸总长(m)	121		每孔净宽(m)	闸孔	6	所在地	邳州市占城镇	建成日期	1984年
闸总宽(m)	22			航孔		工程规模	中型	除险加固竣工日期	2015年12月

主要部位高程(m)	闸顶	25.0	胸墙底		下游消力池底	17.1	工作便桥面	25.0	水准基面	废黄河
	闸底	19.0	交通桥面	25.0	闸孔工作桥面	31.8	航孔工作桥面			
	附近堤防顶高程		上游左堤		上游右堤		下游左堤		下游右堤	

交通桥标准	设计	公路Ⅱ级	交通桥净宽(m)	5	工作桥净宽(m)	闸孔	4	闸门结构型式	闸孔	平面钢闸门
	校核		工作便桥净宽(m)	1.4		航孔			航孔	

启闭机型式	闸孔	卷扬式	启闭机台数	闸孔	3	启闭能力(t)	闸孔	2×10	钢丝绳	规格	m× 根
	航孔			航孔			航孔			数量	

闸门钢材(t)		闸门(宽×高)(m×m)	4.12×4.5	建筑物等级	3	备用电源	装机	kW
设计标准	10年一遇排涝设计,20年一遇防洪校核			抗震设计烈度	Ⅷ		台数	1

规划设计参数		设计水位组合			校核水位组合			检修门	型式	浮箱叠梁门	小水电	容量		
		上游(m)	下游(m)	流量(m³/s)	上游(m)	下游(m)	流量(m³/s)		块/套	6		台数		
	稳定	23.00	20.00					历史特征值		日期		相应水位(m)		
												上游	下游
	消耗							上游水位 最高						
								下游水位 最低						
								最大过闸流量(m³/s)						
	孔径	22.58	22.38	116.30	24.05	23.80	147.60							

护坡长度(m)	部位	上游	下游	坡比	护坡型式	引河(m)	上游	底宽	底高程	边坡	下游	底宽	底高程	边坡
	左岸	25	53	1:2.5	灌砌块石			30.0	19.00	1:2.5		26.0	18.00	1:2.5
	右岸	30	53	1:2.5	灌砌块石	主要观测项目				垂直位移				

现场人员	2人	管理范围划定	含在民便河管理范围内,即左右侧为堤防背水坡堤脚外10 m,上下游各200 m。
		确权情况	未确权。

水文地质情况：

　　第①层表土,以粉质黏土夹粉土为主,层底标高 22.16～23.76 m。第②层砂壤土,底层标高 20.11～22.16。第③-1层壤土,层底标高 19.61～21.36 m,地基承载力 70 kPa。第③层砂壤土,底层标高 16.90～18.30 m,地基土承载力 140 kPa。第④-1层粉质黏土,层底标高 16.40～17.70 m,地基土承载力 80 kPa。第④层黏土,底层标高 10.61～13.51 m。第⑤层含砂黏土,层底标高 6.11～7.48 m。第⑥层中砂,底层标高 4.61～5.91 m。第⑦层含砂礓黏土,未揭穿该层。

控制运用原则：

　　一、非汛期正常蓄水水位控制在 22.7 m,当水位超过 22.7 m 时,把闸门提高放水至 22.7 m,然后关闭闸门,水位控制在 22.7 m,保障抗旱用水。

　　二、汛期,当接到暴雨预警时提前提闸排空河道,做好排涝准备。当 12 h 内降雨量将达到 50 mm 以上,或者已达到 50 mm 以上且降雨可能持续时,提起闸门排水。

最近一次安全鉴定情况：

　　一、鉴定时间：2020 年 12 月。

　　二、鉴定结论、主要存在问题及处理措施：经综合评定为二类闸。

　　主要存在问题部分闸墩、排架钢筋保护层厚度不满足要求,桥头堡周围地面沉降。

最近一次除险加固情况：(徐水基〔2016〕6 号)

　　一、建设时间：2013 年 11 月—2014 年 8 月。

　　二、主要加固内容：原址拆除重建位庄闸。

　　三、竣工验收意见、遗留问题及处理情况：2015 年 12 月 30 日通过徐州市水利局组织的邳州市位庄闸除险加固工程竣工验收,无遗留问题。

发生重大事故情况：

　　无。

建成或除险加固以来主要维修养护项目及内容：

　　无。

目前存在主要问题：

　　桥头堡周围混凝土地面沉降开裂。

下步规划或其他情况：

　　无。

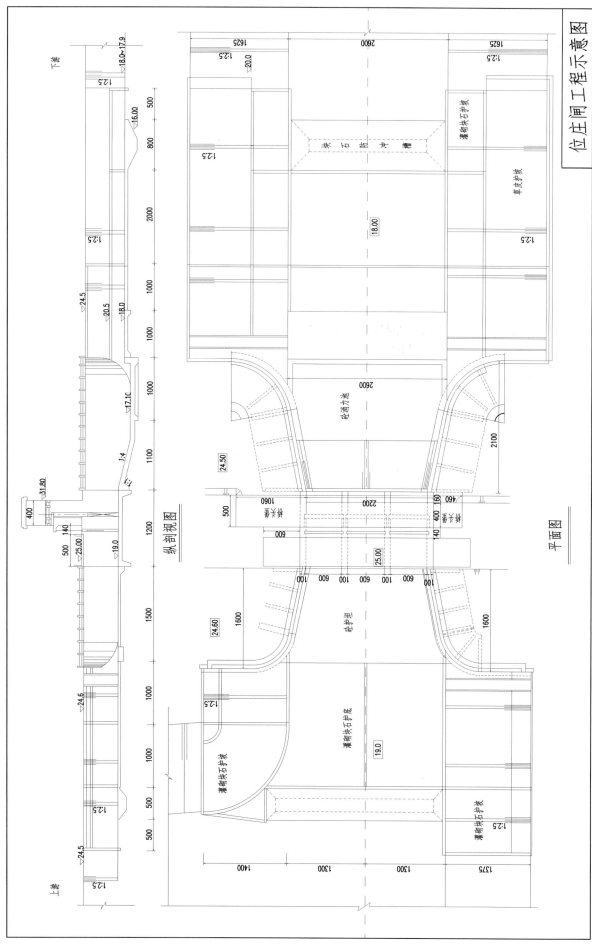

位庄闸工程示意图

位庄闸管理范围界线图

图 例

—— 管理范围线

♀ 界桩位置

BWH-XZPZ-L0080 界桩编号

划界标准：含在民便河
管理范围内，即左右侧为堤防
背水坡坡脚外10米，上下游各
200米。

民 便 河

位庄闸

BWH-XZPZ-L0080

BWH-XZPZ-R0080

房 顶 闸

管理单位：邳州市刘集翻水站

闸孔数	3 孔	闸孔净高(m)	闸孔	4.5	所在河流	房南河	主要作用		排涝、通航
	其中航孔 1		航孔	7.0	结构型式	开敞式			
闸总长(m)	138	每孔净宽(m)	闸孔	5.0	所在地	邳州市八路镇山北村	建成日期		1980 年 12 月
闸总宽(m)	18.4		航孔	5.0	工程规模	中型	除险加固竣工日期		年 月

主要部位高程(m)	闸顶	26.50	胸墙底	24.0	下游消力池底	16.70	工作便桥面		水准基面	废黄河
	闸底	19.5	交通桥面	27.00	闸孔工作桥面	32.05	航孔工作桥面	32.50		
	附近堤防顶高程		上游左堤	28.00	上游右堤	28.00	下游左堤	28.00	下游右堤	28.00

交通桥标准	设计	汽-15	交通桥净宽(m)	8.0	工作桥净宽(m)	闸孔	2.5	闸门结构型式	闸孔	钢丝网水泥波形面板闸门
	校核	挂-80	工作便桥净宽(m)			航孔	2.5		航孔	

启闭机型式	闸孔	螺杆式	启闭机台数	闸孔	2	启闭能力(t)	闸孔	2×12	钢丝绳	规格	m× 根
	航孔	螺杆式		航孔	1		航孔	2×12		数量	

闸门钢材(t)		闸门(宽×高)(m×m)		建筑物等级	4	备用电源	装机	kW
设计标准	年一遇排涝设计， 年一遇防洪校核			抗震设计烈度	Ⅷ		台数	

规划设计参数		设计水位组合			校核水位组合			检修门	型式		小水电	容量
		上游(m)	下游(m)	流量(m³/s)	上游(m)	下游(m)	流量(m³/s)		块/套			台数
	稳定	23.00	19.00		23.00	26.00		历史特征值		日期	相应水位(m)	
											上游	下游
	消耗							上游水位 最高				
								下游水位 最低				
								最大过闸流量(m³/s)				
	孔径	23.61	23.11	142.00								

护坡长度(m)	部位	上游	下游	坡比	护坡型式	引河(m)	上游	底宽	底高程	边坡	下游	底宽	底高程	边坡
	左岸	15.0	83.5	1:3	浆砌石			30.0	20.0	1:3		30.0	17.45	1:3
	右岸	15.0	83.5	1:3	浆砌石	主要观测项目					垂直位移			

现场人员	2 人	管理范围划定	按照土地权属范围划定。
		确权情况	已确权 23 068 m²（邳国用〔94〕字第 38-11 号）。

水文地质情况：

1 层淤泥质黏土：黑灰色，饱和流塑夹软塑稍密粉土和可塑粉质黏土薄层，均匀性差。

2 层粉土：灰黄色，饱和软塑稍密，局部有深灰色黏土夹层。

3 层细砂：黄色，稍密，很湿，南岸夹粉土较多。

4 层粉质黏土：黄色，饱和、可塑—硬塑，含铁猛结核和钙质结核（一般粒径 3～5 cm），上部（约 1 m）较软。

控制运用原则：

一、非汛期，土楼闸打开闸门引房亭河水进入邳睢大沟，同时关闭房顶闸供占城、土山两镇灌溉用水，控制水位闸上 23.0 m，闸下近期 19.0 m，徐洪河南水北调后 21.0 m，黄墩湖滞洪时闸下水位 26.0 m，水闸反向防洪。

二、汛期排涝时，根据水情，关闭土楼闸同时开启房顶闸，通过房南河向徐洪河泄水，船闸、节制闸同时排水，航运服从排涝。

最近一次安全鉴定情况：

一、鉴定时间：2020 年 12 月。

二、鉴定结论、主要存在问题及处理措施：经综合评定为四类闸。

主要存在问题：1.1 号孔左排架连系梁、2 号孔撑梁、3 号孔右排架根部和胸墙顶部混凝土均存在钢筋锈胀裂缝。2. 上下游翼墙均为浆砌石结构，水位变化区浆砌石渗水。3. 上下扉门均为钢丝网波形结构，横梁、顶梁钢筋锈胀露筋，混凝土剥落；闸门止水损坏、漏水。4. 启闭机齿轮锈蚀，齿轮箱变形、漏雨；螺杆弯曲。5. 钢丝网波形闸门砂浆强度不满足要求；工作桥排架混凝土强度不满足设计及规范要求；1 号孔排架混凝土最大碳化深度 51 mm，超过钢筋保护层设计厚度。6. 浆砌石铺盖漏水，防渗长度不足。渗流安全评为 C 级。7. 闸室、翼墙地基为软土，地基承载力不足；反拱底板曾发生断裂。结构安全评为 C 级。8. 地震工况下，浆砌石翼墙、闸墩抗拉强度不满足要求，且不利于抗震；翼墙、闸室地基承载力不满足要求。抗震安全评为 C 级。9. 启闭电机属淘汰产品，机电设备安全评为 C 级。

处理措施：建议拆除重建。

最近一次除险加固情况：

一、建设时间：无。

二、主要加固内容：无。

三、竣工验收意见、遗留问题及处理情况：无。

发生重大事故情况：

无。

建成或除险加固以来主要维修养护项目及内容：

1986 年整修下游浆砌块石护坡 150 m²。

目前存在主要问题：

同安全鉴定存在问题。

下步规划或其他情况：

拆除重建。

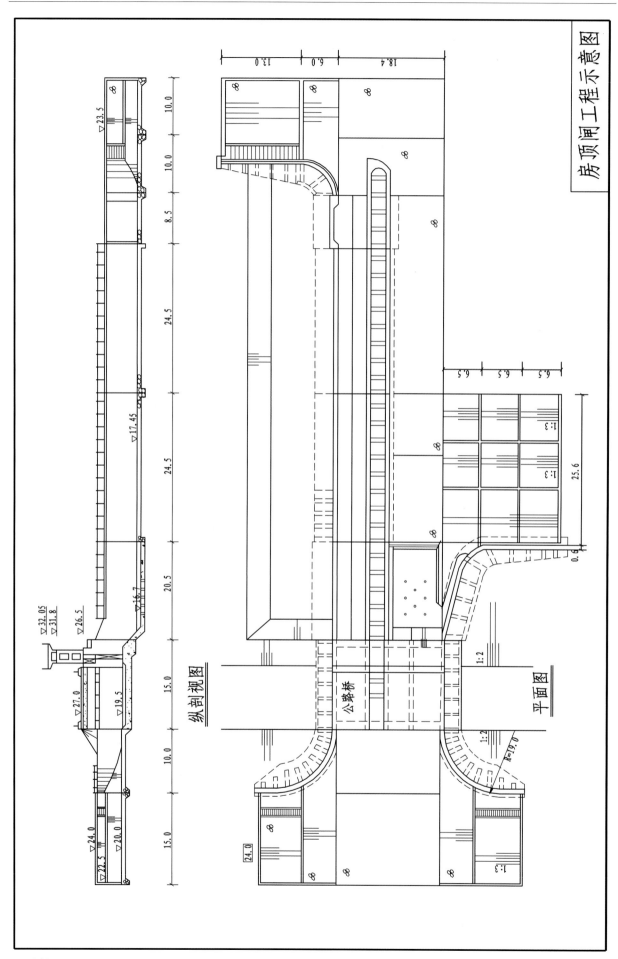

房顶闸工程示意图

纵剖视图

平面图

公路桥

房顶闸管理范围界线图

八 路 桥 闸

管理单位:邳州市八路镇水利站

闸孔数		3 孔	闸孔净高（m）	闸孔	4.5	所在河流		房南河	主要作用		灌溉、排涝
		其中航孔		航孔		结构型式		开敞式			
闸总长(m)		67.5	每孔净宽（m）	闸孔	6.0	所在地		邳州市八路镇八路村	建成日期		1997 年 8 月
闸总宽(m)		21.2		航孔		工程规模		中型	除险加固竣工日期		2021 年 6 月
主要部位高程（m）	闸顶	22.0	胸墙底		下游消力池底	16.6	工作便桥面		水准基面		废黄河
	闸底	17.50	交通桥面	27.0	闸孔工作桥面	29.5	航孔工作桥面				
	附近堤防顶高程	上游左堤	27.0	上游右堤	25.0	下游左堤	27.0	下游右堤			25.0
交通桥标准	设计	汽-20	交通桥净宽(m)	7	工作桥净宽（m）	闸孔	3.4	闸门结构型式	闸孔		平面钢闸门
	校核	挂-100	工作便桥净宽(m)			航孔			航孔		
启闭机型式	闸孔	螺杆式	启闭机台数	闸孔	3	启闭能力（t）	闸孔	2×10	钢丝绳	规格	m× 根
	航孔			航孔			航孔			数量	
闸门钢材(t)			闸门(宽×高)(m×m)		4.5×6.1	建筑物等级	4	备用电源	装机		22.5 kW
设计标准		10 年一遇排涝设计				抗震设计烈度	Ⅷ		台数		

规划设计参数		设计水位组合			校核水位组合			检修门	型式		小水电	容量	
		上游（m）	下游（m）	流量（m³/s）	上游（m）	下游（m）	流量（m³/s）		块/套			台数	
	稳定	22.30	17.50	设计				历史特征值		日期		相应水位(m)	
		22.30	17.50	地震								上游	下游
	消耗	22.30	19.00	160.00				上游水位	最高				
								下游水位	最低				
								最大过闸流量（m³/s）					
	孔径	22.30	22.08	162.60									

护坡长度（m）	部位	上游	下游	坡比	护坡型式	引河（m）	上游	底宽	底高程	边坡	下游	底宽	底高程	边坡
	左岸	7	20	1:2.8	浆砌块石			20	17.0	1:2.8		20	17.0	1:2.8
	右岸	7	20	1:2.8	浆砌块石	主要观测项目					垂直位移			

现场人员	2 人	管理范围划定	未划界。
		确权情况	已确权 23 068 m²（邳国用〔94〕字第 38-11 号）。

水文和地质情况:

　　1层淤泥质黏土:黑灰色,饱和流塑夹软塑稍密粉土和可塑粉质黏土薄层,均匀性差。

　　2层粉土:灰黄色,饱和软塑稍密,局部有深灰色黏土夹层。

　　3层细砂:黄色,稍密,很湿,南岸夹粉土较多。

　　4层粉质黏土:黄色,饱和,可塑—硬塑,含铁猛结核和钙质结核(一般粒径3～5 cm),上部(约1 m)较软。

控制运用原则:

　　一、八路桥闸控制的设计上游水位22.5 m,警戒水位为23 m。

　　二、设计最大瞬时排涝流量163 m^3/s。

　　三、正常天气情况下,上游河水位低于21.5 m,必引水灌溉;当发生雨涝或预报大雨,水位临近警戒水位或超过时,由镇防指下达排水或停止引水指令。

　　四、特殊水情况调度:当出现以下情况之一时,由市防指根据具体情况决定水闸启闭。

　　(1)当本镇沿可能出现23.5 m以上高水位时;

　　(2)当闸上下游出现超过1 m的水位差时。

最近一次安全鉴定情况:

　　一、鉴定时间:2020年12月。

　　二、鉴定结论、主要存在问题及处理措施:经综合评价为三类闸。

　　主要存在问题:

　　1.上下游翼墙均为浆砌石结构,局部勾缝脱落;下游右岸翼墙前倾、错缝,翼墙前倾3 cm。

　　2.启闭机机架、电动机、传动齿轮、控制柜锈蚀,现场无启闭机房。

　　3.钢筋混凝土平面闸门止水损坏。

　　4.交通桥设计荷载标准低,不满足现行道路实际荷载等级需要。

　　5.闸墩混凝土最大碳化深度35.5 mm;启闭机梁钢筋保护层为28 mm,排架最小钢筋保护层厚度为29mm,均不满足要求。

　　6.浆砌石翼墙与闸室岸墙错缝、渗水,侧向防渗长度不足。渗流安全评为B级。

　　7.消力池深度、长度满足要求,海漫长度不满足要求。结构安全评为B级。

　　8.地震工况下,浆砌石结构抗拉强度不满足要求,且不利于抗震。抗震安全评为C级。

　　9.启闭电机属淘汰产品。机电设备安全评为C级。

　　处理措施:更换闸门止水及启闭电机;加强工程的观测;除险加固前做好应急预案。

最近一次除险加固情况:

　　一、建设时间:2020年。

　　二、主要加固内容:列入2020年度省级维修项目,对启闭机、闸门、丝杆、进行维修更换,原混凝土闸门更换为3孔4.5×6.1 m平面直升钢闸门,更换20T双吊点螺杆式启闭机3台套,新增彩钢板管理房92.4 m^2。

　　三、竣工验收意见、遗留问题及处理情况:2021年6月已竣工验收,无遗留问题。

发生重大事故情况:

　　无。

建成或除险加固以来主要维修养护项目及内容:

　　无。

目前存在主要问题:

　　无。

下步规划或其他情况:

　　无。

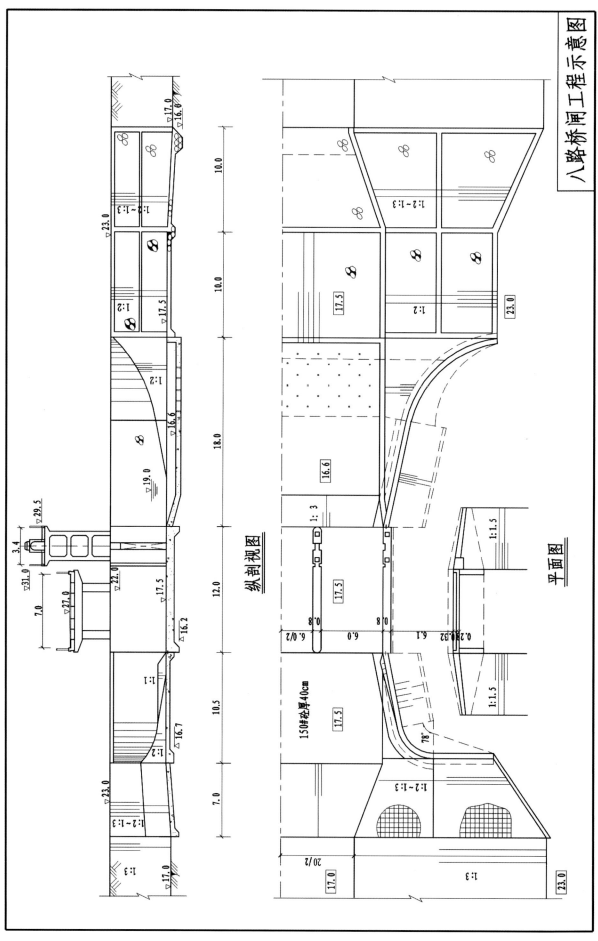

八路桥闸工程示意图

纵剖视图

平面图

单 庄 闸

管理单位:邳州市八义集镇水利站

闸孔数	5孔		闸孔净高(m)	闸孔	4.0	所在河流	新一手禅河	主要作用		蓄排水
	其中航孔			航孔		结构型式	涵洞式			
闸总长(m)	52.2		每孔净宽(m)	闸孔	2.5	所在地	八义集镇单庄村	建成日期		1971年4月
闸总宽(m)	23.9			航孔		工程规模	小型	除险加固竣工日期		2020年5月
主要部位高程(m)	闸顶	27.5	胸墙底	23.5	下游消力池底	19.2	工作便桥面		水准基面	1985国家高程
	闸底	19.5	交通桥面	27.5	闸孔工作桥面	29.7	航孔工作桥面			
	附近堤防顶高程	上游左堤		26.6	上游右堤	27.3	下游左堤	26.4	下游右堤	26.2
交通桥标准	设计		交通桥净宽(m)		7	工作桥净宽(m)	闸孔	2.5	闸门结构型式	闸孔	平面铸铁闸门
	校核		工作便桥净宽(m)				航孔			航孔	
启闭机型式	闸孔	螺杆式	启闭机台数	闸孔	5	启闭能力(t)	闸孔	20	钢丝绳	规格	
	航孔			航孔			航孔			数量	m× 根

闸门钢材(t)		闸门(宽×高)(m×m)	2.5×4.4	建筑物等级	3	备用电源	装机	kW
设计标准	5年一遇排涝设计,20年一遇防洪校核			抗震设计烈度	Ⅷ		台数	

规划设计参数		设计水位组合			校核水位组合			检修门	型式		小水电	容量	
		上游(m)	下游(m)	流量(m³/s)	上游(m)	下游(m)	流量(m³/s)		块/套			台数	
	稳定	26.00	25.85	70.00	26.00	25.80	70.00	历史特征值		日期		相应水位(m)	
												上游	下游
	消耗							上游水位 最高					
								下游水位 最低					
	孔径							最大过闸流量(m³/s)					

护坡长度(m)	部位	上游	下游	坡比	护坡型式	引河(m)	上游	底宽	底高程	边坡	下游	底宽	底高程	边坡
	左岸	10.0	18.0	1:2.5	砼			15.0	19.5	1:2.5		15.0	19.5	1:2.5
	右岸	10.0	18.0	1:2.5	砼	主要观测项目								

现场人员	2人	管理范围划定	含在一手禅河管理范围内,即左右侧为堤防背水坡堤脚外10 m,上下游各200 m。
		确权情况	已确权23 068 m²(邳国用〔94〕字第38-11号)。

水文地质情况：

    无。

控制运用原则：

    一、当农业灌溉需要时关闭单庄闸全部闸门，同时开启赵庄闸，将李集大沟水控制在八集沟河范围内。

    二、汛期将水位控制在 24.5 m 左右，密切关注天气预报或是天气变化，如有暴雨或大雨则开启闸门将水提前放空，并同时关闭赵庄闸。

    三、如有特殊需要，根据上级指令决定开启或是关闭闸门。

最近一次安全鉴定情况：

    一、鉴定时间：2020 年 12 月。

    二、鉴定结论、主要存在问题及处理措施：经综合评定为二类闸。

    主要存在问题：排架混凝土强度不满足规范要求，碳化深度大。

最近一次除险加固情况：

    一、建设时间：2019 年 10 月。

    二、主要加固内容：列入邳州市 2019 年度省级维修项目，项目内容包括：拆建上游浆砌石护坡、护底为砼护坡、护底，下游浆砌石护坡、护底上增铺 C25 混凝土 12 cm；维修下游消力池及上游铺盖，翼墙及胸墙增做 C25 砼 50×30 压顶及砼栏杆；胸墙及翼墙进行砂浆抹面处理；封堵两侧闸孔；更换 20T 手电两用动启闭机 5 台；更换 2.5×4.4 m 铸铁闸门 5 扇；新建启闭机房，铺设电缆 100 m 等。

    三、竣工验收意见、遗留问题及处理情况：2020 年 5 月已竣工验收，无遗留问题。

发生重大事故情况：

    无。

建成或除险加固以来主要维修养护项目及内容：

    无。

目前存在主要问题：

    排架混凝土强度不满足规范要求，碳化深度大。

下步规划或其他情况：

    无。

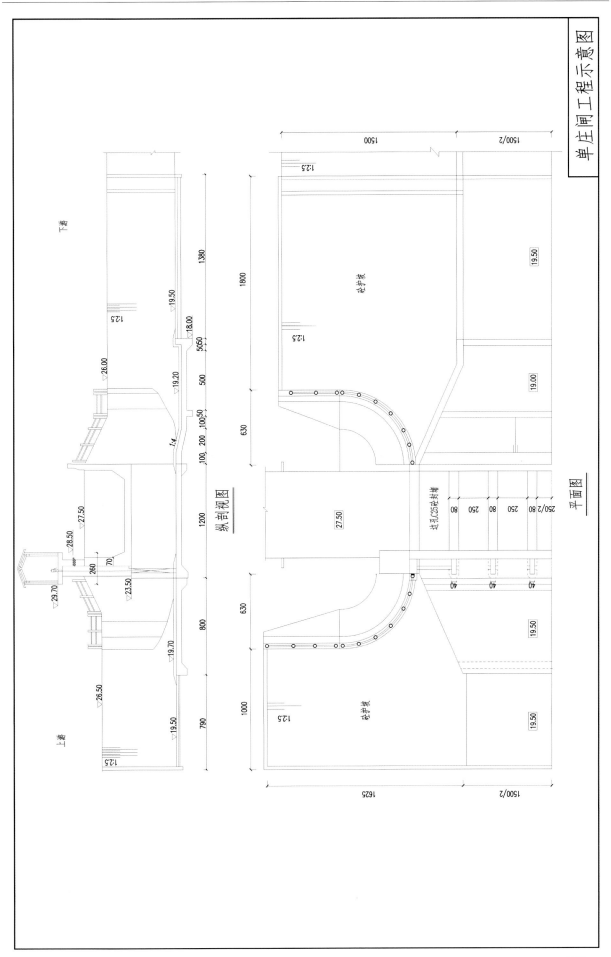

单庄闸工程示意图

纵剖视图

平面图

单庄闸管理范围界线图

划界标准：含在一手禅河管理范围内，即左右侧为堤防背水坡堤堤脚外10米，上下游各200米。

图　例

—— 管理范围线

界桩位置

界桩编号

YSCH-XZPZ-L0033

朱 红 埠 闸

管理单位:邳州市八义集镇水利站

闸孔数	3孔		闸孔净高(m)	闸孔	6.3	所在河流	沙沟河	主要作用		灌溉、排涝
	其中航孔			航孔		结构型式	开敞式			
闸总长(m)	113.03		每孔净宽(m)	闸孔	5	所在地	邳州市铁富镇朱红埠村	建成日期		1972年
闸总宽(m)	19.2			航孔		工程规模	小型	除险加固竣工日期		正在实施

主要部位高程(m)	闸顶	32.8	胸墙底		下游消力池底	26.0	工作便桥面	32.8	水准基面	1985国家高程
	闸底	26.5	交通桥面	32.8	闸孔工作桥面	39.3	航孔工作桥面			
	附近堤防顶高程		上游左堤		上游右堤		下游左堤		下游右堤	

交通桥标准	设计	公路Ⅱ级	交通桥净宽(m)	6+2×0.5	工作桥净宽(m)	闸孔	4.0	闸门结构型式	闸孔	平面直升钢闸门
	校核		工作便桥净宽(m)	2.25		航孔			航孔	

启闭机型式	闸孔	卷扬式	启闭机台数	闸孔	3	启闭能力(t)	闸孔	2×10	钢丝绳规格数量	m×根
	航孔			航孔			航孔			

闸门钢材(t)	27	闸门(宽×高)(m×m)	5.13×4.8	建筑物等级	4	备用电源	装机台数	kW
设计标准	10年一遇排涝设计,20年一遇防洪校核			抗震设计烈度	Ⅷ			

规划设计参数		设计水位组合			校核水位组合			检修门	型式	叠梁浮箱式	小水电	容量台数		
		上游(m)	下游(m)	流量(m³/s)	上游(m)	下游(m)	流量(m³/s)		块/套	5				
	稳定	30.50	28.50	设计蓄水				历史特征值		日期		相应水位(m)		
		31.00	29.00	最高蓄水									上游	下游
	消耗	29.66	28.50~29.51	0~34.80				上游水位 最高		2003-05-18			30	29.5
		31.82	31.67	55.50				下游水位 最低		2005-05-05			27	27
	防渗	31.00	28.00					最大过闸流量(m³/s)				84		
	孔径	29.66	29.51	34.80	31.82	31.67	55.50							

护坡长度(m)	部位	上游	下游	坡比	护坡型式	引河(m)	上游	底宽	底高程	边坡	下游	底宽	底高程	边坡
	左岸	20	49	1:2.5	砼预制块			10	26.5	1:2.5		20	26.5	1:2.5
	右岸	20	49	1:2.5	砼预制块	主要观测项目				垂直位移				

现场人员	7人	管理范围划定	含在沙沟河管理范围内,即左右侧为堤防背水坡堤脚外10 m,上下游各200 m。
		确权情况	已确权23 068 m²(邳国用〔94〕字第38-11号)。

地质情况：

各场地内土层可分为 5 层(不包括夹层)，现自上而下分述如下：第②层砂壤土：夹黏性土薄层或团块，土质不均匀，建议允许承载力 90 kPa。第③层壤土：夹淤泥质壤土薄层，土质不均匀，建议允许承载力 110 kPa。第③-1 层淤泥质壤土：干强度与韧性中等，含腐殖质，土质不均匀，建议允许承载力 70 kPa。第⑤-1 层粉砂：夹黏性土薄层或团块，局部含粗砂粒，土质不均匀，建议允许承载力 180 kPa。第⑤层含砂礓壤土：干强度及韧性高，夹砂层，含铁锰结核及砂礓，局部砂礓富集，建议允许承载力 250 kPa。上游挡土墙与闸室底板位于第③-1 层淤泥质壤土，该层地基承载力为 70 kN，不能满足要求，采用换填 12％水泥土进行地基处理，以提高地基承载力，同时满足防渗需要。

控制运用原则：

一、朱红埠闸控制蓄水水位 28.5 m。

二、正常天气情况下，内河上游水位低于 28.5 m，必引水灌溉；当发生雨涝或预报大雨，水位临近警戒水位或超过时，由市防指下达排水或停止引水指令。

三、汛期闸门开启，进行排涝。

最近一次安全鉴定情况：

一、鉴定时间：2020 年 11 月。

二、鉴定结论、主要存在问题及处理措施：经综合评价为四类闸。

主要存在问题：1. 排架、启闭机梁、工作便桥混凝土脱落、露筋严重，部分工作便桥跨中断裂；12 孔木闸门腐朽，止水损坏，启闭机底座松动、螺杆弯曲、部分螺杆缺失；水闸左侧涵洞翼墙浆砌石底板损毁，启闭设施缺失；墙顶栏杆损坏。

2. 启闭机梁、排架、工作便桥混凝土强度等级不满足设计和现行规范要求，排架、启闭机梁最大碳化深度分别为 65 mm、16 mm，启闭机梁混凝土脱落、钢筋外露，实测截面小于设计断面。

3. 铺盖、闸底板、消力池均为浆砌石结构，止水损坏，防渗长度不满足要求。渗流安全评为 C 级。

4. 闸室抗滑稳定、地基应力不均匀系数、地基承载力均满足规范要求，闸室浆砌石抗拉强度不满足要求；消力池深度、长度、海漫长度均不满足要求。结构安全评为 C 级。

5. 地震工况下闸室稳定满足要求，浆砌石结构抗拉强度不满足要求，且不利于抗震。抗震安全评为 C 级。

处理措施：建议拆除重建。

最近一次除险加固情况：

一、建设时间：正在实施，未竣工验收。

二、主要加固内容：原址拆除重建朱红埠闸，采用闸站结合形式，安装 2 台 500ZLB-125 型轴流泵，泵站总设计流量 1.0 m³/s，总装机容量 74 kW。

三、竣工验收意见、遗留问题及处理情况：正在实施，未竣工。

发生重大事故情况：

无。

建成或除险加固以来主要维修养护项目及内容：

1. 2012 年 5 月对老闸加固：闸底板水下修补，部分门槽砼破损采用钢围堰修补，下游翼墙接高及上游护坡修复。

2. 2018 年 10 月对左一孔闸进行更换钢筋混凝土闸门。

3. 2020 年 5 月对交通桥一侧加固定安全防护栏。

目前存在主要问题：

无。

下步规划或其他情况：

正在拆除重建。

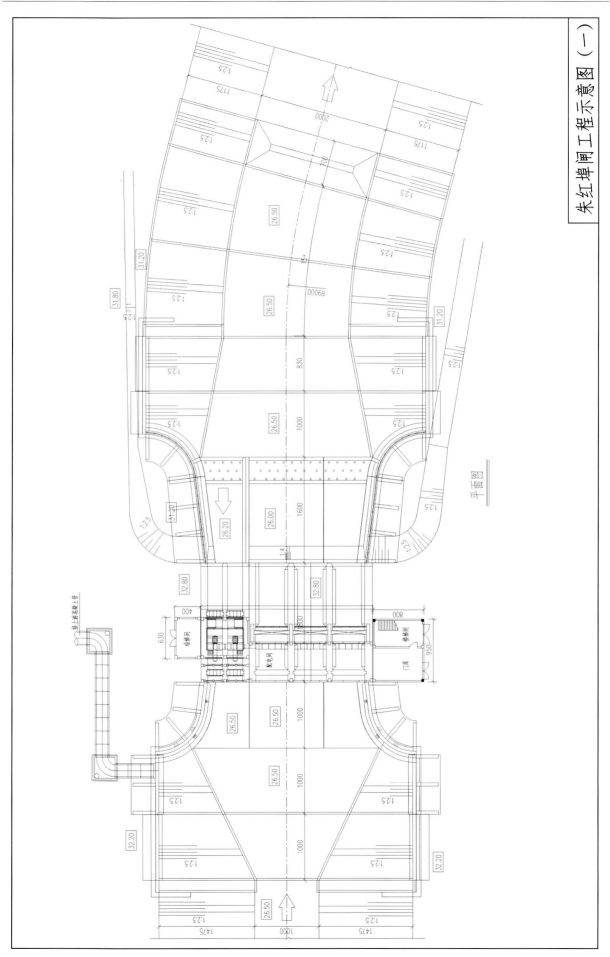

朱红埠闸工程示意图（一）

平面图

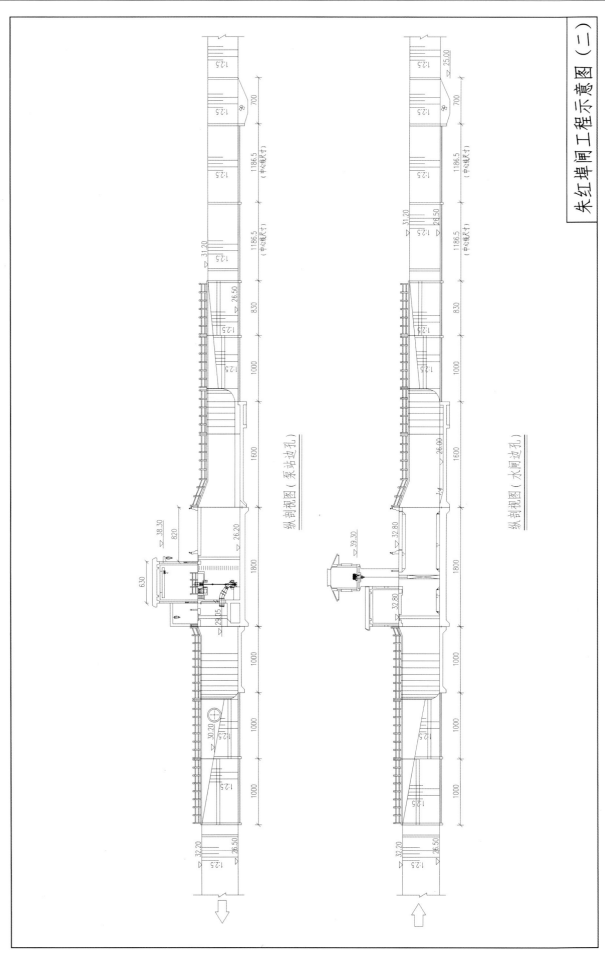

纵剖视图（泵站边孔）

纵剖视图（水闸边孔）

朱红埠闸工程示意图（二）

朱红埠闸管理范围界线图

图 例

管理范围线

界桩位置

SGH-XZPZ-L0065 界桩编号

划界标准：含左沙沟河管理范围内，即左右侧为堤防背水坡堤脚外10米，上下游各200米。

SGH-XZPZ-L0064

SGH-XZPZ-L0065

SGH-XZPZ-L0066

SGH-XZPZ-R0079

SGH-XZPZ-R0080

SGH-XZPZ-R0081

沙 沟 河

朱红埠闸

新沂市

塔 山 闸

管理单位:新沂市塔山闸管理所

闸孔数		19孔		闸孔净高(m)	闸孔	7	所在河流	总沭河	主要作用	防洪、灌溉、发电			
		其中航孔			航孔		结构型式	开敞式					
闸总长(m)		83		每孔净宽(m)	闸孔	7.6	所在地	新沂市唐店街道	建成日期	1972年7月			
闸总宽(m)		180.7			航孔		工程规模	大型	除险加固竣工日期	2012年12月			
主要部位高程(m)	闸顶	29.0		胸墙底		下游消力池底	20.5	工作便桥面	29.0	水准基面	废黄河		
	闸底	22.0		交通桥面	30.8	闸孔工作桥面	37.1	航孔工作桥面					
	附近堤防顶高程		上游左堤	30.8	上游右堤		31.0	下游左堤	30.6	下游右堤	31.0		
交通桥标准	设计	汽-10		交通桥净宽(m)	6.2	工作桥净宽(m)	闸孔	3.9	闸门结构型式	闸孔	平面钢闸门		
	校核	拖-60		工作便桥净宽(m)	1.4		航孔			航孔			
启闭机型式	闸孔	卷扬式		启闭机台数	闸孔	19	启闭能力(t)	闸孔	2×16	钢丝绳	规格	6×19	
	航孔				航孔			航孔			数量	37.0 m×38 根	
闸门钢材(t)		323		闸门(宽×高)(m×m)		7.6×6.5	建筑物等级	2	备用电源	装机	75 kW		
设计标准		20年一遇设计					抗震设计烈度	Ⅷ		台数	1		

规划设计参数		设计水位组合			校核水位组合			检修门	型式	浮箱叠梁式	小水电	容量	500 kW
		上游(m)	下游(m)	流量(m³/s)	上游(m)	下游(m)	流量(m³/s)		块/套	6		台数	4
	稳定	28.00	22.00		28.50	22.00		历史特征值		日期		相应水位(m)		
												上游	下游
	消耗	28.26	27.95	1 900.00	28.40	27.95	2 280.00	上游水位	最高	1974-08-14		28.71	27.9
								下游水位	最低	1978-06-21		河干	河干
								最大过闸流量(m³/s)		3 385		28.71	27.9
	孔径	28.37	24.70	1 800.00	28.50	27.70	3 000.00						

护坡长度(m)	部位	上游	下游	坡比	护坡型式	引河(m)	上游	底宽	底高程	边坡	下游	底宽	底高程	边坡
	左岸	138	200	1:3	砼、浆砌石			180	21.5	1:3		180	21.5	1:3
	右岸	90	105	1:3	浆砌石	主要观测项目		垂直位移、水平位移、渗透监测						

现场人员	10 人	管理范围划定	上下游河道堤防各 500 m,左右侧总沭河堤防背水坡堤脚外 120 m。塔山新老闸总的管理范围面积 0.96 km²。
		确权情况	已确权面积 946 亩,内容包括:工程占用地、水域、滩地、护堤地、生产生活区。权属证号:新国用〔1995〕字第 11345 号。发证日期:1995 年 4 月 5 日。

水文地质情况：

本闸地基为黄黏土类砂礓,西岸两孔及西岸墙地基较差,为古河道褐色流砂。施工时将流砂挖掉,换砂夯实。

控制运用原则：

控制闸上水位 26.5～27.5 m。泄洪前预降闸上水位至 26.5 m,非泄洪时控制闸上水位不超过 27.5 m。鉴于下游无水易冲刷,总沭河需行洪时,闸上水位要提前预降至 26.0 m 以下,尽可能减轻冲刷损害。新沂市防指将根据雨情、水情、工情及时向徐州市防指汇报,对调度方案进行实时调整。

最近一次安全鉴定情况：

一、鉴定时间:2015 年月 10 月。

二、鉴定结论、主要存在问题及处理措施:塔山闸工程运用指标达到设计标准,评定为二类闸。经检测,该工程现状性态满足运行要求,质量评定为 B 级。防洪标准评定为 A 级。渗流安全评定为 A 级。结构安全评定为 B 级。金属结构安全评定为 A 级。4 孔发电闸孔评定为 A 级。

处理措施:对该闸下游消能防冲设施进行维修改造。

最近一次除险加固情况：

一、建设时间:2012 年 12 月。

二、主要加固内容:(1) 加固设计更换 12 扇钢筋砼闸门为平板钢闸门及改建门槽;(2) 拆除重建 12 孔闸室上部的工作桥及排架;(3) 安装 12 台套原启闭机为 2×160 kN 双吊点卷扬式启闭机;(4) 增建启闭机房;(5) 安装电气设备;(6) 合同新增塔山闸交通桥维修工程。

三、竣工验收意见、遗留问题及处理情况:沂沭泗河洪水东调南下续建工程沂河、沭河、邳苍分洪道治理工程沭河治理塔山闸加固工程(单位工程编号:S02)已按标准的设计内容全部完成,工程标准与质量满足设计和规范要求,工程资料齐全,同意监理单位对单位工程质量等级的复核意见,同意通过单位工程验收并移交运行管理单位。

发生重大事故情况：

1. 1974 年超标准运用,造成闸下游两岸护坡塌陷,土坡冲刷严重,同时交通桥下钢筋混凝土拉梁大部分冲坏,混凝土破碎脱落。

2. 1975 年 9 月发现下游浆砌块石护坦冲坏 360 m²。

3. 1979 年 4 月发现闸门槽部分瓷砖滑道被压碎,胶木滑块磨损严重,门槽摩擦系数增大,闸门启闭不灵活。

4. 1980 年 9 月行洪 2 200 m³/s 后,发现下游干砌石护坦冲出深塘,长 80 m,宽 16 m,深 1.2～1.6 m。

5. 1981 年 2 月发现滑道花岗岩石板有 9 孔被压坏,闸门无法启闭。

6. 1990 年 8 月 16 日,行洪 1 000 m³/s 时,闸门拉出水面,闸上 500 m 处一条水泥船脱缆,顺流而下,7 号孔闸门被撞成直径 50 cm 孔洞,底部大梁被撞弯,汛后维修投入运行。

7. 2008 年汛期行洪过程中,行洪后检查发现东起 1～4 孔第二节海漫长 15 m,宽 36 m,断裂,呈斜向裂缝,缝宽 3～10 cm;5～6 孔第二节海漫长 15 m、宽 15 m,厚 30 cm,被冲翻卷,呈碎裂状;17～18 孔第二、三节护坦长 25 m,宽 21 m,厚 30～50 cm,均被冲滑脱,整体滑在下游防冲槽处。2008 年 11 月对塔山闸老闸下游护坦水毁工程进行修复。

8. 2011 年汛期行洪过程中,塔山老闸下游东起第 6～7 孔对应的二级海漫两块出现整体位移,水毁面积 450 m²。

9. 2020 年汛期行洪过程中,塔山老闸下游东起第 7～9 孔对应的二级海漫一块出现整体位移,两块松动,水毁面积 500 m²。

建成或除险加固以来主要维修养护项目及内容：

2010 年,护坡翻修 100m,闸门喷锌 13 扇。

2012 年 5 月对该处海漫进行修复,维持原护坦分缝不变,清除原混凝土表面杂物并清洗干净,在清洗后浆砌石表面上新浇 C25 混凝土 30 cm 厚,新做护坦布设单层 ϕ12@25 cm Ⅱ 级钢筋网(面层构造筋钢筋保护层 5 cm)为保证新老混凝土牢固结合,在凿除后的混凝土面层梅花形布置 ϕ12@50 cm 锚筋,锚筋锚入原护坦砼深 15 cm,外露 25 cm,打直角弯 10 cm 与面层钢筋网双面焊接,以保证新老混凝土牢固结合,钢筋采用 YJS-502 改性环氧植筋胶植筋。

2013 年在下游海漫末端设置 50 cm 高的消力坎,坎后 5 m 处又设置 30 cm 高的消力坎。用水撼砂回填护底冲坑处,重做下游海漫 180 m,原护坡清理扎缝 938 m²,拆除块石整平堆放在消力坎后兼做抛石防冲槽。

2014 年上游右岸新建砼护坡 350 m²。汛后对防冲槽冲坑部位块石填补。

2015 年 6 月对排架、闸墩、栏杆等进行粉刷,启闭设备打磨喷漆等,12 月通过省水利厅"一级水管单位"验收。

2016 年,塔山闸仓库改建 450 m²;塔山闸启闭机控制柜更新(13 台套启闭机控制柜)及防汛块石整理约 4 800 t,转运 2 000 t。

2017 年,沭河塔山老闸下游左岸护坡维修 1 300 m²(0+010—0+110)。

2019 年,增设检修闸门 1 套;配套 5T 移动电葫芦 2 套及吊装轨道设施,在检修门槽两侧增设钢结构行车立架 22 座,沿钢结构行车立架布置钢结构行车梁 201 m,在东桥头堡地面及门库铺设行车地轨 53 m;水闸闸史展览室改造 30 m²。

2020 年,更换沭河塔山闸 1—4、17—19 孔闸门制动器(型号:YWZ4-300/50)共 7 套,更换沭河塔山闸 1—4、17—19 孔闸门钢丝绳,约 600 m。塔山老闸门主轮更新 7 套,更换老闸门侧止水 119 m,底止水 69 m。同年 11 月通过省水利厅"一级水管单位"达标复核,汛后对防冲槽冲坑部位块石填补。

2021 年,塔山老闸中间 12 孔(5—16 孔)主滚轮轴维修。主滚轮轴制作及安装(含轴端配件)48 件,配套主滚轮外挡圈、主滚轮内挡圈、轴端挡圈、轴套各 48 件。

2022 年,沭河塔山闸老闸 9 孔闸门喷锌(老闸第 6—12 孔和第 15、16 孔),每扇镀锌面积约 250 m²,共 2 250 m²。第 2、4 号 12T 螺杆启闭机购置安装;小水电机房内外墙粉刷、地板砖铺设、门窗修理、增设标志牌、发电间、控制室线路等整理,展览室墙纸更换等。

2023 年,沭河塔山闸老闸 10 孔闸门喷锌(第 1—5 孔,13—14 和 17—19 孔),每扇镀锌面积约 250 m²,共 2 500 m²。

目前存在主要问题:

老闸交通桥砼拱圈每孔均有不同裂缝;7 台启闭机设备老化,需更新;下游左右岸浆砌石护坡勾缝脱落,块石风化,需改造。

由于历史条件限制,老闸原建设计标准低。经多年运行,存在闸墩、工作桥、交通桥等部位混凝土表面碳化等问题,特别是下游消能防冲工程由于受高速水流、水流负压、渗透水、河床下切等综合因素影响,每年行洪期间下游海漫均存在不同程度的损坏现象,影响行洪能力,危及防洪安全。

下步规划或其他情况:

将目前存在问题逐一梳理,根据严重程度列入年度维修养护计划,确保水闸安全运行。

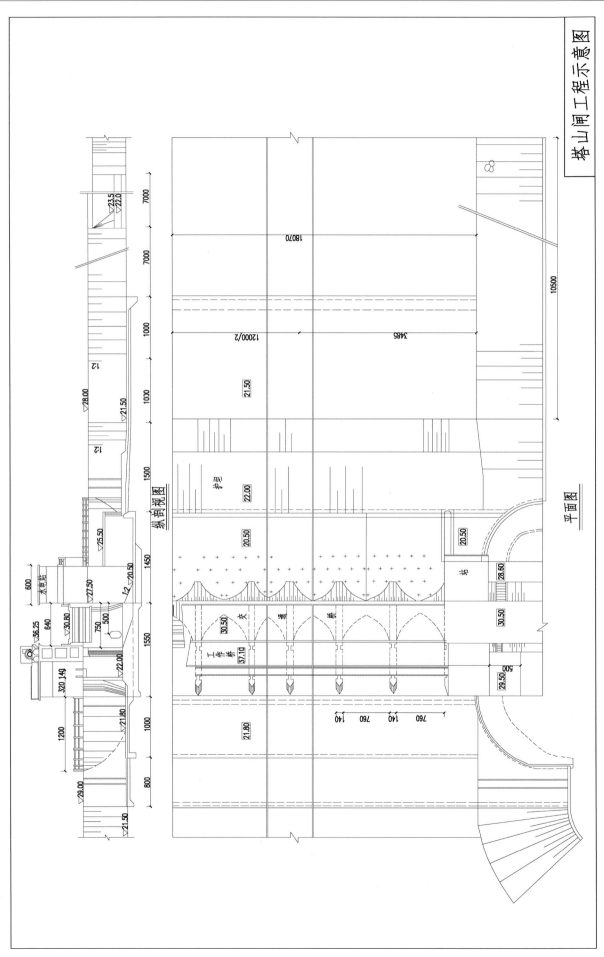

塔山闸工程示意图

塔山闸管理范围界线图

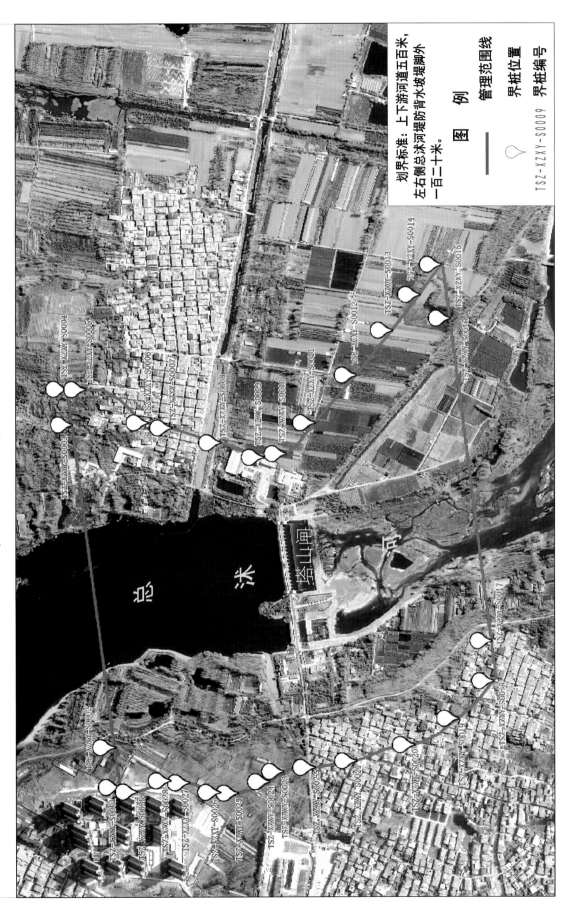

塔 山 新 闸

闸孔数	6孔		闸孔净高(m)	闸孔	7	所在河流	总沭河		主要作用		防洪、灌溉
	其中航孔			航孔		结构型式	开敞式				
闸总长(m)	133.0		每孔净宽(m)	闸孔	7.6	所在地	新沂市唐店街道		建成日期		1996年7月
闸总宽(m)	54.2			航孔		工程规模	中型		除险加固竣工日期		年 月
主要部位高程(m)	闸顶	29.0	胸墙底		下游消力池底	20.5	工作便桥面	29.0	水准基面		废黄河
	闸底	22.0	交通桥面	31.0	闸孔工作桥面	37.0	航孔工作桥面				
	附近堤防顶高程		上游左堤	30.8	上游右堤	31.0	下游左堤	30.6	下游右堤		31.0
交通桥标准	设计	汽-20	交通桥净宽(m)	7.0+2×0.75	工作桥净宽(m)	闸孔	4.8	闸门结构型式	闸孔		平面钢闸门
	校核	挂-100	工作便桥净宽(m)	2.0		航孔			航孔		
启闭机型式	闸孔	卷扬式	启闭机台数	闸孔	6	启闭能力(t)	闸孔	2×16	钢丝绳	规格	6×19
	航孔			航孔			航孔			数量	37 m×12根
闸门钢材(t)		87.6	闸门(宽×高)(m×m)	7.6×6.5	建筑物等级	3	备用电源	装机		kW	
设计标准		20年一遇设计			抗震设计烈度	Ⅷ		台数			

规划设计参数		设计水位组合			校核水位组合			检修门	型式	浮箱叠梁式	小水电	容量	500 kW
		上游(m)	下游(m)	流量(m³/s)	上游(m)	下游(m)	流量(m³/s)		块/套	6		台数	4
	稳定	28.00	22.00		28.50	22.00		历史特征值		日期		相应水位(m)	
												上游	下游
	消耗	28.26	27.95	600.00	28.40	27.95	720.00	上游水位	最高	2022-07-06		27.50	22.0
		28.26	24.51	500.00				下游水位	最低	2022-07-06		22.50	22.45
								最大过闸流量(m³/s)		480 2020-08-14		25.35	25.00
	孔径												

护坡长度(m)	部位	上游	下游	坡比	护坡型式	引河(m)	上游	底宽	底高程	边坡	下游	底宽	底高程	边坡
	左岸	60	105	1:3	浆砌块石				22.0	1:3			21.5	1:3
	右岸	190	350	1:3	浆砌块石	主要观测项目			垂直位移、水平位移、渗流监测					

现场人员	10人	管理范围划定	上下游河道堤防各 500 m,左右侧总沭河堤防背水坡堤脚外 120 m。塔山新老闸总的管理范围面积 0.96 km²。
		确权情况	已确权面积 946 亩,内容包括:工程占用地、水域、滩地、护堤地、生产生活区。权属证号:新国用〔1995〕字第 11345 号。发证日期:1995 年 4 月 5 日。

水文地质情况：

　　该闸为砂基础，闸址位于 8 度地震区，底板以下为 1.8 m 厚细砂，下游引河土质均为砂土。

控制运用原则：

　　控制闸上水位 26.5～27.5 m。泄洪前预降闸上水位至 26.5 m，非泄洪时控制闸上水位不超过 27.5 m。鉴于下游无水易冲刷，总沭河需行洪时，闸上水位要提前预降至 26.0 m 以下，尽可能减轻冲刷损害。新沂市防指将根据雨情、水情、工情及时向徐州市防指汇报，对调度方案进行实时调整。

最近一次安全鉴定情况：

　　一、鉴定时间：2015 年 10 月

　　二、鉴定结论、主要存在问题及处理措施：塔山新闸工程运用指标达到设计标准，评定为二类闸。

　　主要存在问题：混凝土构件存在碳化现象。

　　处理措施：进一步加强对工程的维修，做好工作桥及排架的养护。

工程竣工验收情况：

　　一、建设时间：1995 年 2 月 15 日—1996 年 6 月。

　　二、主要工程内容：塔山闸右侧河床扩孔及老闸加固工程。

　　三、竣工验收意见、遗留问题及处理情况：1996 年 7 月 7 日通过塔山闸加固工程竣工验收，工程设计符合淮委规计〔1994〕178 号文件批复要求，设计施工紧密配合，充分实现设计的意图，建设工期较短，工程质量优良，建设管理水平较高，技术资料齐全，同意竣工验收并交付使用。

发生重大事故情况：无。

建成或除险加固以来主要维修养护项目及内容：

　　2007 年下游右侧护坡底脚墙损坏，护坡坍塌，进行修复砼护坡 600 m²。

　　2009 年 6 月 20 日上游裹头段护坡水毁，应急组织土方回填，汛后进行砼修复。

　　2011 年 3 月，上游右岸新建砼护坡 26 m³，浆砌石 222 m³。

　　2012 年，塔山新闸新建轻型钢结构启闭机房 270 m²（长 54 m、宽 5.0 m），桥头堡外墙瓷砖拆除装修 210 m²，外墙 2 cm 厚砂浆抹面 210 m²，内、外墙乳胶漆涂料粉刷 494 m²，桥头堡门窗更换 26.25 m²，新建管理所仓库 105.6 m²，道路硬化 115 m²。

　　2014 年 2 月，配套检修闸门一套，增设电动葫芦及工字钢轨道。

　　2015 年 6 月对排架、闸墩、栏杆等进行粉刷，启闭设备打磨喷漆等，下游右岸改建砼护坡 600 m²，12 月通过省水利厅"一级水管单位"验收。

　　2017 年，塔山新闸下游右岸砌石护坡改建 1 080 m² 及干砌石海漫修复 1 200 m²。

　　2018 年新闸下游翼墙处护坡及海漫出现冒砂，12 月采取高压摆喷灌浆及护坡整修，设置反滤设施。汛后对防冲槽冲坑部位块石填补。

　　2019 年新闸更换六孔闸门主滚轮，门槽防腐喷锌处理。汛后对防冲槽冲坑块石填补。

　　2020 年，启闭机房屋面漏雨，更换夹心板屋面，对排架、闸墩、工作桥等进行粉刷，设备整理等，11 月通过省水利厅"一级水管单位"达标复核。8 月 25 日对防冲槽冲坑部位块石填补。

　　2021 年更换六台套启闭机钢丝绳及制动系统，增设扬压力检测设施。8 月 25 日检查发现上游右岸裹头段护坡底部坍塌，通过测量及检查，上游护底损坏 30 多 m²，护底上游冲坑 600 多 m²，平均深度 1.2 m，进行除险修复。

目前存在主要问题：

　　上游水流形态对裹头段极易形成冲刷，对闸室不利，下游泄洪弯道右岸易水毁，防冲槽块石每年都要填补。

下步规划或其他情况：

　　将存在问题逐一梳理，列入历年维修护计划，确保水闸安全运行。

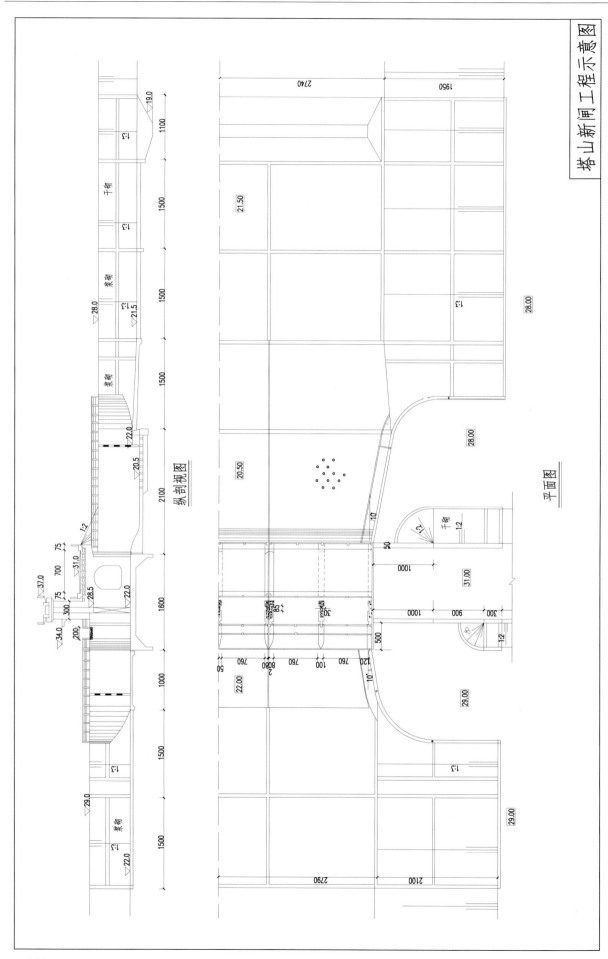

塔山新闸工程示意图

纵剖视图

平面图

王庄橡胶坝

管理单位：新沂市沂北灌区管理所

闸孔数	橡胶坝 6 孔 地涵 4 孔	闸孔净高 (m)	坝袋	2.8	所在河流	总沭河	主要作用	防洪、灌溉、发电
			闸孔	2.5	结构型式	涵洞式		
闸总长(m)	104.66	每孔净宽 (m)	闸孔	63.9	所在地	新沂市马陵山镇	建成日期	1967 年
闸总宽(m)	398.88		闸孔	3.5	工程规模	大型	除险加固竣工日期	2001 年 5 月

主要部位高程 (m)	闸顶	坝孔 21.3 闸孔 18.5	胸墙底		下游消力池底	12.5	闸孔工作便桥面	22.0	内压比	1.5
	闸底	坝孔 18.5 闸孔 15.2	交通桥面	24.7	坝孔工作桥面	24.7	闸孔工作桥面	26.1	水准基面	废黄河
	附近堤防顶高程		上游左堤	26.0	上游右堤	26.0	下游左堤	26.0	下游右堤	26.0

交通桥标准	设计		交通桥净宽(m)	5	工作桥净宽 (m)		闸孔		闸门结构型式	坝孔	充水式橡胶坝
	校核		工作便桥净宽(m)				航孔			闸孔	平面直升闸门

启闭机型式	坝孔	水泵	启闭机台数	坝孔	3	启闭能力 (t)	坝孔		钢丝绳	规格	
	闸孔	螺杆式启闭机		闸孔	8		闸孔	10		数量	m× 根

闸门钢材(t)		闸门(宽×高)(m×m)	3.5×2.5	建筑物等级	3	备用电源	装机	75 kW
设计标准	50 年一遇设计			抗震设计烈度	Ⅷ		台数	1

规划设计参数		设计水位组合			校核水位组合			检修门	型式		小水电	容量	75 kW
		上游 (m)	下游 (m)	流量 (m³/s)	上游 (m)	下游 (m)	流量 (m³/s)		块/套			台数	2
	稳定	17.00	21.00	洞内有水				历史特征值		日期		相应水位(m)	
		21.00	14.00	洞内无水								上游	下游
		21.40	14.00	2 538.00				上游水位 最高		1974-08-14		23.94	23.7
	消耗							下游水位 最低					
								最大过闸流量 (m³/s)		1974-08-15		3 496	
	孔径	21.20	18.66	2 500.00	21.35	19.31	3 000.00						

护坡长度 (m)	部位	上游	下游	坡比	护坡型式	引河 (m)	上游	底宽	底高程	边坡	下游	底宽	底高程	边坡
	左岸	435	480	1:2	浆砌石			400	17.6	1:2		400	13.5	1:2
	右岸	280	114	1:2	浆砌石	主要观测项目					垂直位移				

现场人员	12 人	管理范围划定	上下游河道、堤防各 500 m，左右侧总沭河堤防背水坡堤脚外 100 m。管理范围面积 0.869 km²。
		确权情况	已确权面积 1 040.9 亩，包括：工程占用地、水域、滩地、护堤地、生产生活区。权属证号：新国用〔1995〕字第 11349 号、第 11350 号。发证日期：1995 年 4 月 5 日。

水文地质情况：

　　本地区属暖温带气候地区，年平均降雨量一般在 850 mm 左右，工程所在河槽地质为深达 8 m 左右的中砂层，砂层以下为风化岩层。

控制运用原则：

　　正常蓄水位 21 m，小流量行洪时，坝袋顶部过流水深不得超过 0.5 m；当预报上游来水超过 200 m³/s 时，及时塌坝不蓄水。

最近一次安全鉴定情况：

　　一、鉴定时间：2016 年 12 月。

　　二、鉴定结论、主要存在问题及处理措施：王庄闸地涵工程安全类别评定为二类闸。

　　主要存在问题：工程质量评定为 B 级、结构安全评定为 B 级。建议加强日常养护，及时组织对工程进行维修。

最近一次除险加固情况：

　　一、建设时间：2001 年 2 月 9 日—2001 年 5 月 27 日。

　　二、主要加固内容：拆除原翻倒门，新做橡胶坝拦、蓄水，同时在新做的橡胶坝底板下增做两孔新涵洞，并对下游消能工一并拆除重建，原两孔涵洞进行封堵。

　　三、竣工验收意见、遗留问题及处理情况：2001 年 5 月 30 日通过徐州市水利局组织的总沭河王庄闸水毁加固一期工程交付使用验收。2001 年 6 月 7 日，徐州市水利局组织对交付使用验收遗留问题进行现场验收。

发生重大事故情况：无。

建成或除险加固以来主要维修养护项目及内容：

　　2012 年，王庄闸维修工程干砌石护坡拆除 240 m³，新做 C20 砼格埂墙、底脚墙 60.4 m³、M10 浆砌石护坡 240 m³，铺设黄砂垫层 80 m³、碎石垫层 80 m³，汛期经过多次行洪，王庄闸下游防冲槽出现部分水毁现象，水毁面积约 1 050 m²、平均深度 0.75 m，抛石填平修复，累计抛填块石 780 m³。

　　2016 年，王庄闸网络高清中远距离激光夜视系统安装、供电线路及控制设备改造、启闭机配电线路及启闭机保养维修、大马庄西涵洞防冲槽抛石整理。

　　2019 年，王庄闸橡胶坝充水系统改造，更换 2 台管道泵、1 台控制柜、3 台减压柜及软接头。更换地涵闸门 2 扇、更换地涵侧向闸门（砼闸门）止水。

　　2020 年，沭河王庄地涵修复上下游损毁砼护坡、护底共约 1 540 m²；修复下游两岸损毁浆砌石护坡，共约 930 m²，拆卸、返修上游北侧 2 扇闸门和下游南侧 2 扇闸门。

　　2021 年度在上游左岸堤顶新建防汛道路 201 m，宽 3 m，结构为 20 cm 厚 30 砼路面＋15 cm 厚级配碎石基层。

　　2022 年，王庄闸橡胶坝袋充水系统泵房改造及小水电配套设施：整理电缆线路，设置桥架；增设集水沟及智能排水泵；地面设置防水格栅，共 256 m²；整理控制柜、线路电缆；工作桥、排架防碳化处理；增设警示标牌等。对铸铁闸门拆除返厂维修、定制止水；对控制柜进行清理保养；工作桥、排架防碳化处理等。

　　2023 年，王庄闸橡胶坝交通桥东侧新增波形护栏长 26 m，交通桥西侧更换钢栏杆长 41 m，降压场南侧新增铁艺围栏长 27 m；王庄闸橡胶坝袋更换控制闸阀 5 个，检修钢爬梯 5 座，闸阀井代塑钢爬梯 150 个；王庄闸地涵侧向闸更换 8 t 手电两用螺杆式启闭机 2 台套，闸门橡皮止水更换长度 24 m，启闭机房内控制开关 2 个。

目前存在主要问题：

　　无。

下步规划或其他情况：

　　无。

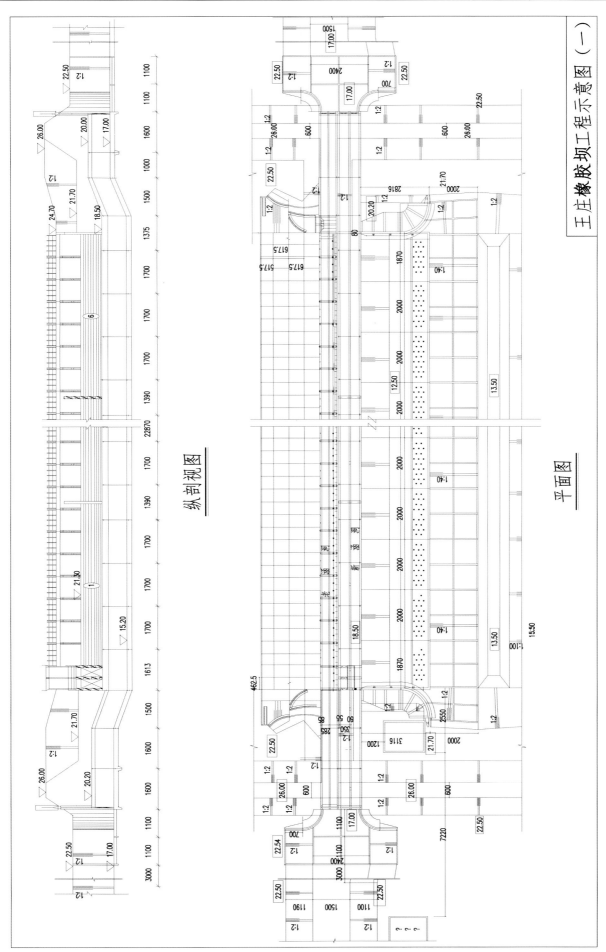

王庄橡胶坝工程示意图（一）

纵剖视图

平面图

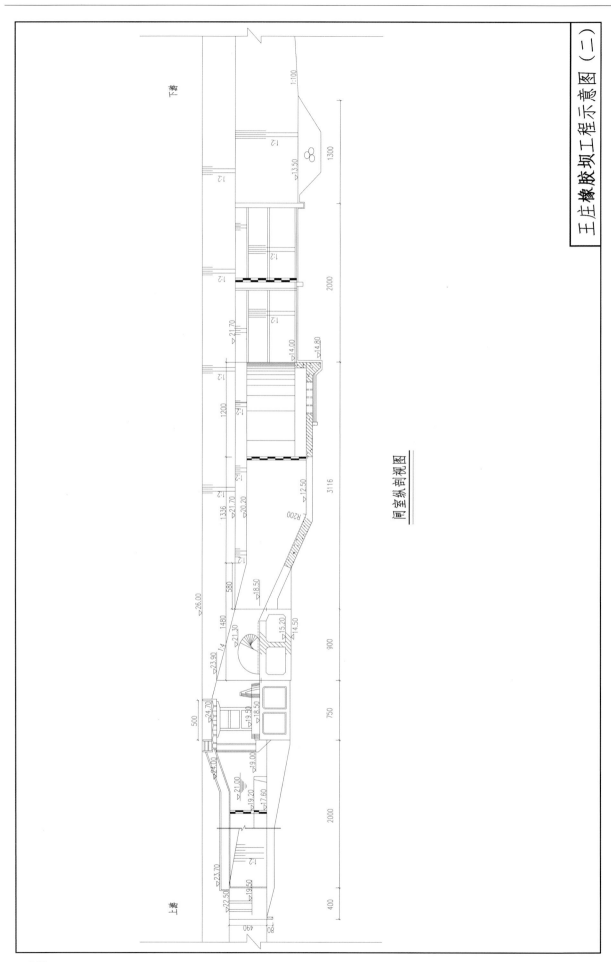

闸室纵剖视图

王庄橡胶坝工程示意图（二）

王庄橡胶坝管理范围界线图

划界标准：上下游河道、堤防各五百米，左右侧总沭河堤防背水坡堤脚外一百米。

图 例

管理范围线

界桩位置

WZXJB-XZXY-S0009 界桩编号

房　庄　闸

管理单位:新沂市瓦窑镇房庄村

闸孔数		3孔	闸孔净高(m)	闸孔	7.4	所在河流		新墨河		主要作用		灌溉、排涝
		其中航孔		航孔		结构型式		开敞式				
闸总长(m)		85	每孔净宽(m)	闸孔	3.5	所在地		新沂市瓦窑镇		建成日期		1977年9月
闸总宽(m)		13.5		航孔		工程规模		中型		除险加固竣工日期		2012年12月
主要部位高程(m)	闸顶	30.2	胸墙底			下游消力池底	22.0	工作便桥面	30.2	水准基面		废黄河
	闸底	22.8	交通桥面	30.2		闸孔工作桥面	36.3	航孔工作桥面				
	附近堤防顶高程		上游左堤	31.12		上游右堤	31.12	下游左堤	31.12	下游右堤		31.12
交通桥标准	设计	汽-10		交通桥净宽(m)	5	工作桥净宽(m)	闸孔	3.3	闸门结构型式	闸孔		平面直升梁板式钢筋砼闸门
	校核			工作便桥净宽(m)	2		航孔			航孔		
启闭机型式	闸孔	卷扬式		启闭机台数	闸孔	3	启闭能力(t)	闸孔	16	钢丝绳	规格	m×　根
	航孔				航孔			航孔			数量	
闸门钢材(t)			闸门(宽×高)(m×m)		3.5×4.5	建筑物等级		3	备用电源	装机		kW
设计标准		5年一遇排涝设计,20年一遇防洪校核					抗震设计烈度		Ⅷ		台数		

规划设计参数		设计水位组合			校核水位组合			检修门	型式	钢闸门	小水电	容量		
		上游(m)	下游(m)	流量(m³/s)	上游(m)	下游(m)	流量(m³/s)		块/套	1		台数		
	稳定	27.00	26.50					历史特征值			日期		相应水位(m)	
													上游	下游
	消耗	27.32~29.69	22.80~29.49	50.00~155.70				上游水位	最高					
								下游水位	最低					
	防渗	27.00	22.80					最大过闸流量(m³/s)						
	孔径	27.32	27.22	70.00	29.69	29.49	155.70							

护坡长度(m)	部位	上游	下游	坡比	护坡型式	引河(m)		上游	底宽	底高程	边坡		下游	底宽	底高程	边坡
	左岸	16	28.5	1:2.5	浆砌石				24	22.8	1:2.5			24	22.8	1:2.5
	右岸	16	28.5	1:2.5	浆砌石	主要观测项目					垂直位移					

现场人员	1人	管理范围划定	上下游河道、堤防各200m,左右侧各50m。管理范围面积为0.077km²。
		确权情况	未确权。

水文地质情况：

第①层大堤填土，主为灰褐、黄褐色中重壤土。第②层壤土，灰褐色夹灰色，主为中、重壤土，可塑分布稳定。第③层黏土混砂礓，黄夹灰色，含砂礓，砂礓含量极不均匀，一般含量为5%～70%。

控制运用原则：

本工程控制运用必须严格遵守设计规定，不得超标准运用。控制闸上水位27.0 m，水位超过27.0 m时开闸排涝。

最近一次安全鉴定情况：

一、鉴定时间：2021年1月30日。

二、鉴定结论、主要存在问题及处理措施：房庄闸工程运用指标基本达到设计标准，按照《水闸安全评价导则》标准，评定为二类闸。

主要存在问题：混凝土栏杆等构件存在胀裂漏筋，闸墩主门槽处多处胀裂漏筋，闸门止水损坏、漏水。

处理措施：建议对混凝土构件进行防碳化处理，更换闸门。

最近一次除险加固情况：（徐水基〔2012〕107号）

一、建设时间：2005年12月至2007年4月。

二、主要加固内容：列入江苏省邳苍郯城新地区新墨河治理工程，拆除重建房庄闸。

三、竣工验收意见、遗留问题及处理情况：2012年12月21日通过徐州市水利局组织的江苏省邳苍郯城新地区新墨河治理工程竣工验收，已按批准的设计内容基本实施完成，工程标准、质量满足设计和规范要求，施工质量合格。工程财务管理基本规范，档案已通过专项验收，竣工决算已通过审计，工程初期运行正常，效益显著。

发生重大事故情况：

无。

建成或除险加固以来主要维修养护项目及内容：

无。

目前存在主要问题：

混凝土栏杆等构件存在胀裂漏筋，闸墩主门槽处多处胀裂漏筋，闸门止水损坏、漏水。

下步规划或其他情况：

对混凝土构件进行防碳化处理，维修闸门止水。

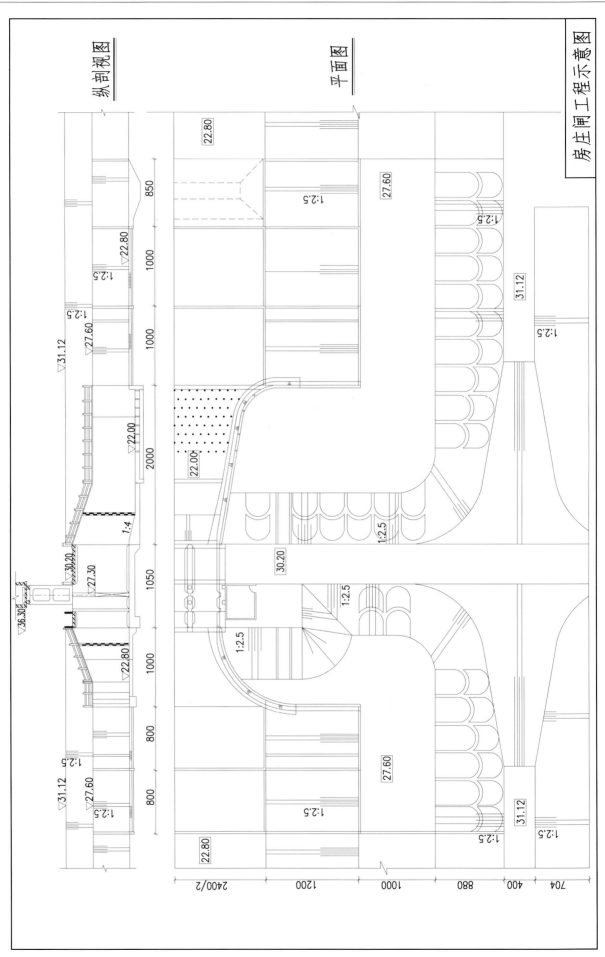

房庄闸工程示意图

纵剖视图

平面图

房庄闸管理范围界线图

张　敦　闸

管理单位：新沂市水利局河道堤防管理所

闸孔数	5孔		闸孔净高(m)	闸孔	7.4	所在河流	新墨河		主要作用	灌溉、排涝
	其中航孔			航孔		结构型式	开敞式			
闸总长(m)	123.8		每孔净宽(m)	闸孔	5	所在地	新沂市新安街道	建成日期		1971年1月
闸总宽(m)	29.8			航孔		工程规模	中型	除险加固竣工日期		2012年12月

主要部位高程(m)	闸顶	29.2	胸墙底		下游消力池底	21.2	工作便桥面	29.2	水准基面	废黄河
	闸底	21.8	交通桥面	29.24	闸孔工作桥面	35.8	航孔工作桥面			
	附近堤防顶高程		上游左堤	29.7	上游右堤	29.7	下游左堤	29.7	下游右堤	29.7

交通桥标准	设计	汽-10	交通桥净宽(m)	7+2×0.5	工作桥净宽(m)	闸孔	4.2	闸门结构型式	闸孔	平面钢闸门
	校核		工作便桥净宽(m)	2		航孔			航孔	

启闭机型式	闸孔	卷扬式	启闭机台数	闸孔	5	启闭能力(t)	闸孔	2×16	钢丝绳	规格	
	航孔			航孔			航孔			数量	m× 根

闸门钢材(t)		闸门(宽×高)(m×m)		5×5	建筑物等级	3	备用电源	装机		kW
设计标准	5年一遇排涝设计,20年一遇防洪校核				抗震设计烈度	Ⅷ		台数		

规划设计参数		设计水位组合			校核水位组合			检修门	型式	钢闸门	小水电	容量	
		上游(m)	下游(m)	流量(m³/s)	上游(m)	下游(m)	流量(m³/s)		块/套	1		台数	
	稳定	26.50	23.00	正常挡水				历史特征值		日期		相应水位(m)	
												上游	下游
	消耗	28.45~26.50	28.25~23.00	419.40~67.66				上游水位 最高		2017-11-19		26.43	
								下游水位 最低		2020-07-20			23.15
	防渗	26.50	23.00					最大过闸流量(m³/s)					
	孔径	26.44	26.29	138.50	28.45	28.25	419.40						

护坡长度(m)	部位	上游	下游	坡比	护坡型式	引河(m)	上游	底宽	底高程	边坡	下游	底宽	底高程	边坡
	左岸	15	33.8	1：2.5	浆砌石			31.5	21.8	1：2.5		27.0	21.8	1：2.5
	右岸	15	33.8	1：2.5	浆砌石	主要观测项目			垂直位移					

现场人员	2人	管理范围划定	上下游河道、堤防各200 m,左右侧各50 m。管理范围面积为0.102 km²。
		确权情况	已确权面积109.85亩,内容包括:工程占用地、水域、滩地、护堤地。权属证号:新国用〔1995〕字第11347号。发证日期:1995年4月5日。

水文地质情况：

第①层素填土，深灰色壤土；第②层黏土，灰黄色黏土；第③层黏土混砂礓；第④层黏土；第⑤层黏土混砂礓；第⑥层中粗砂。

控制运用原则：

本工程控制运用必须严格遵守设计规定，不得超标准运用。控制闸上水位 26.3 m，水位超过 26.3 m 时开闸排涝。

最近一次安全鉴定情况：

一、鉴定时间：2020 年 11 月 20 日。

二、鉴定结论、主要存在问题及处理措施：张墩闸综合评定为二类闸。

主要存在问题：钢闸门锈蚀严重，止水损坏、漏水。建议对闸门进行防腐处理。

最近一次除险加固情况：徐水基〔2012〕107 号

一、建设时间：2005 年 12 月 5 日—2007 年 4 月 30 日。

二、主要加固内容：列入江苏省邳苍郯城新地区新墨河治理工程，拆除重建张墩闸。

三、竣工验收意见、遗留问题及处理情况：2012 年 12 月 21 日通过徐州市水利局组织的江苏省邳苍郯城新地区新墨河治理工程竣工验收，已按批准的设计内容基本实施完成，工程标准、质量满足设计和规范要求，施工质量合格。工程财务管理基本规范，档案已通过专项验收，竣工决算已通过审计，工程初期运行正常，效益显著。

发生重大事故情况：

无。

建成或除险加固以来主要维修养护项目及内容：

1987 年下游深塘抛护，维修护底及两岸浆砌块石护坡，修理 3 台启闭机及启闭机管理房。

2012 年，新墨河张墩闸启闭机维修、门槽改造、拆除中间 3 孔钢筋砼闸门，更换为平板钢闸门。

2013 年，启闭机维修，并更换两边为平板钢闸门 2 扇。

2017 年，新墨河张墩闸增设检修闸门、电气设备改造及交通桥两侧连接段道路维修。

2020 年，张墩闸启闭机和钢丝绳保养、发电机维修保养、电动葫芦维修保养、启闭机房屋面防水修补、消力池段护坡维修等。

2021 年，闸门进行除锈喷锌处理，老化止水进行更新；将工作桥南侧砼栏杆拆除，新建砼栏杆长 30 m，同时闸两侧新建铁艺围栏 60 m，工作桥两端配套铁艺大门 2 套。

目前存在主要问题：

无。

下步规划或其他情况：

无。

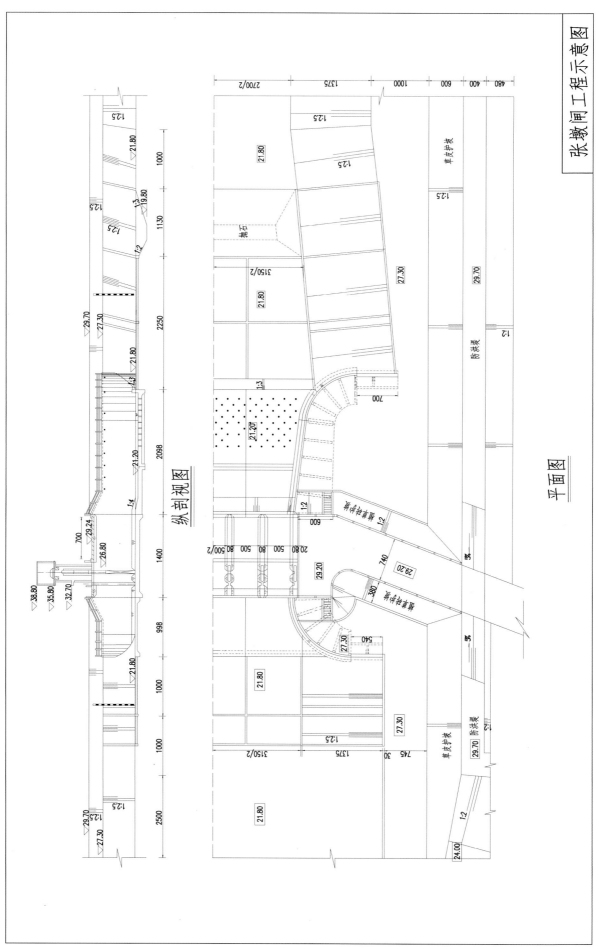

张墩闸工程示意图

纵剖视图

平面图

张墩闸管理范围界线图

划界标准：上下游河道、堤防
各二百米，左右侧各五十米。

图 例

管理范围线

界桩位置

ZDZ-XZXY-S0003 界桩编号

马 姚 桥 闸

管理单位:新沂市水利局河道堤防管理所

闸孔数	7孔		闸孔净高(m)	闸孔	7.24	所在河流	新墨河		主要作用	排涝、灌溉
	其中航孔			航孔		结构型式	开敞式			
闸总长(m)	89.5		每孔净宽(m)	闸孔	4.0	所在地	唐店街道		建成日期	2002年4月
闸总宽(m)	34.4			航孔		工程规模	中型水闸		除险加固竣工日期	2012年11月

主要部位高程(m)	闸顶	28.1	胸墙底		下游消力池底	20.06	工作便桥面	28.1	水准基面	废黄河
	闸底	20.86	交通桥面	28.5	闸孔工作桥面	34.2	航孔工作桥面			
	附近堤防顶高程	上游左堤	28.9	上游右堤	28.9	下游左堤	28.9	下游右堤		28.9

交通桥标准	设计	汽-20	交通桥净宽(m)	9	工作桥净宽(m)	闸孔	3.3	闸门结构型式	闸孔	钢筋砼平板闸门
	校核		工作便桥净宽(m)	1.85		航孔			航孔	

启闭机型式	闸孔	螺杆式	启闭机台数	闸孔	7	启闭能力(t)	闸孔	25	钢丝绳	规格	
	航孔			航孔			航孔			数量	m× 根

闸门钢材(t)		闸门(宽×高)(m×m)	4.25×4.2	建筑物等级	3	备用电源	装机	28 kW
设计标准	5年一遇排涝设计,20年一遇防洪校核			抗震设计烈度	Ⅷ		台数	

规划设计参数		设计水位组合			校核水位组合			检修门	型式	钢闸门	小水电	容量		
		上游(m)	下游(m)	流量(m³/s)	上游(m)	下游(m)	流量(m³/s)		块/套	1		台数		
	稳定	24.50	20.86	正常蓄水				历史特征值		日期		相应水位(m)		
												上游	下游	
	消耗	27.40~24.50	27.20~24.86	455.50~50.00				上游水位	最高					
								下游水位	最低					
	防渗	24.50	20.86					最大过闸流量(m³/s)						
	孔径	25.63	25.68	164.10	27.40	27.20	455.50							

护坡长度(m)	部位	上游	下游	坡比	护坡型式	引河(m)	上游	底宽	底高程	边坡	下游	底宽	底高程	边坡
	左岸	16	30.5	1:2.5	浆砌石			20	20.86	1:2.5		14.5	20.86	1:2.5
	右岸	16	30.5	1:2.5	浆砌石	主要观测项目								

现场人员	1人	管理范围划定	上下游河道、堤防各200 m,左右侧各50 m。管理范围面积为0.089 km²。
		确权情况	未确权。

水文地质情况：

地基为黏土夹砂礓。

控制运用原则：

马姚桥闸非汛期控制水位 24.5 m，汛期闸门全开不控制。

最近一次安全鉴定情况：

一、鉴定时间：无。

二、鉴定结论、主要存在问题及处理措施：无。

最近一次除险加固情况：

一、建设时间：2012 年 11 月 12 日。

二、主要加固内容：拆除重建马姚桥闸上下游连接段；拆除重建闸室段；拆除重建工作桥、检修桥及交通桥；更换启闭机及闸门。

三、竣工验收意见、遗留问题及处理情况：新沂市马姚桥闸除险加固工程已按批准的设计内容实施完成，工程档案已通过专项验收，工程竣工决算已通过审计。同意质量监督站的评定意见，工程满足设计和规范要求，质量合格。初期运行正常，社会效益显著。竣工验收委员会同意新沂市马姚桥闸除险加固工程通过竣工验收。

发生重大事故情况：

无。

建成或除险加固以来主要维修养护项目及内容：

2013 年，C30 钢筋砼工作桥预制、安装，C30 钢筋砼平板闸门预制、安装，25T 螺杆式启闭机购置安装，新建轻型钢结构启闭机房。

2020 年，更新现地控制柜 3 套，启闭机改造 7 台，启闭机房维修及楼梯改造。

目前存在主要问题：

无。

下步规划或其他情况：

无。

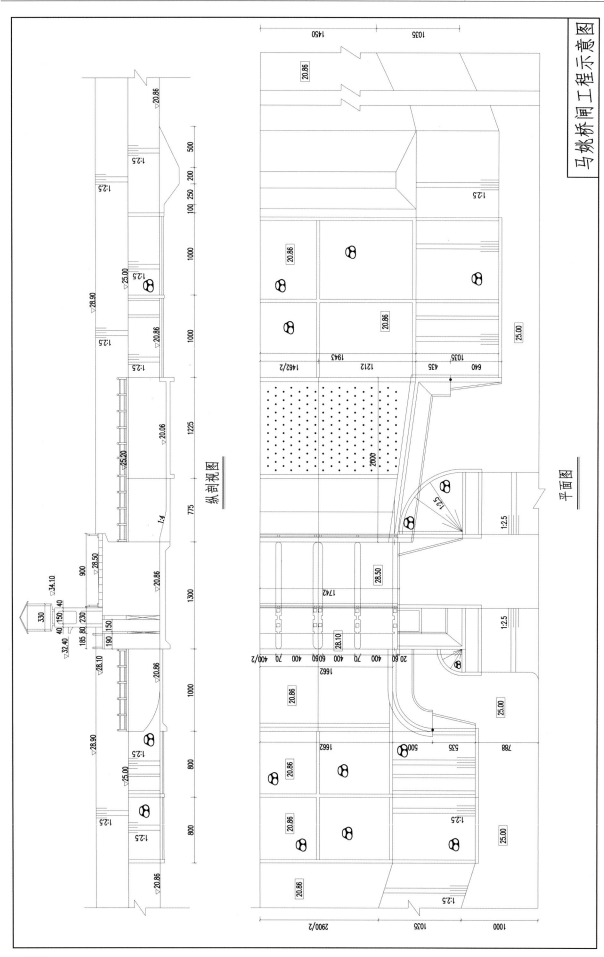

马姚桥闸工程示意图

纵剖视图

平面图

马姚桥闸管理范围界线图

划界标准：上下游河道、堤防各二百米，左右侧各五十米。

图 例

—— 管理范围线

界桩位置

MYQZ-XZXY-S0006 界桩编号

入　沭　闸

管理单位:新沂市水利局河道堤防管理所

闸孔数	3孔		闸孔净高(m)	闸孔	3	所在河流	新戴河		主要作用	排涝、城区引水
	其中航孔			航孔		结构型式	涵洞式			
闸总长(m)	150.5		每孔净宽(m)	闸孔	3	所在地	新沂市新安街道		建成日期	1979年12月
闸总宽(m)	12.1			航孔		工程规模	中型水闸		除险加固竣工日期	2018年4月

主要部位高程(m)	闸顶	29.7	胸墙底	25.5	下游消力池底	21.7	工作便桥面	29.7	水准基面	废黄河
	闸底	22.5	交通桥面		闸孔工作桥面	34.2	航孔工作桥面			
	附近堤防顶高程	上游左堤	28.5	上游右堤	28.5	下游左堤	28.2	下游右堤	28.2	

交通桥标准	设计		交通桥净宽(m)		工作桥净宽(m)	闸孔	3.1	闸门结构型式	闸孔	铸铁闸门
	校核		工作便桥净宽(m)	2.1		航孔			航孔	

启闭机型式	闸孔	螺杆式	启闭机台数	闸孔	3	启闭能力(t)	闸孔	20	钢丝绳	规格	m×　根
	航孔			航孔			航孔			数量	

闸门钢材(t)		闸门(宽×高)(m×m)		3＊3	建筑物等级	2	备用电源	装机	kW
设计标准	20年一遇排涝设计,50年一遇防洪校核				抗震设计烈度	Ⅷ		台数	

规划设计参数		设计水位组合			校核水位组合			检修门	型式	钢闸门	小水电	容量	
		新戴河(m)	沭河(m)	流量(m³/s)	新戴河(m)	沭河(m)	流量(m³/s)		块/套	1		台数	
	稳定	26.00	27.50	实际				历史特征值		日期		相应水位(m)	
		26.00	28.00	设计								上游	下游
	消耗	26.00~26.50	29.45	100.00				上游水位 最高		2017-07-31		27.62	
		26.50	26.00~26.40	19.20				下游水位 最低		2015-09-16			23.8
	防渗	26.00	28.00										
		26.50	29.45					最大过闸流量(m³/s)					
	孔径	26.50	26.40	19.20 20年一遇	26.50	29.45	100.00 50年一遇						
		27.10	27.00	25.00 沭河补水									

护坡长度(m)	部位	上游	下游	坡比	护坡型式	引河(m)	上游	底宽	底高程	边坡	下游	底宽	底高程	边坡
	左岸	56	20	1:2	草皮护坡			10	22.5	1:2		15	22.5	1:2
	右岸	56	20	1:2	草破护坡	主要观测项目				垂直位移				

| 现场人员 | 1人 | 管理范围划定 | 上下游总沭河堤防各150 m,西至宿新公路桥,新戴河南北堤防自河口向南、向北各38 m。管理范围面积0.103 3 km²。 |
| | | 确权情况 | 已确权面积165.45亩,内容包括:工程占用地、水域、滩地、护堤地。权属证号:新国用〔1995〕字第11346号。发证日期:1995年4月5日。 |

水文地质情况:

地基为黄色壤土,局部为细砂,透水性较强。

控制运用原则:

入沭闸灌溉期控制内河水位26.3 m。

最近一次安全鉴定情况:

一、鉴定时间:2009年2月。

二、鉴定结论、主要存在问题及处理措施:该闸安全类别为四类闸。

主要存在问题:1.消力池深度、长度、底板厚度、海漫长度均不能满足规范要求。2.消力池深度、长度、底板厚度、海漫长度均不满足规范要求。3.闸室地基应力不均匀系数、抗滑稳定安全系数不满足要求。4.闸室底板强度不满足规范要求。5.地震区不宜采取浆砌块石结构,该闸主体工程不利于抗震,存在严重的安全问题。建议拆除重建。

最近一次除险加固情况:(徐水基〔2018〕33号)

一、建设时间:2015年10月22日—2016年12月底。

二、主要加固内容:拆除重建闸室(箱涵)及上下游连接段水工建筑物,配备闸门、启闭机及电气设备,新建启闭机房等。

三、竣工验收意见、遗留问题及处理情况:2018年4月10日通过徐州市水利局组织的新沂市入沭闸除险加固工程竣工验收,工程已按批准的设计内容实施完成,工程质量合格,工程财务管理规范,档案已通过专项验收,竣工决算已通过审计,工程初期效益明显。未完堤顶道路工程结合新沂市入沭站工程2018年同步实施。

发生重大事故情况:

1986年发现闸门两吊点不平衡,闸门卡阻,闭门时需用人工在两侧撬,才能下落,致使启闭机电动机烧毁。

建成或除险加固以来主要维修养护项目及内容:

1. 1986年更换配电盘及7.5 kW电机(启闭机用)。

2. 1987年更换闸门钢丝绳。

3. 1988年启闭机修理及闸身灌黏土浆,重点部位为沭河侧北翼墙,灌黏土65 t。

4. 1989年更换止水橡皮。

5. 1996年更换砼闸门为平面定轮钢闸门,并对其他设备及设施进行维修改造。

6. 1998—2000年陆续对上下游防护设施完善。

目前存在主要问题:

无。

下步规划或其他情况:

无。

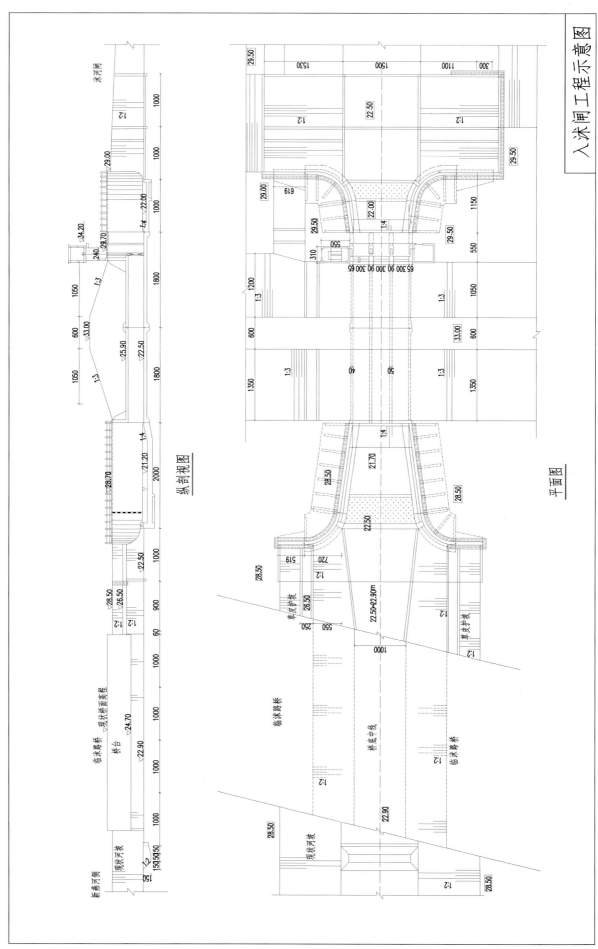

入沭闸工程示意图

纵剖视图

平面图

入沐闸管理范围界线图

划界标准：上下游总沭河堤防各150米，西至宿新公路桥，新戴河南北堤防自河口向南、向北各38米。

图　例

—— 管理范围线

◯ 界桩位置

RSZ-XZXY-S0006 界桩编号

姚 庄 闸

管理单位:新沂市合沟水利站

闸孔数	7孔		闸孔 净高 (m)	闸孔	5.2	所在河流	白马河		主要作用	灌溉、排涝		
	其中航孔			航孔		结构型式	开敞式					
闸总长(m)	128.04		每孔 净宽 (m)	闸孔	6	所在地	新沂市合沟镇		建成日期	1966年6月		
闸总宽(m)	51.84			航孔		工程规模	中型		除险加固 竣工日期	2017年1月		
主要 部位 高程 (m)	闸顶	28.7	胸墙底		下游消力池底	22.0	工作便桥面	28.7		水准基面		废黄河
	闸底	23.5	交通桥面	31.32	闸孔工作桥面	34.1	航孔工作桥面					
	附近堤防顶高程		上游左堤	32.45	上游右堤	32.45	下游左堤	32.45	下游右堤	32.45		
交通 桥 标准	设计	公路Ⅱ级		交通桥净宽(m)	7.5+2×0.5	工作桥 净宽 (m)	闸孔	4.3	闸门 结构 型式	闸孔	平面钢闸门	
	校核			工作便桥净宽(m)	2		航孔			航孔		
启闭 机 型式	闸孔	卷扬式		启闭 机 台数	闸孔	7	启闭 能力 (t)	闸孔	2×8	钢 丝 绳	规格	m×　根
	航孔				航孔			航孔			数量	
闸门钢材(t)			闸门(宽×高)(m×m)		5.96×4.4	建筑物等级	3		备用 电源	装机	kW	
设计标准		排涝:5年一遇 防洪:10年一遇设计,20年一遇校核				抗震设 计烈度	Ⅷ			台数		

规 划 设 计 参 数		设计水位组合			校核水位组合			检修 门	型式	浮箱叠梁门	小 水 电	容量		
		上游 (m)	下游 (m)	流量 (m³/s)	上游 (m)	下游 (m)	流量 (m³/s)		块/套	5		台数		
	稳 定	27.50	23.50	正常蓄水				历史特征值		日期		相应水位(m)		
												上游	下游
	消能	27.50~ 30.25	23.00~ 30.05	0~ 451.70				上游水位	最高					
	防渗	27.50	23.00					下游水位	最低					
	孔 径	28.61	28.51	248.46 5年一遇				最大过闸流量 (m³/s)						
		29.30	29.15	429.49 10年一遇	30.25	30.05	553.05 20年一遇							

护坡 长度 (m)	部位	上游	下游	坡比	护坡型式	引 河 (m)	上游	底宽	底高程	边坡	下游	底宽	底高程	边坡
	左岸	20	59	1:3	浆砌石			43	23.5	1:3		43	23.0	1:3
	右岸	20	59	1:3	浆砌石	主要观测项目		垂直位移						

现场 人员	1人	管理范围划定	上下游河道、堤防各200 m,左右侧各50 m,背水侧堤脚外5 m。管理范围面积 为0.186 km²。
		确权情况	未确权。

水文地质情况：

据勘探资料揭露,场地土层分布稳定,岩土结构相对简单,沉积韵律较为清晰。第①层壤土,土质不均匀,局部偏软,压缩性中等偏高。第②层中粗砂,稍密中密,饱和,防渗抗冲能力差,易发生渗透变形破坏,且为地震液化土层。第③层含砂礓黏土,分布稳定,厚度大,压缩性中等偏低,工程性质较好。

控制运用原则：

汛期控制上游水位27.0 m,具体由合沟镇政府执行调度任务,遇特殊情况及时上报市防指,由市防指协调调度。

最近一次安全鉴定情况：

一、鉴定时间:2022年12月29日。

二、鉴定结论、主要存在问题及处理措施:经综合评定为一类闸。

最近一次除险加固情况：（徐水基〔2017〕20号）

一、建设时间:2014年10月21日—2015年12月底。

二、主要加固内容:拆除重建闸室及上下游连接段水工建筑物,配备闸门,启闭机及电气设备,新建启闭机房及管理用房工程等。

三、竣工验收意见、遗留问题及处理情况:2017年1月11日通过徐州市水利局组织的新沂市姚庄闸除险加固工程竣工验收,已按批准的设计内容实施完成,工程质量合格,工程财务管理规范,档案已通过专项验收,竣工决算已通过审计,工程初期效益明显。

发生重大事故情况：

无。

建成或除险加固以来主要维修养护项目及内容：

2011年,启闭机房维修:屋面防水处理110 m²,室内铝塑板吊顶98 m²,室内墙面用2 cm厚M10水泥砂浆抹面198 m²,室内墙面刮仿瓷涂料198 m²,更换启闭机房防盗门3.3 m²,更换铝合金窗9.6 m²;更换启闭机房室内供电线路及相应的配套设施;钢筋砼栏杆预制安装9.9 m³,栏杆维修140 m;更换5扇木质翻倒闸门,维修自动翻倒门4扇。

2020年,姚庄闸应急修复工程,浆砌石护坡修复120.75 m³,浆砌石护坡混凝土格梗35 m²,上游水毁土坡回填恢复整理2 000 m²,护坡砂石垫层0.15 m,铁栅栏购置安装55 m。

目前存在主要问题：

无。

下步规划或其他情况：

无。

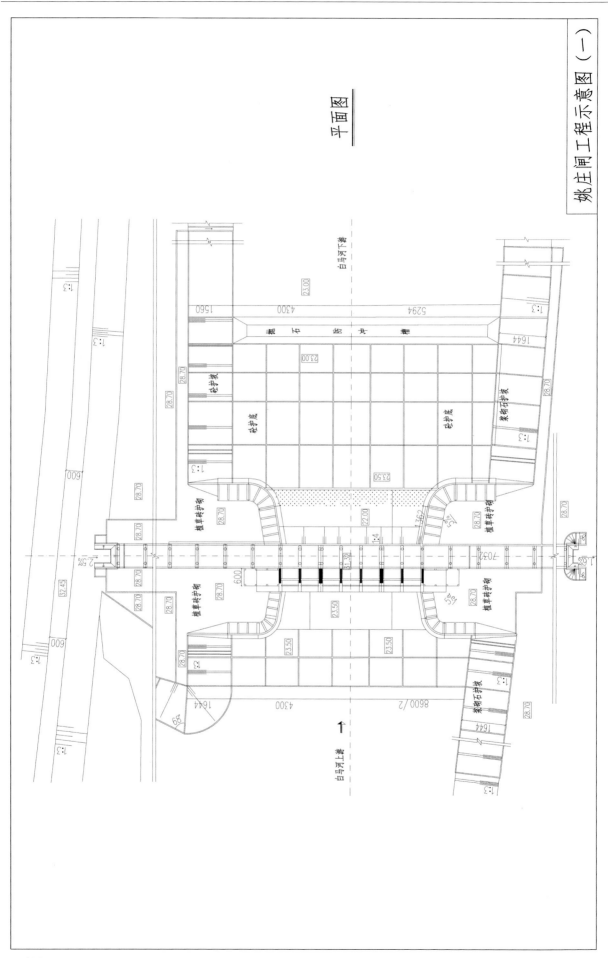

平面图

姚庄闸工程示意图（一）

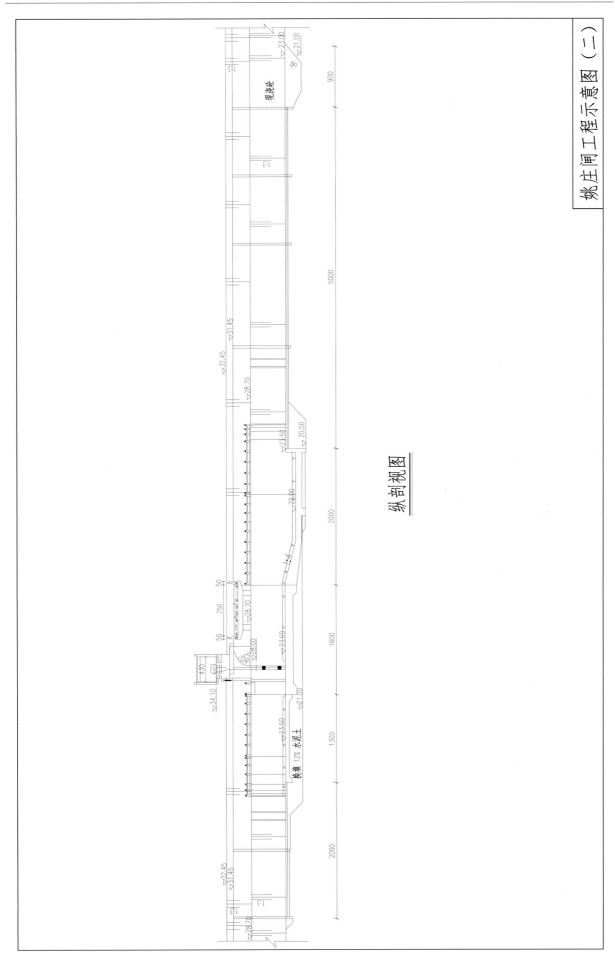

纵剖视图

姚庄闸工程示意图（二）

姚庄闸管理范围界线图

东 方 红 闸

管理单位:新沂市沂北灌区管理所

闸孔数		5孔	闸孔净高(m)	闸孔	6	所在河流	淋头河	主要作用		灌溉、排涝	
		其中航孔		航孔		结构型式	开敞式				
闸总长(m)		125	每孔净宽(m)	闸孔	8	所在地	新沂市阿湖镇	建成日期		1974年6月	
闸总宽(m)		47.5		航孔		工程规模	中型	除险加固竣工日期		2017年1月	
主要部位高程(m)	闸顶	20.5	胸墙底		下游消力池底	12.8	工作便桥面	20.5	水准基面	1985国家高程
	闸底	14.5	交通桥面	20.5	闸孔工作桥面	27.5	航孔工作桥面			
	附近堤防顶高程		上游左堤	20.5	上游右堤	20.5	下游左堤	20.5	下游右堤	20.5
交通桥标准	设计	公路Ⅱ级	交通桥净宽(m)		6.5+2×0.5	工作桥净宽(m)	闸孔	4.4	闸门结构型式	闸孔	平面钢闸门
	校核		工作便桥净宽(m)		2.5		航孔			航孔	
启闭机型式	闸孔	卷扬式	启闭机台数	闸孔	5	启闭能力(t)	闸孔	2×12.5	钢丝绳规格数量	闸孔	m× 根
	航孔			航孔			航孔			航孔	
闸门钢材(t)			闸门(宽×高)(m×m)		8.13×5.0	建筑物等级	3	备用电源	装机台数	40kW
设计标准		5年一遇排涝设计,20年一遇防洪校核				抗震设计计烈度	Ⅷ	容量台数		

检修门	型式	浮箱叠梁门	小水电	
	块/套	6	台数	

规划设计参数		设计水位组合			校核水位组合			历史特征值		日期	相应水位(m)	
		上游(m)	下游(m)	流量(m³/s)	上游(m)	下游(m)	流量(m³/s)				上游	下游
	稳定	19.00	14.00	正常蓄水				历史特征值		日期	上游	下游
		17.50	14.00	汛期蓄水				上游水位	最高			
	消能	17.90	15.65	269.70	19.10	17.70	396.80	下游水位	最低			
	防渗	19.00	14.00					最大过闸流量(m³/s)		1974-08-15		
		17.50	14.00							300		
	孔径	17.90	17.70	269.70	19.10	18.85	396.80					

护坡长度(m)	部位	上游	下游	坡比	护坡型式	引河(m)	上游	底宽	底高程	边坡	下游	底宽	底高程	边坡
	左岸	20	50	1:3	草皮护坡		上游	48.3	14.5	1:3	下游	52.0	13.0	1:3
	右岸	20	50	1:3	草皮护坡	主要观测项目								

现场人员	1人	管理范围划定	上下游河道、堤防各200 m,左右侧堤防背水坡坡脚外至两个涵洞外50 m。管理范围面积为0.147 km²。
		确权情况	已确权面积121.7亩,内容包括:工程占用地、水域、滩地、护堤地。权属证号:新国用〔1995〕字第11191号。发证日期:1995年4月5日。

水文地质情况：

　　自上而下分 8 层。其中层 1 河堤素填土，为人工开挖淋头河筑堤而成，层 2-1 含砂低液限黏土为近现代河床淤泥物，层 2 低液限黏土，层 3 含细粒土砂，层 3-1 低液限黏土为第四纪晚更新世河流相沉积物，层 4 低液限黏土，层 5 黏土质砂，层 6 强风化片麻岩。

　　东方红闸闸室底板上下游齿坎及上下游第一、二节翼墙底板前齿下设钢筋砼板桩围封，桩底高程 10.0 m，在施工过程中发现现场地基为致密砂层，下卧层为风化岩石，预制板桩难以嵌入，无法封闭截渗，为有效保证截渗处理效果，对基础截渗处理进行优化设计，将钢筋砼预制板桩围封调整为高压摆喷截渗墙，东侧延伸至淋头河堤脚，西侧延伸至导流河，截渗墙贯穿砂层，墙顶高程 15.0 m，墙顶深入岩基 0.5 m；闸室下游左侧第二节翼墙底板增加 C25 素砼截渗墙，墙底至岩基。

控制运用原则：

　　汛期水位不超过 17.5 m，非汛期不超过 19 m。

最近一次安全鉴定情况：

　　一、鉴定时间：2022 年 7 月 27 日。

　　二、鉴定结论、主要存在问题及处理措施：安全类别综合评定为一类闸。

最近一次除险加固情况：徐水基〔2017〕19 号

　　建设时间：2014 年 10 月 16 日—2015 年 12 月底。

　　主要加固内容：原址拆除重建闸室及上下游连接段水工建筑物，拆除重建东、西灌溉涵洞，配备闸门、启闭机及电气设备，新建启闭机等。

　　三、竣工验收意见、遗留问题及处理情况：2017 年 1 月 11 日通过徐州水利局组织的新沂市东方红闸除险加固工程竣工验收，已按批准的设计内容实施完成，工程质量合格，工程财务管理规范，档案已通过专项验收，竣工决算已通过审计，工程初期效益明显。

发生重大事故情况：

　　无。

建成或除险加固以来主要维修养护项目及内容：

　　无。

目前存在主要问题：

　　无。

下步规划或其他情况：

　　无。

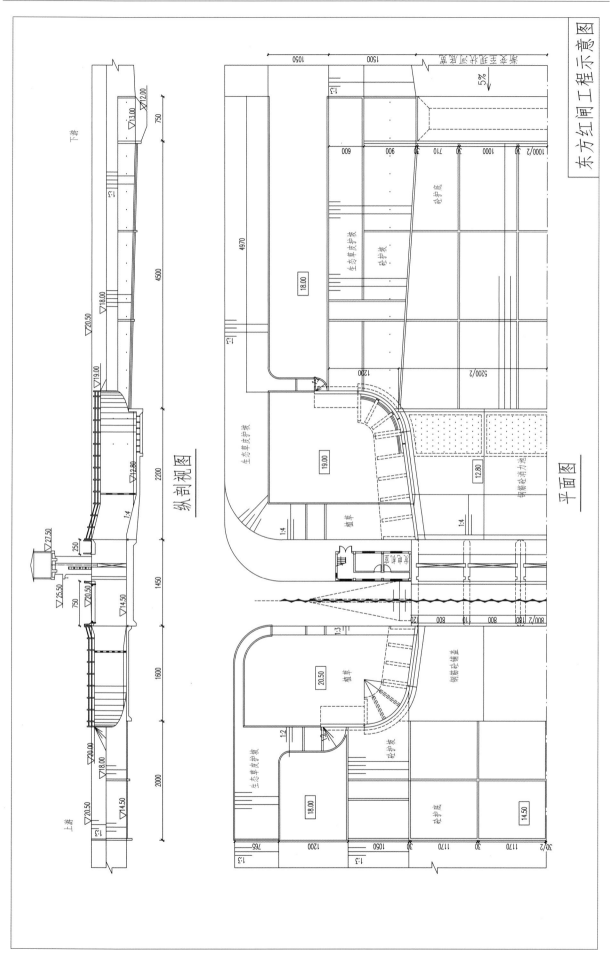

东方红闸工程示意图

平面图

纵剖视图

东方红闸管理范围界线图

图　例

划界标准：上下游各200米，左
右侧堤防背水坡坡脚外50米（含两
侧涵洞）。

管理范围线

界桩位置

DFHZ-XZXY-S0008 界桩编号

大 沙 河 闸

管理单位:新沂市大沙河闸管理所

闸孔数	5孔		闸孔净高(m)	闸孔	5.3	所在河流	大沙河	主要作用	灌溉		
	其中航孔			航孔		结构型式	开敞式				
闸总长(m)	138.14		每孔净宽(m)	闸孔	9	所在地	新沂市高流镇	建成日期	1966年6月		
闸总宽(m)	53.1			航孔		工程规模	中型	除险加固竣工日期	2019年12月		
主要部位高程(m)	闸顶	21.2	胸墙底			下游消力池底	13.6	工作便桥面	21.2	水准基面	废黄河
	闸底	15.9	交通桥面	21.2		闸孔工作桥面	27.5	航孔工作桥面			
	附近堤防顶高程		上游左堤	20.5		上游右堤	20.5	下游左堤	20.5	下游右堤	20.5
交通桥标准	设计	公路Ⅱ级	交通桥净宽(m)		4.5+2×0.5	工作桥净宽(m)	闸孔	4.2	闸门结构型式	闸孔	平面直升式钢闸门
	校核		工作便桥净宽(m)		1.7		航孔			航孔	
启闭机型式	闸孔	卷扬式	启闭机台数	闸孔	5	启闭能力(t)	闸孔	2×12.5	钢丝绳	规格数量	m× 根
	航孔			航孔			航孔				
闸门钢材(t)			闸门(宽×高)(m×m)		9.1×3.6	建筑物等级	3级	备用电源	装机台数		kW
设计标准		5年一遇排涝设计,20年一遇防洪校核				抗震设计烈度	Ⅷ				

规划设计参数		设计水位组合			校核水位组合			检修门	型式	浮箱叠梁门	小水电	容量		
		上游(m)	下游(m)	流量(m³/s)	上游(m)	下游(m)	流量(m³/s)		块/套	4		台数		
	稳定	18.50	15.00	正常蓄水				历史特征值		日期		相应水位(m)		
		19.00	15.50	最高蓄水								上游		下游
		18.00	无水	最低蓄水				上游水位 最高						
	防渗	19.00	14.50					下游水位 最低						
	孔径	19.50	17.20	276.50	5年一遇(高塘水库5年泄洪+5年区间流量)			最大过闸流量(m³/s)						
		20.00	18.33	469.10	20年一遇(高塘水库20年泄洪+20年区间流量)									
		20.00	17.45	343.90	50年一遇(高塘水库50年泄洪)									
		20.00	18.55	565.00	1000年一遇(高塘水库1000年泄洪)									

护坡长度(m)	部位	上游	下游	坡比	护坡型式	引河(m)	上游				下游			
								底宽	底高程	边坡		底宽	底高程	边坡
	左岸	30	55	1:2.5	浆砌石			50	14.5	1:2.5		50	14.4	1:2.5
	右岸	30	55	1:2.5	浆砌石	主要观测项目					垂直位移			

| 现场人员 | 2 人 | 管理范围划定 | 上游河道、堤防为 200 m,下游河道、堤防为 500 m,左右侧各为 50 m。管理范围面积为 0.098 km²。 |
| | | 确权情况 | 已确权面积 80.6 亩,内容包括:工程占用地、水域、滩地、护堤地、生产生活区。权属证号:新国用〔1995〕字第 11197 号。发证日期:1995 年 4 月 5 日。 |

水文地质情况:

1 层为标高 7.5 m 以下为风化石;2 层为标高 7.5～11.0 m 为黄夹红色粗砂砾石;3 层为标高 11.0～14.0 m 为黄夹灰色砂质轻壤土及轻壤土;4 层为标高 14.0 m 以上,为黄夹灰白色砂质壤土,壤土与黄夹红色中粗砂夹砾石,含黏粒。

控制运用原则:

在汛期预报高塘水库开闸排涝、泄洪时,先预降闸上水位 1.0 m,即 5 年一遇排涝降至 18.50 m,20 年一遇时降至 18.00 m。

最近一次安全鉴定情况:

一、鉴定时间:2009 年 2 月。

二、鉴定结论、主要存在问题及处理措施:该闸安全类别为四类。

主要存在问题:1. 该闸消能防冲设施不满足规范要求;2. 水平渗透出逸坡降不满足规范要求;3. 闸室结构强度不满足规范要求;4. 上下游翼墙地基应力不均匀系数,抗滑稳定安全系数均还不满足规范要求;5. 该闸闸墩等主体构件为浆砌石结构,不利于抗震。

处理措施:建议拆除重建。

最近一次除险加固情况:(徐水基〔2017〕20 号)

一、建设时间:2015 年 10 月 22 日—2018 年 8 月底。

二、主要加固内容:拆除重建闸室及上下游连接段水工建筑物配备闸门、启闭机及电气设备,新建启闭机房及管理用房等。

三、竣工验收意见、遗留问题及处理情况:2019 年 12 月 30 日通过徐州市水务局组织的新沂市大沙河闸除险加固工程竣工验收,工程已按批准的设计内容实施完成,质量合格,财务管理规范,竣工决算已通过审计,档案已通过专项验收,工程运行正常。

发生重大事故情况:

无。

建成或除险加固以来主要维修养护项目及内容:

2004 年对交通桥桥面加固改造,拆除重建下游护坦。

目前存在主要问题:

无。

下步规划或其他情况:

无。

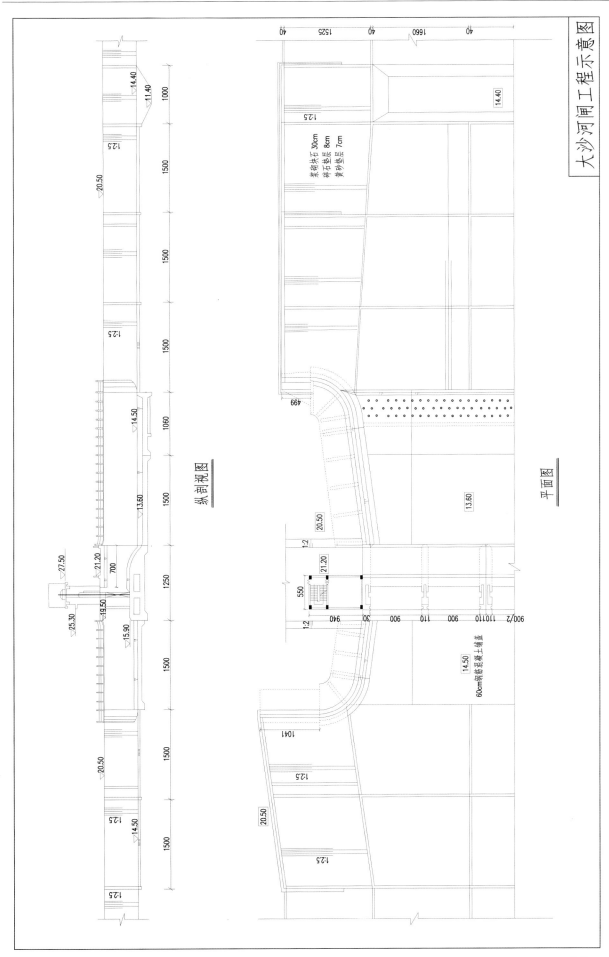

大沙河闸工程示意图

纵剖视图

平面图

浆砌块石 30cm
碎石垫层 8cm
黄砂垫层 7cm

60cm钢筋混凝土墙盖

大沙河闸管理范围界线图

图　例

管理范围线

界桩位置

DSHZ-XZXY-S0005　界桩编号

划界标准：上游河道、堤防为200米，下游河道、堤防为500米，左右侧各为50米。

阿安引河节制闸

管理单位:新沂市阿湖水库管理所

<table>
<tr><td rowspan="3">闸孔数</td><td colspan="2" style="text-align:center">3孔</td><td rowspan="2">闸孔净高(m)</td><td>闸孔</td><td colspan="2">3.0</td><td>所在河流</td><td colspan="2">阿安引河</td><td rowspan="2">主要作用</td><td colspan="2" rowspan="2">灌溉</td></tr>
<tr><td colspan="2">其中航孔</td><td>航孔</td><td colspan="2"></td><td>结构型式</td><td colspan="2">涵洞式</td></tr>
<tr><td>闸总长(m)</td><td colspan="2">54</td><td rowspan="2">每孔净宽(m)</td><td>闸孔</td><td colspan="2">2.5</td><td>所在地</td><td colspan="2">新沂市阿湖镇</td><td>建成日期</td><td colspan="2">1959 年</td></tr>
<tr><td>闸总宽(m)</td><td colspan="2">9.3</td><td>航孔</td><td colspan="2"></td><td>工程规模</td><td colspan="2">中型</td><td>除险加固竣工日期</td><td colspan="2">2014 年 9 月</td></tr>
<tr><td rowspan="3">主要部位高程(m)</td><td>闸顶</td><td>27.0</td><td>胸墙底</td><td colspan="2"></td><td>下游消力池底</td><td colspan="2">23.5</td><td>工作便桥面</td><td>27.0</td><td rowspan="2">水准基面</td><td rowspan="2">废黄河</td></tr>
<tr><td>闸底</td><td>23.5</td><td>交通桥面</td><td colspan="2">30.5</td><td>闸孔工作桥面</td><td colspan="2">31.5</td><td>航孔工作桥面</td><td></td></tr>
<tr><td>附近堤防顶高程</td><td colspan="2">上游左堤</td><td colspan="2">30</td><td>上游右堤</td><td colspan="2">30</td><td>下游左堤</td><td>30</td><td>下游右堤</td><td>30</td></tr>
<tr><td rowspan="2">交通桥标准</td><td>设计</td><td colspan="2">公路Ⅱ级</td><td>交通桥净宽(m)</td><td colspan="2">6</td><td rowspan="2">工作桥净宽(m)</td><td>闸孔</td><td>1.6</td><td rowspan="2">闸门结构型式</td><td>闸孔</td><td>钢筋砼闸门</td></tr>
<tr><td>校核</td><td colspan="2"></td><td>工作便桥净宽(m)</td><td colspan="2">1.8</td><td>航孔</td><td></td><td>航孔</td><td></td></tr>
<tr><td rowspan="2">启闭机型式</td><td>闸孔</td><td colspan="2">螺杆式</td><td rowspan="2">启闭机台数</td><td>闸孔</td><td colspan="2">3</td><td rowspan="2">启闭能力(t)</td><td>闸孔</td><td>8</td><td rowspan="2">钢丝绳</td><td>规格</td><td></td></tr>
<tr><td>航孔</td><td colspan="2"></td><td>航孔</td><td colspan="2"></td><td>航孔</td><td></td><td>数量</td><td>m× 根</td></tr>
<tr><td colspan="2">闸门钢材(t)</td><td colspan="3"></td><td colspan="2">闸门(宽×高)(m×m)</td><td colspan="2">2.5×3.0</td><td>建筑物等级</td><td>3</td><td>备用电源</td><td>装机台数</td><td>30 kW</td></tr>
<tr><td colspan="2">设计标准</td><td colspan="5">50 年一遇设计,100 年一遇校核</td><td colspan="2">抗震设计烈度</td><td>Ⅷ</td><td></td><td>台数</td><td>1</td></tr>
<tr><td rowspan="14">规划设计参数</td><td colspan="3" style="text-align:center">设计水位组合</td><td colspan="3" style="text-align:center">校核水位组合</td><td rowspan="2">检修门</td><td>型式</td><td>叠梁式</td><td rowspan="2">小水电</td><td>容量台数</td><td></td></tr>
<tr><td>上游(m)</td><td>下游(m)</td><td>流量(m³/s)</td><td>上游(m)</td><td>下游(m)</td><td>流量(m³/s)</td><td>块/套</td><td></td><td></td></tr>
<tr><td rowspan="2">稳定</td><td>27.73</td><td>26.00</td><td></td><td>29.18</td><td>24.00</td><td></td><td colspan="2" rowspan="2">历史特征值</td><td colspan="2" rowspan="2">日期</td><td colspan="2">相应水位(m)</td></tr>
<tr><td colspan="3"></td><td colspan="3"></td><td>上游</td><td>下游</td></tr>
<tr><td rowspan="2">消耗</td><td>25.50</td><td>23.50</td><td></td><td colspan="3"></td><td colspan="2">上游水位 最高</td><td colspan="2"></td><td></td><td></td></tr>
<tr><td>27.73</td><td>26.00</td><td></td><td colspan="3"></td><td colspan="2">下游水位 最低</td><td colspan="2"></td><td></td><td></td></tr>
<tr><td>防渗</td><td>29.18</td><td>24.00</td><td></td><td colspan="3"></td><td colspan="2" rowspan="2">最大过闸流量(m³/s)</td><td colspan="2" rowspan="2"></td><td rowspan="2"></td><td rowspan="2"></td></tr>
<tr><td>孔径</td><td>27.73</td><td>26.00</td><td>100.00</td><td colspan="3"></td></tr>
<tr><td rowspan="3">护坡长度(m)</td><td>部位</td><td>上游</td><td>下游</td><td>坡比</td><td>护坡型式</td><td rowspan="3">引河(m)</td><td>上游</td><td>底宽</td><td>底高程</td><td>边坡</td><td rowspan="2">下游</td><td>底宽</td><td>底高程</td><td>边坡</td></tr>
<tr><td>左岸</td><td>9.6</td><td>9.6</td><td>1:2.5</td><td rowspan="2">浆砌石+砼</td><td></td><td>15.0</td><td>23.5</td><td>1:2.5</td><td>15.0</td><td>23.5</td><td>1:2.5</td></tr>
<tr><td>右岸</td><td>9.6</td><td>9.6</td><td>1:2.5</td><td colspan="2">主要观测项目</td><td colspan="4" style="text-align:center">垂直位移</td></tr>
<tr><td rowspan="2">现场人员</td><td rowspan="2">1人</td><td colspan="2">管理范围划定</td><td colspan="12">含在阿湖水库管理范围内。</td></tr>
<tr><td colspan="2">确权情况</td><td colspan="12">已确权面积4 095.3亩,内容包括:工程占用地、水域、滩地、护堤地、生产生活区。权属证号:新国用〔1995〕字第11187号。发证日期:1995 年 4 月 5 日。</td></tr>
</table>

水文地质情况：

第①层为大坝填筑土；第②层为中重壤土、重粉质壤土、砂质黏土；第③层中粗砂，属下更新统地层，密实紧密；第④层风化残积层厚度比较薄，工程性质类似于密实中粗砂层，在坝址全线均有分布；第⑤层风化片麻岩在整个库区广泛分布，全风化强风化，受风化剥蚀影响，基岩面起伏较大。

节制闸基底高程 21.7 m，地基为强风化片麻岩。

控制运用原则：

当库水位在 26.5 m 以下时，泄洪闸控制下泄洪流量不大于 200 m³/s；当水位达 27.0 m 时，泄洪流量逐步加大至 500 m³/s，当水位一接近 28.0 m 时，闸门全开不控制，并视安峰山水库的水情，请省防指协调调度，开启安引河闸适当向安峰山水库分洪，阿湖水库防洪预案按溃坝考虑。

最近一次安全鉴定情况：

一、鉴定时间：2020 年 1 月 10 日。

二、鉴定结论、主要存在问题及处理措施：经综合评定，新沂市阿湖水库大坝（含泄洪闸、节制闸）为二类闸。

主要存在问题：海漫长度不满足规范要求。

最近一次除险加固情况：

一、建设时间：2004 年 4 月 8 日—2005 年 7 月 15 日。

二、主要加固内容：移址新建节制闸，为钢筋砼箱涵结构，内径 2.5 m×3.0 m，共 3 孔，闸底板高程 23.5 m。

三、竣工验收意见、遗留问题及处理情况：2014 年 9 月 10 日—11 日通过江苏省水利厅组织的新沂市阿湖水库除险加固工程竣工验收会议，阿湖水库除险加固工程（含节制闸）已按批准的设计内容实施完成，工程标准、质量满足设计和规范要求，施工质量合格，工程财务管理规范，工程档案已通过专项验收，竣工决算已通过审计，工程初期运行正常。

发生重大事故情况：

无。

建成或除险加固以来主要维修养护项目及内容：

2017 年对启闭机房进行拆建，改建为砖混结构。

2020 年对阿湖水库新节制闸排架、胸、闸门等部位进行防碳化处理；对节制闸钢筋砼露筋部位进行处理；对节制闸闸门止水及门槽进行防锈处理。

目前存在主要问题：

无。

下步规划或其他情况：

无。

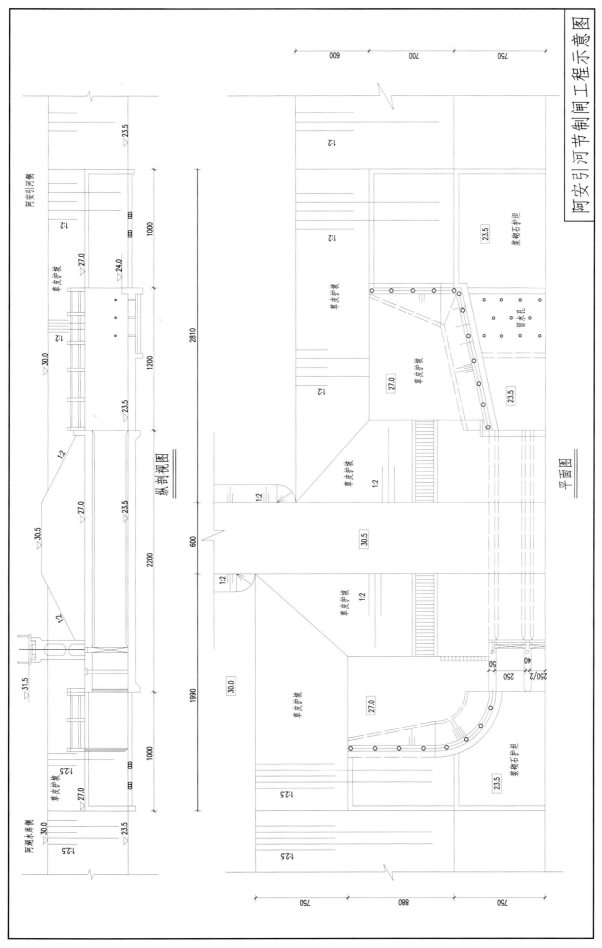

阿安引河节制闸工程示意图

纵剖视图

平面图

阿安引河节制闸管理范围界线图

铜 山 区

周 庄 闸

管理单位:铜山区废黄河管理所

闸孔数	5孔		闸孔净高(m)	闸孔	4.0	所在河流	废黄河	主要作用	防洪、排涝、蓄水、灌溉	
	其中航孔			航孔		结构型式	开敞式			
闸总长(m)	100.5		每孔净宽(m)	闸孔	4	所在地	铜山区大彭镇	建成日期	1971年6月	
闸总宽(m)	24.4			航孔		工程规模	中型	除险加固竣工日期	2004年9月	
主要部位高程(m)	闸顶	42.7	胸墙底	41.0	下游消力池底	34.0	工作便桥面	42.7	水准基面	废黄河
	闸底	37.0	交通桥面	42.7	闸孔工作桥面	18.2	航孔工作桥面			
	附近堤防顶高程	上游左堤		上游右堤		下游左堤		下游右堤		

交通桥标准	设计	汽-10	交通桥净宽(m)	4.5+2×0.5	工作桥净宽(m)	闸孔	3.5	闸门结构型式	闸孔	铸铁闸门	
	校核		工作便桥净宽(m)	3		航孔			航孔		
启闭机型式	闸孔	螺杆式	启闭机台数	闸孔	5	启闭能力(t)	闸孔	2×12.5	钢丝绳	规格	
	航孔			航孔			航孔			数量	m× 根

闸门钢材(t)		闸门(宽×高)(m×m)	4×4	建筑物等级	3	备用电源	装机	kW
设计标准	50年一遇防洪设计			抗震设计烈度	Ⅶ		台数	1

规划设计参数		设计水位组合			校核水位组合			检修门	型式		小水电	容量	
		上游(m)	下游(m)	流量(m³/s)	上游(m)	下游(m)	流量(m³/s)		块/套			台数	
	稳定	42.00	36.50	正常蓄水				历史特征值		日期		相应水位(m)	
												上游	下游
	消耗	42.00	36.50~41.90	156.00				上游水位	最高				
		27.73	26.00					下游水位	最低				
	防渗	42.00	36.50					最大过闸流量(m³/s)					
	孔径	42.00	41.90	156.00									

护坡长度(m)	部位	上游	下游	坡比	护坡型式	引河(m)		底宽	底高程	边坡		底宽	底高程	边坡
	左岸		61	1:4	浆砌石		上游	37.0		1:4	下游		35.0	1:4
	右岸		61	1:4	浆砌石	主要观测项目		垂直位移						

现场人员	3人	管理范围划定	含在故黄河管理范围内,即左右侧为故黄河堤防背水坡脚外30 m,上游至徐沛铁路,下游150 m。
		确权情况	未确权。

水文地质情况：

区内降雨时空极不均匀,年降雨量变化在 600～1 219 mm 之间,多年平均降雨量 860 mm 左右,雨量多集中在 6～9 月份。地层可分为 3 层,自上而下分别为：① 粉砂；② 壤土；③ 壤土混砂礓。

控制运用原则：

控制闸上水位 39.2～39.5 m。

最近一次安全鉴定情况：

一、鉴定时间：2021 年 12 月 20 日。

二、鉴定结论、主要存在问题及处理措施:经综合评定为二类闸。

主要存在问题：1. 胸墙、翼墙压顶胀裂露筋,砼构件碳化且分布不均。2. 闸门底止水损坏、启闭机限位损坏。3. 闸室结构承载力满足要求,但原设计未考虑抗震消液化处理,抗震安全为 B。

最近一次除险加固情况：

一、建设时间：2004 年 9 月 30 日。

二、主要加固内容:工程建成以来,除进行常规维修养护外,未进行过改扩建或加固改造。

三、竣工验收意见、遗留问题及处理情况:无。

发生重大事故情况：

无。

建成或除险加固以来主要维修养护项目及内容：

2018 年新建周庄闸管理房。

目前存在主要问题：

1. 胸墙、翼墙压顶胀裂露筋,砼构件碳化且分布不均。

2. 闸门底止水损坏、启闭机限位损坏。

3. 闸室结构承载力满足要求,但原设计未考虑抗震消液化处理,抗震安全为 B。

下步规划或其他情况：

无。

周庄闸工程示意图

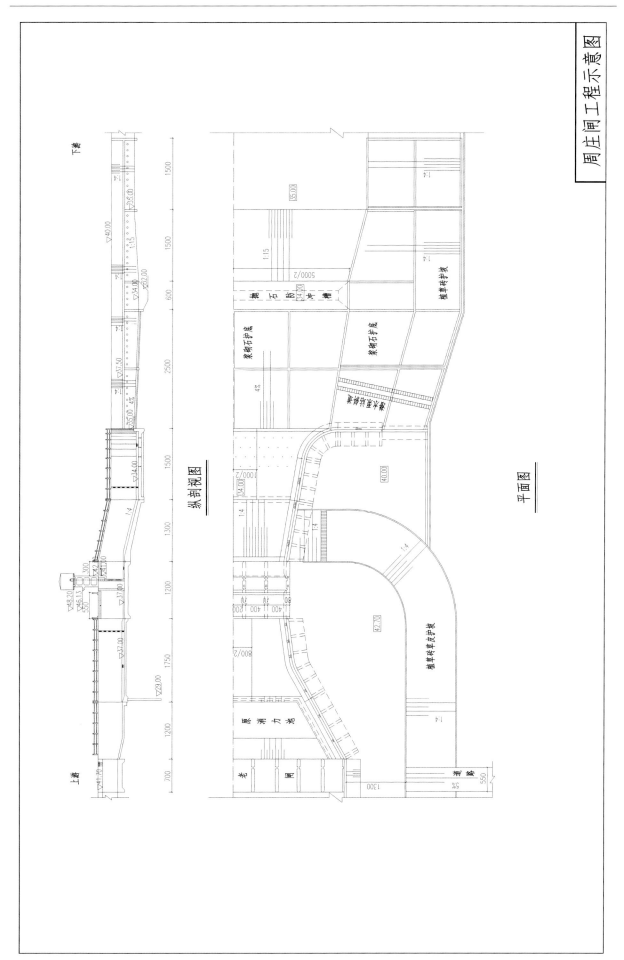

纵剖视图

平面图

周庄闸管理范围界线图

划界标准：含在故黄河管
理范围内，即左右侧为故黄河堤
防背水坡脚外30米，上游至徐沛
铁路，下游150米。

图　例

—— 管理范围线

◯ 界桩位置

FHH-TS右0961　界桩编号

黄　河

周庄闸

故

FHH-TS左0100

FHH-TS左0099

FHH-TS左0098

FHH-TS左0097

FHH-TS右0959

FHH-TS右0960

FHH-TS右0961

云铜边界闸

管理单位:铜山区废黄河管理所

闸孔数	1孔		闸孔净高（m）	闸孔	3	所在河流	废黄河	主要作用	排涝、蓄水
	其中航孔			航孔		结构型式	双向旋转钢闸门		
闸总长(m)	207		每孔净宽（m）	闸孔	35	所在地	铜山区	建成日期	2023年8月
闸总宽(m)	39			航孔		工程规模	中型	除险加固竣工日期	年 月

主要部位高程（m）	闸顶	36.5	胸墙底		下游消力池底	30.0	工作便桥面	42.7	水准基面	废黄河
	闸底	32/30	交通桥面		闸孔工作桥面		航孔工作桥面			
	附近堤防顶高程	上游左堤		上游右堤		下游左堤		下游右堤		

交通桥标准	设计		交通桥净宽(m)		工作桥净宽（m）	闸孔		闸门结构型式	闸孔	
	校核		工作便桥净宽(m)			航孔			航孔	

启闭机型式	闸孔	液压启闭机	启闭机台数	闸孔	1	启闭能力（t）	闸孔	2×800 kN	钢丝绳	规格	
	航孔			航孔			航孔			数量	m× 根

闸门钢材(t)		闸门(宽×高)(m×m)			建筑物等级	3	备用电源	装机	kW
设计标准	50年一遇防洪设计				抗震设计烈度	Ⅶ		台数	1

规划设计参数		设计水位组合			校核水位组合			检修门	型式			小水电	容量	
		上游（m）	下游（m）	流量（m³/s）	上游（m）	下游（m）	流量（m³/s）		块/套				台数	
	稳定	35.38	35.33	98.00	36.90	36.80	235.00	历史特征值		日期		相应水位(m)		
												上游	下游
	消耗	35.00	34.00	77.00				上游水位 最高						
		36.90	34.00	196.00				下游水位 最低						
		36.90	36.80	235				最大过闸流量（m³/s）						
	孔径													

护坡长度（m）	部位	上游	下游	坡比	护坡型式	引河（m）	上游	底宽	底高程	边坡	下游	底宽	底高程	边坡
	左岸	35	119	1:3	块石									
	右岸	35	119	1:3	块石	主要观测项目		垂直位移、水平位移、扬压力						

现场人员	3人	管理范围划定	含在故黄河管理范围内,即左右侧为故黄河堤防背水坡脚外30 m,上下游各50 m。
		确权情况	

水文地质情况:

①层素填土:杂色,稍湿,松散,以粉土、粉质黏土夹植物根系等为主,成分不均。场区普遍分布,厚度:1.00～1.10 m,平均 1.05 m;层底标高:33.78～36.29 m,平均 35.06 m;层底埋深:1.00～1.10 m,平均 1.05 m。

②层粉土:黄色,中密—密实,湿,摇震反应迅速,干强度低,韧性低。场区普遍分布,厚度:3.20～6.00 m,平均 4.65 m;层底标高:30.18～30.69 m,平均 30.38 m;层底埋深:4.20～7.00 m,平均 5.70 m。

③层粉土:黄色,稍密—中密,湿,摇震反应迅速,干强度低,韧性低。场区普遍分布,厚度:4.90～5.90 m,平均 5.58 m;层底标高:24.48～25.30 m,平均 24.80 m;层底埋深:9.50～12.90 m,平均 11.28 m。

④层粉土夹粉砂:灰黄色,中密～密实,湿,摇振反应迅速,干强度低,韧性低,局部夹粉砂薄层。厚度:14.10～15.50 m,平均 14.72 m;层底标高:9.80～10.39 m,平均 10.08 m;层底埋深:25.00～27.00 m,平均 26.00 m。

控制运用原则:

1. 蓄水期

闸门处于闭门蓄水状态,闸上水位不超 35.00 m,闸下为程头橡胶坝控制水位。

2. 排涝期

当上游遭遇涝水需向下游排涝时,云铜边界闸应一直处于下卧泄水状态。

汛期前,提前打开云铜边界闸预降河道水位。同时密切关注市水务局、区水务局水情信息,配合调度启闭。

最近一次安全鉴定情况:

无。

最近一次除险加固情况:

无。

发生重大事故情况:

无。

建成或除险加固以来主要维修养护项目及内容:

无。

目前存在主要问题:

无。

下步规划或其他情况:

无。

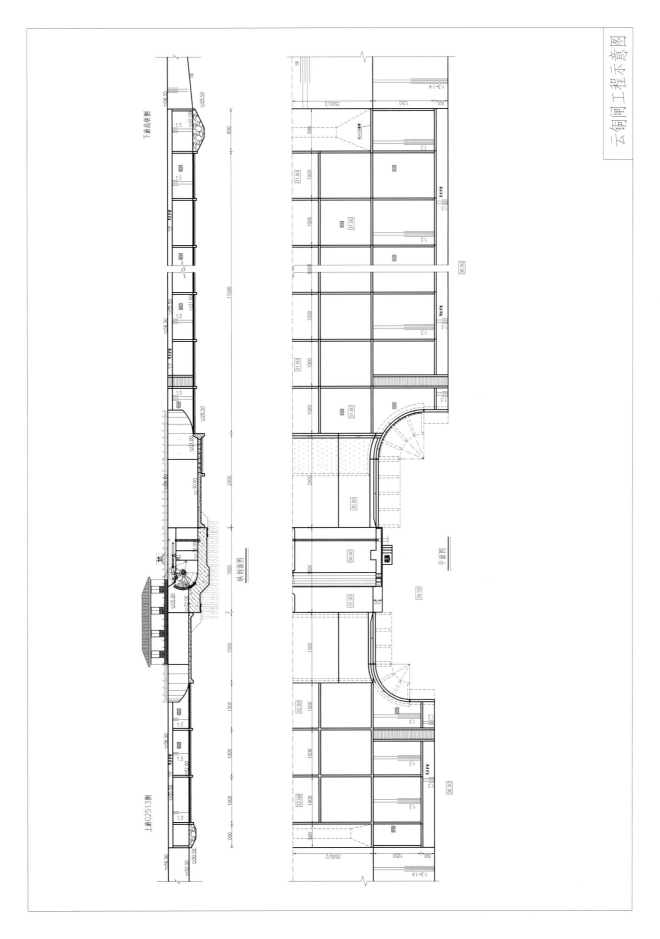

云铜闸工程示意图

城头橡胶坝

管理单位：铜山区废黄河管理所

<table>
<tr><td rowspan="2">闸孔数</td><td colspan="2">1 孔</td><td rowspan="2">闸孔净高
(m)</td><td>闸孔</td><td>2.5</td><td>所在河流</td><td colspan="2">废黄河</td><td rowspan="2" colspan="2">主要作用</td><td rowspan="2" colspan="2">排涝、蓄水、灌溉</td></tr>
<tr><td colspan="2">其中航孔</td><td>航孔</td><td></td><td>结构型式</td><td colspan="2">橡胶坝</td></tr>
<tr><td>闸总长(m)</td><td colspan="2">60</td><td rowspan="2">每孔净宽
(m)</td><td>闸孔</td><td>23.56</td><td>所在地</td><td colspan="2">铜山区张集镇</td><td colspan="2">建成日期</td><td colspan="2">1986 年 6 月</td></tr>
<tr><td>闸总宽(m)</td><td colspan="2">25.16</td><td>航孔</td><td></td><td>工程规模</td><td colspan="2">中型</td><td colspan="2">除险加固竣工日期</td><td>年　月</td><td></td></tr>
<tr><td rowspan="3">主要部位高程(m)</td><td colspan="2">闸顶</td><td colspan="2">35.0</td><td>胸墙底</td><td></td><td colspan="2">下游消力池底</td><td>31.5</td><td>工作便桥面</td><td></td><td rowspan="2">水准基面</td><td rowspan="2">废黄河</td></tr>
<tr><td colspan="2">闸底</td><td colspan="2">32.5</td><td>交通桥面</td><td>38.85</td><td colspan="2">闸孔工作桥面</td><td></td><td>航孔工作桥面</td><td></td></tr>
<tr><td colspan="2">附近堤防顶高程</td><td colspan="2">上游左堤</td><td colspan="2">上游右堤</td><td></td><td colspan="2">下游左堤</td><td colspan="2">下游右堤</td><td></td></tr>
<tr><td rowspan="2">交通桥标准</td><td>设计</td><td colspan="2">汽-15</td><td>交通桥净宽(m)</td><td colspan="2">4.5</td><td rowspan="2">工作桥净宽(m)</td><td>闸孔</td><td></td><td rowspan="2">闸门结构型式</td><td>闸孔</td><td colspan="2">橡胶坝袋</td></tr>
<tr><td>校核</td><td colspan="2">拖-60</td><td>工作便桥净宽(m)</td><td colspan="2"></td><td>航孔</td><td></td><td>航孔</td><td colspan="2"></td></tr>
<tr><td rowspan="2">启闭机型式</td><td colspan="2">闸孔</td><td colspan="2"></td><td rowspan="2">启闭机台数</td><td>闸孔</td><td></td><td rowspan="2">启闭能力(t)</td><td>闸孔</td><td></td><td rowspan="2">钢丝绳</td><td>规格</td><td></td></tr>
<tr><td colspan="2">航孔</td><td colspan="2"></td><td>航孔</td><td></td><td>航孔</td><td></td><td>数量</td><td>m×　根</td></tr>
<tr><td colspan="3">闸门钢材(t)</td><td colspan="2"></td><td colspan="2">闸门表面积(m²)</td><td></td><td colspan="2">建筑物等级</td><td>3</td><td rowspan="2">备用电源</td><td>装机</td><td>10 kW</td></tr>
<tr><td colspan="3">设计标准</td><td colspan="4">20 年一遇设计</td><td colspan="2">抗震设计烈度</td><td>Ⅶ</td><td>台数</td><td>1</td></tr>
</table>

<table>
<tr><td rowspan="4" colspan="2">规划设计参数</td><td colspan="3">设计水位组合</td><td colspan="3">校核水位组合</td><td rowspan="3" colspan="2">检修门</td><td>型式</td><td></td><td rowspan="3" colspan="2">小水电</td><td>容量</td><td></td></tr>
<tr><td>上游(m)</td><td>下游(m)</td><td>流量(m³/s)</td><td>上游(m)</td><td>下游(m)</td><td>流量(m³/s)</td><td rowspan="2">块/套</td><td rowspan="2"></td><td>台数</td><td></td></tr>
<tr><td rowspan="2">稳定</td><td>35.00</td><td>32.50</td><td></td><td></td><td></td><td></td><td rowspan="2" colspan="2">历史特征值</td><td rowspan="2">日期</td><td colspan="2">相应水位(m)</td></tr>
<tr><td></td><td></td><td></td><td></td><td></td><td></td><td>上游</td><td>下游</td></tr>
<tr><td rowspan="3" colspan="2"></td><td rowspan="3">消耗</td><td>35.00</td><td>33.55</td><td>162.40</td><td></td><td></td><td></td><td colspan="2">上游水位</td><td>最高</td><td></td><td></td><td></td></tr>
<tr><td></td><td></td><td></td><td></td><td></td><td></td><td colspan="2">下游水位</td><td>最低</td><td></td><td></td><td></td></tr>
<tr><td rowspan="2">孔径</td><td>35.62</td><td>35.27</td><td>179.20</td><td>36.02</td><td>35.52</td><td>223.20</td><td rowspan="2" colspan="2">最大过闸流量
(m³/s)</td><td rowspan="2"></td><td rowspan="2"></td><td rowspan="2"></td><td rowspan="2"></td></tr>
<tr></tr>
</table>

<table>
<tr><td rowspan="2">护坡长度(m)</td><td>部位</td><td>上游</td><td>下游</td><td>坡比</td><td>护坡型式</td><td rowspan="2">引河(m)</td><td>上游</td><td>底宽</td><td>底高程</td><td>边坡</td><td rowspan="2">下游</td><td>底宽</td><td>底高程</td><td>边坡</td></tr>
<tr><td>左岸</td><td>4</td><td>17.0</td><td>1:3</td><td>块石</td><td></td><td>80</td><td>32.0</td><td>1:4</td><td>80</td><td>31.0</td><td>1:4</td></tr>
<tr><td></td><td>右岸</td><td>4</td><td>17.0</td><td>1:3</td><td>块石</td><td colspan="2">主要观测项目</td><td colspan="6">垂直位移</td></tr>
<tr><td rowspan="2">现场人员</td><td rowspan="2" colspan="2">4 人</td><td colspan="2">管理范围划定</td><td colspan="10">含在故黄河管理范围内，即左右侧为故黄河堤防背水坡脚外 30 m，上下游各 50 m。</td></tr>
<tr><td colspan="2">确权情况</td><td colspan="10">未确权。</td></tr>
</table>

水文地质情况：

第1层:高程 34.75~23.9 m 土质为黄色、灰色粉砂(流态)。约在 28.5 m 处夹有 50 cm 埌土滤层。由于土质流动太多,部分土样不易取出,平均 $N=6$ 击,天然含水量 $W=28.2\%$,凝聚力 $C=0.05$ kg/cm^2,内摩擦角 $\Phi=28°$。第2层:高程 23.9~16.35 m 为栗色、灰色中重粉质埌土,局部夹杂少量粉砂滤层。高程在 21.0 m 左右处的土质较软。

控制运用原则：

一、非汛期,经王山站向城头橡胶坝上游废黄河补水,通过坝袋升起控制上游水位和降落坝袋向下游供水。

二、行洪时,坝袋塌落泄洪。

最近一次安全鉴定情况：

一、鉴定时间:2021 年 1 月 14 日。

二、鉴定结论、主要存在问题及处理措施:工程运用指标达不到设计标准,按照《水闸安全评价导则》评定标准,该工程评定为三类闸。

主要存在问题为:岸墙表面(橡胶坝堵头部位)混凝土龟裂;下游左侧翼墙顶部一节栏板缺损;下游浆砌块石护坡勾缝脱落;桁架拱桥混凝土标号偏低,设计荷载标准低,已限载使用;闸室、翼墙结构承载能力满足要求,主体结构为浆砌块石,不利于抗震,且地基为液化土层。抗震安全评为 C 级。建议加强工程维修养护,条件具备时拆除重建。

最近一次除险加固情况：

一、建设时间:无。

二、主要加固内容:无。

三、竣工验收意见、遗留问题及处理情况:无。

发生重大事故情况：

无。

建成或除险加固以来主要维修养护项目及内容：

1. 1989 年 3 月、1996 年 3 月、2006 年 2 月分别进行坝袋修补。

2. 2000 年 3 月更换坝袋。

3. 2006 年 3 月更换充水泵。

4. 2003 年 3 月城头橡胶坝重建充水机房。

5. 2003 年 3 月更换充水管路。

6. 2000 年 12 月,上游河道清淤 3 500 m^3。

7. 2006 年 10 月,城头橡胶坝上游护坡水毁修复与接长。

8. 2023 年 6 月,更换坝袋和架空线路。

目前存在主要问题：

墙表面(橡胶坝堵头部位)混凝土龟裂;下游左侧翼墙顶部一节栏板缺损;下游浆砌块石护坡勾缝脱落;桁架拱桥混凝土标号偏低,设计荷载标准低,已限载使用;闸室、翼墙结构承载能力满足要求,主体结构为浆砌块石,不利于抗震,且地基为液化土层,抗震安全评为 C 级。

下步规划或其他情况：

无。

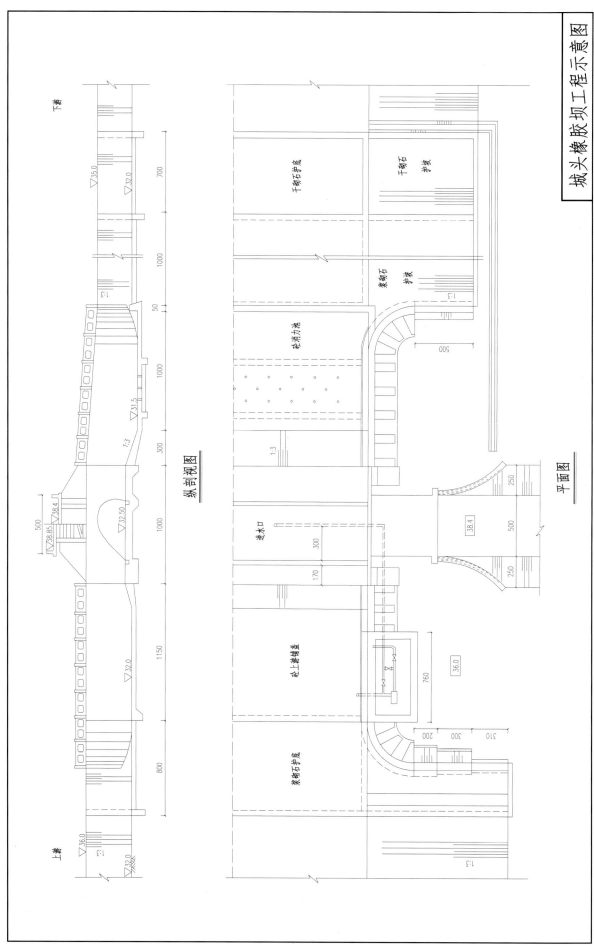

城头橡胶坝工程示意图

纵剖视图

平面图

1

城头橡胶坝管理范围界线图

划界标准：含在故黄河管理范围内，即左右侧为故黄河堤防背水坡脚外30米，上下游各50米。

图 例

—— 管理范围线

界桩位置

界桩编号

FHH-TS右0777

郑集河地涵

管理单位:铜山区湖西地区水利工程管理所

闸孔数	洞首:5孔	闸孔净高(m)	闸孔	洞首:5.0 引水:4.5	所在河流		顺堤河		主要作用		排涝、灌溉、引水	
	引水:5孔		航孔		结构型式		涵洞式					
闸总长(m)	302	每孔净宽(m)	闸孔	均为5.0	所在地		铜山区郑集镇		建成日期		1960年6月	
闸总宽(m)	30.8		航孔		工程规模		中型		除险加固竣工日期		2021年2月	
主要部位高程(m)	闸顶	洞首:33.5 引水:35.0	涵洞顶	均为32.0	下游消力池底		26.2	工作便桥面	洞首:33.5 引水:35.0	水准基面		废黄河
	闸底	洞首:27.0 引水:27.5	交通桥面		闸孔工作桥面			航孔工作桥面	洞首:41.6 引水:42.4			
	附近堤防顶高程		上游左堤		上游右堤			下游左堤		下游右堤		
交通桥标准	设计		交通桥净宽(m)		工作桥净宽(m)	闸孔	4.7	闸门结构型式		平面钢闸门		
	校核		工作便桥净宽(m)	3		航孔						
启闭机型式	闸孔	卷扬式	启闭机台数	闸孔	均为5	启闭能力(t)	闸孔	均为2×10	钢丝绳	规格		
	航孔			航孔			航孔			数量	m× 根	
闸门钢材(t)			闸门尺寸(宽×高)(m×m)	洞首:5.12×6.0 引水:5.0×4.5	建筑物等级		洞首:3 引水:1	备用电源		kW 台		
设计标准		10年一遇设计			抗震设计烈度		Ⅶ					

规划设计参数	工况	郑集河水位(m)	顺堤河		流量(m³/s)	检修门	型式		小水电	容量台数		
			上游(m)	下游(m)			块/套					
	设计常水位	32.50	32.50	31.50		历史特征值		日期		相应水位(m)		
	5年一遇排涝		31.80	31.65	127.09						上游	下游
	10年一遇排涝	34.09	32.15	31.85	185.78	上游水位	最高					
	郑集河引水水位	32.16		31.36	85.00	下游水位	最低					
	20年一遇防洪(郑集河)	36.24		32.96		最大过闸流量(m³/s)						
	100年一遇防洪(郑集河)	36.83		32.96								

护坡长度(m)	部位	上游	下游	坡比	护坡型式	引河(m)	上游	底宽	底高程	边坡	下游	底宽	底高程	边坡
	左岸	67.8	122.8	1:3	砼				27.5	1:3		40.0	27.0	1:3
	右岸		122.8	1:3	砼	主要观测项目								

现场人员	3人	管理范围划定	上下游河道、堤防各300 m,东至微山湖大堤,西至沿湖站出水涵以西200 m。
		确权情况	未确权。

水文地质情况：

　　岩土层自上而下分 7 层，层 1-1 素填土；层 2-1 黏土，层 2-1-1 粉砂，层 2-2 黏土；层 3-1 壤土，层 3-2 壤土，层 3-3 黏土。郑集河引水段翼墙水泥土搅拌桩地基处理方案变更为 8％水泥土回填，压实度不小于 0.95。

控制运用原则：

　　按铜山区防汛抗旱调度指令执行。郑集河地涵上游正常蓄水位 32.50 m，下游蓄水位 31.50 m。上游蓄水位严格控制在 32.50 m 以下，当上游水位超过 32.50 m 时，开始提闸放水，提升中孔闸门 0.5 m，待下游水位稳定后，再依次提升其他闸门，直至全开。

最近一次安全鉴定情况：

　　一、鉴定时间：除险加固后未鉴定。

　　二、鉴定结论、主要存在问题及处理措施：无。

最近一次除险加固情况：（徐水基〔2021〕3 号）

　　一、建设时间：2019 年 1 月 18 日—2019 年 11 月 28 日。

　　二、主要加固内容：批复建设内容为拆除东、西涵洞，在东涵洞位置合并重建。在施工过程中，原设计南、北堤防下涵洞结构全部拆除，郑集河河底段涵洞洞身拆除至工程 27.50 m，保留涵洞底板、边墙及隔墙，洞内回填黏土或壤土，填土顶高程 27.50 m，因结合郑集河输水扩大工程共同实施，工期紧张，为保证 4 月底郑集河通水。西涵洞拆除方案变更为：北堤下涵洞保留，将上游控制端闸门关闭，在闸门北侧采用 50 cm 厚 C30 钢筋砼直立墙对洞口进行封堵，洞口底面、两侧凿毛处理并植入锚筋；郑集河底挡墙下回填 C30 砼，范围为挡墙底板外边缘为 1.0 m，其余部分仍未黏土或壤土回填，压实度不小于 0.91；南堤下涵洞维持原拆除方案，全部拆除。

　　三、竣工验收意见、遗留问题及处理情况：2021 年 2 月 7 日通过市水务局组织的竣工验收。验收时尚有堤下道路工程绿化、管理区域内新增绿化工程尚未完工。

发生重大事故情况：

　　无。

建成或除险加固以来主要维修养护项目及内容：

　　无。

目前存在主要问题：

　　无。

下步规划或其他情况：

　　无。

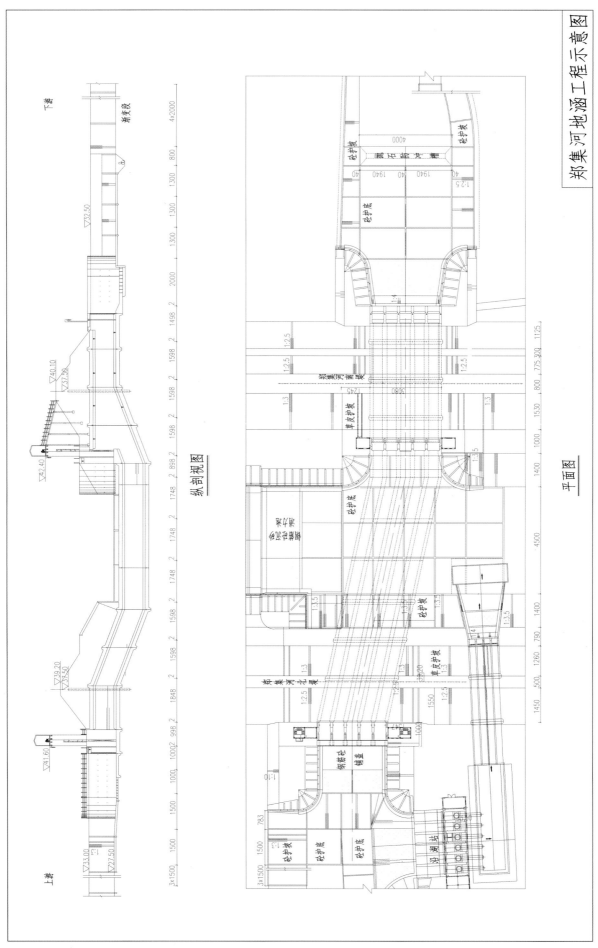

郑集河地涵工程示意图

平面图

纵剖视图

郑集河地涵管理范围界线图

划界标准：上下游河道、堤防
各三百米；东至微山湖大堤，西至
沿湖站出水涵以西两百米。

图 例

管理范围线

界桩位置

ZHDH-XZTS-S0022 界桩编号

浮 体 闸

管理单位:铜山区废黄河管理所

闸孔数	3孔		闸孔净高 (m)	闸孔	4.0	所在河流	荆山引河		主要作用		挡洪、灌溉
	其中航孔			航孔		结构型式	胸墙式				
闸总长(m)	68.5		每孔净宽 (m)	闸孔	4	所在地	徐州经济技术开发区	建成日期			1971年10月
闸总宽(m)	15.4			航孔		工程规模	中型	除险加固竣工日期			2016年9月

主要部位高程 (m)	闸顶	34.00	胸墙底	31.00	下游消力池底	26.30	工作便桥面	34.00	水准基面		废黄河
	闸底	27.00	交通桥面	34.00	闸孔工作桥面	39.90	航孔工作桥面				
	附近堤防顶高程		上游左堤	34.00	上游右堤	34.00	下游左堤	34.00	下游右堤		34.00

交通桥标准	设计	公路Ⅱ级折减		交通桥净宽(m)	4.5+2×0.5	工作桥净宽 (m)	闸孔	3.9	闸门结构型式	闸孔	平面钢闸门
	校核			工作便桥净宽(m)	2		航孔			航孔	

启闭机型式	闸孔	卷扬式		启闭机台数	闸孔	3	启闭能力 (t)	闸孔	2×8	钢丝绳	规格	
	航孔				航孔			航孔			数量	m× 根

闸门钢材(t)	22		闸门(宽×高)(m×m)	4.12×4.2	建筑物等级	2		备用电源	装机	30 kW
设计标准	100年一遇挡洪				抗震设计烈度	Ⅶ			台数	

规划设计参数		设计水位组合			校核水位组合			检修门	型式	钢闸门	小水电	容量	
		上游 (m)	下游 (m)	流量 (m³/s)	上游 (m)	下游 (m)	流量 (m³/s)		块/套	5		台数	
	稳定	31.50	28.50	正常蓄水				历史特征值		日期		相应水位(m)	
		32.50	28.50	最高蓄水								上游	下游
		33.00	28.50	挡洪				上游水位	最高				
		31.50	28.50	地震				下游水位	最低				
	消能	31.50	28.00~31.05	0~50.00				最大过闸流量 (m³/s)					
	防渗	33.00	28.50										
	孔径	31.20	31.10	50.00									

护坡长度 (m)	部位	上游	下游	坡比	护坡型式	引河 (m)		底宽	底高程	边坡		底宽	底高程	边坡
	左岸	23	16	1:2.5	砼+植草砖		上游	15.00	27.00	1:2.5	下游	23.00	27.00	1:2.5
	右岸		61	1:4		主要观测项目				垂直位移					

现场 人员	3 人	管理范围划定	上下游河道、堤防各 200 m,左右侧各 50 m。
		确权情况	未确权。

水文地质情况:

　　场地土层分布较稳定,由黏性土覆盖层和基岩组成,自上而下可划分 4 层,分别为第 A 层填土,第①层黏土,第②层黏土,第③层石灰岩。本区地下水类型为松散岩类孔隙潜水及基岩裂隙水。含水层主要为第四纪全新统粉土、粉砂土,富水性较好,其次是上更新含砂礓壤土中的砂礓集层,富水性较一般。基岩风化带裂隙水和碳酸盐岩类裂隙岩溶水。

控制运用原则:

　　浮体闸在大运河解台闸上水位 29.5 m 以上时,引水要严格控制用水量;解台闸上大运河水位在 29.5 m 以下时,浮体闸遵照区防指指令,关闭闸门,不得引水。

最近一次安全鉴定情况:

　　一、鉴定时间:2021 年 12 月 19 日。

　　二、鉴定结论、主要存在问题及处理措施:经综合评定为二类闸。

　　主要存在问题:1. 排架、翼墙等碳化深度大且分布不均匀,压顶等处胀裂露筋;2. 闸门止水橡皮损坏;3. 启闭机限位装置损坏。建议对水闸进行防碳化处理,修复限位装置。

最近一次除险加固情况:(徐水基〔2016〕95 号)

　　一、建设时间:2014 年 11 月—2016 年 4 月。

　　二、主要加固内容:原址拆除重建浮体闸。

　　三、竣工验收意见、遗留问题及处理情况:2016 年 9 月 2 日通过市水利局组织的铜山区浮体闸除险加固工程竣工验收,无遗留问题。

发生重大事故情况:

　　无。

建成或除险加固以来主要维修养护项目及内容:

　　无。

目前存在主要问题:

　　无。

下步规划或其他情况:

　　无。

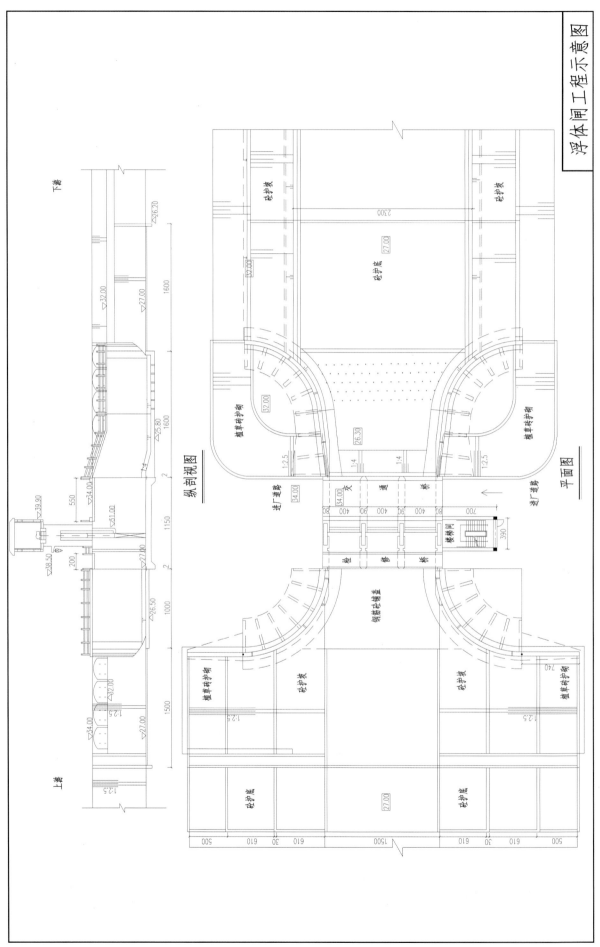

浮体闸工程示意图

纵剖视图

平面图

浮体闸管理范围界线图

图名：
划界标准：上下游河道、堤防各二百米，左右侧各五十米。

图 例

管理范围线

界桩位置

FTZ-XZTS-S0003　界桩编号

FTZ-XZTS-S0004

FTZ-XZTS-S0005

FTZ-XZTS-S0003

FTZ-XZTS-S0002

FTZ-XZTS-S0006

FTZ-XZTS-S0001

徐州经济技术开发区水务处

房 亭 河

浮体闸

马 场 闸

管理单位:铜山区汉王水利站

闸孔数	3孔		闸孔净高(m)	闸孔	4.5	所在河流	闸河	主要作用	排涝、灌溉
	其中航孔			航孔		结构型式	开敞式		
闸总长(m)	68.0		每孔净宽(m)	闸孔	4.0	所在地	铜山区汉王镇	建成日期	1989年3月
闸总宽(m)	15.2			航孔		工程规模	中型	除险加固竣工日期	年 月

主要部位高程(m)	闸顶	38.5	胸墙底		下游消力池底	32.7	工作便桥面		水准基面	废黄河
	闸底	34.0	交通桥面	38.62	闸孔工作桥面	43.5	航孔工作桥面			
	附近堤防顶高程	上游左堤		上游右堤		下游左堤		下游右堤		

交通桥标准	设计	汽-10	交通桥净宽(m)	5+2×0.35	工作桥净宽(m)	闸孔	2.8	闸门结构型式	闸孔	钢筋砼平板闸门
	校核		工作便桥净宽(m)			航孔			航孔	

启闭机型式	闸孔	螺杆式	启闭机台数	闸孔	3	启闭能力(t)	闸孔	15	钢丝绳	规格	
	航孔			航孔			航孔			数量	m× 根

闸门钢材(t)		闸门尺寸(宽×高)(m×m)	4.0×3.5	建筑物等级	4	备用电源	装机	kW
设计标准	10年一遇设计			抗震设计烈度	Ⅶ		台数	
							容量	
						小水电	台数	

规划设计参数		设计水位组合			校核水位组合			检修门	型式			
		上游(m)	下游(m)	流量(m³/s)	上游(m)	下游(m)	流量(m³/s)		块/套			
	稳定	37.00	34.50		37.00	无水		历史特征值		日期	相应水位(m)	
											上游	下游
	消耗	37.50	34.50	104.00	38.40	37.80	180.00	上游水位 最高				
					37.00	无水		下游水位 最低				
								最大过闸流量(m³/s)				
	孔径	37.50	34.50	104.00	38.40	37.80	180.00					

护坡长度(m)	部位	上游	下游	坡比	护坡型式	引河(m)	上游	底宽	底高程	边坡	下游	底宽	底高程	边坡
	左岸	8.00	26.3	1:3	浆砌石			30.0	33.7	1:3		30.0	33.7	1:3
	右岸	8.00	26.3	1:3	浆砌石	主要观测项目		垂直位移						

现场人员	2人	管理范围划定	上下游河道、堤防各50m,左右岸各30m。
		确权情况	未确权。

水文地质情况：

　　各土层分述如下：第 1 层：高程 37.2～34.3 m 表面为素填土。贯入击数 $N=4$，土粒比重 $GS=2.70$，天然含水量 $W=23.1\%$，凝聚力 $C=0.06$ kg/cm^2，内摩擦角 19°。第 2 层：高程自 34.3～31.4 m。为粉砂土。贯入击数 $N=5$，土粒比重 $GS=2.68$，天然含水量为 $W=35\%$，凝聚力 $C=0$，内摩擦角 16°。第 3 层：高程自 31.4～30.8 m。为黏土。贯入击数 $N=2$，土粒比重 $GS=2.74$，天然含水量为 $W=61.3\%$，凝聚力 $C=0.04$ kg/cm^2，内摩擦角 2°。第 4 层：高程自 30.8～26.78 m。为黏土。贯入击数 $N=6$，土粒比重 $GS=2.72$，天然含水量为 $W=36.3\%$，凝聚力 $C=0.08$ kg/cm^2，内摩擦角 7°。第 5 层：高程自 26.78～20.08 m。为黏土。贯入击数 $N=18$，土粒比重 $GS=2.72$，天然含水量为 $W=26.5\%$，凝聚力 $C=0.32$ kg/cm^2，内摩擦角 9°。

控制运用原则：

　　马场闸为闸河下游省界控制闸。当闸河行洪排涝，且南望闸关闭时，开启白头闸、马场闸，将洪水下泄入下游河道。非汛期时马场闸闭闸蓄水，闸上水位常年维持 37.0 m。

最近一次安全鉴定情况：

　　一、鉴定时间：2009 年 2 月。

　　二、鉴定结论、主要存在问题及处理措施：经综合评定为三类闸。

　　主要存在问题：1. 消能防冲设施不满足规范要求，上下游护坡损坏。2. 上下游翼墙为浆砌块石结构，不能满足防渗、抗震及强度要求。3. 混凝土闸门碳化、露筋、开裂，启闭机严重老化。4. 启闭机排架、交通桥碳化、露筋、开裂。5. 无管理设施。

最近一次除险加固情况：

　　一、建设时间：无。

　　二、主要加固内容：无。

　　三、竣工验收意见、遗留问题及处理情况：无。

发生重大事故情况：

　　无。

建成或除险加固以来主要维修养护项目及内容：

　　1. 1992 年 3 月、1999 年 3 月、2006 年 12 月主闸门止水更换。

　　2. 1993 年 6 月、1996 年 3 月、2000 年 2 月主闸门滚轮更换。

　　3. 2005 年 12 月，上游河道清淤 5 123 m^3。

　　4. 2006 年 10 月，马场闸上游左岸护坡损毁修复。

目前存在主要问题：

　　1. 消能防冲设施不满足规范要求，上下游护坡损坏。

　　2. 上下游翼墙为浆砌块石结构，不能满足防渗、抗震及强度要求。

　　3. 混凝土闸门碳化、露筋、开裂，启闭机严重老化。

　　4. 启闭机排架、交通桥碳化、露筋、开裂。

　　5. 无管理设施。

下步规划或其他情况：

　　拆除重建，列入高新区整治规划。

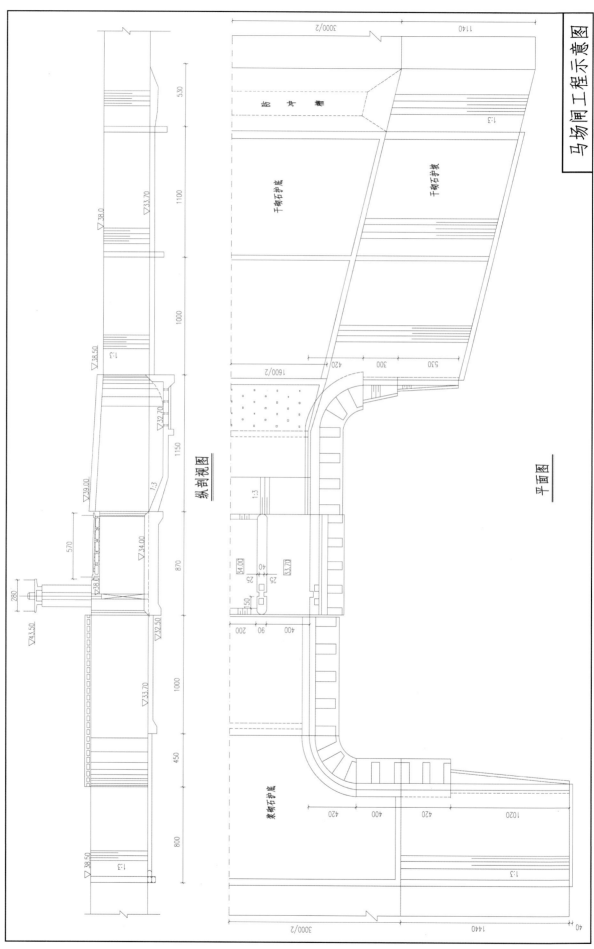

马场闸工程示意图

纵剖视图

平面图

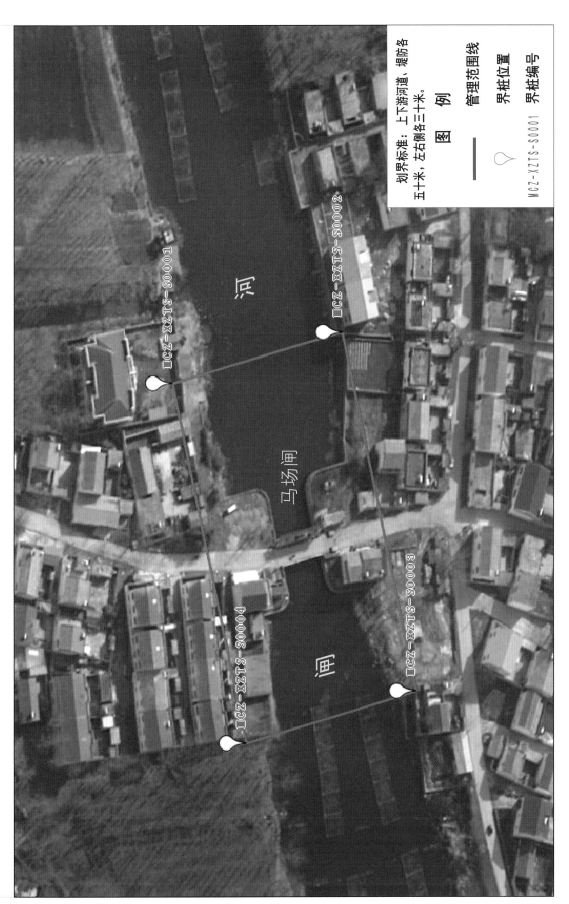

马场闸管理范围界线图

河

马场闸

闸

JCZ-XZTS-S00001

JCZ-XZTS-S00002

JCZ-XZTS-S00003

JCZ-XZTS-S00004

划界标准：上下游河道、堤防各五十米，左右侧各三十米。

图 例

———— 管理范围线

◌ 界桩位置

界桩编号

MCZ-XZTS-S0001

杨 山 头 闸

管理单位:铜山区城区水利工程管理所

闸孔数	3孔		闸孔净高(m)	闸孔	5.6	所在河流	奎河		主要作用	防洪、排涝、灌溉
	其中航孔			航孔		结构型式	涵洞式			
闸总长(m)	166.1		每孔净宽(m)	闸孔	7	所在地	徐州市高新区	建成日期		1977年12月
闸总宽(m)	25.8			航孔		工程规模	中型	除险加固竣工日期		2008年6月

主要部位高程(m)	闸顶	33.8	胸墙底		下游消力池底	23.9	工作便桥面	33.8	水准基面	废黄河
	闸底	24.9	交通桥面		闸孔工作桥面	41	航孔工作桥面			
	附近堤防顶高程	上游左堤	33.8	上游右堤	33.8		下游左堤	33.8	下游右堤	33.8

交通桥标准	设计		交通桥净宽(m)		工作桥净宽(m)	闸孔	4.3	闸门结构型式	闸孔	平面钢闸门
	校核		工作便桥净宽(m)	2.4		航孔			航孔	

启闭机型式	闸孔	卷扬式	启闭机台数	闸孔	3	启闭能力(t)	闸孔	2×16	钢丝绳	规格	
	航孔			航孔			航孔			数量	m× 根

闸门钢材(t)		闸门表面积(m²)		建筑物等级	3	备用电源	装机	kW
设计标准	10年一遇排涝设计,50年一遇校核			抗震设计烈度	Ⅶ		台数	

规划设计参数		设计水位组合			校核水位组合			检修门	型式		小水电	容量	
		上游(m)	下游(m)	流量(m³/s)	上游(m)	下游(m)	流量(m³/s)		块/套			台数	
	稳定	30.00	28.20		30.50	28.20		历史特征值		日期	相应水位(m)		
											上游	下游	
	消耗							上游水位	最高				
								下游水位	最低				
	防渗	30.00	24.90					最大过闸流量(m³/s)					
	孔径	30.90	30.80	225.00 10年一遇									
		31.72	31.62	267.00 20年一遇	32.22	31.92	361.00 50年一遇						

护坡长度(m)	部位	上游	下游	坡比	护坡型式	引河(m)	上游	底宽	底高程	边坡	下游	底宽	底高程	边坡
	左岸	13.14	39.3	1:3	浆砌石			14.0	24.9	1:3		36.0	24.9	1:3
	右岸	13.14	39.3	1:3	浆砌石	主要观测项目			垂直位移					

现场人员	4 人	管理范围划定	上下游河道、堤防各 50 m,左右侧各 30 m。
		确权情况	未确权。

水文地质情况:

　　根据土层岩性、时代及工程性质可分为 7 层,自上而下分述如下:A 层素填土,①层粉土,②层淤泥黏土,③层壤土,③-1 层淤泥质黏土,④层黏土,⑤层含砂礓黏土。

控制运用原则:

　　汛期(6—9 月)市区预报有中等(大于 10 mm)以上的降雨,奎河上的袁桥闸、姚庄闸应提前开启,预降河道水位;杨山头闸上按闸前水位 28.8 m 控制,黄桥闸上按闸前水位 28.2 m 控制。当市区日降雨超过 50 mm 时,两闸全部打开排涝,待奎河袁桥闸水位降至 29.5 m 以下时,两闸再控制蓄水。

最近一次安全鉴定情况:

　　一、鉴定时间:2020 年 12 月 25 日。

　　二、鉴定结论、主要存在问题及处理措施:工程运用指标基本达到设计标准,按照《水闸安全评价导则》评定标准,该工程评定为二类闸。

　　主要存在问题:1. 1♯孔右墩、3♯孔左墩下游面保护层偏小,钢筋锈胀,混凝土脱落。2. 1♯孔右墩检修门槽处胀裂露筋;下游第一、二节翼墙止水缝存在渗水现象;下游左侧末节浆砌块石翼墙及护坡渗水窨湿;下游右侧翼墙、检修便桥栏杆胀裂露筋严重;翼墙多处对销螺栓孔渗水窨湿。3. 门槽轨道锈蚀严重;1♯启闭机减速机轻微渗油;制动器液压缸渗油。

最近一次除险加固情况:

　　一、建设时间:2007 年 9 月—2008 年 6 月。

　　二、主要加固内容:拆除重建黄桥闸,由铜山区工业园区建设,施工单位为徐州路兴有限公司。

　　三、竣工验收意见、遗留问题及处理情况:无。

发生重大事故情况:

　　无。

建成或除险加固以来主要维修养护项目及内容:

　　无。

目前存在主要问题:

　　1. 1♯孔右墩、3♯孔左墩下游面保护层偏小,钢筋锈胀,混凝土脱落。

　　2. 1♯孔右墩检修门槽处胀裂露筋;下游第一、二节翼墙止水缝存在渗水现象;下游左侧末节浆砌块石翼墙及护坡渗水窨湿;下游右侧翼墙、检修便桥栏杆胀裂露筋严重;翼墙多处对销螺栓孔渗水窨湿。

　　3. 门槽轨道锈蚀严重;1♯启闭机减速机轻微渗油;制动器液压缸渗油。

下步规划或其他情况:

　　1. 对排架、闸墩、翼墙进行防碳化处理。2. 对闸墩露筋部位进行维修处理,对栏杆进行更换。3. 拆除下游左岸翼墙后房屋。4. 对闸门及其他金属结构进行防腐处理。5. 对减速机及制动器液压缸渗油部位进行处理。6. 加强日常维修养护,确保工作安全运行。

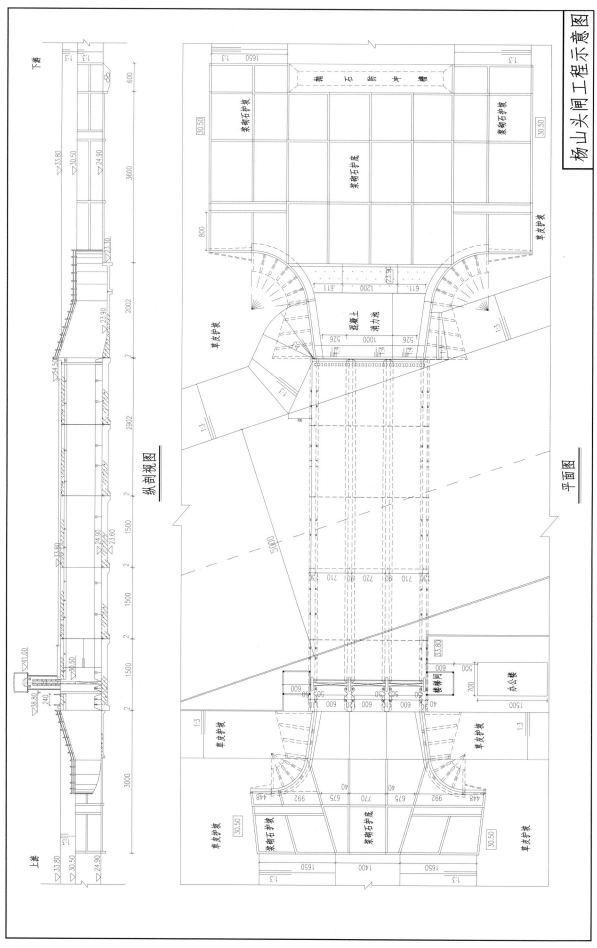

杨山头闸工程示意图

纵剖视图

平面图

杨山头闸管理范围界线图

图 例

划界标准：含在奎河管理范围内，即左右侧为奎河堤防背水坡脚外10米，上下游各100米。

—— 管理范围线

♀ 界桩位置

KH-XTS-R0260 界桩编号

KH-XTS-L0066
KH-XTS-L0067
KH-XTS-L0068
KH-XTS-L0069
KH-XTS-L0070
KH-XTS-L0
KH-XTS
KH-XTS-R0257
KH-XTS-R0258
KH-XTS-R0259
KH-XTS-R0260
KH-XTS-R0261
KH-XTS-R0262
KH-XTS-R0263

杨山头闸

奎 河

黄 桥 闸

管理单位:铜山区防汛抗旱抢险中心

闸孔数	3孔	闸孔净高(m)	闸孔	7.7	所在河流	奎河		主要作用	防洪、排涝、灌溉
	其中航孔		航孔		结构型式	开敞式			
闸总长(m)	106.2	每孔净宽(m)	闸孔	6	所在地	徐州市高新区		建成日期	1958年9月
闸总宽(m)	22		航孔		工程规模	中型		除险加固竣工日期	2008年12月

主要部位高程(m)	闸顶	31.5	胸墙底		下游消力池底	23.0	工作便桥面	31.5	水准基面	废黄河
	闸底	23.8	交通桥面	31.65	闸孔工作桥面	38.5	航孔工作桥面			
	附近堤防顶高程	上游左堤	32.5		上游右堤	32.5	下游左堤	32.5	下游右堤	32.5

交通桥标准	设计	公路Ⅱ级	交通桥净宽(m)	7+2×0.5	工作桥净宽(m)	闸孔	4	闸门结构型式	闸孔	平面钢闸门
	校核		工作便桥净宽(m)	2		航孔			航孔	

启闭机型式	闸孔	卷扬式	启闭机台数	闸孔	3	启闭能力(t)	闸孔	2×8	钢丝绳	规格	
	航孔			航孔			航孔			数量	m× 根

闸门钢材(t)		闸门尺寸(宽×高)(m×m)	6×5.2	建筑物等级	3	备用电源	装机	kW
设计标准	5年一遇排涝设计,20年一遇防洪校核			抗震设计烈度	Ⅶ		台数	

规划设计参数		设计水位组合			校核水位组合			检修门	型式	钢闸门	小水电	容量	
		上游(m)	下游(m)	流量(m³/s)	上游(m)	下游(m)	流量(m³/s)		块/套	1套		台数	
	稳定	28.50	25.14					历史特征值		日期		相应水位(m)	
												上游	下游
	消耗	28.50~30.79	24.74~30.64	0~282.00				上游水位	最高				
								下游水位	最低				
	防渗	28.50	24.74					最大过闸流量(m³/s)					
	孔径	28.44	28.34	170.99	30.79	30.64	282.99						

护坡长度(m)	部位	上游	下游	坡比	护坡型式	引河(m)	上游	底宽	底高程	边坡	下游	底宽	底高程	边坡
	左岸	18	42.2	1:3	预制块			14	23.8	1:3		14	23.8	1:3
	右岸	18	42.2	1:3	预制块	主要观测项目				垂直位移				

现场人员	3人	管理范围划定	含在奎河管理范围内,即左右侧为奎河堤防背水坡脚外10 m,上下游各100 m。
		确权情况	未确权。

水文地质情况：

　　分为三层，分别为：第一层粉土，第二层黏土，第三层壤土砂礓土为主。

控制运用原则：

　　汛期(6—9月)市区预报有中等(大于 10 mm)以上的降雨，奎河上的袁桥闸、姚庄闸应提前开启，预降河道水位；杨山头闸上按闸前水位 28.8 m 控制，黄桥闸上按闸前水位 28.2 m 控制。当市区日降雨超过 50 mm 时，两闸全部打开排涝，待奎河袁桥闸水位降至 29.5 m 以下时，两闸再控制蓄水。

最近一次安全鉴定情况：

　　一、鉴定时间：2021 年 1 月 14 日。

　　二、鉴定结论、主要存在问题及处理措施：工程运用指标基本达到设计标准，按照《水闸安全评价导则》评定标准，该工程评定为二类闸。

　　三、存在主要问题：

　　1. 下游右侧末节翼墙局部开裂；下游左侧第二节翼墙局部胀裂露筋。

　　2. 2 号孔工作闸门左侧向止水与墙体脱离，止水失效，漏水严重；侧止水与墙体贴合不紧密，存在漏水现象；止水压板存在变形、锈蚀；螺栓锈蚀；活动门槽及门槽下部锈蚀。

　　3. 1♯、2♯启闭机减速机轻微渗油。

最近一次除险加固情况：(淮委建管〔2009〕14 号)

　　一、建设时间：2005 年 10 月—2006 年 12 月。

　　二、主要加固内容：纳入奎濉河近期治理工程(江苏徐州段)，拆除重建黄桥闸。

　　三、竣工验收意见、遗留问题及处理情况：

　　2008 年 12 月 7 日至 8 日通过淮委会同江苏省水利厅、徐州市人民政府共同组织的奎濉河近期治理工程(江苏徐州段)竣工验收，无遗留问题。

发生重大事故情况：

　　无。

建成或除险加固以来主要维修养护项目及内容：

　　2023 年更换闸门及启动机。

目前存在主要问题：

　　1. 下游右侧末节翼墙局部开裂；下游左侧第二节翼墙局部胀裂露筋。

　　2. 2 号孔工作闸门左侧向止水与墙体脱离，止水失效，漏水严重；侧止水与墙体贴合不紧密，存在漏水现象；止水压板存在变形、锈蚀；螺栓锈蚀；活动门槽及门槽下部锈蚀。

　　3. 1♯、2♯启闭机减速机轻微渗油。

下步规划或其他情况：

　　1. 根据门槽部位结构尺寸，调整止水安装及吊点位置。

　　2. 对排架与闸墩进行防碳化处理。

　　3. 对下游翼墙露筋与开裂部位进行处理。

　　4. 对减速机渗油部位进行处理。

　　5. 对活动门槽等金属结构进行防腐处理。

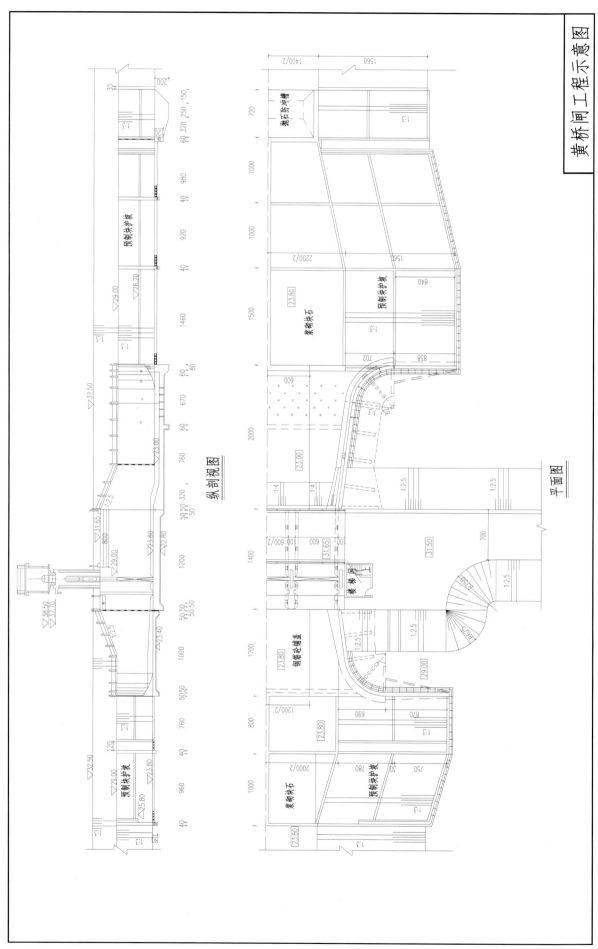

黄桥闸工程示意图

纵剖视图

平面图

黄桥闸管理范围界线图

划界标准：含在奎河管理范围内，即左右侧为奎河堤防背水坡脚外10米，上下游各100米。

图 例

—— 管理范围线

◊ 界桩位置

KH-XTS-L0158 界桩编号

KH-XTS-L0155
KH-XTS-L0157
KH-XTS-L0153
KH-XTS-L0159

KH-XTS-R0356
KH-XTS-R0357
KH-XTS-R0358
KH-XTS-R0360

奎

黄桥闸

河

周 窝 闸

管理单位:铜山区城区水利工程管理所

闸孔数	3孔	闸孔净高(m)	闸孔	4.2	所在河流		楚河	主要作用	防洪、排涝、蓄水
	其中航孔		航孔		结构型式		开敞式		
闸总长(m)	81.3	每孔净宽(m)	闸孔	5	所在地		铜山新区	建成日期	1992年11月
闸总宽(m)	18.6		航孔		工程规模		中型	除险加固竣工日期	2018年12月

主要部位高程(m)	闸顶	41.7	胸墙底		下游消力池底	35.3	工作便桥面		水准基面	废黄河
	闸底	37.5	交通桥面	41.8	闸孔工作桥面	46.8	航孔工作桥面			
	附近堤防顶高程	上游左堤		上游右堤		下游左堤		下游右堤		

交通桥标准	设计		交通桥净宽(m)	3	工作桥净宽(m)	闸孔	2.8	闸门结构型式	闸孔	平面钢闸门
	校核		工作便桥净宽(m)			航孔			航孔	

启闭机型式	闸孔	螺杆式	启闭机台数	闸孔	3	启闭能力(t)	闸孔	2×12.5	钢丝绳	规格		
	航孔			航孔			航孔			数量	m× 根	

闸门钢材(t)		闸门表面积(m²)		建筑物等级	3	备用电源	装机	kW
设计标准	20年一遇排涝设计,50年一遇防洪校核			抗震设计烈度	Ⅶ		台数	

规划设计参数		设计水位组合			校核水位组合			检修门	型式	无	小水电	容量		
		上游(m)	下游(m)	流量(m³/s)	上游(m)	下游(m)	流量(m³/s)		块/套			台数		
	稳定	41.00	36.00					历史特征值		日期		相应水位(m)		
												上游	下游	
	消耗	41.00	39.50		41.00	36.00		上游水位	最高					
								下游水位	最低					
								最大过闸流量(m³/s)						
	孔径	41.00	39.70	163.00	41.30	40.00	200.00							

护坡长度(m)	部位	上游	下游	坡比	护坡型式	引河(m)	上游	底宽	底高程	边坡	下游	底宽	底高程	边坡
	左岸	15	27.2	1:3	浆砌石			14.8	37.5	1:3		17.0	36.0	1:3
	右岸	15	27.2	1:3	浆砌石	主要观测项目					垂直位移			

现场人员	3人	管理范围划定	上下游河道、堤防各50 m,左右侧各30 m。
		确权情况	未确权。

水文地质情况：

第 1 层：高程自 41.37～37.56 m 为棕黄色重壤土夹层黏土，含铁锰结核。土粒比重 2.72，天然含水量 25.4%，天然容重 1.99 g/cm³，天然干容重 1.59 g/cm³，天然孔隙比 0.71，饱和度 97%。

第 2 层：高程自 37.56～28.56 m 为棕黄色重壤土，含铁锰结核。土粒比重 2.72，天然含水量 24.9%，天然干容重 1.59 g/cm³，天然孔隙比 0.71，饱和度 95%。

控制运用原则：

按照铜山区防办调度执行调度指令。当楚河上游有洪水下泄时，开闸泄洪排入下游奎河。非汛期关闭闸门蓄水，可以解决城区的景观生态用水。上游控制水位不超过 40.5 m，当 6 h 降雨量达 50 mm 以上或预报 12 h 降雨可达暴雨量级时，周窝闸敞泄。

最近一次安全鉴定情况：

一、鉴定时间：2022 年 3 月 25 日。

二、鉴定结论、主要存在问题及处理措施：经综合评定为四类闸。

最近一次除险加固情况：

一、建设时间：2018 年 12 月。

二、主要加固内容：新建桥头堡及楼梯间、更换启闭机。

三、竣工验收意见、遗留问题及处理情况：无。

发生重大事故情况：

无。

建成或除险加固以来主要维修养护项目及内容：

1. 1999 年 3 月、2006 年 12 月主闸门止水更换。

2. 1996 年 3 月、2000 年 2 月主闸门滚轮更换。

3. 1998 年 11 月闸门喷锌，2006 年 12 月闸门全部喷锌、滚轮转动部分维修更换。

4. 2005 年 12 月份，上游河道清淤 2 000 m³。

5. 2000 年，对启闭机进行了修理，更换配件。

6. 2002 年，对护坡破损严重处进行了修补。

7. 2003 年，对管理设施进行了维修。

8. 2018 年，新建桥头堡及楼梯间、更换启闭机。

目前存在主要问题：

无。

下步规划或其他情况：

无。

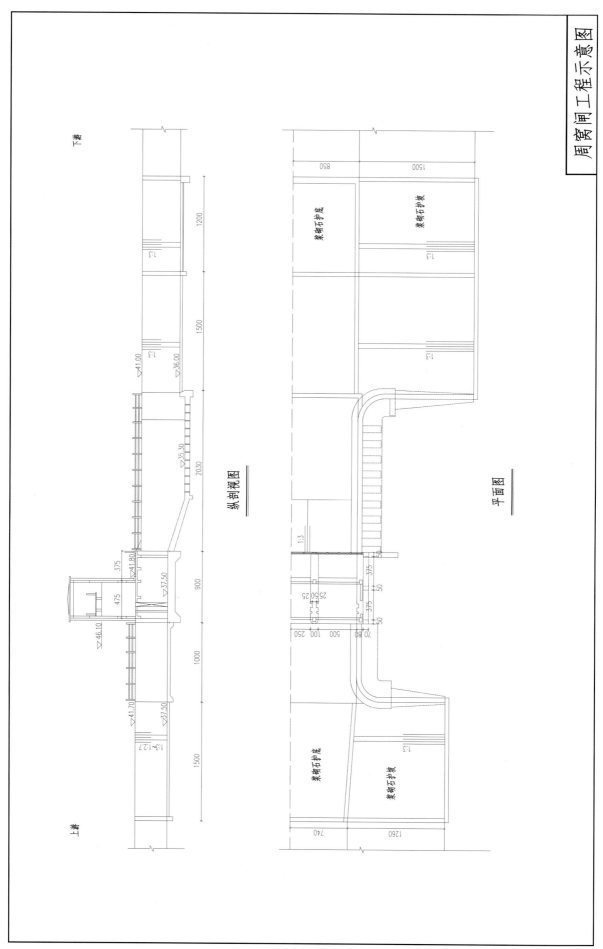

周窝闸工程示意图

纵剖视图

平面图

周窝闸管理范围界线图

周窝闸

学习北路

划界标准：上下游河道、堤防各五十米，左右侧各三十米。

图 例

——— 管理范围线

♀ 界桩位置

ZWZ-XZTS-S0003 界桩编号

二堡气盾坝

管理单位:铜山区城区水利工程管理所

闸孔数	1孔		闸孔净高(m)	闸孔内压比	3.5	所在河流	楚河		主要作用	防洪、排涝
	其中航孔			结构型式			气盾坝			
闸总长(m)	64.0		每孔净宽(m)	闸孔	45	所在地	铜山新区		建成日期	2000年5月
闸总宽(m)	46.4			航孔		工程规模	中型		除险加固竣工日期	年 月

主要部位高程(m)	闸顶	33.8	胸墙底		下游消力池底	27.7	工作便桥面		水准基面	1985国家高程
	闸底	29.2	交通桥面		闸孔工作桥面		航孔工作桥面			
	附近堤防顶高程		上游左堤		上游右堤		下游左堤		下游右堤	

交通桥标准	设计		交通桥净宽(m)		工作桥净宽(m)	闸孔		闸门结构型式	闸孔	钢结构盾板+气囊
	校核		工作便桥净宽(m)			航孔			航孔	

启闭机型式	闸孔	空压机+气囊	启闭机台数	闸孔		气囊工作压力	闸孔	150 kPa	钢丝绳	规格		m× 根
	航孔			航孔			航孔			数量		

闸门钢材(t)	46	闸门表面积(m²)	600	建筑物等级	3	备用电源	装机	kW
设计标准	20年一遇设计,50年一遇校核			抗震设计烈度	Ⅶ		台数	

规划设计参数		设计水位组合			校核水位组合			检修门	型式		小水电	容量	
		上游(m)	下游(m)	流量(m³/s)	上游(m)	下游(m)	流量(m³/s)		块/套			台数	
	稳定	32.80	28.80					历史特征值		日期		相应水位(m)	
												上游	下游
	消耗	32.90	32.70	230.00	33.40	33.20	281.40	上游水位	最高				
								下游水位	最低				
								最大过闸流量(m³/s)					
	孔径	32.90	32.70	230.00	33.40	33.20	281.40						

护坡长度(m)	部位	上游	下游	坡比	护坡型式	引河(m)		底宽	底高程	边坡		底宽	底高程	边坡
	左岸	5	26	1:4	块石		上游	36	28.3	1:4	下游	36	28.3	1:4
	右岸	5	26	1:4	块石	主要观测项目			垂直位移					

现场人员	3人	管理范围划定	含在楚河管理范围内,即左右侧为楚河河口外10 m,上下游各50 m。
		确权情况	未确权。

水文地质情况：

二堡橡胶坝工程附近的土质为黏土.场内第①②层为第四系全新统地层,其中:第①层粉砂,松散,饱和,防渗抗冲能力差,易产生渗透变形破坏,允许承载力100 kPa,工程性质较差;第②层含砂礓壤土夹粉砂,硬塑,压缩性中等偏低,允许承载力250 kPa,工程性质较好.

控制运用原则：

一、当雨季,洪水来时,按铜山区防汛抗旱调度指令调节上下游水位,既要防止洪水淹没铜山城区及下游农田、村庄,保护广大群众的生命财产安全,又要顾及上游水位,保证整个水系的河道堤坝安全,起到防洪作用。

二、当旱季,要视上下游需水情况,满足城区景观要求,气盾坝正常蓄水位为▽32.70 m。

最近一次安全鉴定情况：

一、鉴定时间:2009年2月。

二、鉴定结论、主要存在问题及处理措施:该闸安全类别为三类。

主要存在问题：

1. 坝袋老化。

2. 上下游翼墙为浆砌块石,不能满足防渗及抗震要求。

3. 上下游护坡、护底局部损坏。

4. 下游消能防冲设施不能满足要求。

5. 充排水设施锈蚀老化严重。

处理措施:建议除险加固。

最近一次除险加固情况：

一、建设时间:2023年4月。

二、主要加固内容：

拆除橡胶坝坝体及充排水系统,安装新型气盾坝,缩短坝体升起、塌落时间,提高工程安全性、可靠性及运行管理效率。气盾坝45 m长、3.5 m高,为便于盾板及充气管路安装,新浇筑30 cm厚钢筋混凝土底板,顶面高程29.2 m,坝顶高程32.7 m;盾板分为5组,单块盾板外形尺寸8.95 m×4.55 m×20 mm;盾板后设5组橡胶气囊,单个气囊外形尺寸8.75 m×3.7 m×40 mm。控制设备布置与左岸,包括空气压缩机、储气罐、冷干机、集成管路控制器、PLC自动控制柜等。

三、竣工验收意见、遗留问题及处理情况:无。

发生重大事故情况：

无。

建成或除险加固以来主要维修养护项目及内容：

2004年,更换充排水设施。

2006年坝袋修补。

2007年护坡修补。

2023年4月,拆除橡胶坝,更换为气盾坝。

目前存在主要问题：

下游护坡、护底损坏严重,消能防冲设计不能满足要求。

下步规划或其他情况：

无。

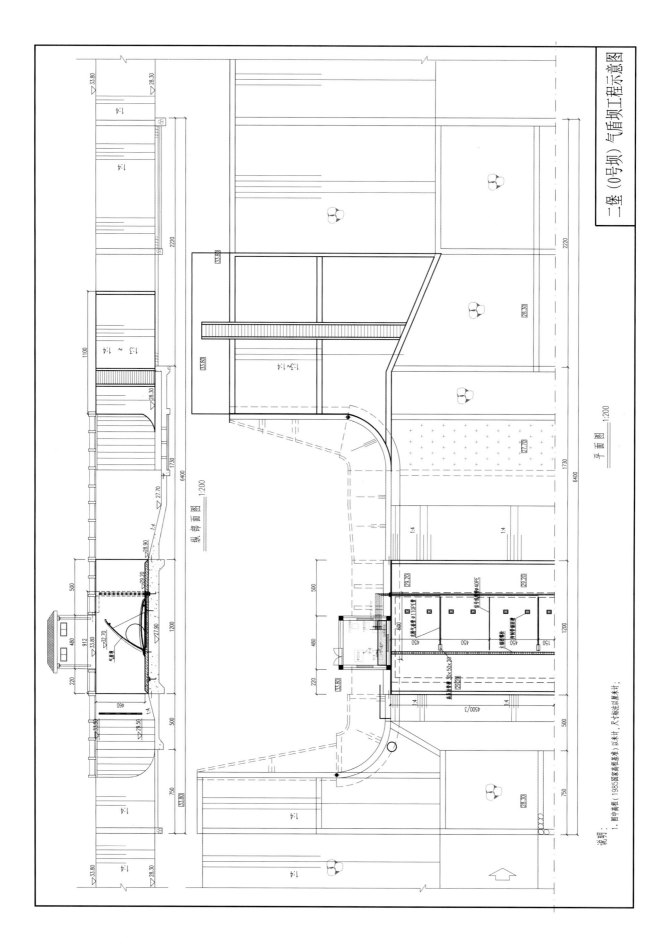

二堡（0号坝）气盾坝工程示意图

纵剖面图 1:200

平面图 1:200

说明：

1. 图中高程（1985国家高程基准）以米计，尺寸标注以厘米计；

1号气盾坝

管理单位:铜山区城区水利工程管理所

闸孔数	1孔		闸孔净高（m）	闸孔	2.5	所在河流	楚河	主要作用	防洪、排涝
	其中航孔			航孔		结构型式	气盾坝		
闸总长(m)	55.3		每孔净宽（m）	闸孔	55	所在地	铜山新区	建成日期	1992年2月
闸总宽(m)	55.9			航孔		工程规模	中型	除险加固竣工日期	年 月

主要部位高程（m）	闸顶	35.2	胸墙底		下游消力池底	29.2	工作便桥面		水准基面	1985国家高程
	闸底	32.7	交通桥面		闸孔工作桥面		航孔工作桥面			
	附近堤防顶高程	上游左堤	36.3	上游右堤		下游左堤		下游右堤		

交通桥标准	设计		交通桥净宽(m)		工作桥净宽（m）		闸孔	闸门结构型式	闸孔	钢结构盾板＋气囊
	校核		工作便桥净宽(m)				航孔		航孔	

启闭机型式	闸孔	空压机＋气囊	启闭机台数	闸孔		气囊工作压力	闸孔	150 kPa	钢丝绳	规格	
	航孔			航孔			航孔			数量	m× 根

闸门钢材(t)	40	闸门表面积(m²)	500	建筑物等级	3	备用电源	装机	kW
设计标准	20年一遇设计,50年一遇校核			抗震设计烈度	Ⅶ		台数	

规划设计参数		设计水位组合			校核水位组合			检修门	型式		小水电	容量	
		上游（m）	下游（m）	流量（m³/s）	上游（m）	下游（m）	流量（m³/s）		块/套			台数	
	稳定	35.20	29.80					历史特征值		日期		相应水位(m)	
												上游	下游
	消耗	34.30	32.80	209.00	34.80	33.30	259.90	上游水位	最高				
					34.30	29.80		下游水位	最低				
								最大过闸流量（m³/s）					
	孔径	34.30	32.80	209.00	34.8.00	33.30	259.90						

护坡长度（m）	部位	上游	下游	坡比	护坡型式	引河（m）	上游	底宽	底高程	边坡	下游	底宽	底高程	边坡
	左岸	10.0	10.0	1:3 1:4	浆砌石			48.5	31.8	1:4		48.5	31.8	1:4
	右岸	10.0	10.0	1:3 1:4	浆砌石	主要观测项目								

现场人员	3人	管理范围划定	含在楚河管理范围内,即左右侧为楚河河口外10 m,上下游各50 m。
		确权情况	未确权。

水文地质情况：

　　土质为黏土，场区覆盖层中的地下水主要为孔隙潜水，其补给来源为大气降水及地表水，排泄方式以蒸发及人工抽取为主。地下水和地表水有较密切的水力联系。据调查与邻近场地资料，场区内地表水与地下水化学类型以重碳酸型为主，矿化度中等，根据《水利水电工程地质勘察规范》(GB 50287-99)附录 G，环境水对钢筋混凝土无腐蚀性。

控制运用原则：

　　一、当雨季，洪水来时，按铜山区防汛抗旱调度指令调节上下游水位，既要防止洪水淹没铜山城区及下游农田、村庄，保护广大群众的生命财产安全，又要顾及上游水位，保证整个水系的河道堤坝安全，起到防洪作用。

　　二、当旱季，要视上下游需水情况，满足城区景观要求，气盾坝正常蓄水位为 ▽ 35.20 m。

最近一次安全鉴定情况：

　　一、鉴定时间：2009 年 2 月 13 日。

　　二、鉴定结论、主要存在问题及处理措施：综合评定为四类闸。

　　主要存在问题：

　　1. 闸底板砼强度不满足规范要求。

　　2. 坝袋老化严重，已影响该闸的正常使用。

　　3. 上下游翼墙为浆砌块石，不能满足防渗及抗震要求。

　　4. 上下游护坡、护底坍塌损坏。

　　5. 下游消能防冲设施不能满足要求。

　　6. 充排水设施锈蚀老化严重。

　　建议拆除重建。

最近一次除险加固情况：

　　一、建设时间：2023 年 4 月。

　　二、主要加固内容：拆除橡胶坝坝体及充排水系统，安装新型气盾坝，缩短坝体升起、塌落时间，提高工程安全性、可靠性及运行管理效率。气盾坝 55 m 长、2.5 m 高，坝顶高程 35.2 m；盾板分为 5 组，单块盾板外形尺寸 8.95 m×4.55 m×20 mm；盾板分为 5 组，单块盾板外形尺寸 10.95 m×3.3 m×20 mm；盾板后设 5 组橡胶气囊，单个气囊外形尺寸 10.75 m×2.6 m×40 mm。控制设备布置与右岸，包括空气压缩机、储气罐、冷干机、集成管路控制器、PLC 自动控制柜等。

　　三、竣工验收意见、遗留问题及处理情况：无。

发生重大事故情况：

　　无。

建成或除险加固以来主要维修养护项目及内容：

　　2000 年，对充排水设施进行了更换。

　　2008 年，对充排水设施进行了更换。

　　2011 年，对底板进行加固，并更换橡胶坝袋。

　　2023 年 4 月，拆除橡胶坝，更换为气盾坝。

目前存在主要问题：

　　一、上下游翼墙为浆砌块石，不能满足防渗及抗震要求。

　　二、上下游护坡、护底坍塌损坏。

　　三、下游消能防冲设施不能满足要求。

下步规划或其他情况：

　　无。

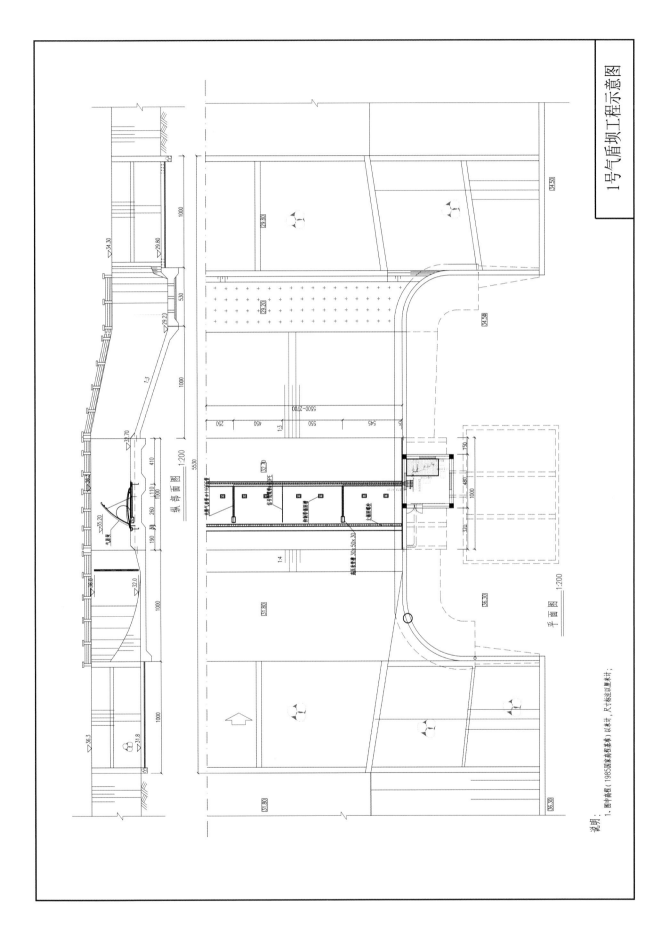

1号气盾坝工程示意图

说明：
1.图中高程以1985国家高程基准为准计，尺标尺以轻江量计。

2 号橡胶坝

管理单位:铜山区城区水利工程管理所

闸孔数	1 孔		闸孔净高（m）	闸孔	3	所在河流	楚河		主要作用	防洪、排涝
	其中航孔			航孔		结构型式	橡胶坝			
闸总长(m)	66.8		每孔净宽（m）	闸孔	28.4	所在地	铜山新区		建成日期	1992 年 8 月
闸总宽(m)	30			航孔		工程规模	中型		除险加固竣工日期	年 月

主要部位高程（m）	闸顶		胸墙底		下游消力池底	31.5	工作便桥面		水准基面	废黄河
	闸底	33.5	交通桥面		闸孔工作桥面		航孔工作桥面			
	附近堤防顶高程		上游左堤	37.5	上游右堤	37.5	下游左堤	37.5	下游右堤	37.5

交通桥标准	设计		交通桥净宽(m)		工作桥净宽（m）	闸孔		闸门结构型式	闸孔	橡胶坝袋
	校核		工作便桥净宽(m)			航孔			航孔	

启闭机型式	闸孔		启闭机台数	闸孔		启闭能力（t）	闸孔		钢丝绳	规格	
	航孔			航孔			航孔			数量	m× 根

闸门钢材(t)		闸门表面积(m²)		建筑物等级	3	备用电源	装机	kW
设计标准	20 年一遇设计,50 年一遇校核			抗震设计烈度	Ⅶ		台数	

规划设计参数		设计水位组合			校核水位组合			检修门	型式		小水电	容量	
		上游（m）	下游（m）	流量（m³/s）	上游（m）	下游（m）	流量（m³/s）		块/套			台数	
	稳定	36.50	32.00					历史特征值		日期		相应水位(m)	
												上游	下游
	消耗	36.50	34.50	195.90	37.00	35.00	239.70	上游水位	最高				
								下游水位	最低				
	孔径	36.50	34.50	195.90	37.00	35.00	239.70	最大过闸流量（m³/s）					

护坡长度（m）	部位	上游	下游	坡比	护坡型式	引河（m）	上游				下游			
								底宽	底高程	边坡		底宽	底高程	边坡
	左岸	10.8	33.0		浆砌石墙			50.0	33.0	1：4		50.0	32.0	1：4
	右岸	10.8	33.0		浆砌石墙	主要观测项目								

现场人员	2 人	管理范围划定	含在楚河管理范围内,即左右侧为楚河河口外 10 m,上下游各 50 m。
		确权情况	未确权。

水文地质情况：

土质为黏土。场区覆盖层中的地下水主要为孔隙潜水，其补给来源为大气降水及地表水，排泄方式以蒸发及人工抽取为主。地下水和地表水有较密切的水力联系。据调查与邻近场地资料，场区内地表水与地下水化学类型以重碳酸型为主，矿化度中等，根据《水利水电工程地质勘察规范》(GB 50287-99)附录 G，环境水对钢筋混凝土无腐蚀性。

控制运用原则：

一、当雨季，洪水来时，按铜山区防汛抗旱调度指令调节上下游水位，既要防止洪水淹没铜山城区及下游农田、村庄，保护广大群众的生命财产安全，又要顾及上游水位，保证整个水系的河道堤坝安全，起到防洪作用。

二、当旱季，要视上下游需水情况，满足城区景观要求。该橡胶坝正常蓄水位为▽36.50 m。

最近一次安全鉴定情况：

一、鉴定时间：2009 年 2 月 13 日。

二、鉴定结论、主要存在问题及处理措施：综合评定为三类闸。

主要存在问题：

1. 坝袋老化严重，已影响该闸的正常使用。

2. 上下游翼墙为浆砌块石，不能满足防渗及抗震要求。

3. 上下游护坡、护底坍塌损坏。

4. 下游消能防冲设施不能满足要求。

5. 充排水设施锈蚀老化严重。

处理措施：建议除险加固。

最近一次除险加固情况：

一、建设时间：无。

二、主要加固内容：无。

三、竣工验收意见、遗留问题及处理情况：无。

发生重大事故情况：

无。

建成或除险加固以来主要维修养护项目及内容：

1999 年，对坝袋进行修补。

2000 年，对充排水设施进行更换。

2008 年，对充排水设施进行更换。

目前存在主要问题：

无。

下步规划或其他情况：

无。

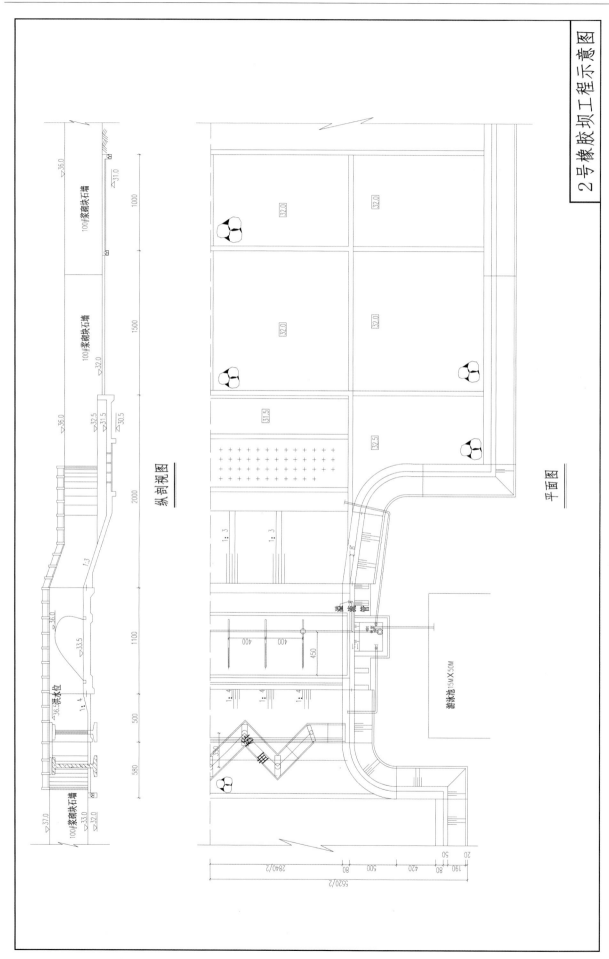

2号橡胶坝工程示意图

纵剖视图

平面图

2号橡胶坝管理范围界线图

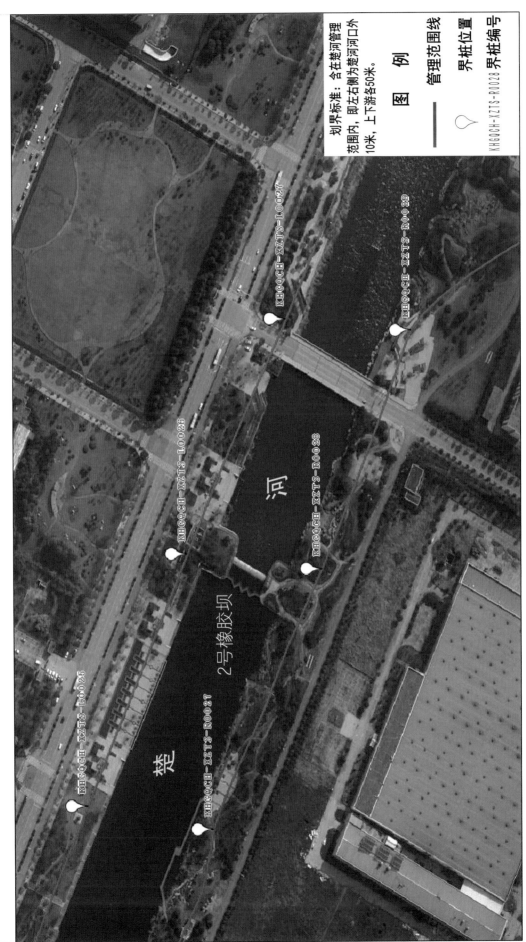

划界标准：含在楚河管理范围内，即左右侧为楚河河口外10米，上下游各50米。

图 例

—— 管理范围线

界桩位置

KHGQCH-XZTS-R0028 界桩编号

KHGQCH-XZTS-L0027

KHGQCH-XZTS-R0029

KHGQCH-XZTS-L0026

KHGQCH-XZTS-R0028

河

KHGQCH-XZTS-L0025

KHGQCH-XZTS-R0027

2号橡胶坝

楚

3 号橡胶坝

闸孔数	1 孔		闸孔净高(m)	闸孔	3	所在河流	楚河	主要作用	防洪、排涝
	其中航孔			航孔		结构型式	橡胶坝		
闸总长(m)	66.8		每孔净宽(m)	闸孔		所在地	铜山新区	建成日期	1992 年 8 月
闸总宽(m)	30			航孔		工程规模	中型	除险加固竣工日期	年 月

主要部位高程(m)	闸顶	38.0	胸墙底		下游消力池底	32.5	工作便桥面		水准基面	废黄河
	闸底	35.0	交通桥面		闸孔工作桥面		航孔工作桥面			
	附近堤防顶高程	上游左堤	42.0	上游右堤	42.0	下游左堤	42.0	下游右堤	42.0

| 交通桥标准 | 设计 | | 交通桥净宽(m) | | 工作桥净宽(m) | 闸孔 | 闸门结构型式 | 闸孔 | 橡胶坝 |
| | 校核 | | 工作便桥净宽(m) | | | 航孔 | | 航孔 | |

| 启闭机型式 | 闸孔 | | 启闭机台数 | 闸孔 | 启闭能力(t) | 闸孔 | 钢丝绳 | 规格 | |
| | 航孔 | | | 航孔 | | 航孔 | | 数量 | m× 根 |

| 闸门钢材(t) | | 闸门表面积(m²) | | 建筑物等级 | 3 | 备用电源 | 装机 | kW |
| 设计标准 | 20 年一遇设计,50 年一遇校核 | | | 抗震设计烈度 | Ⅶ | | 台数 | |

规划设计参数		设计水位组合			校核水位组合			检修门	型式		小水电	容量
		上游(m)	下游(m)	流量(m³/s)	上游(m)	下游(m)	流量(m³/s)		块/套			台数
	稳定	38.00	33.50					历史特征值		日期		相应水位(m)	
											上游	下游
	消耗	38.30	36.50	186.40	39.50	37.70	228.00	上游水位	最高				
								下游水位	最低				
								最大过闸流量(m³/s)					
	孔径	38.30	36.50	186.40	39.50	37.70	228.00						

护坡长度(m)	部位	上游	下游	坡比	护坡型式	引河(m)	上游	底宽	底高程	边坡	下游	底宽	底高程	边坡
	左岸	10.8	33.0		浆砌石墙			30.0	34.5	1:4		30.0	33.0	1:4
	右岸	10.8	33.0		浆砌石墙	主要观测项目								

| 现场人员 | 2 人 | 管理范围划定 | 含在楚河管理范围内,即左右侧为楚河河口外 10 m,上下游各 50 m。 |
| | | 确权情况 | 未确权。 |

水文地质情况:

土质为黏土。场区覆盖层中的地下水主要为孔隙潜水,其补给来源为大气降水及地表水,排泄方式以蒸发及人工抽取为主。地下水和地表水有较密切的水力联系。据调查与邻近场地资料,场区内地表水与地下水化学类型以重碳酸型为主,矿化度中等,根据《水利水电工程地质勘察规范》(GB 50287-99)附录 G,环境水对钢筋混凝土无腐蚀性。

控制运用原则:

一、当雨季,洪水来时,按铜山区防汛抗旱调度指令调节上下游水位,既要防止洪水淹没铜山城区及下游农田、村庄,保护广大群众的生命财产安全,又要顾及上游水位,保证整个水系的河道堤坝安全,起到防洪作用。

二、当旱季,要视上下游需水情况,满足城区景观要求。该橡胶坝正常蓄水位为▽38.30 m。

最近一次安全鉴定情况:

一、鉴定时间:2009 年 2 月 13 日。

二、鉴定结论、主要存在问题及处理措施:综合评定为三类闸。

主要存在问题:

1. 坝袋老化严重,已影响该闸的正常使用。

2. 上下游翼墙为浆砌块石,不能满足防渗及抗震要求。

3. 上下游护坡、护底坍塌损坏。

4. 下游消能防冲设施不能满足要求。

5. 充排水设施锈蚀老化严重。

处理措施:建议除险加固。

最近一次除险加固情况:

一、建设时间:无。

二、主要加固内容:无。

三、竣工验收意见、遗留问题及处理情况:无。

发生重大事故情况:

无。

建成或除险加固以来主要维修养护项目及内容:

1999 年,对坝袋进行修补。

2000 年,对充排水设施进行更换。

2008 年,对充排水设施进行更换。

目前存在主要问题:

1. 坝袋老化。

2. 充排水设施锈蚀老化。

下步规划或其他情况:

无。

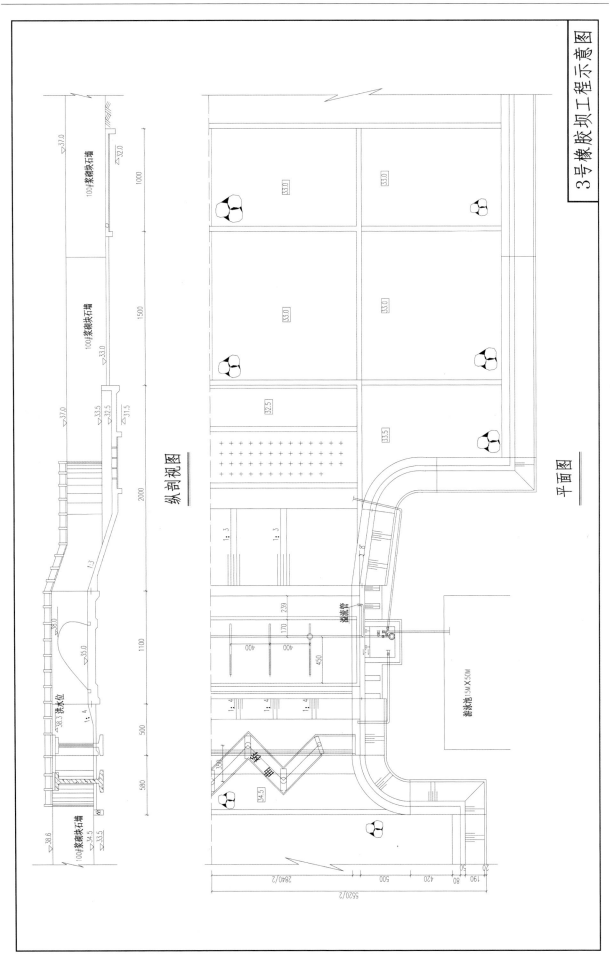

3号橡胶坝工程示意图

纵剖视图

平面图

3号橡胶坝管理范围界线图

划界标准：含在楚河管理范围内，即左右侧为楚河河口外10米，上下游各50米。

图 例

— 管理范围线

◯ 界桩位置

KHGQCH-XZTS-R0025 界桩编号

KHGQCH-XZTS-L0024

KHGQCH-XZTS-L0023

KHGQCH-XZTS-R0025

KHGQCH-XZTS-L0022

KHGQCH-XZTS-R0024

3号橡胶坝

河

楚

马 庄 闸

管理单位:铜山区棠张水利站

闸孔数	3孔		闸孔净高(m)	闸孔	6.75	所在河流	琅河	主要作用		防洪、灌溉
	其中航孔			航孔		结构型式	开敞式			
闸总长(m)	105.2		每孔净宽(m)	闸孔	5	所在地	铜山区棠张镇	建成日期		1980年4月
闸总宽(m)	18.6			航孔		工程规模	中型	除险加固竣工日期		2013年9月

主要部位高程(m)	闸顶	31.75	胸墙底		下游消力池底	24.3	工作便桥面	31.75	水准基面		废黄河
	闸底	25.00	交通桥面	31.82	闸孔工作桥面	37.65	航孔工作桥面				
	附近堤防顶高程	上游左堤		上游右堤		下游左堤		下游右堤			

交通桥标准	设计	公路Ⅱ级	交通桥净宽(m)	9+2×1.5	工作桥净宽(m)	闸孔	3.9	闸门结构型式	闸孔	平面钢闸门
	校核		工作便桥净宽(m)	2		航孔			航孔	

启闭机型式	闸孔	卷扬式	启闭机台数	闸孔	3	启闭能力(t)	闸孔	2×8	钢丝绳	规格	
	航孔			航孔			航孔			数量	m× 根

闸门钢材(t)		闸门尺寸(宽×高)(m×m)	5.13×4.3	建筑物等级	3	备用电源	装机	kW
设计标准	5年一遇排涝设计,20年一遇防洪校核			抗震设计烈度	Ⅶ		台数	

规划设计参数		设计水位组合			校核水位组合			检修门	型式	钢闸门	小水电	容量	
		上游(m)	下游(m)	流量(m³/s)	上游(m)	下游(m)	流量(m³/s)		块/套	1套		台数	
	稳定	28.80	27.80	运行期				历史特征值		日期		相应水位(m)	
		28.80	27.80	地震期								上游	下游
	消耗	29.20	25.00~29.10	108.70	30.85	26.00~30.70	172.20	上游水位	最高				
								下游水位	最低				
	防渗	28.80	25.00					最大过闸流量(m³/s)					
	孔径	29.20	29.10	108.70	30.85	30.70	172.20						

护坡长度(m)	部位	上游	下游	坡比	护坡型式	引河(m)	上游	底宽	底高程	边坡	下游	底宽	底高程	边坡
	左岸	15	37	1:3	砼			20.00	25.00	1:3		20.00	25.00	1:3
	右岸	15	37	1:3	砼	主要观测项目					垂直位移			

现场人员	2人	管理范围划定	上下游河道、堤防各50 m,左右侧30 m。
		确权情况	未确权。

水文地质情况：

　　主要土层分 7 层，分别是：①层砂壤土，②层粉质黏土，③层粉砂，④层粉质黏土，⑤层黏土，⑥层含钙锰结核黏土，⑦层砂浆黏土层。场地内①、③层富水一般，透水性中等，为场地的含水层潜水，接受大气降水河水地表水的渗入补给，以浅层开采层间越流为排泄方式，水位随季节变化，勘测期间常水位 28.23 m。

控制运用原则：

　　一、本工程的控制运用按照市防办的调度指令执行，不得接受其他任何单位或个人的指令。

　　二、当琅河发生洪水，对应设计防洪水位时 30.74 m，马庄闸开启泄洪，保持水位在 27.8 m，兼顾灌溉用水。

最近一次安全鉴定情况：

　　一、鉴定时间：2021 年 1 月 14 日。

　　二、鉴定结论、主要存在问题及处理措施：经综合评定为二类闸。

　　主要存在问题：1. 两侧桥头堡回填土不密实产生沉降造成散水损坏。2. 闸门、门槽局部轻微锈蚀，1♯启闭机小齿轮挤压轻微变形；制动轮表面轻微磨损；1♯2♯减速机渗油；制动器液压缸渗油。

最近一次除险加固情况：（徐水基〔2013〕64 号）

　　一、建设时间：2011 年 12 月 16 日—2013 年 3 月 30 日。

　　二、主要加固内容：拆除重建马庄闸。

　　竣工验收意见、遗留问题及处理情况：2013 年 9 月 27 日通过徐州市水利局组织的铜山区琅河马庄闸拆除重建工程竣工验收，无遗留问题。

发生重大事故情况：

　　无。

建成或除险加固以来主要维修养护项目及内容：

　　无。

目前存在主要问题：

　　1. 两侧桥头堡回填土不密实产生沉降造成散水损坏。

　　2. 闸门、门槽局部轻微锈蚀，1♯启闭机小齿轮挤压轻微变形；制动轮表面轻微磨损；1♯2♯减速机渗油；制动器液压缸渗油。

下步规划或其他情况：

　　1. 对翼墙、交通桥梁板进行防碳化处理。

　　2. 对部分金属结构进行防腐处理。

　　3. 对减速机及制动器液压缸渗油部位进行处理。

　　4. 加强日常维修养护，确保工程安全运行。

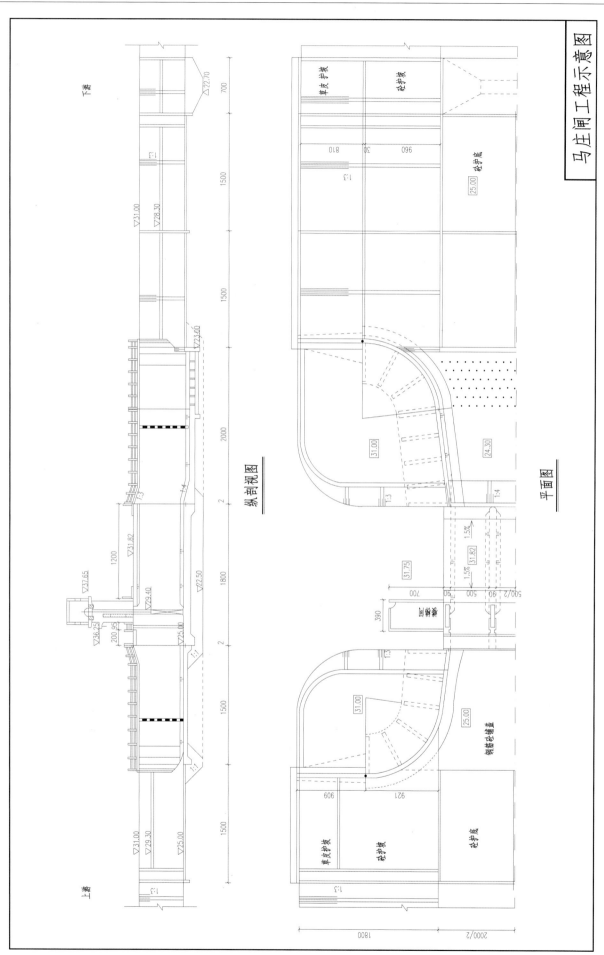

马庄闸工程示意图

马庄闸管理范围界线图

划界标准：上下游河道、堤防各五十米，左右侧各三十米。

图 例

—— 管理范围线

♀ 界桩位置

MZZ-XZTS-S0001 界桩编号

伊三线

马庄闸

闸

河

MZZ-XZTS-S00002

MZZ-XZTS-S00003

MZZ-XZTS-S00001

MZZ-XZTS-S00004

伊三线

马 兰 闸

管理单位:铜山区棠张水利站

闸孔数	3孔		闸孔净高(m)	闸孔	7.59	所在河流		琅河		主要作用		防洪、灌溉	
	其中航孔			航孔		结构型式		开敞式					
闸总长(m)	118.5		每孔净宽(m)	闸孔	5.5	所在地		铜山区棠张镇		建成日期		1971年3月	
闸总宽(m)	20.7			航孔		工程规模		中型		除险加固竣工日期		2014年9月	
主要部位高程(m)	闸顶	31.59	胸墙底			下游消力池底	23.1	工作便桥面	31.63	水准基面		废黄河	
	闸底	24.00	交通桥面	31.63		闸孔工作桥面	38.19	航孔工作桥面					
	附近堤防顶高程	上游左堤		上游右堤			下游左堤			下游右堤			
交通桥标准	设计	公路Ⅱ级	交通桥净宽(m)		4.5+2×0.5	工作桥净宽(m)	闸孔	4.3	闸门结构型式	闸孔		平面钢闸门	
	校核		工作便桥净宽(m)		2.5		航孔			航孔			
启闭机型式	闸孔	卷扬式	启闭机台数	闸孔	3	启闭能力(t)	闸孔	2×10	钢丝绳	规格		m× 根	
	航孔			航孔			航孔			数量			
闸门钢材(t)			闸门尺寸(宽×高)(m×m)		5.63×4.8	建筑物等级	3		备用电源	装机		kW	
设计标准	5年一遇排涝设计,20年一遇防洪校核					抗震设计烈度	Ⅶ			台数			

规划设计参数		设计水位组合			校核水位组合			检修门	型式	浮箱叠梁式	小水电	容量		
		上游(m)	下游(m)	流量(m³/s)	上游(m)	下游(m)	流量(m³/s)		块/套	5		台数		
	稳定	28.40	24.74		28.40	24.00		历史特征值		日期		相应水位(m)		
												上游	下游	
	消耗	28.71	24.50~28.41	0~173.70	30.74	25.00~30.44	0~207.10	上游水位	最高					
								下游水位	最低					
								最大过闸流量(m³/s)						
	孔径	28.71	28.41	173.70	30.74	30.44	207.70							

护坡长度(m)	部位	上游	下游	坡比	护坡型式	引河(m)	上游	底宽	底高程	边坡	下游	底宽	底高程	边坡
	左岸	20	68	1:3	砼			20.00	24.00	1:3		10.00	24.00	1:3
	右岸	20	68	1:3	砼	主要观测项目				垂直位移				

现场人员	2人	管理范围划定	上下游河道、堤防各200 m,左右侧各50 m。
		确权情况	未确权。

水文地质情况：

闸底板高程 25.0 m，位于第③层粉砂层，该层土质松散，防渗抗冲能力差，下卧层第④层淤泥质壤土为软弱土层，压缩性高，易产生不均匀沉降问题，允许承载力 65 kPa。挖除闸室、上游第一节及下游第一、二节翼墙底板下软土至高程 21.20 m，换填水泥土，水泥掺入量 12％。

控制运用原则：

本工程的控制运用按照区防办的调度指令执行，不得接受其他任何单位或个人的指令。当琅河发生洪水，对应设计防洪水位时 30.74 m，马庄闸开启泄洪，保持水位在 27.8 m，兼顾灌溉用水。

最近一次安全鉴定情况：

一、鉴定时间：2021 年 1 月 14 日。

二、鉴定结论、主要存在问题及处理措施：综合评定为二类闸。

主要存在问题：1. 上游右侧翼墙压顶局部缺角露筋；下游右侧翼墙存在一处对销螺栓渗水窨湿，下游左侧翼墙顶部有一处青石栏杆破损，交通桥表面铺装层局部开裂；启闭机房外观良好，桥头堡与启闭机房连接处漏雨，窗沿处渗水。2. 活动门槽锈蚀；1♯启闭机制动轮表面有锈斑，2♯启闭机减速机渗油。

最近一次除险加固情况：（徐水基〔2014〕82 号）

一、建设时间：2013 年 1 月—2013 年 10 月 30 日。

二、主要加固内容：原址拆除重建马兰闸。

竣工验收意见、遗留问题及处理情况：2014 年 9 月 2 日通过徐州市水利局组织的铜山区琅河马兰闸拆除重建工程竣工验收，上、下游翼墙墙后排水沟尚未实施，在二期项目中统一实施。

发生重大事故情况：

无。

建成或除险加固以来主要维修养护项目及内容：

无。

目前存在主要问题：

1. 上游右侧翼墙压顶局部缺角露筋；下游右侧翼墙存在一处对销螺栓渗水窨湿，下游左侧翼墙顶部有一处青石栏杆破损，交通桥表面铺装层局部开裂；启闭机房外观良好，桥头堡与启闭机房连接处漏雨，窗沿处渗水。

2. 活动门槽锈蚀；1♯启闭机制动轮表面有锈斑，2♯启闭机减速机渗油，制动轮表面良好。

下步规划或其他情况：

1. 对活动门槽等金属结构进行防腐处理。

2. 尽快修复翼墙压顶缺角及翼墙顶部损坏的青石栏杆。

3. 对启闭机房结构缝、窗沿渗水部位进行处理。

4. 对减速机渗油部位进行处理。

5. 加强日常维修养护，确保工程安全运行。

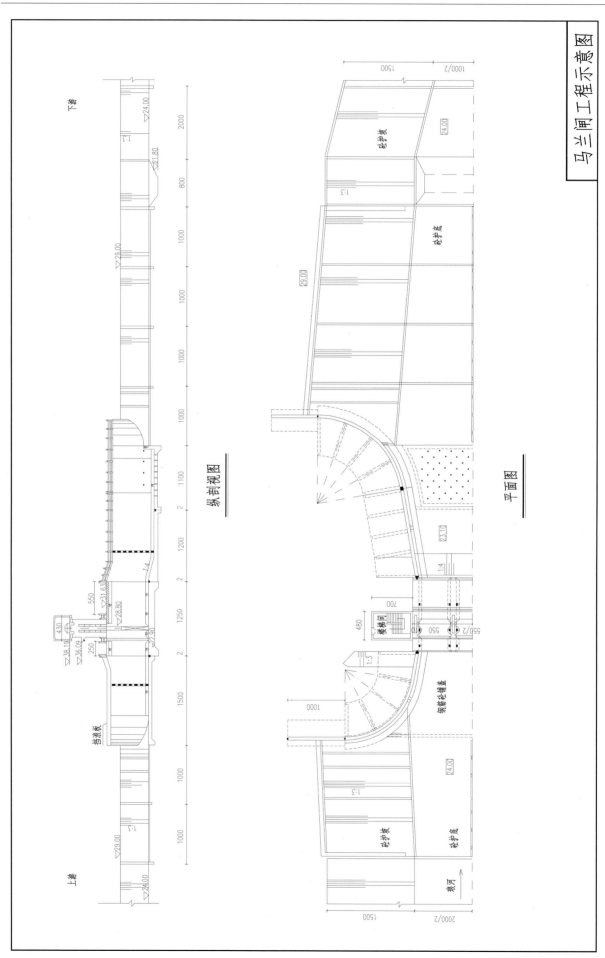

马兰闸管理范围界线图

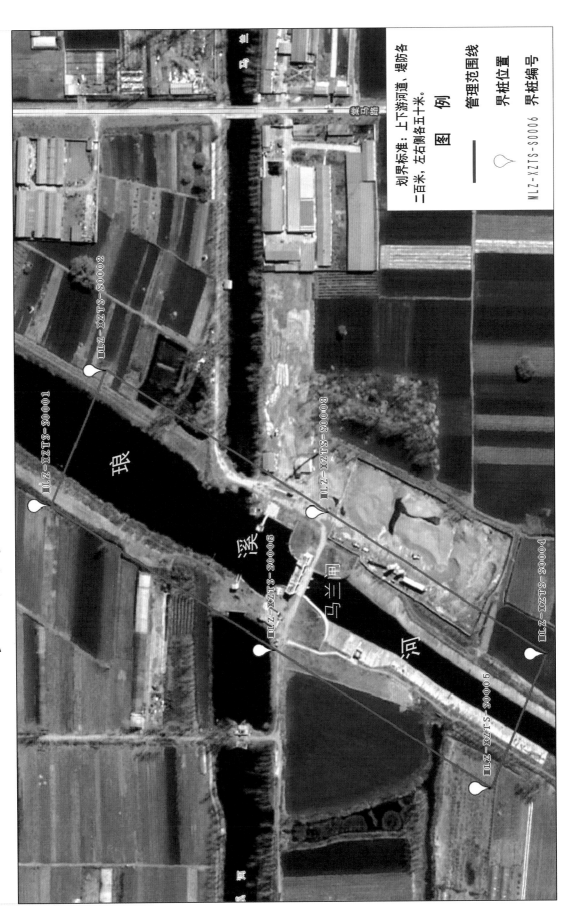

划界标准：上下游河道、堤防各二百米，左右侧各五十米。

图　例

管理范围线

界桩位置

界桩编号　MLZ-XZTS-S0006

刘 塘 闸

管理单位:铜山区棠张水利站

闸孔数	1孔	闸孔净高(m)	闸孔	4.91	所在河流	闫河	主要作用	排涝、行洪
	其中航孔		航孔		结构型式	开敞式		
闸总长(m)	94.0	每孔净宽(m)	闸孔	12.5	所在地	铜山区棠张镇	建成日期	1979年5月
闸总宽(m)	20.9		航孔		工程规模	中型	完工日期	2023年1月

主要部位高程(m)	闸顶	31.11	胸墙底		下游消力池底	23.2	工作便桥面		水准基面	废黄河
	闸底	26.2	交通桥面	31.91	闸孔工作桥面		航孔工作桥面			
	附近堤防顶高程	上游左堤	31.91	上游右堤	31.91	下游左堤	31.91	下游右堤	31.91

交通桥标准	设计		交通桥净宽(m)	4.5+2×0.5	工作桥净宽(m)	闸孔		闸门结构型式	闸孔	钢坝闸
	校核		工作便桥净宽(m)			航孔			航孔	

启闭机型式	闸孔	液压式	启闭机台数	闸孔	2	启闭能力(t)	闸孔		钢丝绳	规格	m× 根
	航孔			航孔			航孔			数量	

闸门钢材(t)		闸门(宽×高)(m×m)	12.5×2.8	建筑物等级	3	备用电源	装机	kW
设计标准	5年一遇排涝设计,20年一遇行洪校核			抗震设计烈度	Ⅶ		台数	

规划设计参数		设计水位组合			校核水位组合			检修门	型式			小水电	容量	
		上游(m)	下游(m)	流量(m³/s)	上游(m)	下游(m)	流量(m³/s)		块/套				台数	
	稳定	29.20	28.40					历史特征值		日期			相应水位(m)	
												上游	下游
	消耗	28.72~30.61	28.40~30.36	0~129.00				上游水位	最高					
								下游水位	最低					
	防渗	29.00	25.50					最大过闸流量(m³/s)						
	孔径	28.72	28.52	75.00	30.61	30.36	129.00							

护坡长度(m)	部位	上游	下游	坡比	护坡型式	引河(m)		底宽	底高程	边坡		底宽	底高程	边坡
	左岸	20	33	1:3	生态砌块+草皮		上游	18.0	25.5	1:3	下游	13.2	24.7	1:3
	右岸	20	33	1:3	生态砌块+草皮	主要观测项目								

现场人员	2人	管理范围划定	上下游河道、堤防各50 m,左右岸各30 m。
		确权情况	未确权。

水文地质情况:

①层耕土:灰黄色,稍湿,松散,以粉土夹粉质黏土为主,局部夹植物根系。场区普遍分布,厚度:0.30 m,层底标高:29.35~29.90 m,平均 29.63 m;层底埋深:0.30 m。

②层粉土:稍湿,稍密,无光泽,摇震反应迅速,干强度低,韧性低。场区普遍分布,厚度:0.80~1.20 m,平均 1.00 m;层底标高:28.55~28.70 m,平均 28.63 m;层底埋深:1.10~ 1.50 m,平均 1.30 m。

③层粉质黏土:黄褐色,可塑,稍有光泽,干强度中等,韧性中等。场区普遍分布,厚度:2.10~2.70 m,平均 2.40 m;层底标高:25.85~26.60 m,平均 26.23 m;层底埋深:3.60~3.80 m,平均 3.70 m。

④层粉土:灰色,湿,稍密,无光泽,摇震反应中等—迅速,干强度低,韧性低。场区普遍分布,厚度:1.70~2.20 m,平均 1.95 m;层底标高:24.15~24.40 m,平均 24.28 m;层底埋深:5.50~5.80 m,平均 5.65 m。

⑤层粉土:灰色,湿,稍密—中密,无光泽,摇震反应中等,干强度低,韧性低。场区普遍分布,厚度:1.50~1.60 m,平均 1.55 m;层底标高:22.65~22.80 m,平均 22.73 m;层底埋深:7.00~7.40 m,平均 7.20 m。

⑥层黏土:灰色,可塑,有光泽,干强度高,韧性高。场区普遍分布,厚度:2.70~3.00 m,平均 2.85 m;层底标高:19.65~20.10 m,平均 19.88 m;层底埋深:10.00~10.10 m,平均 10.05 m。

⑦层黏土:灰绿,硬塑,有光泽,干强度高,韧性高。场区普遍分布,厚度:8.10~8.60 m,平均 8.35 m;层底标高:11.05~11.20 m,平均 11.13 m;层底埋深:18.60~19.00 m,平均 18.80 m。

⑦-1层粉土:黄褐色,稍湿,稍密—中密,无光泽,摇震反应迅速,干强度低,韧性低。该层为⑦层夹层,仅 2#分布。厚度:0.80 m,层底标高:16.90 m,层底埋深:13.30 m。

⑧层含砂礓黏土:黄褐—灰黄色,硬塑,有光泽,干强度高,韧性高,局部砂礓富集。场区普遍分布,厚度:11.00~11.40 m,平均 11.20 m;层底标高:-0.35~0.20 m,平均 -0.08 m;层底埋深:30.00 m。

控制运用原则:

刘塘闸为闫河控制闸。当闫河行洪排涝时,开启刘塘闸,将洪水下泄入下游河道。非汛期时刘塘闸闭闸蓄水,闸上水位常年维持 29.20 m。

最近一次安全鉴定情况:

一、鉴定时间:2009 年 2 月。

二、鉴定结论、主要存在问题及处理措施:经综合评定为四类闸。

主要存在问题:

1. 消能防冲设施不满足规范要求、过流能力不足。

2. 闸主体为浆砌石结构,不能满足防渗、抗震及强度要求。

3. 混凝土闸门碳化、露筋、开裂,启闭机老化损坏严重。

4. 闸身稳定不满足规范要求。

5. 无管理设施。

最近一次除险加固情况:

一、建设时间:2022 年 5 月 3 日开工,2022 年 11 月 27 日完工。

二、主要加固内容:移址改建刘塘闸,改建后刘塘闸为旋转钢坝结构。

三、竣工验收意见、遗留问题及处理情况:2023 年 1 月 16 日通过由铜山区棠张镇人民政府组织的改建棠张镇刘塘闸项目完工验收,无遗留问题。

发生重大事故情况:

无。

建成或除险加固以来主要维修养护项目及内容:

无。

目前存在主要问题:

正在除险加固。

下步规划或其他情况:

正在除险加固。

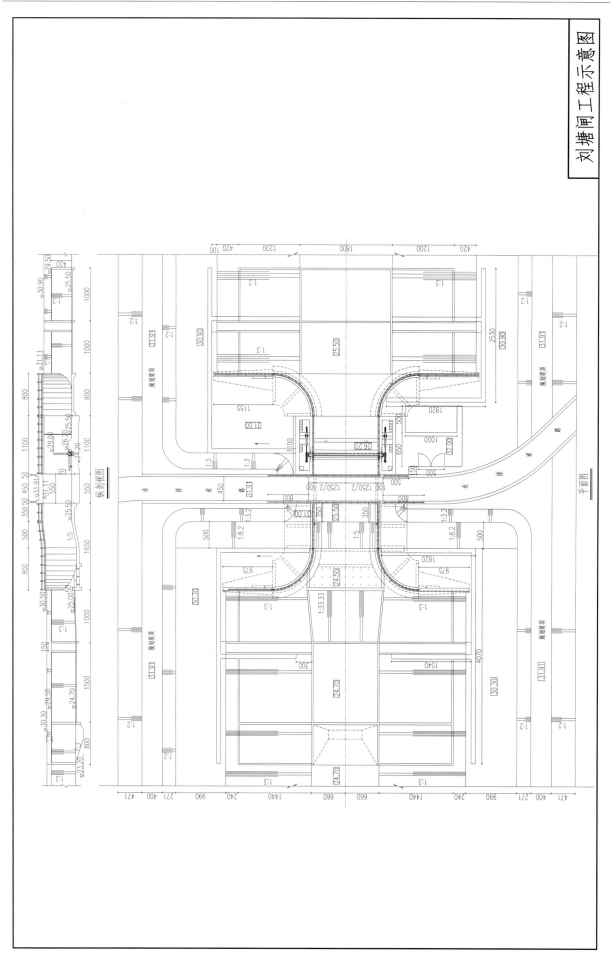

刘塘闸工程示意图

大 沟 里 闸

管理单位:铜山区房村水利站

闸孔数	3孔		闸孔净高(m)	闸孔	3.5	所在河流	运料河	主要作用	排涝、蓄水
	其中航孔			航孔		结构型式	开敞式		
闸总长(m)	109.45		每孔净宽(m)	闸孔	4.5	所在地	铜山区房村镇	建成日期	1994年5月
闸总宽(m)	17.5			航孔		工程规模	中型	除险加固竣工日期	2015年8月

主要部位高程(m)	闸顶	29.5	胸墙底		下游消力池底	23.5	工作便桥面	29.70	水准基面	废黄河
	闸底	25.8	交通桥面	30.0	闸孔工作桥面	34.50	航孔工作桥面			
	附近堤防顶高程		上游左堤		上游右堤		下游左堤		下游右堤	

交通桥标准	设计	公路Ⅱ级	交通桥净宽(m)		2.5	工作桥净宽(m)	闸孔	3.2	闸门结构型式	闸孔	平面钢闸门
	校核		工作便桥净宽(m)		1.2		航孔			航孔	

启闭机型式	闸孔	卷扬式	启闭机台数	闸孔	3	启闭能力(t)	闸孔	2×8	钢丝绳	规格	
	航孔			航孔			航孔			数量	m× 根

闸门钢材(t)	14	闸门尺寸(宽×高)(m×m)	4.63×3.5	建筑物等级	3	备用电源	装机台数	11kW
设计标准	10年一遇排涝设计,20年一遇防洪校核			抗震设计烈度	Ⅶ			

规划设计参数		设计水位组合			校核水位组合			检修门	型式		小水电	容量
		上游(m)	下游(m)	流量(m³/s)	上游(m)	下游(m)	流量(m³/s)		块/套			台数
	稳定	29.10	28.80		29.00	26.50		历史特征值		日期	相应水位(m)	
		29.40	29.00								上游	下游
	消耗							上游水位 最高				
								下游水位 最低				
								最大过闸流量(m³/s)				
	孔径	29.10	28.80	104.93	29.40	29.00	120.00					

护坡长度(m)	部位	上游	下游	坡比	护坡型式	引河(m)	上游	底宽	底高程	边坡	下游	底宽	底高程	边坡
	左岸	23.2	41.25	1:3	砼			22.8	25.9	1:3		22	24.5	1:3
	右岸	23.2	41.25	1:3	砼	主要观测项目				垂直位移				

现场人员	2人	管理范围划定	上下游河道、堤防各50m,左右侧30m。
		确权情况	未确权。

水文地质情况：

场地土层自上而下可划分 7 层,分别为:①粉土,②壤土,③粉砂,④黏土,⑤含砂礓黏土,⑥石灰岩。全新统地下水含水层以第①、③层为主,富水性较好,透水性强。第②、④、⑤层黏性土,透水性较弱,可视为场地内相对隔水层。闸基为黏土砂矸。

控制运用原则：

排涝时先开下游闸,后开上游闸;关闸时先关上游闸,后关下游闸。当红旗闸下水位达 29.0 m 时,应适当控制下泄,当大沟里闸下水位达 27.5 m 时,也应适当控制下泄,大沟里闸排涝时要全开。

最近一次安全鉴定情况：

一、鉴定时间:2021 年 1 月 14 日。

二、鉴定结论、主要存在问题及处理措施:经综合评定为二类闸。

主要存在问题:排架、闸墩、翼墙等砼构件碳化且分布不均匀;建议防碳化处理。

最近一次除险加固情况:(徐水基〔2015〕81 号)

一、建设时间:2013 年 3 月 2 日—2013 年 12 月 29 日。

二、主要加固内容:原址加固改造,主要包括:接长改建上游翼墙;拆建下游第四节翼墙;增做上游现状浆砌石翼墙、下游第一节至第三节翼墙砼罩面;拆除重建排架、工作桥;修补交通桥、检修便桥砼表面破损及大梁裂缝;对闸室底板以上,交通桥以下砼表面进行防碳化处理;增设消力池下游钢筋砼护坦;拆除重建上游防渗铺盖;翻建上、下游护坡护底;更换闸门、启闭机及电气设备;增设启闭机房及控制室等;更换安装 3 扇 4.63×3.5 m 钢闸门,配 3 台 2×80 kN 双吊点卷扬式启闭机。

竣工验收意见、遗留问题及处理情况:2015 年 8 月 27 日通过徐州市水利局组织的铜山区大沟里闸除险加固工程竣工验收,无遗留问题。

发生重大事故情况：

无。

建成或除险加固以来主要维修养护项目及内容：

无。

目前存在主要问题：

无。

下步规划或其他情况：

无。

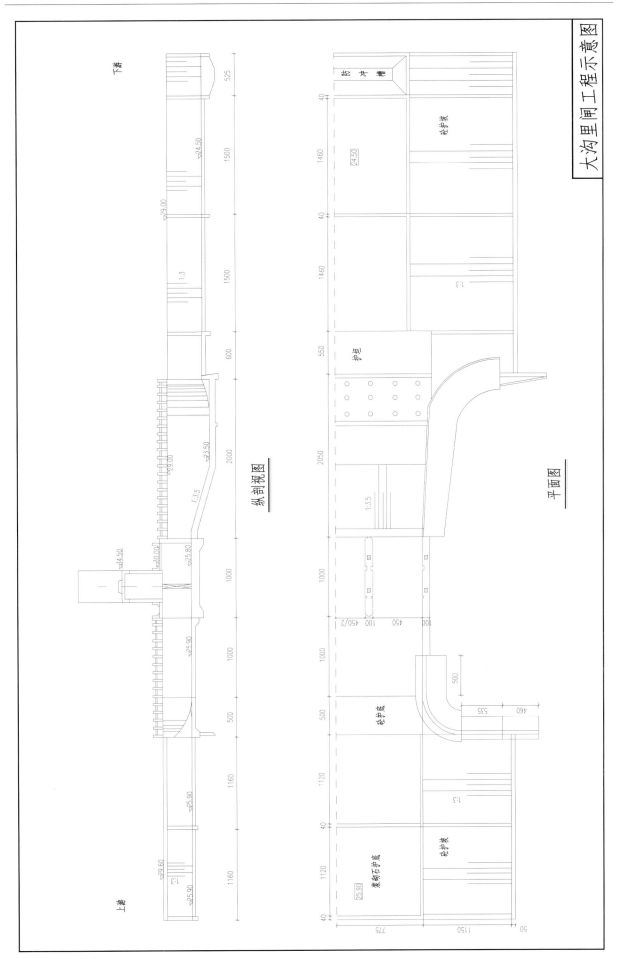

大沟里闸工程示意图

纵剖视图

平面图

大沟里闸管理范围界线图

八 王 闸

管理单位:铜山区房村水利站

闸孔数	3孔		闸孔净高（m）	闸孔	5.22	所在河流		运料河	主要作用		防洪、排涝、灌溉
	其中航孔			航孔		结构型式		开敞式			
闸总长(m)	88.9		每孔净宽（m）	闸孔	5.0	所在地	铜山区房村镇八王村		建成日期		1976年5月
闸总宽(m)	18.2			航孔		工程规模	中型		除险加固竣工日期		2008年12月

主要部位高程（m）	闸顶	28.42	胸墙底		下游消力池底	22.70	工作便桥面		28.42	水准基面	废黄河
	闸底	23.2	交通桥面	28.42	闸孔工作桥面	33.92	航孔工作桥面				
	附近堤防顶高程		上游左堤	29.00	上游右堤	29.00	下游左堤		29.00	下游右堤	29.00

交通桥标准	设计	公路Ⅱ级	交通桥净宽(m)	6	工作桥净宽（m）	闸孔	2.7	闸门结构型式	闸孔	平面钢闸门
	校核		工作便桥净宽(m)	2		航孔			航孔	

启闭机型式	闸孔	卷扬式	启闭机台数	闸孔	3	启闭能力（t）	闸孔	2×5	钢丝绳	规格	
	航孔			航孔			航孔			数量	m× 根

闸门钢材(t)		闸门尺寸(宽×高)(m×m)		建筑物等级	3	备用电源	装机台数	kW
设计标准	5年一遇排涝设计,20年一遇防洪校核			抗震设计烈度	Ⅶ			

规划设计参数		设计水位组合			校核水位组合			检修门	型式	钢闸门	小水电	容量
		上游（m）	下游（m）	流量（m³/s）	上游（m）	下游（m）	流量（m³/s）		块/套	1套		台数
	稳定	26.60	26.34					历史特征值		日期		相应水位(m)
											上游	下游
	消耗							上游水位 最高				
								下游水位 最低				
	防渗	26.60	23.20					最大过闸流量（m³/s）				
	孔径	26.72	26.57	89.00	27.52	27.37	154.00					

护坡长度（m）	部位	上游	下游	坡比	护坡型式	引河（m）	上游	底宽	底高程	边坡	下游	底宽	底高程	边坡
	左岸	15	35.5	1:2.5	浆砌石			18.00	23.20	1:2.5		18.00	23.20	1:2.5
	右岸	15	35.5	1:2.5	浆砌石	主要观测项目				垂直位移				

现场人员	2人	管理范围划定	含在运料河管理范围内,即左右侧为运料河堤防背水坡脚外10 m,上下游各100 m。
		确权情况	未确权。

水文地质情况：

本闸所在地地基共分四层：①素填土，②粉土，②-1 砂壤土，③黏土，④含砂礓黏土，④-1 粉砂。

控制运用原则：

排涝时先开下游闸，后开上游闸；关闸时先关上游闸，后关下游闸。当红旗闸下水位达 29 m 时，应适当控制下泄，当大沟里闸下水位达 27.5 m 时，也应适当控制下泄，八王闸排涝时要全开。

最近一次安全鉴定情况：

一、鉴定时间：2021 年 1 月 14 日。

二、鉴定结论、主要存在问题及处理措施：经综合评定为二类闸。

主要存在问题：1. 各砼构件碳化且分布不均匀。2. 钢闸门锈蚀，涂层厚度、蚀余厚度不满足要求。3. 启闭机房漏雨。建议对排架、闸墩、交通桥梁板进行防碳化处理；对闸门及其他金属结构进行防腐处理；对启闭机房漏雨进行处理。

最近一次除险加固情况：（淮委建管〔2009〕14 号）

一、建设时间：2005 年 10 月—2006 年 12 月。

二、主要加固内容：列入奎濉河近期治理工程（江苏徐州段），拆除重建八王闸。

三、竣工验收意见、遗留问题及处理情况：2008 年 12 月 7 日至 8 日通过淮委会同江苏省水利厅、徐州市人民政府共同组织的奎濉河近期治理工程（江苏徐州段）竣工验收，无遗留问题。

发生重大事故情况：

无。

建成或除险加固以来主要维修养护项目及内容：

无。

目前存在主要问题：

1. 翼墙块石勾缝局部脱落；翼墙、交通桥、检修便桥等存在胀裂露筋现象；桥头堡与启闭机连接处漏雨。

2. 启闭机机架完整，机架局部锈蚀，减速机及 3♯启闭机联轴器存在渗油现象，制动器及制动轮表面锈蚀。

3. 钢闸门锈蚀严重，其他金属结构普遍锈蚀。

下步规划或其他情况：

1. 对排架、闸墩、交通桥梁板时行防碳化处理。

2. 对闸门及其他金属结构进行防腐处理。

3. 对减速机及制动器渗油部位进行处理。

4. 对启闭机房漏雨进行处理。

5. 加强日常维修养护，确保工作安全运行。

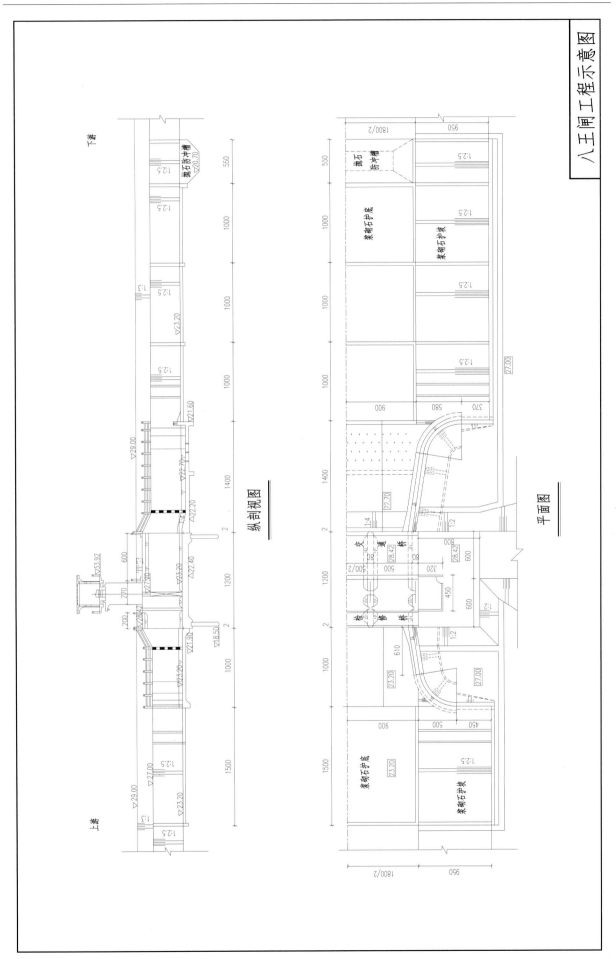

八王闸工程示意图

纵剖视图

平面图

八王闸管理范围界线图

沈 桥 闸

管理单位：铜山区单集水利站

闸孔数	5孔	闸孔净高(m)	闸孔	7.5	所在河流	白马河	主要作用	分洪、灌溉
	其中航孔		航孔		结构型式	开敞式		
闸总长(m)	107	每孔净宽(m)	闸孔	4	所在地	铜山区单集镇	建成日期	1978年5月
闸总宽(m)	25.8		航孔		工程规模	中型	除险加固竣工日期	2017年8月

主要部位高程(m)	闸顶	32.00	胸墙底		下游消力池底	21.80	工作便桥面	32.00	水准基面	废黄河
	闸底	24.50	交通桥面	32.00	闸孔工作桥面	39.00	航孔工作桥面			
	附近堤防顶高程	上游左堤		上游右堤			下游左堤	30.50	下游右堤	30.50

交通桥标准	设计	公路Ⅱ级	交通桥净宽(m)	4.5+2×0.5	工作桥净宽(m)	闸孔	4.4	闸门结构型式	闸孔	平面钢闸门
	校核		工作便桥净宽(m)	2.0		航孔			航孔	
启闭机型式	闸孔	卷扬式	启闭机台数	闸孔	5	启闭能力(t)	闸孔	12.5	钢丝绳	规格	
	航孔			航孔			航孔			数量	m× 根

闸门钢材(t)		闸门尺寸(宽×高)(m×m)	4.12×4.8	建筑物等级	3	备用电源	装机台数	30kW
设计标准		10年一遇排涝设计,20年一遇防洪校核		抗震设计烈度	Ⅶ			

		设计水位组合			校核水位组合			检修门	型式	浮箱叠梁式	小水电	容量
		上游(m)	下游(m)	流量(m³/s)	上游(m)	下游(m)	流量(m³/s)		块/套	5		台数
规划设计参数	稳定	29.00	26.00					历史特征值		日期		相应水位(m)	
		29.00	25.00								上游	下游
	消能	29.00~28.29	26.00~28.48	0~191.90				上游水位	最高			
	防渗	29.00	25.00					下游水位	最低			
	孔径	28.29	28.09	121.70 (10年一遇排涝)	28.62	28.38	157.90 (20年一遇防洪)	最大过闸流量(m³/s)				
					28.83	28.48	191.90 (50年一遇防洪)					

护坡长度(m)	部位	上游	下游	坡比	护坡型式	引河(m)	上游	底宽	底高程	边坡	下游	底宽	底高程	边坡
	左岸	20	46	1:3	砼+草皮			31.00	24.50	1:3		20.4	22.8	1:3
	右岸	20	46	1:3	砼+草皮	主要观测项目			垂直位移					

现场人员	2人	管理范围划定	上下游河道、堤防各50 m,左右岸各30 m。
		确权情况	未确权。

水文地质情况：

  土层自上而下分5层,分述如下:层1素填土,层2砂壤土,层3壤土,层4黏土,层5石灰岩。

控制运用原则：

  一、合理安排开启闸孔数。

  二、监测上游、下游水位,当水位超过(或低于)调度指令要求时,及时向区防汛抗旱指挥部办公室汇报,以便采取相应措施。

最近一次安全鉴定情况：

  一、鉴定时间:2022年3月25日。

  二、鉴定结论、主要存在问题及处理措施:经综合评定为一类闸。

最近一次除险加固情况：(徐水基〔2017〕83号)

  一、建设时间:2015年12月—2016年10月。

  二、主要加固内容:原址拆除重建沈桥闸。

  三、竣工验收意见、遗留问题及处理情况:2017年8月31日通过徐州市水利局组织的铜山区沈桥闸除险加固工程竣工验收,无遗留问题。

发生重大事故情况：

  无。

建成或除险加固以来主要维修养护项目及内容：

  无。

目前存在主要问题：

  无。

下步规划或其他情况：

  无。

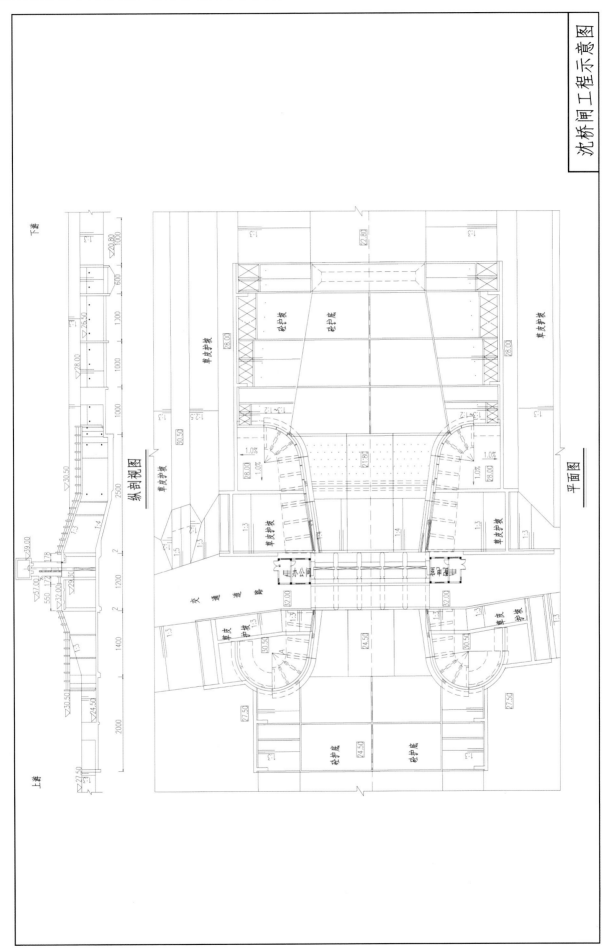

沈桥闸工程示意图

纵剖视图

平面图

沈桥闸管理范围界线图

图　例

管理范围线

界桩位置

SQZ-XZTS-S0001　界桩编号

划界标准：上下游河道、堤防各五十米，左右侧各三十米。

寿 山 闸

管理单位:铜山区单集水利站

闸孔数	3孔	闸孔净高(m)	闸孔	7.1	所在河流	白马河	主要作用	排涝、灌溉
	其中航孔		航孔		结构型式	开敞式		
闸总长(m)	115.5	每孔净宽(m)	闸孔	5.5	所在地	铜山区单集镇	建成日期	1991年5月
闸总宽(m)	20.5		航孔		工程规模	中型	除险加固竣工日期	2013年12月

主要部位高程(m)	闸顶	29.10	胸墙底		下游消力池底	21.30	工作便桥面	29.10	水准基面	废黄河
	闸底	22.00	交通桥面	29.10	闸孔工作桥面	35.30	航孔工作桥面			
	附近堤防顶高程	上游左堤	29.10		上游右堤	29.10	下游左堤	28.87	下游右堤	28.87

交通桥标准	设计	公路Ⅱ级	交通桥净宽(m)	4.5+2×0.5	工作桥净宽(m)	闸孔	4.3	闸门结构型式	闸孔	平面钢闸门
	校核		工作便桥净宽(m)	2.5		航孔			航孔	

启闭机型式	闸孔	卷扬式	启闭机台数	闸孔	3	启闭能力(t)	闸孔	2×8	钢丝绳	规格	m× 根
	航孔			航孔			航孔			数量	

闸门钢材(t)		闸门尺寸(宽×高)(m×m)	5.63×4.5	建筑物等级	3	备用电源	装机台数	kW

设计标准	10年一遇排涝设计,20年一遇防洪校核	抗震设计烈度	Ⅶ	检修门	型式	浮箱叠梁式	小水电	容量
					块/套	5		台数

规划设计参数		设计水位组合			校核水位组合						
		上游(m)	下游(m)	流量(m³/s)	上游(m)	下游(m)	流量(m³/s)				
	稳定	26.00	23.00	运行				历史特征值	日期	相应水位(m)	
		26.00	23.00	地震						上游	下游
	消能	26.30~27.90	22.50~27.65	0~203.27				上游水位 最高			
								下游水位 最低			
	防渗	26.30	22.50					最大过闸流量(m³/s)			
	孔径	27.19	27.04	83.02	27.90	27.65	203.27				

护坡长度(m)	部位	上游	下游	坡比	护坡型式	引河(m)	上游	底宽	底高程	边坡	下游	底宽	底高程	边坡
	左岸	20	50	1:3	砼			25.00	22.00	1:3		25	22.00	1:3
	右岸	20	50	1:3	砼	主要观测项目				垂直位移				

现场人员	3人	管理范围划定	含在白马河管理范围内,即左右侧为白马河堤防背水坡脚外10 m,上下游各50 m。
		确权情况	未确权。

水文地质情况:

　　场地内岩土层可分为5层,自上而下分别为:A素填土,第①层砂壤土,第②层粉砂,第③层黏土,第④含砂礓黏土。

　　挖除闸室、上下游第一、二节翼墙底板下粉砂层至高程18.7～18.9 m,以及其余翼墙下超挖部分回填采用水泥土换填,水泥掺入量12%。

控制运用原则:

　　水闸正常蓄水位为26.0 m,相应下游水位为23.0 m,当主汛期(5—10月)上游来水,即开启闸门。当上游水位降到26.0 m时关闭闸门。

最近一次安全鉴定情况:

　　一、鉴定时间:2020年12月26日。

　　二、鉴定结论、主要存在问题及处理措施:经综合评定为一类闸。

最近一次除险加固情况:(徐水基〔2013〕81号)

　　一、建设时间:2012年10月—2013年8月。

　　二、主要加固内容:列入铜山区白马河分洪道治理工程,寿山橡胶坝拆除改建为寿山闸。

　　三、竣工验收意见、遗留问题及处理情况:2013年12月20日通过徐州市水利局组织的铜山区白马河分洪道治理工程竣工验收,无遗留问题。

发生重大事故情况:

　　无。

建成或除险加固以来主要维修养护项目及内容:

　　无。

目前存在主要问题:

　　无。

下步规划或其他情况:

　　无。

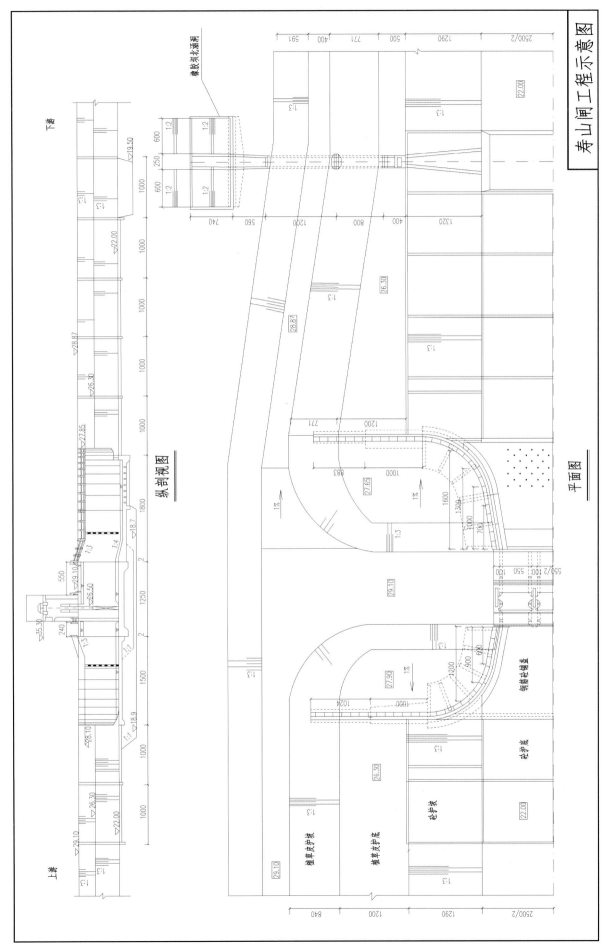

寿山闸工程示意图

纵剖视图

平面图

上游

下游

橡胶坝北涵洞

砼护底

砼护坡

植草皮护坡

植草皮护底

钢筋砼储盖

寿山闸管理范围界线图

吴 桥 闸

管理单位:铜山区单集水利站

闸孔数	3孔		闸孔净高(m)	闸孔	4.5	所在河流	帮房亭河	主要作用	排涝、灌溉
	其中航孔			航孔		结构型式	开敞式		
闸总长(m)	76.5		每孔净宽(m)	闸孔	4	所在地	铜山区单集镇	建成日期	1984年3月
闸总宽(m)	15.6			航孔		工程规模	中型	除险加固竣工日期	年 月

主要部位高程(m)	闸顶	28.0	胸墙底		下游消力池底	21.5	工作便桥面		水准基面	废黄河
	闸底	23.5	交通桥面	29.0	闸孔工作桥面	32.0	航孔工作桥面			
	附近堤防顶高程	上游左堤		上游右堤		下游左堤		下游右堤		

交通桥标准	设计		交通桥净宽(m)	4.6	工作桥净宽(m)	闸孔	2.1	闸门结构型式	闸孔	钢丝网平面
	校核		工作便桥净宽(m)			航孔			航孔	

启闭机型式	闸孔	螺杆式	启闭机台数	闸孔	3	启闭能力(t)	闸孔	15	钢丝绳	规格	m× 根
	航孔			航孔			航孔			数量	

闸门钢材(t)			闸门尺寸(宽×高)(m×m)	4.4×3.5	建筑物等级	4	备用电源	装机台数	kW
设计标准	10年一遇排涝设计,20年一遇防洪校核				抗震设计烈度	Ⅶ			

规划设计参数		设计水位组合			校核水位组合			检修门	型式		小水电	容量
		上游(m)	下游(m)	流量(m³/s)	上游(m)	下游(m)	流量(m³/s)		块/套			台数
	稳定	26.50	25.50		27.00	24.00		历史特征值		日期	相应水位(m)	
											上游	下游
	消能	27.00	24.00					上游水位 最高				
								下游水位 最低				
								最大过闸流量(m³/s)				
	孔径	27.50	27.30	96.00	28.50	28.30	122.20					

护坡长度(m)	部位	上游	下游	坡比	护坡型式	引河道(m)	上游	底宽	底高程	边坡	下游	底宽	底高程	边坡
	左岸	15	30.5	1:3	砼+干砌块石			14	23.5	1:3		14	22.0	1:3
	右岸	15	30.5	1:3	砼+干砌块石	主要观测项目			垂直位移					

现场人员	2人	管理范围划定	上下游河道、堤防各50 m,左右岸各30 m。
		确权情况	未确权。

地质情况:

　　场地试验深度范围内土层自上而下分5层,根据本次勘探孔情况及区域地质资料分述如下:层1素填土:黄褐色,以壤土、砂壤土为主,密实性差。厚度4.50～4.60 m,平均4.55 m;层底标高20.05～20.11 m,平均20.08 m。层2黏土:灰—灰黑色,软塑,干强度中等,韧性中等,局部夹砂壤土薄层。场区普遍分布,厚度1.60～1.80 m,平均1.70 m;层底标高15.51～15.55 m,平均15.53 m;层底埋深4.50～4.60 m,平均4.55 m。层3砂壤土:灰黄色,中密,饱和,干强度低,韧性低,场区普遍分布。厚度1.50～1.60 m,平均1.55 m;层底标高13.75～13.91 m,平均13.83 m;层底埋深6.20～6.30 m,平均6.25 m。层4黏土:黄褐色,可塑,干强度高,韧性高,场区普遍分布。厚度3.10～3.30 m,平均3.20 m;层底标高12.15～12.41 m,平均12.28 m;层底埋深7.70～7.90 m,平均7.80 m。层5壤土:灰黄色、褐黄色,硬塑,含有少量砂礓及铁锰结核,该层未穿透。

控制运用原则:

　　吴桥闸为帮房亭河的控制闸,当帮房亭河行洪排涝,或崔贺庄水库泄洪闸开启时,开启吴桥闸,将洪水下泄入下游河道。非汛期时吴桥闸闭闸蓄水,闸上水位常年维持26.50 m。

最近一次安全鉴定情况:

　　一、鉴定时间:2009年3月。

　　二、鉴定结论、主要存在问题及处理措施:经综合评定为四类闸。

　　主要存在问题为:

　　1. 该闸消能防冲设施不满足规范要求。

　　2. 该闸主体为浆砌块石结构,不能满足防渗、抗震及强度要求。

　　3. 混凝土闸门碳化、露筋、开裂,启闭机严重老化。

　　4. 闸身及翼墙稳定不满足规范要求。

　　处理措施:建议拆除重建。

最近一次除险加固情况:

　　一、建设时间:无。

　　二、主要加固内容:无。

　　三、竣工验收意见、遗留问题及处理情况:无。

发生重大事故情况:

　　无。

建成或除险加固以来主要维修养护项目及内容:

　　1. 1992年3月、1999年3月、2006年11月主闸门止水更换。

　　2. 1993年6月、1997年3月、2004年3月主闸门滚轮更换。

　　3. 2000年11月,吴桥闸上下游护坡损毁修复。

　　4. 2000年11月,交通桥栏杆维修。

　　5. 2005年11月份,上游河道清淤5 548.6 m³。

目前存在主要问题:

　　1. 该闸消能防冲设施不满足规范要求。

　　2. 该闸主体为浆砌块石结构,不能满足防渗、抗震及强度要求。

　　3. 混凝土闸门碳化、露筋、开裂,启闭机严重老化。

　　4. 闸身及翼墙稳定不满足规范要求。

下步规划或其他情况:

　　拆除重建,列入铜山区"十四五"规划。

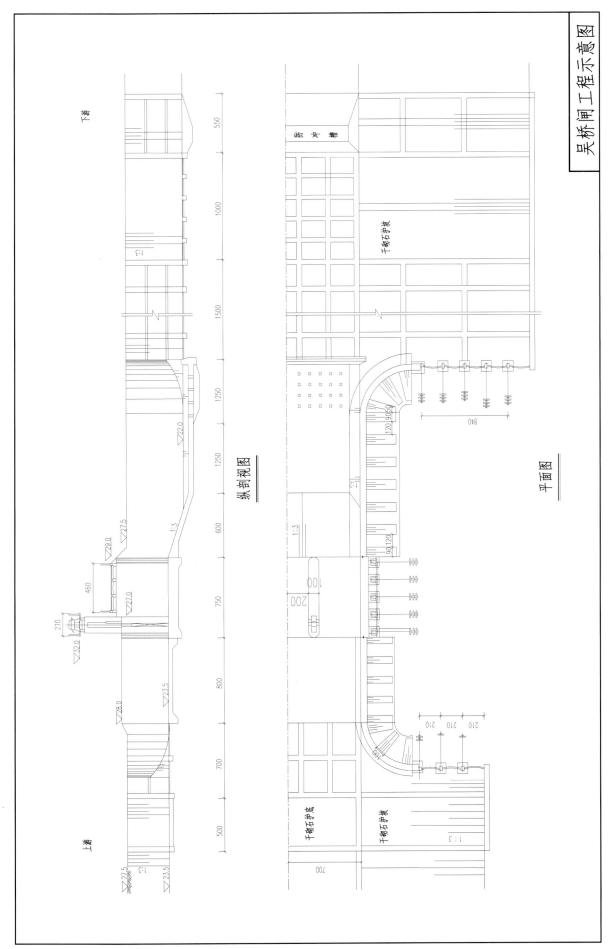

吴桥闸工程示意图

纵剖视图

平面图

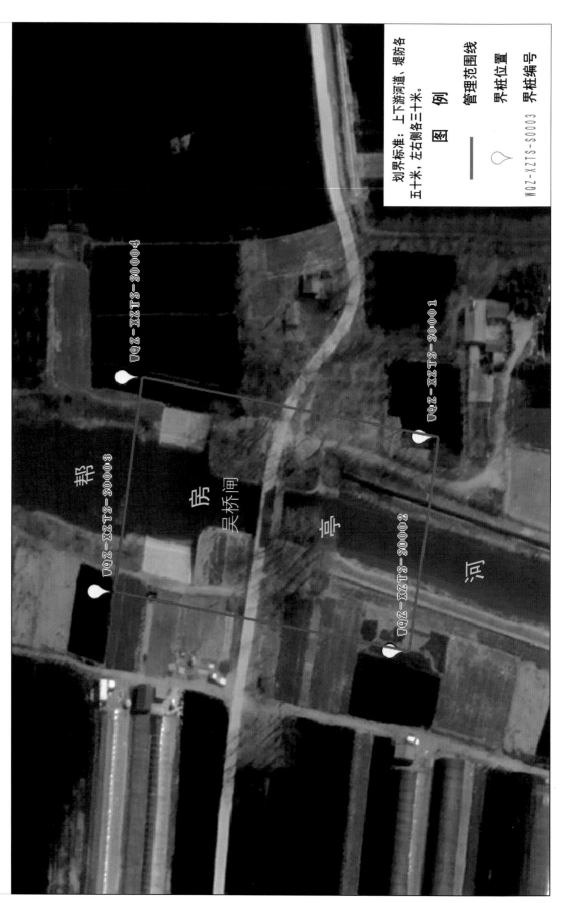

吴桥闸管理范围界线图

曹湖橡胶坝

管理单位:铜山区单集水利站

闸孔数		1孔	闸孔净高(m)	闸孔内压比	3.5	所在河流	帮房亭河	主要作用	蓄水灌溉
	其中航孔				1:2.5	结构型式	橡胶坝		
闸总长(m)		82	每孔净宽(m)	闸孔	20	所在地	铜山区单集镇	建成日期	2000年5月
闸总宽(m)		21.6		航孔		工程规模	中型	除险加固竣工日期	年 月

主要部位高程(m)	闸顶	25.3	胸墙底		下游消力池底	20.2	工作便桥面		水准基面	废黄河
	闸底	21.8	交通桥面	27.68	闸孔工作桥面		航孔工作桥面			
	附近堤防顶高程		上游左堤		上游右堤		下游左堤		下游右堤	

交通桥标准	设计	汽-15级	交通桥净宽(m)	4.5+2×0.5	工作桥净宽(m)	闸孔		闸门结构型式	闸孔	橡胶坝
	校核		工作便桥净宽(m)			航孔			航孔	
启闭机型式	闸孔		启闭机台数	闸孔	启闭能力(t)	闸孔		钢丝绳	规格	m× 根
	航孔			航孔		航孔			数量	

闸门钢材(t)		闸门表面积(m²)		建筑物等级	4	备用电源	装机	kW
设计标准		10年一遇设计		抗震设计烈度	Ⅶ		台数	

规划设计参数		设计水位组合			校核水位组合			检修门	型式		小水电	容量	
		上游(m)	下游(m)	流量(m³/s)	上游(m)	下游(m)	流量(m³/s)		块/套			台数	
	稳定	25.30	21.00		27.00	24.00		历史特征值		日期		相应水位(m)	
												上游	下游
	消能	25.30	25.10	140.00	25.30	21.00		上游水位 最高					
								下游水位 最低					
								最大过闸流量(m³/s)					
	孔径	25.30	25.10	140.00									

护坡长度(m)	部位	上游	下游	坡比	护坡型式	引河(m)	上游	底宽	底高程	边坡	下游	底宽	底高程	边坡
	左岸	10	26.4	1:3	浆砌石			16	21.0	1:3		16	21.0	1:3
	右岸	10	26.4	1:3	浆砌石	主要观测项目				垂直位移				

现场人员	2人	管理范围划定	含在帮房亭河管理范围内,即左右侧为帮房亭河堤防背水坡脚外10 m,上下游各50 m。
		确权情况	未确权。

水文地质情况：

　　层 1 素填土：黄褐色，以壤土、砂壤土为主，密实性差。

　　层 2 砂壤土：灰黄色，松散，湿，干强度低，韧性低，局部夹壤土薄层。

　　层 3 粉砂：褐黄色，松散，饱和，土质不均匀，场区普遍分布。

　　层 4 黏土：黄褐色，可塑，干强度高，韧性高，场区普遍分布。

　　层 5 含砂礓黏土：灰黄色夹灰白色，硬塑，含有少量砂礓及铁锰结核，该层未穿透。

控制运用原则：

　　该橡胶坝正常蓄水位为▽25.30 m。

　　一、当雨季，洪水来时，按铜山区防汛抗旱调度指令调节上下游水位，防止洪水淹没下游农田、村庄。

　　二、当旱季或灌溉期，要视上下游需水情况，由单集水利站有计划地科学地开闸放水以补给灌溉用水、生产用水。

最近一次安全鉴定情况：

　　一、鉴定时间：2009 年 2 月 12 日。

　　二、鉴定结论、主要存在问题及处理措施：经综合评定为三类闸。

　　主要存在问题：1. 闸底板局部渗水；2. 上、下游护坡、护底损坏比较多；3. 坝袋老化；4. 充排水设施锈蚀老化严重，无电力设施；5. 机房年久失修，多处漏雨透风；6. 无管理设施。

　　处理措施：建议除险加固。

最近一次除险加固情况：

　　一、建设时间：无。

　　二、主要加固内容：无。

　　三、竣工验收意见、遗留问题及处理情况：无。

发生重大事故情况：

　　无。

建成或除险加固以来主要维修养护项目及内容：

　　2003 年 3 月，坝袋修补。2005 年 4 月，坝袋修补。2006 年 4 月，坝袋修补。2006 年 12 月份，上游河道清淤 4 012.3 m^3。2007 年 4 月，坝袋修补。2008 年 4 月，坝袋修补。

目前存在主要问题：

　　1. 闸底板局部渗水。

　　2. 上、下游护坡、护底损坏比较多。

　　3. 坝袋老化。

　　4. 充排水设施锈蚀老化严重，无电力设施。

　　5. 机房年久失修，多处漏雨透风。

　　6. 无管理设施。

下步规划或其他情况：

　　无。

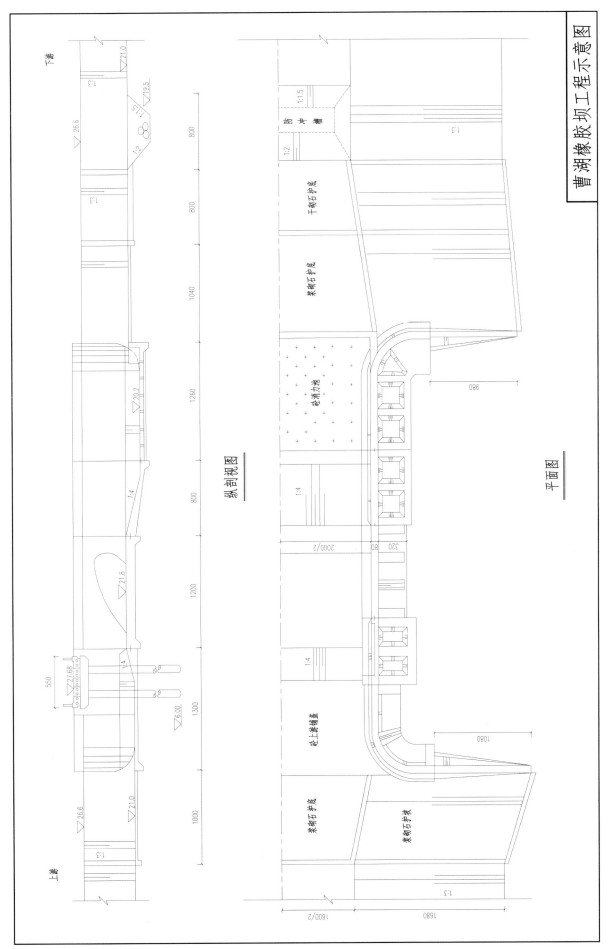

曹湖橡胶坝工程示意图

下游

▽21.0
▽19.5
1:3
1:1.5
▽26.6
1:2

防冲槽

干砌石护底

浆砌石护底

1:3

1:1.5

1:2

▽20.2
1:3

1:3

980

1260

混凝土消力池

砼消力地

1:4

2000/2
320
80

1040

800

纵剖视图

平面图

▽21.8

1:4

1200

550
▽22.68
1:4
8
8
▽6.00

1300

砼上游铺盖

1:4

浆砌石护底

浆砌石护坡

1080

▽26.6
▽21.0
1:3
1:3

1000

上游

1600/2
1680

曹湖橡胶坝管理范围界线图

图　例

管理范围线

界桩位置

BFTH-XZTS-R0132　界桩编号

划界标准：含在帮亭河管理范围内，即左右侧为帮房亭河堤防背水坡脚外10米，上下游各50米。

BFTH-XZTS-L0141

BFTH-XZTS-R0134

BFTH-XZTS-R0133

BFTH-XZTS-L0140

BFTH-XZTS-L0139

曹湖橡胶坝

BFTH-XZTS-R0132

BFTH-XZTS-L0138

BFTH-XZTS-R0181

BFTH-XZTS-L0137

BFTH-XZTS-R0180

河

帮

房

帮

东 探 闸

管理单位:铜山区大许水利站

闸孔数	3孔		闸孔净高(m)	闸孔	5.3	所在河流	邵楼大沟	主要作用		排涝、灌溉	
	其中航孔			航孔		结构型式	开敞式				
闸总长(m)	124.96		每孔净宽(m)	闸孔	3.4	所在地	铜山区大许镇	建成日期		1981年5月	
闸总宽(m)	12			航孔		工程规模	小型	除险加固竣工日期		未竣工	
主要部位高程(m)	闸顶	28.2	胸墙底		下游消力池底	20.5	工作便桥面	28.2	水准基面		1985国家高程
	闸底	23.0	交通桥面	28.2	闸孔工作桥面	33.9	航孔工作桥面				
	附近堤防顶高程	上游左堤		上游右堤			下游左堤		下游右堤		
交通桥标准	设计	公路Ⅱ级	交通桥净宽(m)	4.5+2×0.5	工作桥净宽(m)	闸孔	1.9	闸门结构型式	闸孔	钢铁复合闸门	
	校核		工作便桥净宽(m)	4.0		航孔			航孔		
启闭机型式	闸孔	螺杆式	启闭机台数	闸孔	4.0	启闭能力(t)	闸孔	15	钢丝绳	规格	m× 根
	航孔	1.9		航孔			航孔			数量	
闸门钢材(t)			闸门尺寸(宽×高)(m×m) 3.0×4.3			建筑物等级	3	备用电源	装机		kW
设计标准		10年一遇排涝设计				抗震设计烈度	Ⅶ		台数		
规划设计参数		设计水位组合			校核水位组合			检修门	型式	小水电	容量
		上游(m)	下游(m)	流量(m³/s)	上游(m)	下游(m)	流量(m³/s)		块/套		台数
	稳定	26.50	25.50	正常蓄水				历史特征值		日期	相应水位(m)
		27.00	25.50	最高蓄水							上游 下游
		24.00	23.50	最低蓄水				上游水位 最高			
	消能	27.00~27.28	25.50~27.13	0~58.00				下游水位 最低			
								最大过闸流量(m³/s)			
	孔径	27.28	27.13	58.00							
护坡长度(m)	部位	上游	下游	坡比	护坡型式	引河(m)	上游	底宽	底高程	边坡	下游 底宽 底高程 边坡
	左岸	40.9	38	1:3	预制块			10	23.0	1:3	10 22.0 1:3
	右岸	40.9	38	1:3	预制块	主要观测项目					
现场人员	2人	管理范围划定		上下游河道、堤防各50m,左右侧各30m。							
		确权情况		未确权。							

水文地质情况：

根据钻孔揭示，场地内土层可划分为 8 层(不包括夹层)，自上至下分述如下：

A 层素填土（Q_4^{al+pl}）：以黄色、黄褐色砂壤土为主，松软，夹壤土薄层及团块，局部可为根据本次勘察揭露，场地内①层为表土；②—④层为第四系全新统(Q4)新近沉积土；⑤层黏土为第四系全新统(Q4)一般沉积土；⑥—⑦层为第四系晚更新统(Q₃)老沉积土。现将本场地揭露的土层结构与类型自上而下分述如下：

①层表土：以粉土夹壤土为主，含植物根系，见腐殖质，局部夹砖块、碎石等杂物。场区普遍分布，厚度：0.60～1.30 m，平均 0.92 m；层底标高：25.12～26.55 m，平均 25.69 m；层底埋深：0.60～1.30 m，平均 0.92 m。

②层粉土：灰黄色，稍湿—湿，稍密，摇震反应迅速，无光泽，干强度低，韧性低。场区普遍分布，厚度：1.20～2.10 m，平均 1.60 m；层底标高：23.02～25.15 m，平均 24.09 m；层底埋深：2.00～3.10 m，平均 2.52 m。

③-1 黏土：黄褐色，软塑，有光泽，韧性中等，干强度中等；局部夹薄层壤土。场区局部分布，厚度：0.30～1.60 m，平均 0.73 m；层底标高：22.66～24.55 m，平均 23.48 m；层底埋深：2.80～3.60 m，平均 3.10 m。

③层粉土：灰黄色，湿，稍密，摇震反应迅速，无光泽，干强度低，韧性低，局部夹薄层壤土。场区普遍分布，厚度：4.30～5.70 m，平均 4.97 m；层底标高：17.70～19.65 m，平均 18.61 m；层底埋深：7.70～8.70 m，平均 8.00 m。

④层黏土：灰色，软塑，有光泽，韧性中等，干强度中等；局部夹薄层粉土。场区普遍分布，厚度：1.10～2.30 m，平均 1.75 m；层底标高：15.40～18.55 m，平均 16.86 m；层底埋深：9.00～11.00 m，平均 9.75 m。

⑤层黏土：灰褐色，可塑，有光泽，韧性中等，干强度中等。场区普遍分布，厚度：1.4～3.00 m，平均 2.23 m；层底标高：13.50～15.65 m，平均 14.63 m；层底埋深：10.90～12.90 m，平均 11.98 m。

⑥层含砂礓黏土：黄褐色，硬塑，有光泽，韧性高，干强度高，含砂礓 5%～10%，粒径 1～8 cm，含铁锰结核。场区普遍分布，厚度：2.60～3.70 m，平均 2.98 m；层底标高：10.68～11.88 m，平均 11.42 m；层底埋深：14.40～16.00 m，平均 15.13 m。

⑦层含砂礓黏土：棕黄色，硬塑，有光泽，韧性高，干强度高，含砂礓约 10%，粒径 1～10 cm，含铁锰结核，局部夹薄层壤土。本次勘察未揭穿该层。

控制运用原则：

蓄水调度服从防洪除涝调度。汛期时，当上游来水致闸上水位超过 27.5 m 时，逐渐开启闸门，至敞泄。非汛期时闭闸蓄水，闸上水位常年维持 26.3 m。

最近一次安全鉴定情况：

一、鉴定时间：2009 年 2 月。

二、鉴定结论、主要存在问题及处理措施：经综合评定为四类闸。

主要存在问题：1. 消能防冲设施不满足规范要求。2. 闸主体为浆砌石结构，不能满足防渗、抗震及强度要求。3. 混凝土闸门碳化、露筋、开裂，启闭机严重老化。4. 启闭机排架、交通桥碳化、露筋、开裂。5. 闸身稳定不满足规范要求。6. 无管理设施。

最近一次除险加固情况：

一、建设时间：正在除险加固。

二、主要加固内容：无。

三、竣工验收意见、遗留问题及处理情况：无。

发生重大事故情况：

无。

建成或除险加固以来主要维修养护项目及内容：

1. 1992 年 3 月，更换闸门止水。

2. 1993 年 6 月，维修启闭机。

3. 1998 年 10 月，交通桥上护栏整修。

目前存在主要问题：

正在除险加固。

下步规划或其他情况：

正在除险加固。

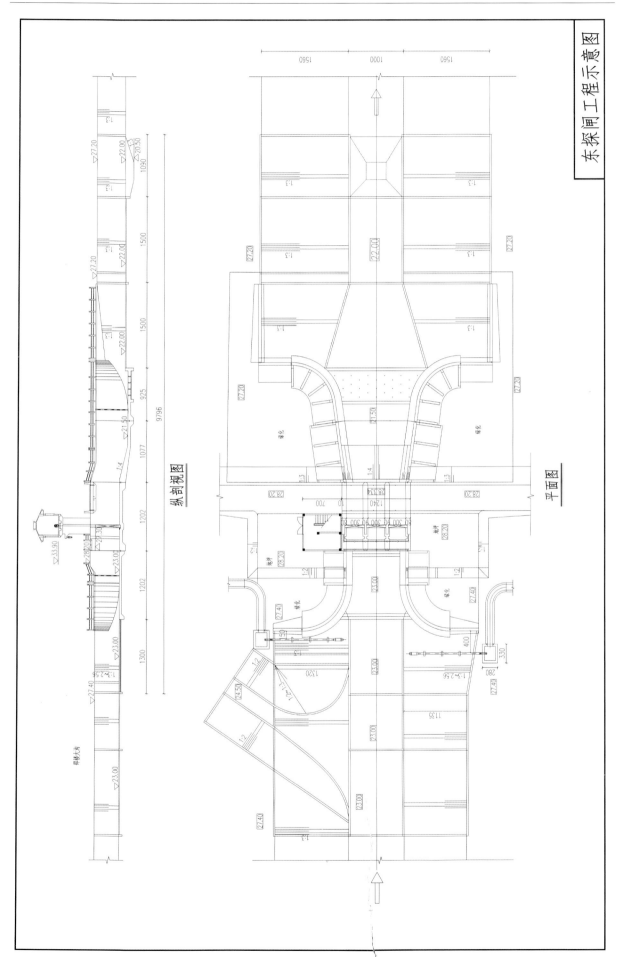

东探闸工程示意图

东探闸管理范围界线图

DTZ-XZTS-S0004

DTZ-XZTS-S0003

DTZ-XZTS-S0002

东探闸

DTZ-XZTS-S0001 DTZ-XZTS-S0006

DTZ-XZTS-S0005

划界标准：上下游河道、堤防各五十米，左右侧各三十米。

图 例

管理范围围线

界桩位置

界桩编号 DTZ-XZTS-S0003

沟 上 闸

管理单位:铜山区大许水利站

闸孔数	3孔		闸孔净高(m)	闸孔	4.9	所在河流	房亭河	主要作用	排涝、灌溉		
	其中航孔			航孔		结构型式	胸墙式				
闸总长(m)	116.54		每孔净宽(m)	闸孔	5	所在地	铜山区大许镇	建成日期	1974年8月		
闸总宽(m)	18.8			航孔		工程规模	中型	除险加固竣工日期	2015年8月		
主要部位高程(m)	闸顶	28.80	胸墙底	26.20	下游消力池底	20.10	工作便桥面	28.80	水准基面	废黄河	
	闸底	21.30	交通桥面	28.30	闸孔工作桥面	35.3	航孔工作桥面				
	附近堤防顶高程	上游左堤	28.8	上游右堤	28.8	下游左堤	30.00	下游右堤	现状房亭河堤防		
交通桥标准	设计	公路Ⅱ级	交通桥净宽(m)	6+2×0.5	工作桥净宽(m)	闸孔	3.9	闸门结构型式	闸孔	平板钢闸门	
	校核		工作便桥净宽(m)	2.1		航孔			航孔		
启闭机型式	闸孔	卷扬式	启闭机台数	闸孔	3	启闭能力(t)	闸孔	2×10	钢丝绳	规格	m× 根
	航孔			航孔			航孔			数量	
闸门钢材(t)		闸门尺寸(宽×高)(m×m)		5.2×5.45	建筑物等级	3	备用电源	装机	kW		
设计标准		10年一遇排涝设计,20年一遇挡洪			抗震设计烈度	Ⅶ		台数			

规划设计参数		设计水位组合			校核水位组合			检修门	型式	浮箱叠梁式	小水电	容量			
		上游(m)	下游(m)	流量(m³/s)	上游(m)	下游(m)	流量(m³/s)		块/套	6		台数			
	稳定	6.00	22.50	设计蓄水	26.00	22.00	校核水位	历史特征值			日期	相应水位(m)			
												上游	下游		
	消能	26.00～27.19	22.50～27.09	0～114.00				上游水位 最高							
	防渗	26.00	22.00	校核水位				下游水位 最低							
		27.19	28.34	20年一遇挡洪水位				最大过闸流量(m³/s)							
	孔径	27.19	27.09	114.00 10年一遇	27.19	28.34									

护坡长度(m)	部位	上游	下游	坡比	护坡型式	引河(m)	上游	底宽	底高程	边坡	下游	底宽	底高程	边坡
	左岸	20	46	1:2.5	砼			23	21.30	1:2.5		18	19.3	1:2.5
	右岸	20	46	1:2.5	砼	主要观测项目				垂直位移				

现场人员	3人	管理范围划定	上下游河道、堤防各200 m,左右侧各50 m。
		确权情况	未确权。

水文地质情况：

本场地浅部以粉土和软弱黏性土为主，场地内岩土层可划分6层（不含亚层），自上至下分别为：A层素填土，第①层砂壤土，第②层粉砂，第③层黏土，第④层含砂礓黏土，第⑤层石灰岩。

控制运用原则：

汛期控制内河水位27.19 m，行洪时根据水情、雨情，具体运用由区防指调度。

最近一次安全鉴定情况：

一、鉴定时间：2021年1月14日。

二、鉴定结论、主要存在问题及处理措施：经综合评定为二类闸。

主要存在问题：闸墩、翼墙等砼构件碳化且分布不均匀。

处理措施：建议防碳化处理。

最近一次除险加固情况：（徐水基〔2015〕80号）

一、建设时间：2013年12月8日—2015年2月12日。

二、主要加固内容：原址拆除重建沟上闸。

三、竣工验收意见、遗留问题及处理情况：2015年8月27日通过徐州市水利局组织的铜山区沟上闸除险加固工程竣工验收，无遗留问题。

发生重大事故情况：

无。

建成或除险加固以来主要维修养护项目及内容：

无。

目前存在主要问题：

1. 下游右侧护坡水位变幅区局部损坏；水闸边墩与下游路肩挡墙连接处沉降变位；两侧桥头堡沉降变位，散水下沉，启闭机房与桥头堡接缝处漏雨。

2. 闸门门体、门槽轻微锈蚀，活动门槽固定螺栓锈蚀；启闭机制动器液压缸渗油，联轴器螺栓锈蚀；1♯启闭机减速机渗油，制动轮轮缘锈蚀；控制柜柜底未按规范封堵。

3. 石材栏杆损坏。

下步规划或其他情况：

对闸墩、翼墙及交通桥现浇板进行防碳化处理。

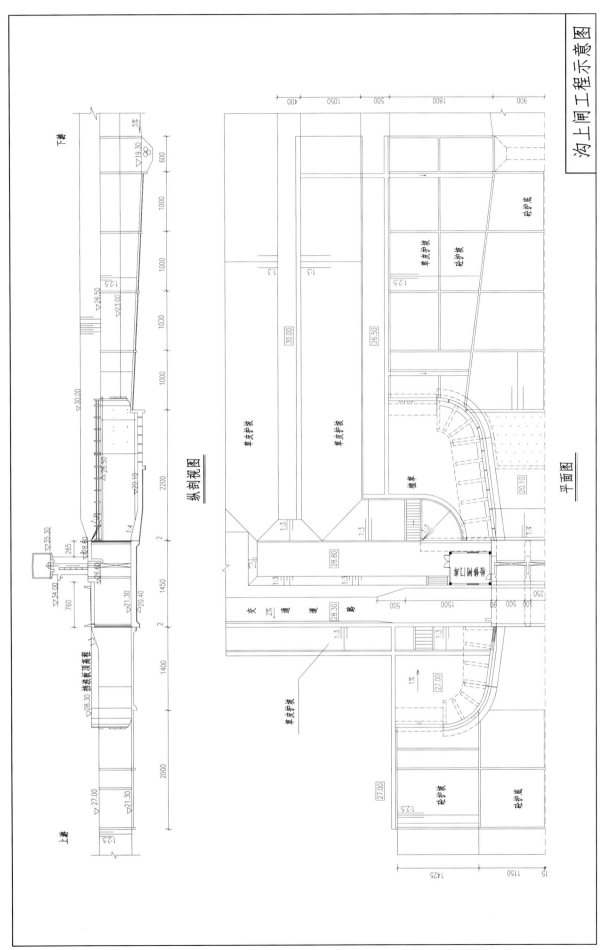

沟上闸工程示意图

纵剖视图

平面图

沟上闸管理范围界线图

贾 湾 闸

管理单位:铜山区单集水利站

闸孔数	3孔		闸孔净高(m)	闸孔	5.0	所在河流	南禅河	主要作用	防洪、排涝、灌溉
	其中航孔			航孔		结构型式	胸墙式		
闸总长(m)	69.2		每孔净宽(m)	闸孔	3.0	所在地	铜山区单集镇	建成日期	1991年
闸总宽(m)	12.0			航孔		工程规模	中型	除险加固竣工日期	年 月

主要部位高程(m)	闸顶	27.2	胸墙底		下游消力池底	21.0	工作便桥面	27.7	水准基面	废黄河
	闸底	22.2	交通桥面		闸孔工作桥面	32.6	航孔工作桥面			
	附近堤防顶高程		上游左堤		上游右堤		下游左堤		下游右堤	

交通桥标准	设计		交通桥净宽(m)		工作桥净宽(m)	闸孔	2.8	闸门结构型式	闸孔	钢筋砼平板闸门
	校核		工作便桥净宽(m)	2.6		航孔			航孔	

启闭机型式	闸孔	螺杆式	启闭机台数	闸孔	3	启闭能力(t)	闸孔	10	钢丝绳	规格	
	航孔			航孔			航孔			数量	m× 根

闸门钢材(t)		闸门尺寸(宽×高)(m×m)	3.0×3.0	建筑物等级	3	备用电源	装机	kW
设计标准		10年一遇设计		抗震设计烈度	Ⅶ		台数	

规划设计参数		设计水位组合			校核水位组合			检修门	型式		小水电	容量
		上游(m)	下游(m)	流量(m³/s)	上游(m)	下游(m)	流量(m³/s)		块/套			台数
	稳定	25.50	22.00	设计蓄水	26.00	22.00	校核水位	历史特征值		日期	相应水位(m)	
											上游	下游
	消能							上游水位 最高				
								下游水位 最低				
								最大过闸流量(m³/s)				
	孔径	26.60	26.45	70.00	27.86	27.61	100.00					

护坡长度(m)	部位	上游	下游	坡比	护坡型式	引河(m)	上游	底宽	底高程	边坡	下游	底宽	底高程	边坡
	左岸	10.0	38.7	1:2.5直墙	浆砌石			13.4	25.0	1:2.5		14.2	19.0	直墙
	右岸	10.0	38.7	1:2.5直墙	浆砌石	主要观测项目								

现场人员	2人	管理范围划定	上下游河道、堤防各50 m,左右侧各30 m。
		确权情况	未确权。

水文地质情况：

自上而下为：②层砂壤土，建议允许承载力 90 kPa，层底标高 25.88~24.93 m；②-2 层砂壤土，局部夹砂壤土薄层，建议允许承载力 120 kPa，层底标高 24.28~23.73 m。③层淤泥质壤土，建议允许承载力 50 kPa，层底标高 23.38~22.93 m；③层粉砂，建议允许承载力 90 kPa，层底标高 19.83~18.68 m。④-层淤泥质壤土，建议允许承载力 60 kPa，层底标高 18.03~16.98 m；④层壤土，建议允许承载力 90 kPa，层底标高 16.23~16.08 m。⑥层含砂礓壤土，建议允许承载力 250 kPa，层底标高 15.28~14.33 m，12.08~9.93 m；⑥-1 层粉细砂，局部夹小砂礓，层底标高 13.48~11.03 m；⑥-2 层中粗砂，局部夹黏土薄层及黏土团块，工程性质相对较好。

控制运用原则：

蓄水调度服从防洪除涝调度，汛期时，当上游来水致上游水位超 25.50 m 时逐渐开启闸门至敞泄。非汛期，闭闸蓄水，上游水位常年维持 25.5 m。

最近一次安全鉴定情况：

一、鉴定时间：2009 年 2 月。

二、鉴定结论、主要存在问题及处理措施：经综合评定为四类闸。

主要存在问题：

1. 消能防冲设施不满足规范要求。

2. 闸主体为浆砌石结构，不能满足防渗、抗震及强度要求。

3. 混凝土闸门碳化、露筋、开裂，启闭机老化损坏。

4. 启闭机排架、交通桥碳化。

5. 无管理设施。

最近一次除险加固情况：

一、建设时间：无。

二、主要加固内容：无。

三、竣工验收意见、遗留问题及处理情况：无。

发生重大事故情况：

无。

建成或除险加固以来主要维修养护项目及内容：

1. 2000 年 5 月闸门止水更换。

2. 2000 年 2 月维修启闭机。

3. 2005 年 12 月，上游河道清淤 3 000 m³。

目前存在主要问题：

1. 消能防冲设施不满足规范要求。

2. 闸主体为浆砌石结构，不能满足防渗、抗震及强度要求。

3. 混凝土闸门碳化、露筋、开裂，启闭机老化损坏。

4. 启闭机排架、交通桥碳化。

5. 无管理设施。

下步规划或其他情况：

已列入徐州市房亭河综合整理工程规划，拆除重建。

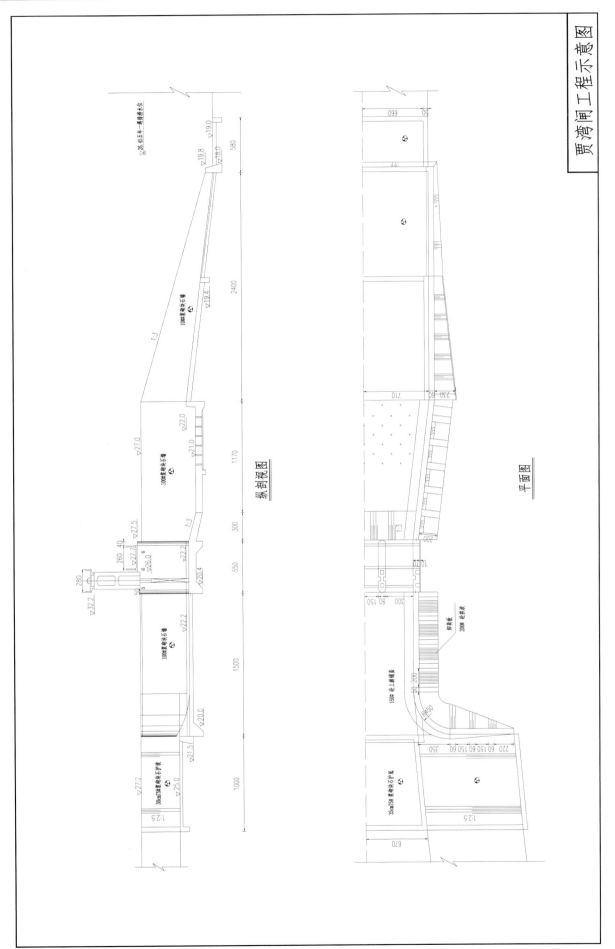

纵剖视图

平面图

贾湾闸工程示意图

贾湾闸管理范围界线图

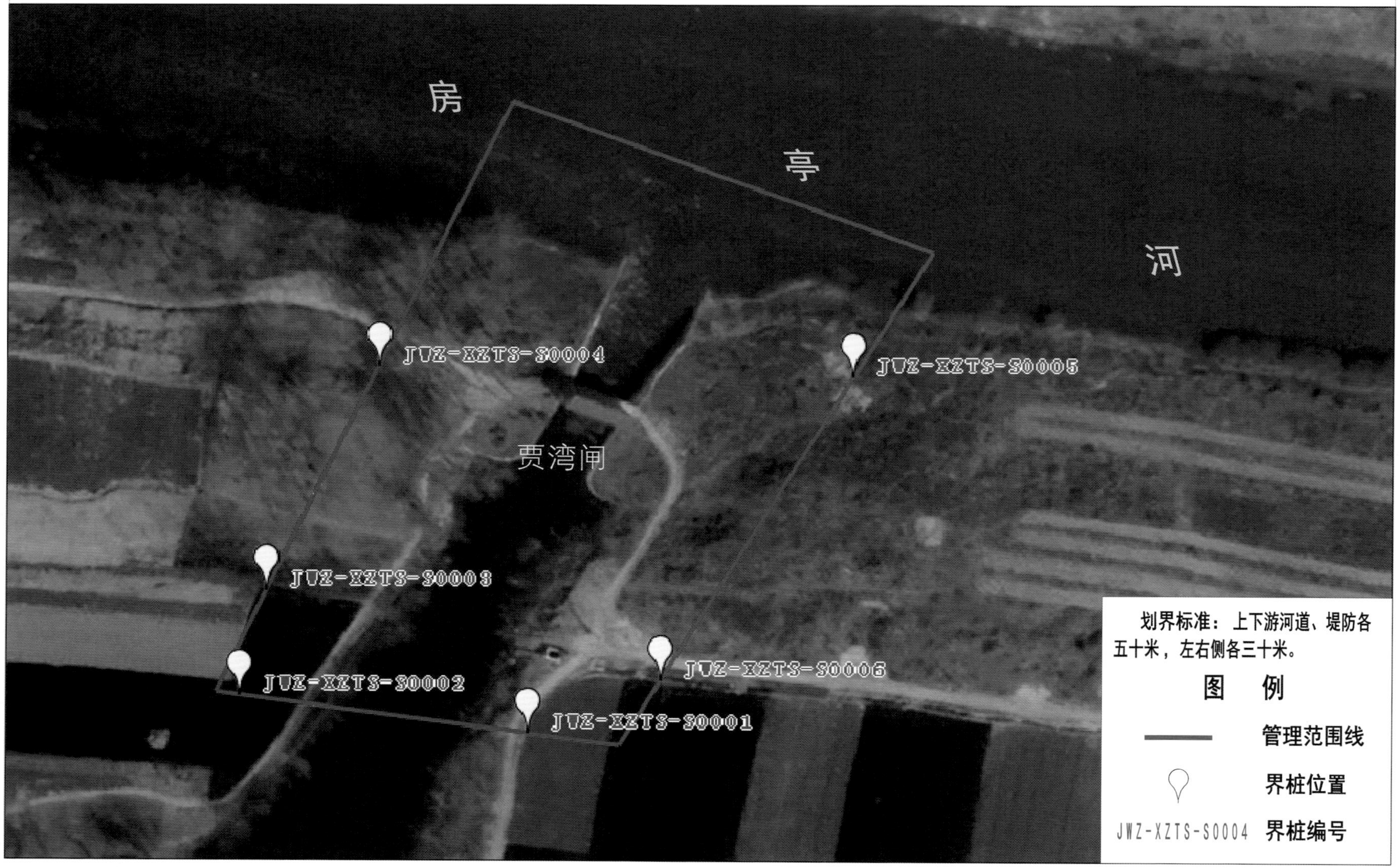

图　例

划界标准：上下游河道、堤防各五十米，左右侧各三十米。

管理范围线

界桩位置

界桩编号

JWZ-XZTS-S0004

贾湾闸

房

亭

河

JWZ-XZTS-S0005

JWZ-XZTS-S0004

JWZ-XZTS-S0003

JWZ-XZTS-S0006

JWZ-XZTS-S0002

JWZ-XZTS-S0001

闫 楼 闸

管理单位:铜山区大许镇政府

闸孔数	3孔		闸孔净高(m)	闸孔	4.75	所在河流	二八河	主要作用	排涝、灌溉
	其中航孔			航孔		结构型式	胸墙式		
闸总长(m)	124.5		每孔净宽(m)	闸孔	4	所在地	铜山区大许镇	建成日期	1978 年 12 月
闸总宽(m)	15.4			航孔		工程规模	中型	除险加固竣工日期	2015 年 9 月

主要部位高程(m)	闸顶	27.5	胸墙底	26.2	下游消力池底	21.3	工作便桥面	27.5	水准基面	废黄河
	闸底	22.0	交通桥面	27.5	闸孔工作桥面	34.0	航孔工作桥面			
	附近堤防顶高程	上游左堤		上游右堤			下游左堤	30.00	下游右堤	30.00

交通桥标准	设计	公路Ⅱ级	交通桥净宽(m)	4.5+2×0.5	工作桥净宽(m)	闸孔	4.6	闸门结构型式	闸孔	平面钢闸门
	校核		工作便桥净宽(m)	2		航孔			航孔	
启闭机型式	闸孔	卷扬式	启闭机台数	闸孔	3	启闭能力(t)	闸孔	12.5	钢丝绳	规格	m× 根
	航孔			航孔			航孔			数量	

闸门钢材(t)	23.98	闸门尺寸(宽×高)(m×m)	4.12×4.75	建筑物等级	3	备用电源	装机	30 kW
设计标准	10 年一遇排涝设计,20 年一遇挡洪			抗震设计烈度	Ⅶ		台数	

规划设计参数		设计水位组合			校核水位组合			检修门	型式	浮箱叠梁式	小水电	容量	
		上游(m)	下游(m)	流量(m³/s)	上游(m)	下游(m)	流量(m³/s)		块/套			台数	
	稳定	26.00	22.00	正常蓄水				历史特征值		日期		相应水位(m)	
		26.30	28.34	反向挡洪								上游	下游
		26.00	22.50	地震				上游水位 最高					
	消能							下游水位 最低					
								最大过闸流量(m³/s)					
	孔径	26.30	26.20	70.00									

护坡长度(m)	部位	上游	下游	坡比	护坡型式	引河(m)	上游	底宽	底高程	边坡	下游	底宽	底高程	边坡
	左岸	20	61	1:2.5	砼			16.00	22.00	1:2.5		16.00	20.00	直墙
	右岸	20	61	1:2.5	砼	主要观测项目								

现场人员	2人	管理范围划定	上下游河道、堤防各 50 m,左右侧各 30 m。
		确权情况	未确权。

水文地质情况：

　　场地土层自上而下分7层，分别为：1层粉土加壤土为主，2层粉土，3层壤土，4、5层黏土，6层含砂礓土，7层含砂礓土黏土。根据地质勘探资料，水闸闸室和翼墙基底均位于3层粉土之上，该层土防渗抗冲能力差且为地震液化土层，允许承载力150 kPa，闸室底板四周及上下游翼墙底板下设置Φ50双排套打搅拌桩，桩底高程17.5 m。

控制运用原则：

　　一、当二八河发生95 m³/s洪水时，对应设计防洪水位时26 m，水闸全部关闭防洪。

　　二、当闸前水位低于最高运用水位25.6 m时，按照调度指令进行闭闸蓄水，高于26 m时应开闸放水，并采取必要的安全防护措施。

　　三、闸前水位在设计引水位25.6 m及以下时，在二八河调度要求范围内有计划地进行引水。

　　四、引水时密切关注水质变化情况，并及时报告。

最近一次安全鉴定情况：

　　一、鉴定时间：无。

　　二、鉴定结论、主要存在问题及处理措施：无。

最近一次除险加固情况：（徐水基〔2016〕96号）

　　一、建设时间：2014年12月—2015年11月。

　　二、主要加固内容：原址拆除重建闫楼闸。

　　三、竣工验收意见、遗留问题及处理情况：2016年9月2日通过徐州市水利局组织的铜山区闫楼闸除险加固工程竣工验收。

　　遗留问题：受地方矛盾影响，闫楼闸下游两侧新筑提防各130 m及连接段挡墙各42 m尚未完成，2016年底实施完成。

发生重大事故情况：

　　无。

建成或除险加固以来主要维修养护项目及内容：

　　无。

目前存在主要问题：

　　无。

下步规划或其他情况：

　　无。

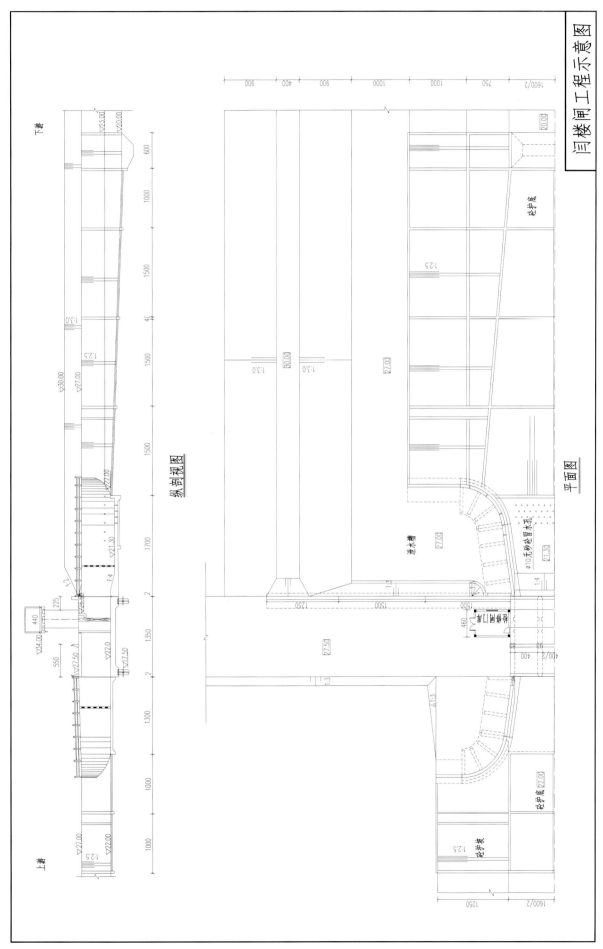

闸楼闸工程示意图

纵剖视图

平面图

闫楼闸管理范围界线图

图　例

划界标准：上下游河道、堤防各五十米，左右侧各三十米。

管理范围线

界桩位置

YLZ-XZTS-S0003　界桩编号

YLZ-XZTS-S0002

YLZ-XZTS-S0003

YLZ-XZTS-S0001

YLZ-XZTS-S0004

二

八

闫楼闸

大刘路

河

夏 河 闸

管理单位:铜山区大许镇政府

闸孔数	3 孔		闸孔净高(m)	闸孔	4	所在河流	二八河		主要作用	排涝、灌溉
	其中航孔			航孔		结构型式	胸墙式			
闸总长(m)	99.44		每孔净宽(m)	闸孔	2.5	所在地	大许镇		建成日期	1990 年 5 月
闸总宽(m)	10.7			航孔		工程规模	中型		除险加固竣工日期	2015 年 8 月

主要部位高程(m)	闸顶	28.0	胸墙底	26.0	下游消力池底	21.5	工作便桥面	28.0	水准基面	废黄河
	闸底	22.0	交通桥面	28.0	闸孔工作桥面	34.8	航孔工作桥面			
	附近堤防顶高程	上游左堤		上游右堤			下游左堤		下游右堤	

交通桥标准	设计	公路Ⅱ级	交通桥净宽(m)	6+2×0.5	工作桥净宽(m)	闸孔	4	闸门结构型式	闸孔	平面钢闸门
	校核		工作便桥净宽(m)	2		航孔			航孔	
启闭机型式	闸孔	螺杆式	启闭机台数	闸孔	3	启闭能力(t)	闸孔	12	钢丝绳	规格	
	航孔			航孔			航孔			数量	m× 根

闸门钢材(t)		闸门尺寸(宽×高)(m×m)	2.88×4.2	建筑物等级	4	备用电源	装机	kW
设计标准	10 年一遇排涝设计			抗震设计烈度	Ⅶ		台数	

规划设计参数		设计水位组合			校核水位组合			检修门	型式	钢闸门	小水电	容量	
		上游(m)	下游(m)	流量(m³/s)	上游(m)	下游(m)	流量(m³/s)		块/套	1 扇		台数	
	稳定	27.50	26.00	正常蓄水				历史特征值		日期		相应水位(m)		
		25.50	23.00	最低蓄水								上游	下游	
	消能	26.50	23.00					上游水位 最高						
		27.50	25.00					下游水位 最低						
								最大过闸流量(m³/s)						
	孔径	26.93	26.83	46.40										

护坡长度(m)	部位	上游	下游	坡比	护坡型式	引河(m)		底宽	底高程	边坡	下游	底宽	底高程	边坡
	左岸	20	36.3	1:3	砼		上游	10.00	22.00	1:3		10.00	21.00	1:3
	右岸	20	36.3	1:3	砼	主要观测项目			垂直位移					

现场人员	2 人	管理范围划定	上下游河道、堤防各 50 m,左右侧各 30 m。
		确权情况	未确权。

水文地质情况：

　　场地土层分 4 层，自上而下分别为：①砂壤土，②淤泥质砂壤土混粉土，③壤土，④含砂礓壤土。场地内第①到③层均为全新统新近沉积土层，沉积时间短，工程性质较差，第④层含砂礓壤土为上更新统地层，承载力较高，工程性质较好。采用换填水泥土方式对闸室底板和上、下游翼墙底板地基进行处理，将上述底板下②层淤泥质砂壤土与混粉土层全部挖除后，换填水泥土，水泥掺入量 8%～10%。

控制运用原则：

　　按照铜山区防办的调度指令执行。当二八河上游有洪水下泄时，开启夏河闸泄洪水，经房亭河排入徐洪河。

最近一次安全鉴定情况：

　　一、鉴定时间：无。

　　二、鉴定结论、主要存在问题及处理措施：无。

最近一次除险加固情况：（徐水基〔2015〕79 号）

　　一、建设时间：2013 年 12 月 15 日—2015 年 2 月 12 日。

　　二、主要加固内容：原址拆除重建夏河闸。

　　竣工验收意见、遗留问题及处理情况：

　　2015 年 8 月 27 日通过徐州市水利局组织的铜山区夏河闸除险加固工程竣工验收，无遗留问题。

发生重大事故情况：

　　无。

建成或除险加固以来主要维修养护项目及内容：

　　无。

目前存在主要问题：

　　无。

下步规划或其他情况：

　　无。

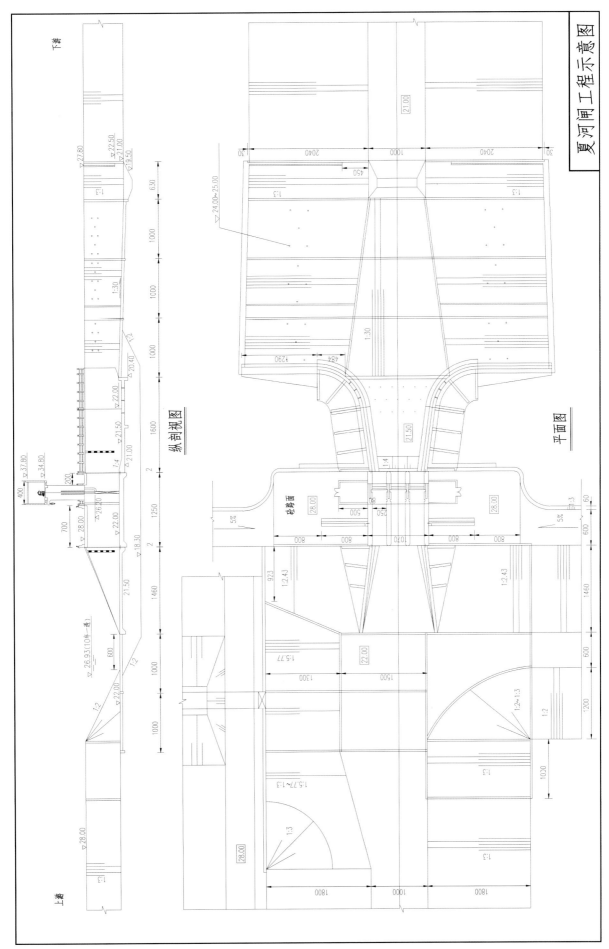

夏河闸工程示意图

平面图

纵剖视图

夏河闸管理范围界线图

贾汪区

马 庄 闸

管理单位:贾汪区水务保障中心

闸孔数	3孔	闸孔净高(m)	闸孔	7	所在河流	屯头河	主要作用	防洪、排涝、引水
	其中航孔		航孔		结构型式	开敞式		
闸总长(m)	99.2	每孔净宽(m)	闸孔	7	所在地	贾汪区潘安湖街道	建成日期	2009 年 6 月
闸总宽(m)	21		航孔		工程规模	中型	除险加固竣工日期	2012 年 5 月

主要部位高程(m)	闸顶	33.5	胸墙底		下游消力池底	25.7	工作便桥面	33.5	水准基面	废黄河
	闸底	26.5	交通桥面	33.5	闸孔工作桥面	39.8	航孔工作桥面			
	附近堤防顶高程		上游左堤	32.7	上游右堤	32.7	下游左堤	32.5	下游右堤	32.5

交通桥标准	设计	公路Ⅱ级	交通桥净宽(m)	5+2×0.5	工作桥净宽(m)	闸孔	4	闸门结构型式	闸孔	平面钢闸门
	校核		工作便桥净宽(m)	1.5		航孔			航孔	

启闭机型式	闸孔	卷扬式	启闭机台数	闸孔	3	启闭能力(t)	闸孔	2×8	钢丝绳	规格	m× 根
	航孔			航孔			航孔			数量	

闸门钢材(t)		闸门尺寸(宽×高)(m×m)	7.1×4.4	建筑物等级	2	备用电源	装机	24 kW
设计标准	5 年一遇排涝设计,20 年一遇防洪校核			抗震设计烈度	Ⅶ		台数	1

规划设计参数		设计水位组合			校核水位组合			检修门	型式	钢闸门	小水电	容量
		上游(m)	下游(m)	流量(m³/s)	上游(m)	下游(m)	流量(m³/s)		块/套	1 套		台数
	稳定	29.00	27.70	正常蓄水	30.60	27.70	校核水位	历史特征值		日期	相应水位(m)	
											上游	下游
		29.00	27.70	地震				上游水位 最高				
	消能							下游水位 最低				
								最大过闸流量(m³/s)				
	孔径	30.83	30.73	132.00	32.70	32.50	236.00					

护坡长度(m)	部位	上游	下游	坡比	护坡型式	引河(m)	上游	底宽	底高程	边坡	下游	底宽	底高程	边坡
	左岸	20	37.2	1:2	干砌石			35	26.5	1:2		25	26.5	1:2
	右岸	20	37.2	1:2	干砌石	主要观测项目								

现场人员	1人	管理范围划定	左右岸各 50 m,上下游河道、堤防各 200 m,划界面积 0.08 km²。
		确权情况	未确权。

水文地质情况：

　　贾汪区属于沂沭泗流域，全区多年平均降水量为 825 mm，雨量多集中在 7—8 月份。钻探资料表明地质层分为：①填矸；①-1 素填土。②黏土，层底高程 25.84～27.7 m，建议容许承载力 120 kPa。③黏土混砂礓，层底高程 22.95～24.2 m，建议容许承载力 280 kPa。④黏土，层底高程 18.55～24.44 m，建议容许承载力 330 kPa。⑤残积土，建议容许承载力 350 kPa。⑥页岩，建议容许承载力 500 kPa。建筑物底板主要落在第③层上。

控制运用原则：

　　控制闸上水位 27.2～29.8 m，有排涝要求时，闸上控制水位不超过 29.0 m。

最近一次安全鉴定情况：

　　一、鉴定时间：2020 年 12 月 30 日。

　　二、鉴定结论、主要存在问题及处理措施：

马庄闸工程运用指标基本达到设计标准，按照《水闸安全评价导则》评定标准，该闸评定为二类闸。

主要存在问题：部分混凝土构件碳化、胀裂漏筋，闸门面板锈蚀，减速机、制动器渗油等。

处理措施：

1. 对闸门及其他金属结构进行防腐；对减速机、制动器渗油部位进行处理。

2. 对挡浪墙、排架进行防碳化处理。

3. 清除违章种植等。

4. 更换损坏的电压表。

5. 加强工程养护和工程观测，确保安全运行。

工程验收情况：

　　一、建设时间：2009 年 2 月 16 日—2009 年 6 月。

　　二、主要内容：新建马庄闸（属于农业综合开发徐州市贾汪区不牢河灌区 2008 年度节水配套改造项目）。

　　三、竣工验收意见、遗留问题及处理情况：2012 年 5 月 23 日通过江苏省水利厅、财政厅、农业资源开发局共同组织的农业综合开发徐州市贾汪区不牢河灌区 2008 年度节水配套改造项目省级验收，马庄闸无遗留问题。

发生重大事故情况：

　　无。

建成或除险加固以来主要维修养护项目及内容：

　　2018 年 6 月在闸门顶增加配重块。

目前存在主要问题：

　　部分混凝土构件碳化、胀裂漏筋，闸门面板锈蚀，减速机、制动器渗油等。

下步规划或其他情况：

　　无。

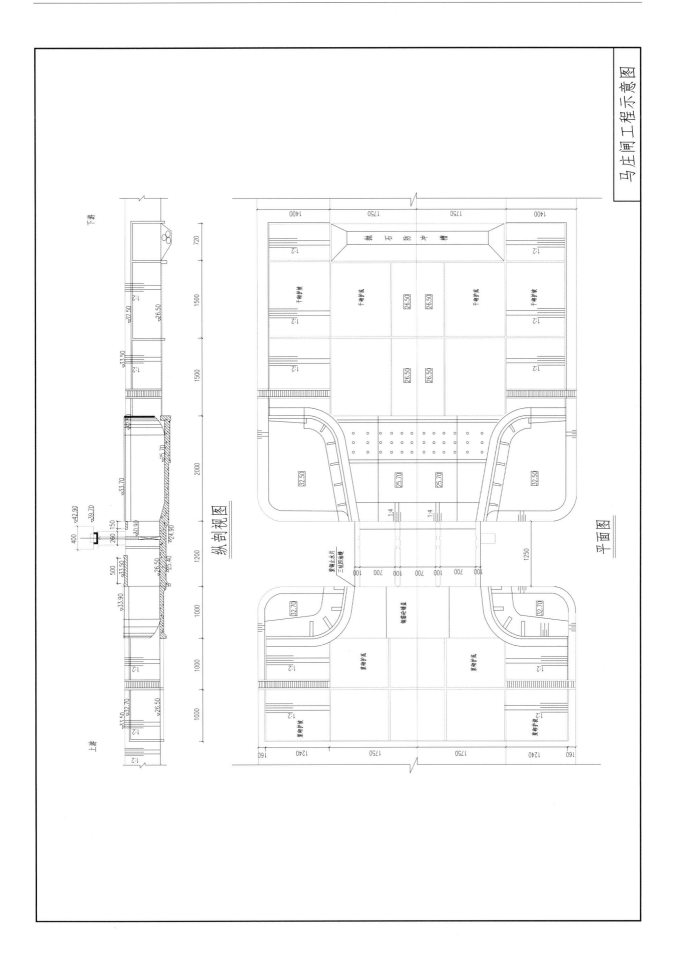

马庄闸工程示意图

纵剖视图

平面图

马庄闸管理范围界线图

屯 头 河 闸

管理单位:贾汪区水务保障中心

闸孔数	5孔	闸孔净高(m)	闸孔	7	所在河流	屯头河	主要作用	防洪、排涝
	其中航孔		航孔		结构型式	开敞式		
闸总长(m)	73.2	每孔净宽(m)	闸孔	6.5	所在地	贾汪区贾汪镇韩场村	建成日期	2003 年 9 月
闸总宽(m)	38.3		航孔		工程规模	中型	除险加固竣工日期	年 月
主要部位高程(m)	闸顶	32.5	胸墙底		下游消力池底	24.7	工作便桥面	32.5	水准基面	废黄河
	闸底	25.5	交通桥面	32.5	闸孔工作桥面	39	航孔工作桥面			
	附近堤防顶高程	上游左堤	32.5	上游右堤	32.5	下游左堤	32.5	下游右堤	32.5
交通桥标准	设计		交通桥净宽(m)	4.5+2×0.5	工作桥净宽(m)	闸孔	3.8	闸门结构型式	闸孔	平面钢闸门
	校核		工作便桥净宽(m)	2		航孔			航孔	
启闭机型式	闸孔	卷扬式	启闭机台数	闸孔	5	启闭能力(t)	闸孔	2×10	钢丝绳	规格	
	航孔			航孔			航孔			数量	m× 根
闸门钢材(t)		闸门尺寸(宽×高)(m×m)		建筑物等级	3	备用电源	装机	24 kW
设计标准	5年一遇设计,20年一遇行洪校核		抗震设计烈度	Ⅶ		台数	1

规划设计参数		设计水位组合			校核水位组合			检修门	型式		小水电	容量
		上游(m)	下游(m)	流量(m³/s)	上游(m)	下游(m)	流量(m³/s)		块/套			台数
	稳定	29.50	28.00	正常挡水				历史特征值		日期		相应水位(m)
		29.86	27.50	地震							上游	下游
	消能	29.50	27.50					上游水位 最高				
								下游水位 最低				
	防渗	29.50	27.50					最大过闸流量(m³/s)				
	孔径	29.86	29.76	284.00	31.80	31.60	507.00					

护坡长度(m)	部位	上游	下游	坡比	护坡型式	引河(m)	上游	底宽	底高程	边坡	下游	底宽	底高程	边坡
	左岸	10	23.5	1:2.5	浆砌石			40	25.5	1:2.5		50	25.5	1:2.5
	右岸	10	23.5	1:2.5	浆砌石	主要观测项目								
现场人员	1人	管理范围划定	上下游河道、堤防各 200 m,左右侧各 50 m,划界面积 0.09 km²。
		确权情况	未确权。

水文地质情况：

贾汪区属于沂沭泗流域，全区多年平均降水量为 825 mm，雨量多集中在 7—8 月份。据钻探揭示，场地内土层可划分为 5 层：第①层黏土，层底高程 27.71～28.79 m，建议容许承载力 100 kPa；第②层粉砂，层底高程 25.21～27.09 m，建议容许承载力 100 kPa；第③层淤泥质黏土，层底高程 24.71～25.16 m，建议容许承载力 70 kPa；第④层黏土，建议容许承载力 130 kPa；第⑤层枯土混砂礓，建议容许承载力 300 kPa。

控制运用原则：

控制闸上水位 26.7～28.5 m，有排涝要求时，闸上控制水位不超过 27.7 m。

最近一次安全鉴定情况：

一、鉴定时间：2020 年 12 月 30 日。

二、鉴定结论、主要存在问题及处理措施：

屯头河闸工程运用指标基本达到设计标准，按照《水闸安全评价导则》评定标准，该闸评定为二类闸。

主要存在问题：部分混凝土构件碳化、胀裂漏筋；启闭机房漏雨；闸门下部、门槽等锈蚀，减速机渗油等。

处理措施：

1. 对闸门及其他金属结构进行防腐；对减速机渗油进行处理。

2. 对交通桥胀裂露筋部分进行处理。

3. 更换配电柜中老化设备；增设检修门起吊葫芦。

4. 对启闭机房漏雨进行处理。

5. 加强工程养护和工程观测，确保安全运行。

工程验收情况：

一、建设时间：2003 年 2 月 20 日—2003 年 9 月 5 日。

二、主要内容：无。

三、竣工验收意见、遗留问题及处理情况：无。

发生重大事故情况：

无。

建成或除险加固以来主要维修养护项目及内容：

2020 年 5 月更换供电线路。

目前存在主要问题：

部分混凝土构件碳化、胀裂漏筋；启闭机房漏雨；闸门下部、门槽等锈蚀，减速机渗油等。

下步规划或其他情况：

无。

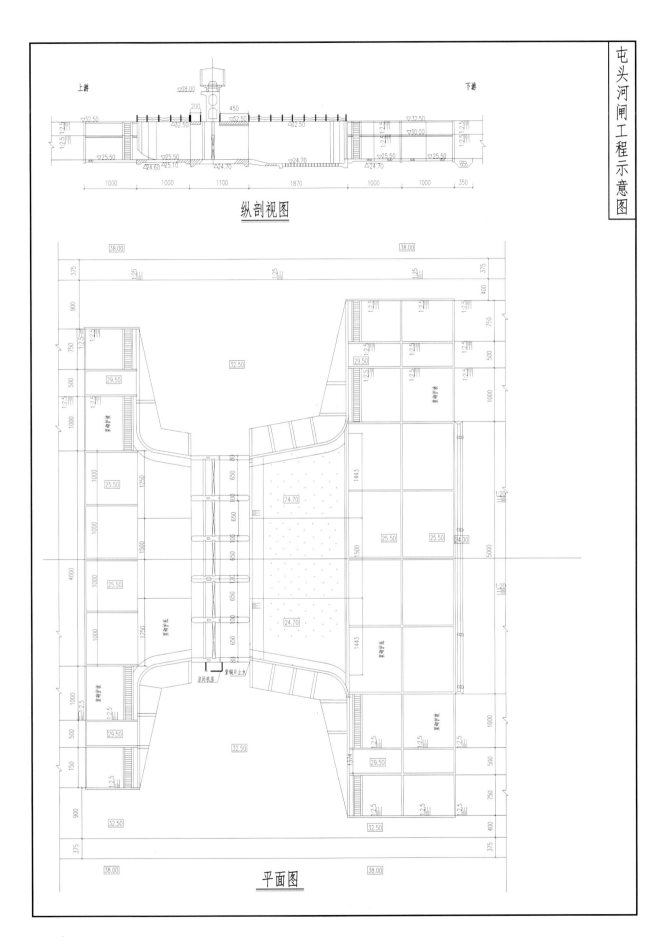

纵剖视图

平面图

屯头河闸工程示意图

屯头河闸管理范围界线图

图　例

管理范围界线

界桩位置

界桩编号　TTHZ-XZJW-S0005

划界标准：左右侧各五十米，上下游河道、堤防各二百米。

朱 湾 闸

管理单位:贾汪区水务保障中心

闸孔数	8孔	闸孔净高(m)	闸孔	9.3	所在河流	老不牢河	主要作用	防洪、排涝、灌溉
	其中航孔		航孔		结构型式	开敞式		
闸总长(m)	96.5	每孔净宽(m)	闸孔	5	所在地	贾汪区塔山镇朱湾村	建成日期	2000年6月
闸总宽(m)	47.6		航孔		工程规模	中型	除险加固竣工日期	年 月

主要部位高程(m)	闸顶	32.3	胸墙底		下游消力池底	22.0	工作便桥面	32.3	水准基面	废黄河
	闸底	23	交通桥面	32.3	闸孔工作桥面	38.3	航孔工作桥面			
	附近堤防顶高程		上游左堤	32.3	上游右堤	32.3	下游左堤	32.3	下游右堤	32.3

交通桥标准	设计	汽-20	交通桥净宽(m)	7	工作桥净宽(m)	闸孔	2.4	闸门结构型式	闸孔	平面钢闸门
	校核	挂-100	工作便桥净宽(m)	2.1		航孔			航孔	

启闭机型式	闸孔	卷扬式	启闭机台数	闸孔	8	启闭能力(t)	闸孔	2×10	钢丝绳	规格	
	航孔			航孔			航孔			数量	m× 根

闸门钢材(t)		闸门尺寸(宽×高)(m×m)		建筑物等级	3	备用电源	装机	24 kW
设计标准	5年一遇排涝设计,20年一遇防洪校核			抗震设计烈度	Ⅶ		台数	1

规划设计参数		设计水位组合			校核水位组合			检修门	型式		小水电	容量
		上游(m)	下游(m)	流量(m³/s)	上游(m)	下游(m)	流量(m³/s)		块/套			台数
	稳定	28.00	25.00	正常挡水				历史特征值		日期		相应水位(m)	
		28.00	25.00	地震							上游	下游
	消能	28.00	24.00					上游水位 最高				
								下游水位 最低				
	防渗	28.00	24.00					最大过闸流量(m³/s)				
	孔径	28.80	28.70	486.00	30.91	30.71	865.00					

护坡长度(m)	部位	上游	下游	坡比	护坡型式	引河(m)	上游	底宽	底高程	边坡	下游	底宽	底高程	边坡
	左岸		40	1:3	混凝土			65	23.0	1:3		65	23.0	1:3
	右岸		40	1:3	混凝土	主要观测项目								

现场人员	1人	管理范围划定	上下游河道、堤防各200 m,左右侧各50 m,划界面积0.08 km²。
		确权情况	未确权。

水文地质情况：

贾汪区属于沂沭泗流域，全区多年平均降水量为 825 mm，雨量多集中在 7—8 月份。据钻探及静探揭示，除现存堆石填坝体外，场地内土层可划分为三层：①老堆石坝；②重壤土，建议容许承载力 100 kPa；③黏土，建议容许承载力 120 kPa；④黏土，建议容许承载力 200 kPa。

控制运用原则：

控制闸上水位 26.5～27.8 m，有排涝要求时，闸上控制水位不超过 28 m。

最近一次安全鉴定情况：

一、鉴定时间：2020 年 12 月 30 日。

二、鉴定结论、主要存在问题及处理措施：

朱湾闸工程运用指标基本达到设计标准，按照《水闸安全评价导则》评定标准，该闸评定为二类闸。

主要存在问题：部分混凝土构件碳化、胀裂漏筋；上游右侧、下游左侧末节翼墙断裂；闸门局部锈蚀；启闭机房抗风能力差；减速机渗油等。

处理措施：

1. 对闸门及其他金属结构进行防腐；对减速机、制动器渗油部位进行处理。

2. 对断裂的末节翼墙拆除重建。

3. 加强工程养护和工程观测，确保安全运行。

工程验收情况：

一、建设时间：2000 年 4 月 1 日—2000 年 6 月。

二、主要内容：新建朱湾闸。

三、竣工验收意见、遗留问题及处理情况：无。

发生重大事故情况：

无。

建成或除险加固以来主要维修养护项目及内容：

1. 2016 年 1 月通过贾汪区 2015 年省级水利工程维修项目对朱湾闸下游护坡、管理房、启闭机房进行维修，并更换供电线路。

2. 2018 年 5 月，增设屋顶防雨棚。

3. 2020 年 6 月，更换启闭机钢丝绳。

目前存在主要问题：

部分混凝土构件碳化、胀裂漏筋；上游右侧、下游左侧末节翼墙断裂；闸门局部锈蚀；启闭机房抗风能力差；减速机渗油等。

下步规划或其他情况：

无。

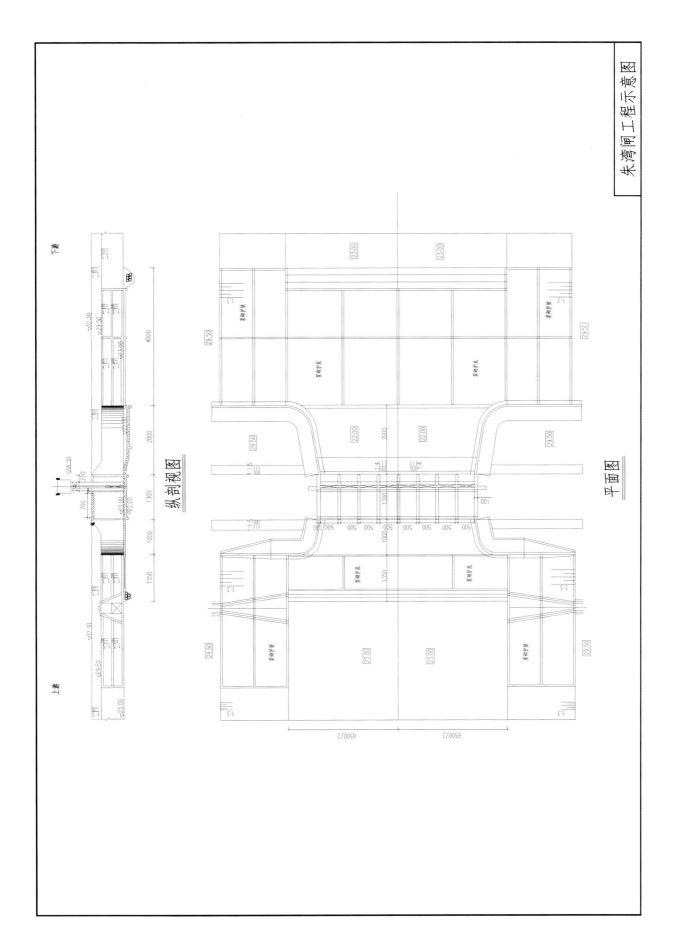

朱湾闸管理范围界线图

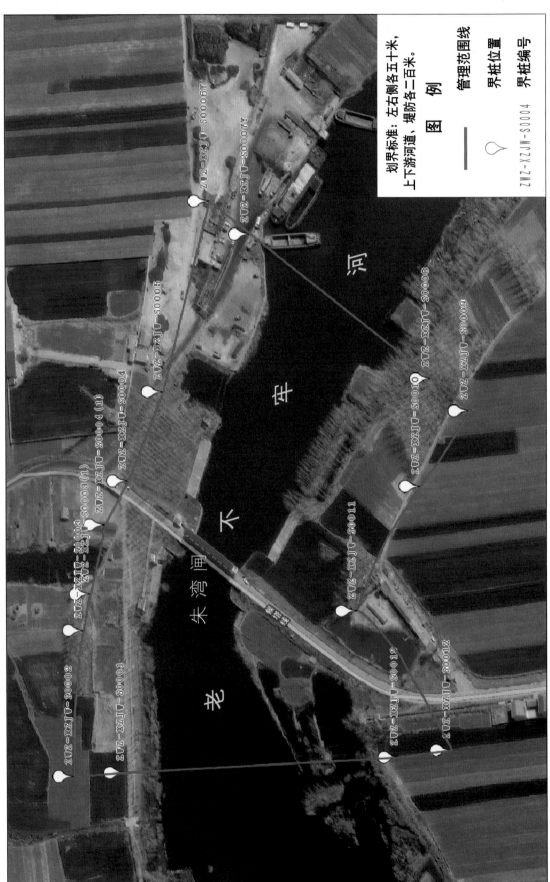

七 孔 闸

管理单位:贾汪区水利工程设施管理中心

闸孔数	3 孔		闸孔净高(m)	闸孔	5.95	所在河流结构型式	主流河开敞式	主要作用	防洪、排涝		
	其中航孔			航孔							
闸总长(m)	133.39		每孔净宽(m)	闸孔	6	所在地	贾汪区汴塘镇	建成日期	1962 年 9 月		
闸总宽(m)	22.0			航孔		工程规模	中型	除险加固竣工日期	2019 年 9 月		
主要部位高程(m)	闸顶	29.05	胸墙底		下游消力池底	22.5	工作便桥面	29.05	水准基面	废黄河
	闸底	23.1	交通桥面	29.05	闸孔工作桥面	35.15	航孔工作桥面			
	附近堤防顶高程		上游左堤	29.5	上游右堤	29.5	下游左堤	29.5	下游右堤	29.5
交通桥标准	设计	公路Ⅱ级	交通桥净宽(m)	4.5+2×0.5	工作桥净宽(m)	闸孔	4.0	闸门结构型式	闸孔	平面钢闸门
	校核		工作便桥净宽(m)	1.8		航孔			航孔	
启闭机型式	闸孔	卷扬式	启闭机台数	闸孔	3	启闭能力(t)	闸孔	2×8	钢丝绳	规格	
	航孔			航孔			航孔			数量	m× 根

闸门钢材(t)		闸门尺寸(宽×高)(m×m)	6.12×4.2	建筑物等级	3	备用电源	装机台数	30 kW
设计标准	10 年一遇排涝设计,20 年一遇行洪校核			抗震设计烈度	Ⅶ			1

规划设计参数		设计水位组合			校核水位组合			检修门	型式	钢质浮箱叠梁	小水电	容量台数	
		上游(m)	下游(m)	流量(m³/s)	上游(m)	下游(m)	流量(m³/s)		块/套	5			
	稳定	27.00	26.80	设计蓄水	27.00	26.00	校核蓄水	历史特征值		日期		相应水位(m)	
												上游	下游
	消能	27.00~27.95	26.00~27.70	0~179.00				上游水位 最高					
								下游水位 最低					
								最大过闸流量(m³/s)					
	孔径	27.15	26.95	145.00	27.95	26.95	179.00						

护坡长度(m)	部位	上游	下游	坡比	护坡型式	引河上游(m)		底宽	底高程	边坡	下游	底宽	底高程	边坡
	左岸	60	36	1:2.5	混凝土			15	23.1	1:2.5		20	23.1	1:2.5
	右岸	60	36	1:2.5	混凝土	主要观测项目								

现场人员	1 人	管理范围划定	上下游河道、堤防各 200 m,左右侧各 50 m。
		确权情况	未确权。

水文地质情况：

　　场地地貌单元为冲积平原，微地貌形态有河床、河漫滩、河堤等，地形起伏较大，自然地面高程在 26.11～28.14 m，地表相对高差 2.03 m。场地试验深度范围内土层自上而下分 6 层。场地地下水类型为第四系孔系潜水，赋水层位主要为上部填土及粉质黏土。场地的抗震设防为 7 度，基本地震加速度 0.10 g，设计地震分组为第二组。场地内无饱和砂（粉）土存在，场地为不液化地基。

控制运用原则：

　　汛期工程控制运用接受区防汛抗旱指挥部办公室指令，非汛期工程控制运用接受区水务局指令，按照设计水位运行。

最近一次安全鉴定情况：

　　一、鉴定时间：无。

　　二、鉴定结论、主要存在问题及处理措施：无。

最近一次除险加固情况：（徐水基〔2019〕69 号）

　　一、建设时间：2016 年 10 月 8 日—2017 年 11 月 23 日。

　　二、主要加固内容：拆除重建闸室及上下游连接段水工建筑物，新建闸室两侧连接道路，拆除重建上下游堤防及上游南侧排涝涵洞，配备闸门、启闭机及电气设备，新建启闭机房等。

　　三、竣工验收意见、遗留问题及处理情况：2019 年 9 月 5 日通过徐州市水利局组织的贾汪区七孔闸除险加固工程竣工验收，无遗留问题。

发生重大事故情况：

　　无。

建成或除险加固以来主要维修养护项目及内容：

　　无。

目前存在主要问题：

　　无。

下步规划或其他情况：

　　无。

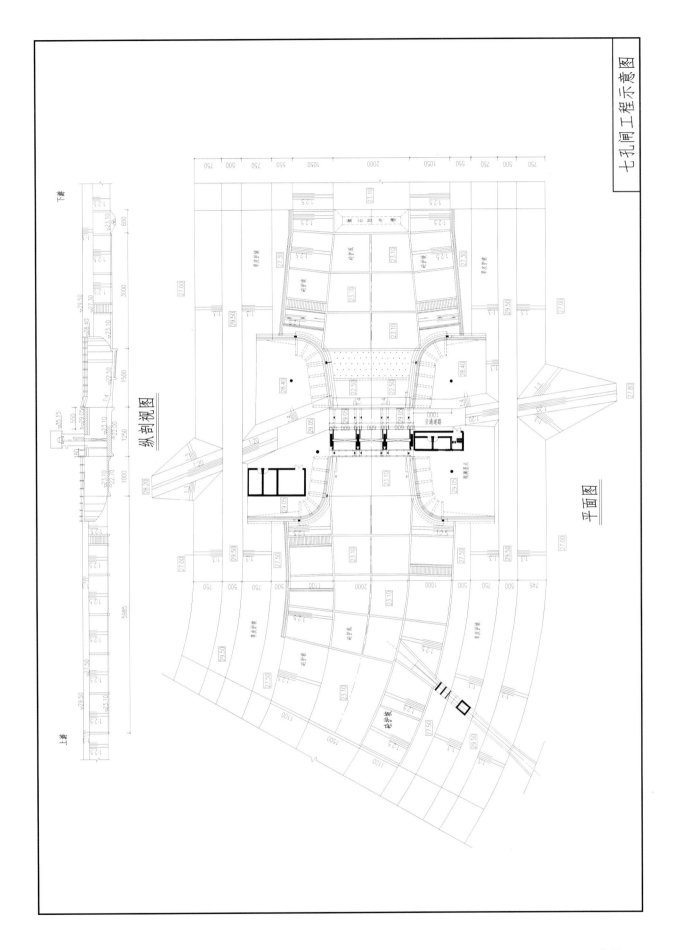

七孔闸工程示意图

纵剖视图

平面图

泉 山 区

范 山 闸

管理单位:徐州淮海国际港务区柳新镇经济发展局

闸孔数	3孔		闸孔净高(m)	闸孔	4.5	所在河流	桃园河	主要作用	防洪、拦蓄、灌溉、排涝
	其中航孔			航孔		结构型式	胸墙式		
闸总长(m)	113		每孔净宽(m)	闸孔	4.0	所在地	泉山区柳新镇	建成日期	1970年5月
闸总宽(m)	15.6			航孔		工程规模	中型	除险加固竣工日期	2013年4月

主要部位高程(m)	闸顶	35.5	胸墙底	34.5	下游消力池底	28.0	工作便桥面	35.5	水准基面	废黄河
	闸底	30.0	交通桥面	35.5	闸孔工作桥面	42.0	航孔工作桥面			
	附近堤防顶高程		上游左堤	36.0	上游右堤	36.0	下游左堤	36.0	下游右堤	36.0

交通桥标准	设计	公路Ⅱ级	交通桥净宽(m)	4.5+2×0.5	工作桥净宽(m)	闸孔	3.9	闸门结构型式	闸孔	平面钢闸门
	校核		工作便桥净宽(m)	2.0		航孔			航孔	

启闭机型式	闸孔	卷扬式	启闭机台数	闸孔	3	启闭能力(t)	闸孔	2×8	钢丝绳	规格	m× 根
	航孔			航孔			航孔			数量	

闸门钢材(t)	20.13	闸门尺寸(宽×高)(m×m)	4.13×4.5	建筑物等级	3	备用电源	装机台数	100 kW
设计标准		20年一遇排涝设计		抗震设计烈度	Ⅶ			

规划设计参数		设计水位组合			校核水位组合			检修门	型式	浮箱叠梁门	小水电		
		上游(m)	下游(m)	流量(m³/s)	上游(m)	下游(m)	流量(m³/s)		块/套	4	容量台数		
	稳定	34.40	31.50	常水位1				历史特征值		日期		相应水位(m)	
		34.90	31.50	常水位2							上游	下游
	消能							上游水位 最高				
	防渗	34.90	31.00					下游水位 最低				
	孔径	33.50	31.50	114.00(10年一遇)				最大过闸流量(m³/s)				
		34.00	32.75	158.00(20年一遇)								

护坡长度(m)	部位	上游	下游	坡比	护坡型式	引河(m)	上游	底宽	底高程	边坡	下游	底宽	底高程	边坡
	左岸	20	48	1:3～1:2.5	砼			18	30.0	1:3		16	28.0	1:2.5
	右岸	20	48	1:3～1:2.5	砼	主要观测项目								

现场人员	2人	管理范围划定	按照现有管理围墙划定,即围墙外0.5 m。
		确权情况	未确权。

水文地质情况：

　　自上而下分为 4 层。①层砂壤土，为地震液化土层，建议允许承载力 90 kPa。②层粉砂与淤泥质壤土互层，为地震液化土层，建议允许承载力 90 kPa。③层壤土，建议允许承载力 140 kPa。④含砂礓壤土，建议允许承载力 300 kPa。闸身基础位于②层粉砂与淤泥质壤土互层至上，不宜直接作为建筑物基础持力层，建议挖除进行换填处理。

控制运用原则：

　　日常控制闸上游水位 33.35 m，汛期上游水位 33.5 m 时，向区、镇防指汇报提闸放水。

最近一次安全鉴定情况：

　　一、鉴定时间：无。

　　二、鉴定结论、主要存在问题及处理措施：无。

最近一次除险加固情况：（徐水基〔2013〕18 号）

　　一、建设时间：2010 年 2 月 20 日—2010 年 12 月底。

　　二、主要加固内容：拆除原范山闸，在老闸上游 150 m 处新建范山闸。

　　三、竣工验收意见、遗留问题及处理情况：2013 年 4 月 12 日通过徐州市水利局组织的范山闸拆除重建工程竣工验收，无遗留问题。

发生重大事故情况：

　　无。

建成或除险加固以来主要维修养护项目及内容：

　　无。

目前存在主要问题：

　　无。

下步规划或其他情况：

　　无。

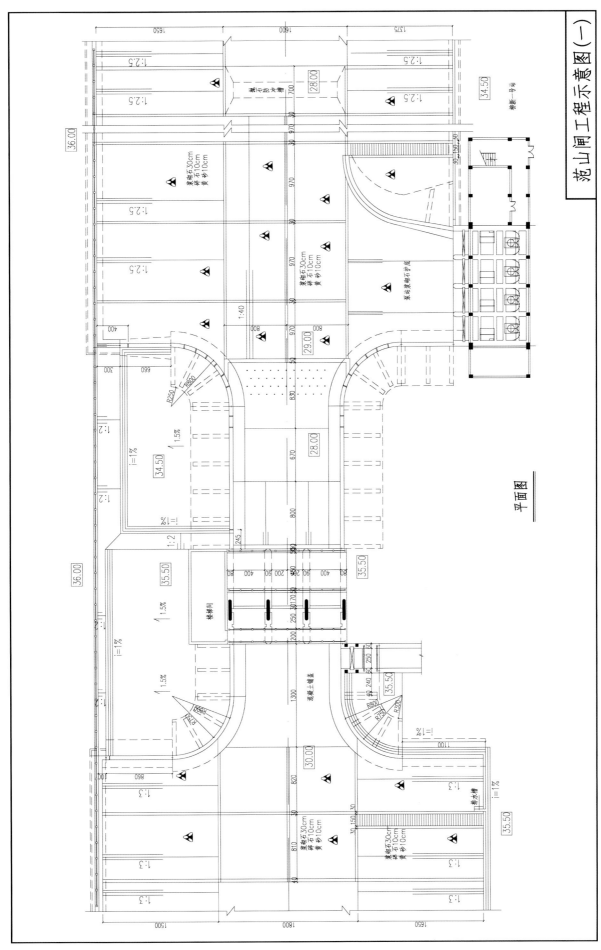

范山闸工程示意图(一)

平面图

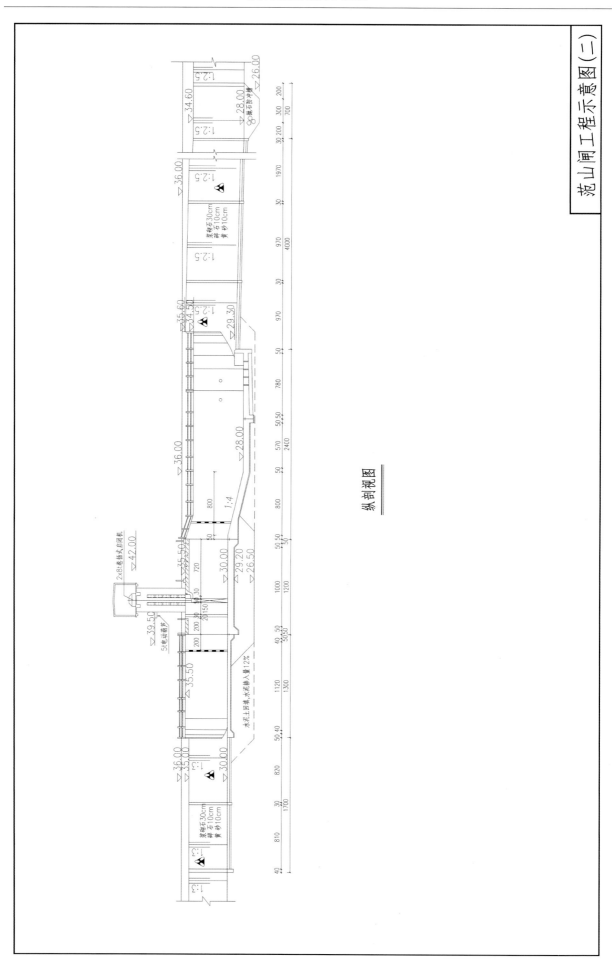

纵剖视图

范山闸工程示意图（二）

范山闸管理范围界线图

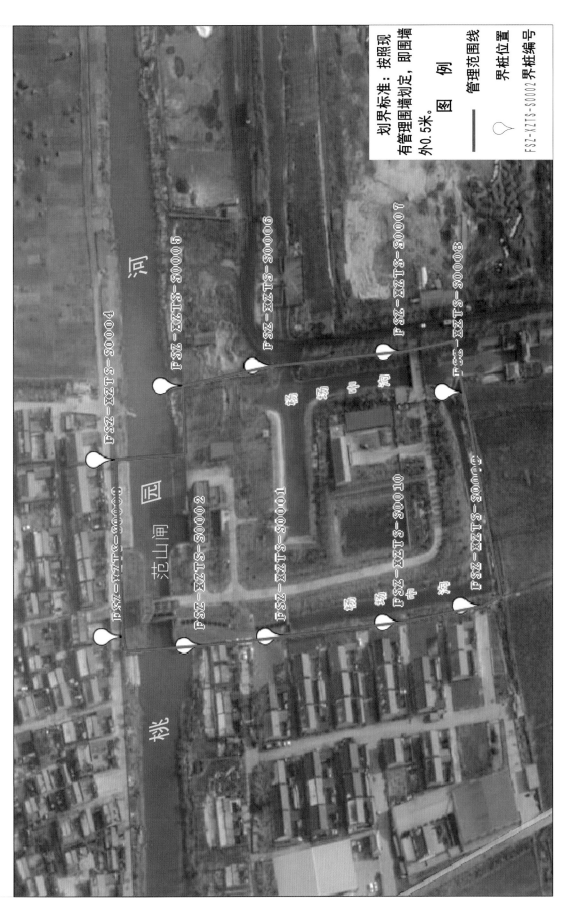

河

桃

园

范山闸

FSZ-XZTS-S0004

FSZ-XZTS-S0005

FSZ-XZTS-S0006

FSZ-XZTS-S0007

FSZ-XZTS-S0008

FSZ-XZTS-S0003

FSZ-XZTS-S0002

FSZ-XZTS-S0001

FSZ-XZTS-S0010

FSZ-XZTS-S0009

场 场 海

场 中 渊

划界标准：按照现
有管理围墙划定，即围墙
外0.5米。

图 例

—— 管理范围线

♀ 界桩位置

FSZ-XZTS-S0002 界桩编号

张 圩 闸

管理单位:徐州淮海国际港务区柳新镇经济发展局

闸孔数	3 孔		闸孔净高(m)	闸孔	6.0	所在河流	柳新河		主要作用	防洪、排涝
	其中航孔			航孔		结构型式	开敞式			
闸总长(m)	107		每孔净宽(m)	闸孔	4.0	所在地	泉山区柳新镇		建成日期	1970 年 8 月
闸总宽(m)	15.4			航孔		工程规模	中型		除险加固竣工日期	2016 年 9 月

主要部位高程(m)	闸顶	35.0	胸墙底		下游消力池底	28.0	工作便桥面	35.0	水准基面		废黄河
	闸底	29.0	交通桥面	35.0	闸孔工作桥面	42.0	航孔工作桥面				
	附近堤防顶高程		上游左堤		上游右堤		下游左堤		下游右堤		

交通桥标准	设计	公路-Ⅱ级	交通桥净宽(m)	4.5	工作桥净宽(m)	闸孔	3.9	闸门结构型式	闸孔	平面钢闸门
	校核		工作便桥净宽(m)	2.0		航孔			航孔	

启闭机型式	闸孔	卷扬式	启闭机台数	闸孔	3	启闭能力(t)	闸孔	2×8	钢丝绳	规格	
	航孔			航孔			航孔			数量	m× 根

闸门钢材(t)		闸门尺寸(宽×高)(m×m)	4.13×5	建筑物等级	2	备用电源	装机	100 kW
设计标准		20 年一遇排涝设计		抗震设计烈度	Ⅶ		台数	

规划设计参数			设计水位组合			校核水位组合			检修门	型式	无	小水电	容量	
			上游(m)	下游(m)	流量(m³/s)	上游(m)	下游(m)	流量(m³/s)		块/套			台数	
	稳定		33.50	31.80		33.50	31.00		历史特征值		日期		相应水位(m)	
			33.50	31.80	地震								上游	下游
	消能		33.50~34.00	31.80~32.70	0~152.80				上游水位	最高				
									下游水位	最低				
	防渗		33.50	31.00					最大过闸流量(m³/s)					
	孔径		34.00	32.70	152.80(20 年一遇)									

护坡长度(m)	部位	上游	下游	坡比	护坡型式	引河(m)	上游	底宽	底高程	边坡	下游	底宽	底高程	边坡
	左岸	16	47	1:3	草皮+砼			20.0	29.0	1:3		20.0	29.0	1:3
	右岸	16	47	1:3	草皮+砼	主要观测项目								

现场人员	1 人	管理范围划定	上下游河道、堤防各 200 m,左右侧各 50 m。
		确权情况	未确权。

水文地质情况：

　　场地内地基土划分为 10 层：①层素填土为堤身土，密实性不均匀。②～⑤层为第四系全新统地层，土质比较松软，工程性质相对较差，其中第②层淤泥质壤土，土质软弱，压缩性高，承载力低；第③层砂壤土，土质松散，防渗抗冲能力差，容易形成渗透变形破坏，为地震液化土层，不经处理不宜作为闸基基础持力层，建议允许承载力 90 kPa；第④层黏土为一般黏性土，可塑—硬塑，力学强度中等，工程性质一般，建议允许承载力 120 kPa。第⑥～⑩层为第四纪上更新统地层。其中第⑥层含砂礓壤土与第⑩层黏土，压缩性中等偏低，抗剪强度高，工程性质较好。

　　闸室及上下游第一、二节翼墙下 3 层砂壤土为液化土层，挖除后回填水泥土，水泥掺入量 10%，压实度 0.95。

控制运用原则：

　　日常控制闸上游水位 33.4 m，汛期上游水位 33.68 m，向区、镇防指汇报提闸放水。

最近一次安全鉴定情况：

　　一、鉴定时间：无。

　　二、鉴定结论、主要存在问题及处理措施：无。

最近一次除险加固情况：（苏调小〔2017〕50 号）

　　一、建设时间：2011 年 9 月—2013 年 3 月。

　　二、主要加固内容：列入南水北调东线一期工程沿运闸洞漏水处理工程，主要内容为原址拆除重建张圩闸。

　　三、竣工验收意见、遗留问题及处理措施：2016 年 9 月 27 日通过江苏省南水北调办组织的南水北调东线一期工程沿运闸洞漏水处理设计单元工程完工验收，无遗留问题。

发生重大事故情况：

　　无。

建成或除险加固以来主要维修养护项目及内容：

　　无。

目前存在主要问题：

　　无。

下步规划或其他情况：

　　无。

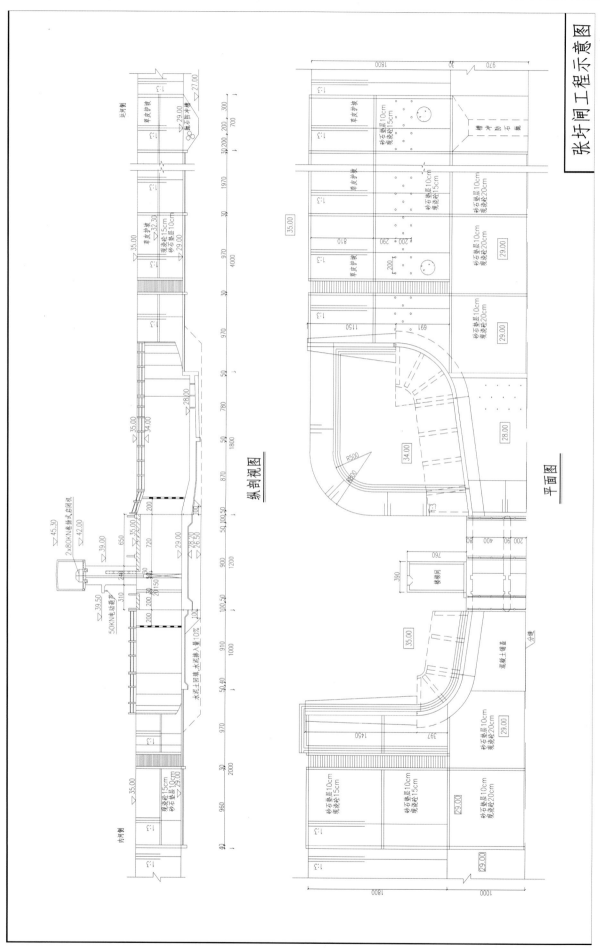

张圩闸工程示意图

纵剖视图

平面图

张圩闸管理范围界线图

划界标准：上下游
各200米，左右侧各50米。

图 例

—— 管理范围线

界桩位置

ZWZ-XZTS-S00011 界桩编号

徐州经济技术开发区

房 运 闸

管理单位:徐州市铜山大运河地区水利工程管理所

闸孔数	3孔		闸孔净高(m)	闸孔	6	所在河流	房改河		主要作用	防洪、排涝
	其中航孔			航孔		结构型式	开敞式			
闸总长(m)	105.06		每孔净宽(m)	闸孔	5	所在地	徐州经开区徐庄镇		建成日期	1965年3月
闸总宽(m)	19			航孔		工程规模	中型		除险加固竣工日期	2015年8月

主要部位高程(m)	闸顶	33.0	胸墙底		下游消力池底	24.50	工作便桥面	33.0	水准基面	废黄河
	闸底	27.00	交通桥面	33.00	闸孔工作桥面	40.2	航孔工作桥面			
	附近堤防顶高程		上游左堤	32.00	上游右堤	32.00	下游左堤	31.60	下游右堤	31.60

交通桥标准	设计	公路Ⅱ级	交通桥净宽(m)	4.5+2×0.5	工作桥净宽(m)	闸孔	4.0	闸门结构型式	闸孔	平面钢闸门
	校核		工作便桥净宽(m)	2.0		航孔			航孔	

启闭机型式	闸孔	卷扬式	启闭机台数	闸孔	3	启闭能力(t)	闸孔	2×10	钢丝绳	规格	2×16
	航孔			航孔			航孔			数量	50m×6根

闸门钢材(t)		闸门尺寸(宽×高)(m×m)	5.23×5.4	建筑物等级	3	备用电源	装机	30kW
设计标准	10年一遇排涝设计,20年一遇防洪校核			抗震设计烈度	Ⅶ		台数	1

规划设计参数		设计水位组合			校核水位组合			检修门	型式	浮箱叠梁门	小水电	容量	
		上游房改河(m)	下游运河侧(m)	流量(m³/s)	上游房改河(m)	下游运河侧(m)	流量(m³/s)		块/套	5		台数	
								历史特征值		日期	相应水位(m)		
											上游	下游	
	稳定	30.50	26.50	正常蓄水、地震								
		30.50	31.90	挡洪				上游水位	最高			
		27.50	26.00	最低水位				下游水位	最低			
	防渗	30.50	26.00									
	孔径	30.07	29.82	105.07 10年一遇	31.33	31.08	146.60 20年一遇	最大过闸流量(m³/s)				
		30.12	29.81	146.60 20年一遇								

护坡长度(m)	部位	上游	下游	坡比	护坡型式	引河(m)	上游	底宽	底高程	边坡	下游	底宽	底高程	边坡
	左岸	20	30	1:3	砼			20	27	1:3		32	22.5	1:2.5
	右岸	20	30	1:3	砼	主要观测项目								

现场人员	2 人	管理范围划定	建筑物外边缘上游 200 m,左右岸各 50 m。
		确权情况	未确权。

水文地质情况:

地质分为 5 层:①粉土:黄褐色,层厚 2.6~4.2 m。②粉砂:黄、黄褐色,层厚 5.9~6.6 m。③壤土:黄褐色,层厚 1.3~1.8 m。④黏土:灰褐色,层厚 1.3~1.7 m。⑤含砂礓壤土:黄褐、黄夹灰色,层高 1.7~6.4 m。水闸上游(房改河侧)采用水泥土搅拌桩复合地基。

控制运用原则:

控制闸上水位 29.3~29.8 m,高于 29.8 m 时可提闸放水。

最近一次安全鉴定情况:

一、鉴定时间:2021 年 12 月 15 日。

二、鉴定结论、主要存在问题及处理措施:综合评定为二类闸。

最近一次除险加固情况:(徐水基〔2015〕82 号)

一、建设时间:2013 年 12 月 1 日—2015 年 2 月。

二、主要加固内容:拆除重建闸室及上下游连阶段水工建筑物,配备闸门、启闭机及电气设备,新建启闭机房和管理用房等。

三、竣工验收意见、遗留问题及处理措施:2015 年 8 月 27 日通过徐州市水利局组织的铜山区房运闸除险加固工程竣工验收,验收时提出下游西侧护坡上的电线杆未拆除,存在安全隐患,应妥善处理。

处理措施:电线杆已进行加固。

发生重大事故情况:

无。

建成或除险加固以来主要维修养护项目及内容:

无。

目前存在主要问题:

无。

下步规划或其他情况:

无。

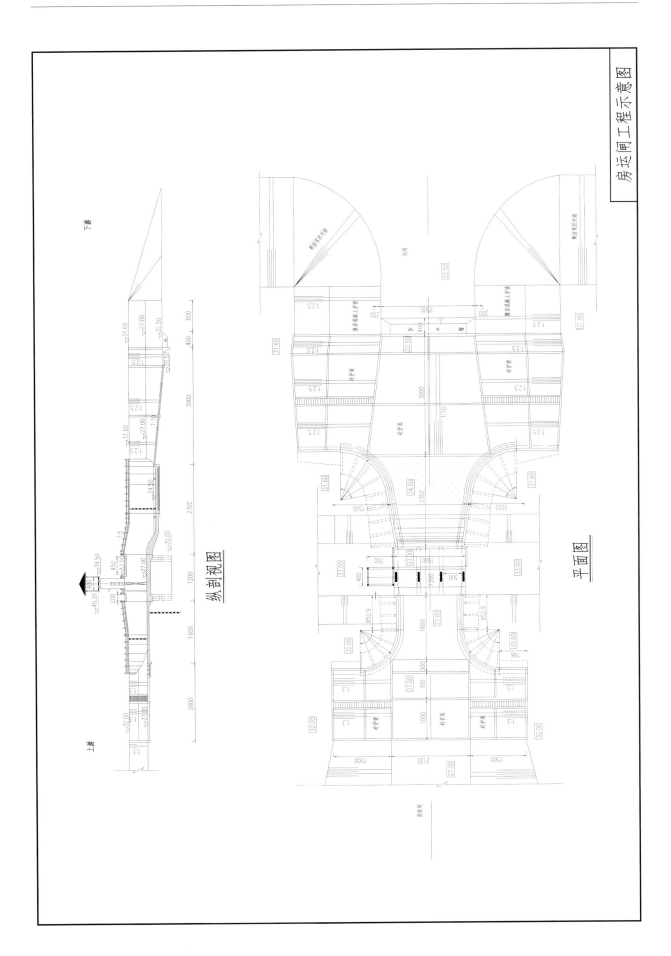

房运闸管理范围界线图

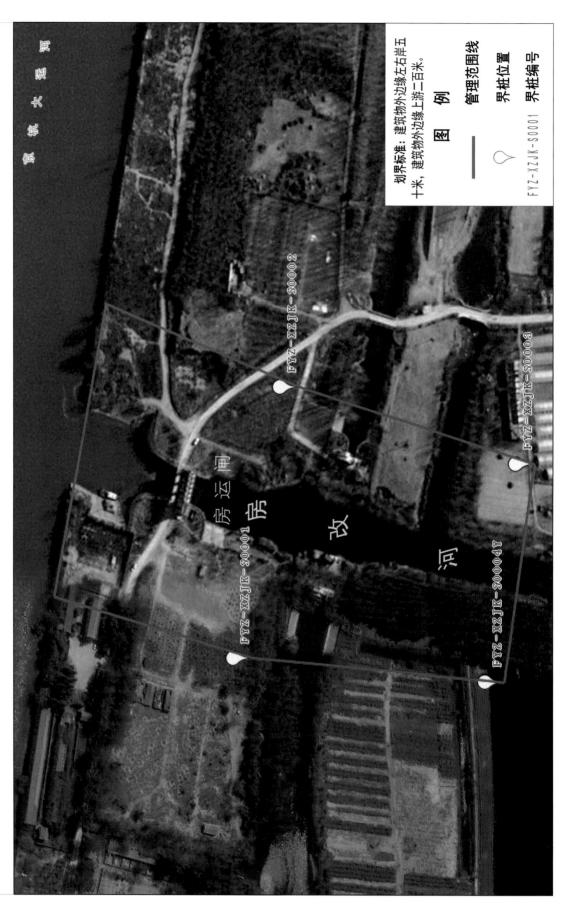

图　例

管理范围线

界桩位置

界桩编号

FYZ-XZJK-S0001

划界标准：建筑物外边缘左右岸五十米，建筑物外边缘上游二百米。

FYZ-XZJK-S0002

FYZ-XZJK-S0003

FYZ-XZJK-S0004Y

FYZ-XZJK-S00001

房运闸

房运闸

改

河

京杭大运河

金龙湖调度闸

管理单位:徐州经济技术开发区金龙湖管理所

闸孔数	3孔		闸孔净高(m)	闸孔	6.5	所在河流	三八河		主要作用	防洪、排涝
	其中航孔			航孔		结构型式	开敞式			
闸总长(m)	98.5		每孔净宽(m)	闸孔	6	所在地	徐州经开区		建成日期	2009年5月
闸总宽(m)	21.6			航孔		工程规模	中型		除险加固竣工日期	年 月

主要部位高程(m)	闸顶	33.50	胸墙底		下游消力池底	26.5	工作便桥面	33.50	水准基面	废黄河
	闸底	27.00	交通桥面	33.60	闸孔工作桥面	40.2	航孔工作桥面			
	附近堤防顶高程	上游左堤	33.60	上游右堤	33.60	下游左堤	33.50	下游右堤	33.50	

交通桥标准	设计	公路Ⅱ级	交通桥净宽(m)	4.5+2×0.5	工作桥净宽(m)	闸孔	6	闸门结构型式	闸孔	直升式平面钢闸门
	校核		工作便桥净宽(m)	2		航孔			航孔	

启闭机型式	闸孔	卷扬式	启闭机台数	闸孔	3	启闭能力(t)	闸孔	2×8	钢丝绳	规格	2×16
	航孔			航孔			航孔			数量	50 m×6根

闸门钢材(t)		闸门尺寸(宽×高)(m×m)	6×5	建筑物等级	3	备用电源	装机	10 kW
设计标准	20年一遇排涝设计			抗震设计烈度	Ⅶ		台数	1

规划设计参数		设计水位组合			校核水位组合			检修门	型式	浮箱叠梁门	小水电	容量	
		上游(m)	下游(m)	流量(m³/s)	上游(m)	下游(m)	流量(m³/s)		块/套	5		台数	
	稳定	31.00	29.50	正常蓄水				历史特征值		日期	相应水位(m)		
											上游	下游	
	消能	31.00	29.00					上游水位	最高				
								下游水位	最低				
	防渗	31.00	27.00					最大过闸流量(m³/s)					
	孔径	32.54	32.42	160.00									

护坡长度(m)	部位	上游	下游	坡比	护坡型式	引河(m)	上游	底宽	底高程	边坡	下游	底宽	底高程	边坡
	左岸	120	65	1:3	砼			20	27.00	1:3		20	27.00	1:3
	右岸	120	65	1:3	砼	主要观测项目								

现场人员	2人	管理范围划定	建筑物外边缘上下游各200 m,左右岸各50 m。
		确权情况	未确权。

水文地质情况：

　　主要分为 4 层：①壤土：黄褐、棕黄色，层厚 0.7～3.9 m。②黏土：黄褐、黄黑色，层厚 1.0～1.1 m。③含砂礓黏土：黄褐、黄夹浅灰、红褐色，层厚 2.9～5.2 m。④石灰岩：灰黄、清灰黄褐色，基岩层面起伏较小。

控制运用原则：

　　控制闸上水位 30.0～30.5 m，预报市区有中雨以上的降雨时，闸门全开预降水位。

最近一次安全鉴定情况：

　　一、鉴定时间：2020 年 12 月 29 日。

　　二、鉴定结论、主要存在问题及处理措施：综合评定为二类闸。

　　主要存在问题：闸门局部锈蚀，门槽锈蚀严重，启闭机房漏雨。

　　处理措施：建议对闸门及其他金属结构进行防腐；对减速机、制动器渗油进行处理；对启闭机房进行漏雨处理，翼墙顶缺失栏杆进行修复。

工程验收情况：（徐水管〔2009〕78 号）

　　一、建设时间：2008 年 11 月 20 日—2009 年 5 月 20 日。

　　二、主要加固内容：新建金龙湖调度闸。

　　三、竣工验收意见、遗留问题及处理措施：2009 年 5 月 27 日通过徐州市水利局组织的徐州经济开发区金龙湖防洪工程投入使用验收。验收时提出各闸栏杆、金龙湖调度闸至金龙湖段的河道护砌，以及相关配套设施验收后继续完善。

发生重大事故情况：

　　无。

建成或除险加固以来主要维修养护项目及内容：

　　无。

目前存在主要问题：

　　无。

下步规划或其他情况：

　　无。

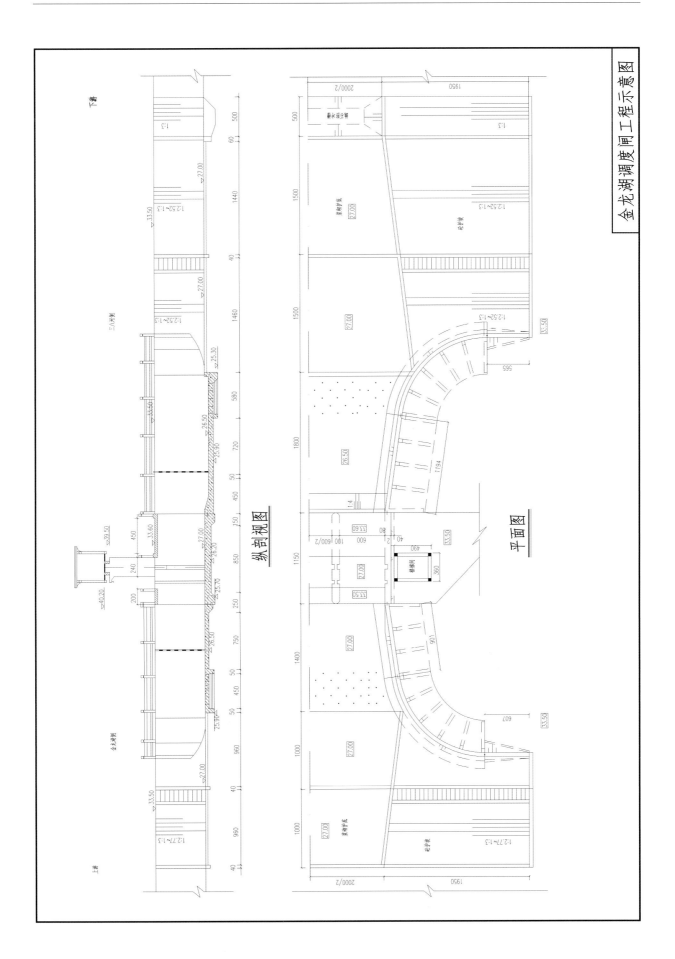

金龙湖调度闸工程示意图

纵剖视图

平面图

金龙湖调度闸管理范围界线图

东 王 庄 闸

管理单位:徐州经济技术开发区农业农村水务局

闸孔数	5孔		闸孔净高（m）	闸孔	5.0	所在河流	荆马河	主要作用	灌溉、排涝
	其中航孔			航孔		结构型式	开敞式		
闸总长(m)	48.0		每孔净宽（m）	闸孔	4.0	所在地	徐州经开区东环办事处	建成日期	2002年8月
闸总宽(m)	24.2			航孔		工程规模	中型	除险加固竣工日期	年 月

主要部位高程（m）	闸顶	34.0	胸墙底		下游消力池底	28.0	工作便桥面	34.0	水准基面	废黄河
	闸底	29.0	交通桥面	34.0	闸孔工作桥面	40.05	航孔工作桥面			
	附近堤防顶高程		上游左堤	34.5	上游右堤	34.5	下游左堤	34.5	下游右堤	34.5

交通桥标准	设计	汽-15	交通桥净宽(m)	4.5	工作桥净宽（m）	闸孔	3.3	闸门结构型式	闸孔	铸铁闸门
	校核	挂-80	工作便桥净宽(m)	1.0		航孔			航孔	

启闭机型式	闸孔	卷扬式	启闭机台数	闸孔	5	启闭能力（t）	闸孔	2×12.5	钢丝绳	规格	2×16
	航孔			航孔			航孔			数量	50 m×6 根

闸门钢材(t)	39.6	闸门尺寸(宽×高)(m×m)	4×4	建筑物等级	3	备用电源	装机	30 kW
设计标准	20年一遇防洪设计,50年一遇防洪校核			抗震设计烈度	7		台数	1

规划设计参数		设计水位组合			校核水位组合			检修门	型式		小水电	容量	
		上游（m）	下游（m）	流量（m³/s）	上游（m）	下游（m）	流量（m³/s）		块/套			台数	
	稳定	32.50	30.00	正常挡水				历史特征值		日期		相应水位(m)	
												上游	下游
	消能	32.63	30.00~32.53	145.00				上游水位 最高					
								下游水位 最低					
	防渗	32.50	31.00					最大过闸流量（m³/s）					
	孔径	32.63	32.53	145.00	32.75	32.60	165.00						

护坡长度（m）	部位	上游	下游	坡比	护坡型式	引河（m）	上游	底宽	底高程	边坡	下游	底宽	底高程	边坡
	左岸	5	16	1:2.5	浆砌块石			25	29.0	1:3		25	29.0	1:2.5
	右岸	5	16	1:2.5	浆砌块石	主要观测项目								

现场人员	2人	管理范围划定	建筑物外边缘上游200 m,左右岸各50 m。
		确权情况	未确权。

水文地质情况：

多年平均降雨量 860 mm,最大降雨量 1 360 mm,该段土质主要由①黏土②粉土③黏土④黏土⑤黏土混砂礓⑥石灰岩、泥灰岩构成。

控制运用原则：

控制闸上水位 32.0～32.8 m。

最近一次安全鉴定情况：

一、鉴定时间：2020 年 12 月 29 日。

二、鉴定结论、主要存在问题及处理措施：经综合评定为二类闸。

主要存在问题：

1. 混凝土构件碳化,局部胀裂漏筋。

2. 彩钢板临时启闭机房抗风能力差,存在安全隐患。

3. 浆砌块石翼墙不利于抗震。

处理措施：

1. 对混凝土构件钢筋锈胀部位进行维修。

2. 增做永久启闭机房。

3. 加强工程养护和工程观测,确保安全进行。

最近一次除险加固情况：

一、建设时间：无。

二、主要加固内容：无。

三、竣工验收意见、遗留问题及处理情况：无。

发生重大事故情况：

无。

建成或除险加固以来主要维修养护项目及内容：

无。

目前存在主要问题：

1. 混凝土构件碳化,局部胀裂漏筋。

2. 彩钢板临时启闭机房抗风能力差,存在安全隐患。

3. 浆砌块石翼墙不利于抗震。

下步规划或其他情况：

无。

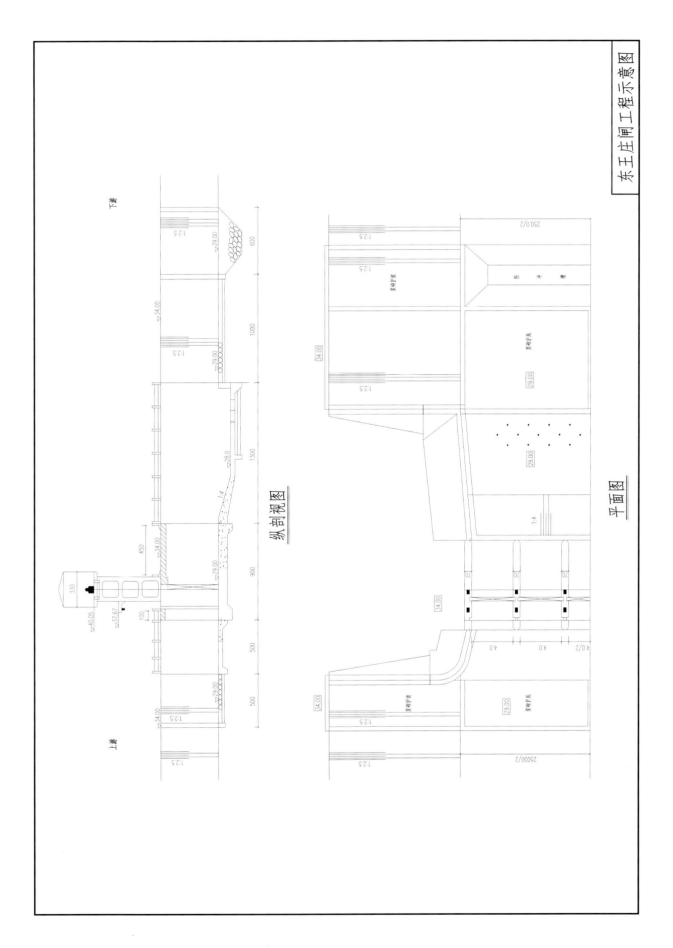

东王庄闸管理范围界线图

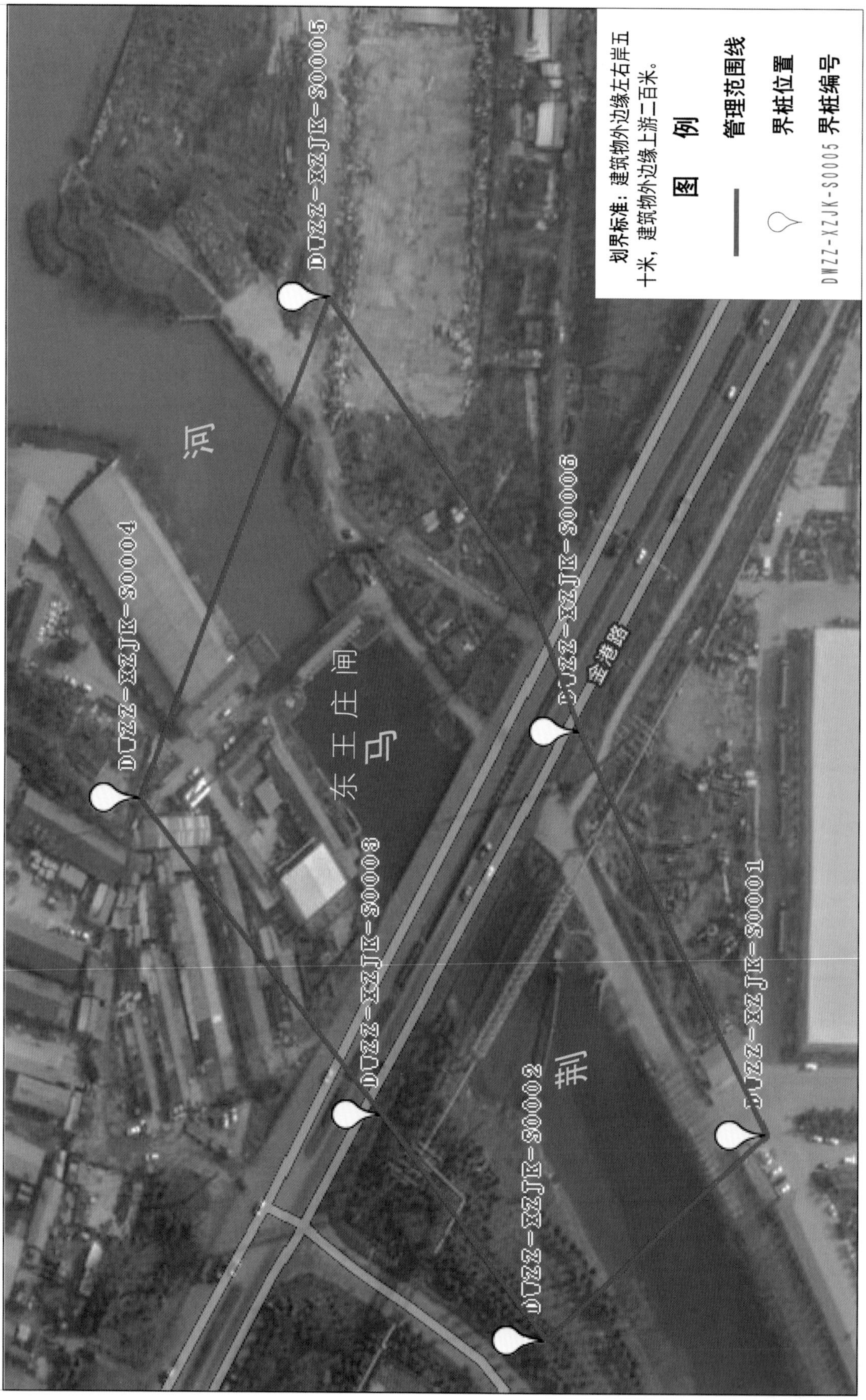

图 例

| 管理范围线 |
| 界桩位置 |
| DWZZ-XZJK-S0005 界桩编号 |

划界标准：建筑物外边缘左右岸五十米，建筑物外边缘上游二百米。

DWZZ-XZJK-S0005

DWZZ-XZJK-S0006

DWZZ-XZJK-S0004

东王庄闸

DWZZ-XZJK-S0003

DWZZ-XZJK-S0002

DWZZ-XZJK-S0001

金港路

河

马

荆